U0266374

普通高等教育“十一五”国家级规划教材
高等院校信息安全专业系列教材

教育部高等学校信息安全类专业教学指导委员会
中国计算机学会教育专业委员会
共同指导

局域网
安全管理实践教程

王继龙　安淑梅　邵丹　编著

http://www.tup.com.cn

LAN Security Management Practice Guide

清华大学出版社
北京

内 容 简 介

本书详细介绍在组建局域网中涉及的多项安全技术，包括路由网安全技术、交换网安全技术和无线局域网安全技术等实验内容。

全书共分为4个模块，按照组网中使用到的安全产品，详细讲述了使用这些网络安全设备，解决遇到的基础网络设施安全、访问控制安全、端口安全、接入安全和无线局域网安全等各种安全问题。全书对所使用到的相关安全产品的基本配置、基本界面、功能配置都做了详细的讲解，以帮助读者熟悉产品的使用，并进一步了解其在工程项目中的实施方法。

本书可作为高等院校计算机、通信工程等相关专业本科生或研究生的实验教材，也可作为网络安全专业认证的培训教材，还可作为网络设计师、网络工程师、系统集成工程师和其他专业技术人员解决网络安全问题的技术参考用书。

图书在版编目(CIP)数据

局域网安全管理实践教程/王继龙，安淑梅，邵丹编著．—北京：清华大学出版社，2009.7(2018.7重印)
(高等院校信息安全专业系列教材精选)
ISBN 978-7-302-20193-9

Ⅰ.局…　Ⅱ.①王…　②安…　③邵…　Ⅲ.局部网络—安全技术—高等学校—教材　Ⅳ.TP393.108

中国版本图书馆CIP数据核字(2009)第077857号

责任编辑：谢　琛　赵晓宁
责任校对：焦丽丽
责任印制：李红英

出版发行：清华大学出版社
　网　　址：http://www.tup.com.cn，http://www.wqbook.com
　地　　址：北京清华大学学研大厦A座　　**邮　　编**：100084
　社 总 机：010-62770175　　**邮　　购**：010-62786544
　投稿与读者服务：010-62776969，c-service@tup.tsinghua.edu.cn
　质 量 反 馈：010-62772015，zhiliang@tup.tsinghua.edu.cn
印 装 者：北京九州迅驰传媒文化有限公司
经　　销：全国新华书店
开　　本：185mm×260mm　　**印　张**：19.75　　**字　　数**：454千字
版　　次：2009年7月第1版　　**印　　次**：2018年7月第3次印刷
定　　价：45.00元

产品编号：032962-02

创新网络教材编辑委员会

（院校成员名单排名不分先后）

出版说明

21 世纪是信息时代，信息已成为社会发展的重要战略资源，社会的信息化已成为当今世界发展的潮流和核心，而信息安全在信息社会中将扮演极为重要的角色，它会直接关系到国家安全、企业经营和人们的日常生活。随着信息安全产业的快速发展，全球对信息安全人才的需求量不断增加，但我国目前信息安全人才极度匮乏，远远不能满足金融、商业、公安、军事和政府等部门的需求。要解决供需矛盾，必须加快信息安全人才的培养，以满足社会对信息安全人才的需求。为此，教育部继 2001 年批准在武汉大学开设信息安全本科专业之后，又批准了多所高等院校设立信息安全本科专业，而且许多高校和科研院所已设立了信息安全方向的具有硕士和博士学位授予权的学科点。

信息安全是计算机、通信、物理、数学等领域的交叉学科，对于这一新兴学科的培养模式和课程设置，各高校普遍缺乏经验，因此中国计算机学会教育专业委员会和清华大学出版社联合主办了“信息安全专业教育教学研讨会”等一系列研讨活动，并成立了“高等院校信息安全专业系列教材”编审委员会，由我国信息安全领域著名专家肖国镇教授担任编委会主任，共同指导“高等院校信息安全专业系列教材”的编写工作。编委会本着研究先行的指导原则，认真研讨国内外高等院校信息安全专业的教学体系和课程设置，进行了大量前瞻性的研究工作，而且这种研究工作将随着我国信息安全专业的发展不断深入。经过编委会全体委员及相关专家的推荐和审定，确定了本丛书首批教材的作者，这些作者绝大多数都是既在本专业领域有深厚的学术造诣、又在教学第一线有丰富的教学经验的学者、专家。

本系列教材是我国第一套专门针对信息安全专业的教材，其特点如下：

① 体系完整、结构合理、内容先进。

② 适应面广：能够满足信息安全、计算机、通信工程等相关专业对信息安全领域课程的教材要求。

③ 立体配套：除主教材外，还配有多媒体电子教案、习题与实验指导等。

④ 版本更新及时，紧跟科学技术的新发展。

为了保证出版质量，我们坚持宁缺毋滥的原则，成熟一本，出版一本，并保持不断更新，力求将我国信息安全领域教育、科研的最新成果和成熟经验反映到教材中来。在全力做好本版教材，满足学生用书的基础上，还经由专家的推荐和审定，遴选了一批国外信息安全领域优秀的教材加入到本系列教材中，以进一步满足大家对外版书的需求。热切期望广大教师和科研工作者加入我们的队伍，同时也欢迎广大读者对本系列教材提出宝贵意见，以便我们对本系列教材的组织、编写与出版工作不断改进，为我国信息安全专业的教材建设与人才培养做出更大的贡献。

“高等院校信息安全专业系列教材”已于2006年初正式列入普通高等教育“十一五”国家级教材规划（见教高[2006]9号文件《教育部关于印发普通高等教育“十一五”国家级教材规划选题的通知》）。我们会严把出版环节，保证规划教材的编校和印刷质量，按时完成出版任务。

2007年6月，教育部高等学校信息安全类专业教学指导委员会成立大会暨第一次会议在北京胜利召开。本次会议由教育部高等学校信息安全类专业教学指导委员会主任单位北京工业大学和北京电子科技学院主办，清华大学出版社协办。教育部高等学校信息安全类专业教学指导委员会的成立对我国信息安全专业的发展将起到重要的指导和推动作用。“高等院校信息安全专业系列教材”将在教育部高等学校信息安全类专业教学指导委员会的组织和指导下，进一步体现科学性、系统性和新颖性，及时反映教学改革和课程建设的新成果，并随着我国信息安全学科的发展不断修订和完善。

我们的E-mail地址是：zhangm@tup.tsinghua.edu.cn；联系人：张民。

清华大学出版社

前言

随着21世纪的到来，人类已步入信息社会，信息产业正成为全球经济发展的主导产业。计算机科学与技术在信息产业中占据了重要的地位，随着互联网技术的普及和推广，网络技术更是信息社会发展的推动力，人们日常学习、生活和工作都越来越依赖于网络，因此关于信息技术、信息安全技术、网络安全技术正发展成为越来越重要的学科。

互联网技术的发展改变了我们的生活，今天信息安全内涵已发生了根本变化。安全已从一般性的安全防卫，变成了一种非常普通的安全防范；从一种研究型的安全学科，变成了无处不在，影响人们学习、生活和工作息息相关的安全技术。技术的普及也推动了社会对人才的需求，因此建立起一套完整的网络安全课程教学体系，提供体系化的安全专业人才培养计划，培养一批精通安全技术的专业人才队伍，对目前高校计算机网络安全方向专业人才培养，显得尤为重要。

1. 关于教材开发的背景

结合国家"十二五"本科计算机专业课程规划体系，以及深入领会教育部计算机科学与技术教学指导委员会编制的《计算机科学与技术专业规范的知识体系和课程大纲》文件精神，为及时反映目前网络安全专业学科发展动态，创新教材编辑委员会组织编写了本书。希望编撰的网络安全知识内容，既重视理论、方法和标准的介绍，又兼顾技术、系统和应用分析，在内容结构和知识点布局上还有所创新。

此外，随着互联网技术的普及和推广，日常学习和工作依赖于网络的比重增加，计算机网络安全的实施和防范技术，成为目前最为瞩目的学习内容。根据上述思路，创新网络教材编辑委员会选择网络安全技术在生活中具体应用作为教材开发主线，规划出面向实际工程案例，可操作、可应用、可实施的网络安全技术教程。希望规划的安全技术直观、形象、具体、可实施，选编和规划的安全知识具有专业化、体系化、全面化特征，能体现和代表当前最新的网络安全技术发展方向。

2. 关于教材开发的指导思想

通过调查目前市场发现，指导计算机网络安全实践教学内容的教材非常缺乏。翻阅市场上现存、数量有限的安全类教材，这些教材品种都偏重于网络安全理论诠释，而针对实际网络安全工程实施、可在课堂中动手实施的安全类教材甚少。正是基于此，创新网络教材编辑委员会组织国内院校一线教师，联合来自厂商专业工程师开发了这本覆盖基础网络安全技术的专业教程，希望着重培养学生对网络基础安全技术的兴趣。

和同类以网络安全技术为研究方向的专业书籍相比，本书更注重实际安全问题的解决。全书以安全技术应用为主线，以培养学生安全问题解决能力为目标，以加强实际安全应用和技能锻炼为根本，满足学校安全类课程实验教学需要。因此，全书在开发过程中，强化实践教学能力的培养，着重讲授生活中的网络安全问题，诠释安全策略配置，最后依据学校提供的安全实践教学平台，直观、形象地解释安全技术，帮助学生理解抽象的网络安全专业理论。

3. 关于教材开发的内容

本书是针对高等院校计算机、通信工程等相关专业，在学习基础网络安全理论时，配套开发的网络安全实验教程。全书详细地介绍了组建局域网安全过程中使用到的多项安全产品及其相关技术，涉及了路由、交换、无线局域网等多个网络安全实验，以弥补课堂理论学习中实践教学的不足。

本书按照局域网组建过程中应用到的安全产品的类型，详细介绍组网过程中使用到的安全产品，遇到的安全问题，选择的安全技术，包括路由安全、设备安全、访问控制安全、端口安全、接入安全、无线局域网安全等实验操作及实施过程。全书对这些安全产品的基本配置、基本界面、功能配置都给予详细讲解，来帮助读者深入了解网络安全项目的设计与实施。通过对全部内容的学习，帮助读者更牢固地掌握安全技术、实施方法。

全书包括了近四十多个难度不同的网络安全实验内容，适合学生循序渐进地学习。可作为高等院校计算机、通信工程等相关专业本科生和研究生计算机网络工程课程的实验教材。全书的实验设计和安排，以实际工程项目的需求为依据，旨在加深学生对网络安全工程所涉及的基础理论知识的理解，提高学生网络安全工程相关的动手实践能力、分析问题和解决问题的能力。

4. 关于教材使用的方法

通过全书提供的近三十多个安全实验的训练，能够帮助学生熟练掌握网络安全工程师所需要的基本实践技能。所有实验操作都以日常安全需求为主线串接知识，以问题解决过程作为核心，因此教师在使用本书时，可以作为相关安全理论学习完成之后的实验补充，帮助学生加强对抽象安全理论的直观理解。也可以根据教学的实际情况，从中选择部分实验教学内容，要求学生在学完理论之后，完成适当数量和难度的实验以补充理论诠释知识的不足。由于书中全部内容都来自实际工程案例的总结，本书还可作为就业前实习用书，通过对一定数量的安全工程案例学习，积累实际的安全施工经验，以增强安全类工程施工的能力和故障排除的能力。

5. 关于课程的环境安排

本书覆盖计算机网络安全规划、组建和配置中涉及到的主流安全设备配置、管理技术，书中所有项目都来自于多年积累的企业工程案例。经过提炼，按照再现企业工程项目的组织方式进行串接，每个工程项目都详细介绍了工程名称、工程背景、技术原理、工程设备、工程拓扑、工程规划、工作过程和结果验证等多个环节，循序渐进地展现企业工程项目施工过程，并把这些工程在网络实验室中搭建出来，积累工作中的施工经验。

为顺利实施本教程，除需要对网络技术有学习的热情之外，还需要具备基本的计算机、网络、安全基础知识。这些基础知识为学习者提供一个良好的基础，帮助理解本书中的技术原理，为网络技术的进阶提供良好帮助。为很好地实施这些安全实验，还需要为本课程提供一个可实施交换、路由、无线和安全实验的网络环境，再现企业网络工程项目。这种课程工作环境包括：一个可以容纳 40 人左右的网络实验室，不少于 4 组实验台。每组实验台中包括的组网实验设备有二层交换机、三层交换机、模块化路由器、无线局域网接入设备、无线网卡、网络防火墙、测试计算机和若干根网络连接线（或制作工具）。

虽然本书选择的工程项目来自厂商案例，使用的网络实验设备也是来自厂商，但本课程在规划中，力求全部的知识诠释和技术选择都具有通用性，遵循行业内通用技术标准和行业规范。全书中关于设备的功能描述、接口标准、技术诠释、协议细节分析、命令语法解释、命令格式、操作规程、图标和拓扑图形的绘制方法等，都使用行业内的标准，以加强其通用性。

6. 关于课程的时间安排

本书希望通过加强学生对网络设备的实践操作，积累网络工程一线施工经验，让学生深入理解网络安全设备的配置和运行机制，熟悉网络安全项目发生的场景，掌握施工过程。此外，借助网络安全实验平台，还可以学习网络安全设计、网络攻防和故障性能分析等相关知识，加强学生对网络安全技术的理解和掌握，培养学生的动手实践和设计分析能力，培养创新型人才。

本书可作为高等院校计算机科学与技术、通信工程、计算机网络等相关专业本科生或研究生学习、研究网络安全技术的实验教材。其前导性的课程包括计算机网络、局域网组建、路由和交换技术等基础性网络技术。本课程的安排时间在 36～72 学时不等，根据学校具体教学计划安排来确定，可选择全部的内容作为实验对象，也可选择部分内容。课程时间一般安排在三年级学期段，学生在学完基础网络技术后，作为基础网络技术的提高和补充。此外，本书还可以作为社会上培训机构网络安全专业认证的培训教材，以及网络工程师、系统集成工程师和其他专业技术人员用于解决在实际工作中遇到的网络安全问题的技术参考用书。

7. 关于课程资源

不同的专业课程教学都具有其本身的针对性。强化安全技术专业实践能力、强化安全技术应用和安全技能素养的培养，是本课程区别于传统网络安全专业课程特色之一。即使在目前众多以技能为教学的实验课程中，本课程也具有其他课程不能比拟的个性。无论是前期为保证课程的有效实施，方便学校的管理，在课程实施环境（网络实验室）上投入资金，还是在课程规划思想上的创新、实验手段的多样性上，本课程研发上投入的人力都具有绝对优势。

特别为有效保证课程实验的有效实施，保证课程教学资源的长期提供：安全案例的积累、最新安全技术的更新、新技术的学习、课程学习中的技术交流和讨论等。为此，本课程的研发队伍还专门投入人力和物力，为本课程建设有专门的实践教学俱乐部资源共享基地，以有效支持课程在实施的过程中资源的更新，疑难问题的解决，课程实施讨论等一系列支持和服务工作。详细内容可以访问和本课程实施配套的网站 http://www.labclub.com.cn，可以获得更多的资源支持。

8. 关于课程开发队伍

本书由创新网络教材编辑委员会组织来自院系教学一线的专家、教师，联合来自厂商专业工程师队伍协作编写完成。这些工作在各行业内的专家，把自己多年来在各自领域中积累网络安全技术及工作经验，以及对网络安全技术的深刻理解，诠释成本书的经验积累。

本书第一作者王继龙博士，毕业于清华大学计算机系，长期在清华大学信息网络工程研究中心从事大规模互联网的规划、建设、运行和研究工作，历任研发部主任、清华大学校园网运行中心主任、第二代中国教育和科研计算机网(CERNET2)运行中心主任，第二代跨欧亚信息网(TEIN2)运行中心主任等职位。其在网络安全领域的技术积累，以及多年在组建局域网络安全体系，维护局域网安全的宝贵经验，为全书规划了安全实验大纲，提供了技术方向引导，形成全书安全知识体系，并承担了部分安全实验编写任务。

本书第二作者安淑梅女士毕业于东北大学，CCIE(#11720)，高级工程师，熟悉思科网络、华为网络和锐捷网络产品和方案，拥有多家厂商的工作经历，熟悉面对不同的厂商安全设备，针对应用和实施网络安全防范能力。她多年在网络一线从事售前工程师、培训讲师的工作背景，参与过多个网络工程整网安全的规划、实施经历，对全书安全问题需求，再现企业安全工程实验的体例和样式，起到结构形成作用，并承担了部分实验编写任务。

邵丹女士毕业于吉林大学，现为长春大学计算机科学技术学院副教授，学院主管教学主任，主攻网络集成和局域网安全，有多年丰富的教学经验，对全书按照教材风格形成、方便学生学习、方便课堂教学、在实验室中有效实施，以及从一线教师实施角度，提供了全书文字内容形式和语言风格编辑工作，承担了部分实验编写任务。

王继龙负责全书项目立项工作，承担了全书关于局域网安全体系规划以及访问控制安全和网络接入安全章节的编写工作。安淑梅女士负责了全书案例整理和无线局域网安全章节编写任务。邵丹女士承担了端口安全和生成树安全章节编写任务。此外，在本书的编写过程中，还得到了其他一线教师、技术工程师、产品经理汪双顶、李文宇、方洋、张选波、高峡、杨靖、张勇、蔡韡等大力支持。他们积累多年的来自教学和工程一线的工作经验，都为本书的真实性、专业性以及方便在学校教学、方便实施给予了有力的支持。

本书规划、编辑的过程历经近三年多的时间，前后经过多轮的修订，牵涉到很多的人力支持，其改革力度较大，远远超过前期策划的估计，加之课程组文字水平有限，错漏之处在所难免，敬请广大读者指正 labserv@ruijie.com.cn。

创新网络教材编委会
2009年4月

使用说明

为帮助学生全面理解安全技术细节，建立直观的网络安全印象，本书每一个实验开始时，都为读者引入一个来自企业真实网络的安全问题，建立教学、学习环境，让读者深入到网络安全的场景环境中，了解本节安全知识内容，了解对应施工中需要的技术。

在全书关键技术解释和工程方案实施中，会涉及到一些网络专业术语和词汇，为方便大家今后在工作中的应用，全书采用业界标准的技术和图形绘制方案。全书中使用的关于相关的符号以及网络拓扑图形惯有的风格和惯例，本书中使用的命令语法规范约定如下。

- 竖线“|”表示分隔符，用于分开可选择的选项。
- 星号“ * ”表示可以同时选择多个选项。
- 方括号“[ ]”表示可选项。
- 大括号“{ }”表示必选项。
- 粗体字表示按照显示的文字输入的命令和关键字。在配置的示例和输出中，粗体字表示需要用户手工输入的命令(如 **show** 命令)。
- 斜体字表示需要用户输入的具体值。

以下为本书中所使用的图标示例：

接入交换机

固化汇聚交换机

模块化汇聚交换机

核心交换机

二层堆栈交换机

三层堆栈交换机

中低端路由器

高端路由器

Voice 多业务路由器

SOHO 多业务路由器

IPv6 多业务路由器

服务器

感谢国内网络产品和方案提供者锐捷网络有限公司，为全书提供多个来自不同行业的工程案例。为方便对工程项目的技术细节诠释，本书技术描述主要依托锐捷网络操作系统展开。但在书籍中出现所有命令和术语，同样具有通用性，能兼容目前网络工程施工中应用到的所有主流设备。并且本书中讲述的技术原理，以及针对网络问题提出的解决方案，同样可以适用于所有现实网络工作场景。

目 录

第1章 访问控制安全

1.1 使用标准 IP ACL 进行访问控制

【实验名称】

使用标准 IP ACL 进行访问控制。

【实验目的】

使用标准 IP ACL 实现简单的访问控制。

【背景描述】

某公司网络中，行政部、销售部门和财务部门分别属于不同的三个子网，三个子网之间使用路由器进行互联。行政部所在的子网为 172.16.1.0/24，销售部所在的子网为 172.16.2.0/24，财务部所在的子网为 172.16.4.0/24。考虑到信息安全的问题，要求销售部不能对财务部进行访问，但行政部可以对财务部进行访问。

【需求分析】

标准 IP ACL 可以根据配置的规则对网络中的数据进行过滤。

【实验拓扑】

图 1-1 是某公司部门之间网络拓扑规划图，希望实现各子网之间安全访问控制。

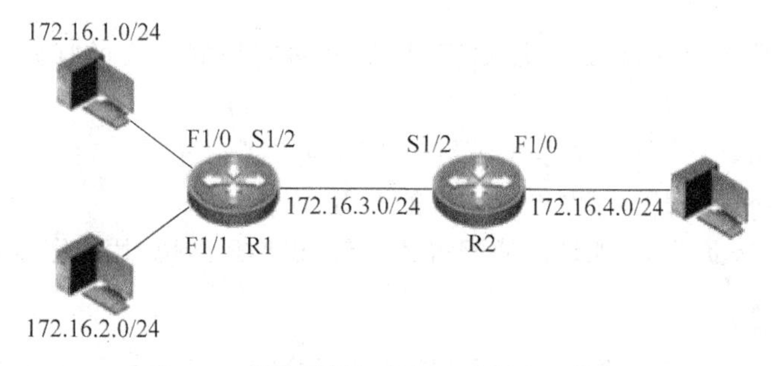

图 1-1 某公司部门之间网络拓扑规划图

【实验设备】

路由器 2 台；PC 3 台。

【预备知识】

- 路由器基本配置。

• 标准 IP ACL 原理及配置。

标准 IP ACL 简单的说法便是数据包过滤。网络管理人员通过对网络互联设备的配置管理，来实施对网络中通过的数据包的过滤，从而实现对网络中的资源进行访问输入和输出的访问控制。配置在网络互联设备中的访问控制列表 ACL 实际上是一张规则检查表，这些表中包含了很多简单的指令规则，告诉交换机或路由器设备，哪些数据包是可以接收的，哪些数据包是需要拒绝的。

交换机或路由器设备按照 ACL 中的指令顺序执行这些规则，处理每一个进入端口的数据包，实现对进入或流出网络互联设备中的数据流过滤。通过在网络互联设备中灵活地增加访问控制列表，可以作为一种网络控制的有力工具，过滤流入和流出数据包，确保网络的安全，因此 ACL 也称为软件防火墙。

根据访问控制标准的不同，ACL 分为多种类型，实现不同的网络安全访问控制权限。常见的 ACL 有两类：标准访问控制列表（Standard IP ACL）和扩展访问控制列表（Extended IP ACL），在规则中使用不同的编号区别，其中标准访问控制列表的编号取值范围为 1～99；扩展访问控制列表的编号取值范围为 100～199。

两种 ACL 的区别是：标准 ACL 只匹配、检查数据包中携带的源地址信息；扩展 ACL 不仅仅匹配检查数据包中的源地址信息，还检查数据包的目的地址，以及检查数据包的特定协议类型、端口号等。

标准访问控制列表检查数据包的源地址信息，数据包在通过网络设备时，设备解析 IP 数据包中的源地址信息，对匹配成功的数据包采取拒绝或允许操作。在编制标准的访问控制列表规则时，使用编号 1～99 值来区别同一设备上配置的不同标准访问控制列表条数。

如果需要在网络设备上配置标准访问控制列表规则，使用以下的语法格式：

```
Access-list listnumber {permit | deny} source--address [ wildcard-mask ]
```

其中，

listnumber 是区别不同 ACL 规则序号，标准访问控制列表的规则序号值的范围是 1～99。

permit 和 deny 表示允许或禁止满足该规则的数据包通过。

source--address 代表受限网络或主机的源 IP 地址。

wildcard-mask 是源 IP 地址的通配符比较位，也称反掩码，用来限定匹配网络范围。

【实验原理】

标准 IP ACL 可以对数据包的源 IP 地址进行检查。当应用了 ACL 的接口接收或发送数据包时，将根据接口配置的 ACL 规则对数据进行检查，并采取相应的措施，允许通过或拒绝通过，从而达到访问控制的目的，提高网络安全性。

【实验步骤】

(1) R1 基本配置。

```
R1#configure terminal
```

```
R1(config)#interface fastEthernet 1/0
R1(config-if)#ip address 172.16.1.1 255.255.255.0
R1(config-if)#exit

R1(config)#interface fastEthernet 1/1
R1(config-if)#ip address 172.16.2.1 255.255.255.0
R1(config-if)#exit

R1(config)#interface serial 1/2
R1(config-if)#ip address 172.16.3.1 255.255.255.0
R1(config-if)#exit
```

（2）R2 基本配置。

```
R2#configure terminal
R2(config)#interface serial 1/2
R2(config-if)#ip address 172.16.3.2 255.255.255.0
R2(config-if)#exit

R2(config)#interface fastEthernet 1/0
R2(config-if)#ip address 172.16.4.1 255.255.255.0
R2(config-if)#exit
```

（3）查看 R1、R2 接口状态。

```
R1#show ip interface brief
Interface            IP-Address(Pri)      OK?     Status
serial 1/2           172.16.3.1/24        YES     UP
serial 1/3           no address           YES     DOWN
FastEthernet 1/0     172.16.1.1/24        YES     UP
FastEthernet 1/1     172.16.2.1/24        YES     UP
Null 0               no address           YES     UP

R2#show ip interface brief
Interface            IP-Address(Pri)      OK?     Status
serial 1/2           172.16.3.2/24        YES     UP
serial 1/3           no address           YES     DOWN
FastEthernet 1/0     172.16.4.1/24        YES     UP
FastEthernet 1/1     no address           YES     DOWN
Null 0               no address           YES     UP
```

（4）在 R1、R2 上配置静态路由。

```
R1(config)#ip route 172.16.4.0 255.255.255.0 serial 1/2

R2(config)#ip route 172.16.1.0 255.255.255.0 serial 1/2
R2(config)#ip route 172.16.2.0 255.255.255.0 serial 1/2
```

(5) 配置标准 IP ACL。

对于标准 IP ACL,由于只能对报文的源 IP 地址进行检查,所以为了不影响源端的其他通信,通常将其放置到距离目标近的位置,在本实验中是 R2 的 F1/0 接口。

```
R2(config)#access-list 1 deny 172.16.2.0 0.0.0.255
! 拒绝来自销售部 172.16.2.0/24 子网的流量通过

R2(config)#access-list 1 permit 172.16.1.0 0.0.0.255
! 允许来自行政部 172.16.1.0/24 子网的流量通过
```

(6) 应用 ACL。

```
R2(config)#interface fastEthernet 1/0
R2(config-if)#ip access-group 1 out
```

(7) 验证测试。

在行政部主机(172.16.1.0/24)ping 财务部主机,可以 ping 通。在销售部主机(172.16.2.0/24)ping 财务部主机,不能 ping 通。

【注意事项】

在部署标准 ACL 时,需要将其放置到距离目标近的位置,否则可能会阻断正常的通信。

【参考配置】

```
R1#show running-config

Building configuration...
Current configuration : 626 bytes
!
hostname R1
!
interface serial 1/2
  ip address 172.16.3.1 255.255.255.0
  clock rate 64000
!
interface serial 1/3
clock rate 64000
!
interface FastEthernet 1/0
  ip address 172.16.1.1 255.255.255.0
  duplex auto
  speed auto
!
interface FastEthernet 1/1
  ip address 172.16.2.1 255.255.255.0
```

```
  duplex auto
  speed auto
!
ip route 172.16.4.0 255.255.255.0 serial 1/2
!
line con 0
line aux 0
line vty 0 4
  login
!
End
```

R2#show running-config

```
Building configuration...
Current configuration : 671 bytes
!
hostname R2
!
ip access-list standard 1
  10 deny 172.16.2.0 0.0.0.255
  20 permit 172.16.1.0 0.0.0.255
!
interface serial 1/2
  ip address 172.16.3.2 255.255.255.0
!
interface serial 1/3
  clock rate 64000
!
interface FastEthernet 1/0
  ip access-group 1 out
  ip address 172.16.4.1 255.255.255.0
  duplex auto
  speed auto
!
interface FastEthernet 1/1
  ip address 172.16.2.1 255.255.255.0
  duplex auto
  speed auto
!
ip route 172.16.1.0 255.255.255.0 serial 1/2
ip route 172.16.2.0 255.255.255.0 serial 1/2
!
line con 0
```

```
line aux 0
line vty 0 4
  login
!
end
```

1.2 使用扩展 IP ACL 进行高级访问控制

【实验名称】

使用扩展 IP ACL 进行高级访问控制。

【实验目的】

使用扩展 IP ACL 实现高级的访问控制。

【背景描述】

某校园网中，宿舍网、教工网和服务器区域分别属于不同的三个子网，三个子网之间使用路由器进行互联。宿舍网所在的子网为 172.16.1.0/24，教工网所在的子网为 172.16.2.0/24，服务器区域所在的子网为 172.16.4.0/24。

现在要求学生网的主机只能访问服务器区域的 FTP 服务器，而不能访问 WWW Server。对于教工网主机，可以同时访问 FTP Server 和 WWW Server。此外，除了宿舍网和教工网到达服务器区域的 FTP 和 WWW 流量以外，不允许任何其他的数据流到达服务器区域。

【需求分析】

扩展 IP ACL 可以根据配置的规则对网络中的数据进行过滤。

【实验拓扑】

图 1-2 是某校园宿舍网、教工网和服务器之间网络拓扑规划图，希望实现各子网之间安全访问控制。

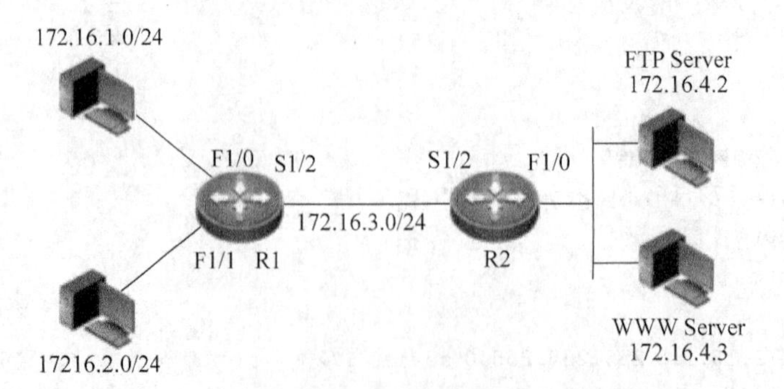

图 1-2 某校园宿舍网、教工网和服务器之间网络拓扑规划

【实验设备】

路由器 2 台；PC 4 台(其中两台需要分别安装 FTP 服务和 WWW 服务)。

【预备知识】

- 路由器基本配置。
- 扩展 IP ACL 原理及配置。

常见 IP ACL 有两类：标准访问控制列表(Standard IP ACL)和扩展访问控制列表(Extended IP ACL)，在规则中使用不同的编号区别，其中标准访问控制列表的编号取值范围为 1～99；扩展访问控制列表的编号取值范围为 100～199。

两种 ACL 的区别是：标准 ACL 只匹配、检查数据包中携带的源地址信息；扩展 ACL 不仅仅匹配检查数据包中的源地址信息，还检查数据包的目的地址，以及检查数据包的特定协议类型、端口号等。扩展访问控制列表规则大大扩展了数据流的检查细节，为网络的访问提供了更多的访问控制功能。

如果要阻止来自某一网络的所有通信流，或允许来自某一特定网络的所有通信流，可以使用标准访问控制列表来实现。标准访问控制列表检查路由中的数据包源地址，允许或拒绝基于网络、子网或主机 IP 地址通信流，通过网络设备出口。

扩展型访问控制列表在数据包的过滤和控制方面，增加了更多的精细度和灵活性，具有比标准的 ACL 更强大的数据包检查功能。扩展 ACL 不仅检查数据包源 IP 地址，还检查数据包中的目的 IP 地址、源端口、目的端口、建立连接和 IP 优先级等特征信息。利用这些选项对数据包特征信息进行匹配。

扩展 ACL 使用编号范围为 100～199 的值标识区别同一接口上的多条列表。和标准 ACL 相比，扩展 ACL 也存在一些缺点：一是配置管理难度加大，考虑不周很容易限制正常的访问；其次是在没有硬件加速的情况下，扩展 ACL 会消耗路由器 CPU 资源。所以中低档路由器进行网络连接时，应尽量减少扩展 ACL 条数，以提高系统的工作效率。

扩展访问控制列表的指令格式如下：

```
Access-list listnumber {permit | deny} protocol source source- wildcard-mask
destination destination-wildcard-mask [operator operand ]
```

其中：

listnumber 的标识范围为 100～199。

protocol 是指定需要过滤的协议，如 IP、TCP、UDP 和 ICMP 等。

source 是源地址；destination 是目的地址；wildcard-mask 是 IP 反掩码。

operand 是控制的源端口和目的端口号，默认为全部端口号 0～65 535。端口号可以使用数字或助记符。

operator 是端口控制操作符，完成诸如“<”(小于)、“>”(大于)、“=”(等于)以及“≠”(不等于)操作功能设置。支持的操作符及其语法如表 1-1 所示。

表 1-1　扩展访问控制列表支持的操作符

操作符及其语法	意　义
eq portnumber	等于端口号 portnumber
gt portnumber	大于端口号 portnumber
lt portnumber	小于端口号 portnumber
neq portnumber	不等于端口号 portnumber
range portnumber1 portnumber2	介于端口号 portnumber1 和 portnumber2 之间

其他语法规则中的 deny/permit、源地址和通配符屏蔽码、目的地址和通配符屏蔽码，以及 host/any 的使用方法均与标准访问控制列表语法规则相同。

【实验原理】

扩展 IP ACL 可以对数据包的源 IP 地址、目的 IP 地址、协议、源端口、目的端口进行检查。由于扩展 IP ACL 能够提供更多的对数据包的检查项，所以扩展 IP ACL 常用于高级、复杂的访问控制。当应用了 ACL 的接口接收或发送报文时，将根据接口配置的 ACL 规则对数据进行检查，并采取相应的措施，允许通过或拒绝通过，从而达到访问控制的目的，提高网络安全性。

【实验步骤】

(1) R1 基本配置。

```
R1#configure terminal
R1(config)#interface fastEthernet 1/0
R1(config-if)#ip address 172.16.1.1 255.255.255.0
R1(config-if)#exit

R1(config)#interface fastEthernet 1/1
R1(config-if)#ip address 172.16.2.1 255.255.255.0
R1(config-if)#exit

R1(config)#interface serial 1/2
R1(config-if)#ip address 172.16.3.1 255.255.255.0
R1(config-if)#exit
```

(2) R2 基本配置。

```
R2#configure terminal
R2(config)#interface serial 1/2
R2(config-if)#ip address 172.16.3.2 255.255.255.0
R2(config-if)#exit

R2(config)#interface fastEthernet 1/0
R2(config-if)#ip address 172.16.4.1 255.255.255.0
R2(config-if)#exit
```

(3) 查看R1、R2接口状态。

```
R1#show ip interface brief
Interface            IP-Address(Pri)      OK?      Status
serial 1/2           172.16.3.1/24        YES      UP
serial 1/3           no address           YES      DOWN
FastEthernet 1/0     172.16.1.1/24        YES      UP
FastEthernet 1/1     172.16.2.1/24        YES      UP
Null 0               no address           YES      UP

R2#show ip interface brief
Interface            IP-Address(Pri)      OK?      Status
serial 1/2           172.16.3.2/24        YES      UP
serial 1/3           no address           YES      DOWN
FastEthernet 1/0     172.16.4.1/24        YES      UP
FastEthernet 1/1     no address           YES      DOWN
Null 0               no address           YES      UP
```

(4) 在R1、R2上配置静态路由。

```
R1(config)#ip route 172.16.4.0 255.255.255.0 serial 1/2

R2(config)#ip route 172.16.1.0 255.255.255.0 serial 1/2
R2(config)#ip route 172.16.2.0 255.255.255.0 serial 1/2
```

(5) 配置扩展IP ACL。

对于扩展IP ACL,由于可以对数据包中的多个元素进行检查,因此可以将其放置到距离源端近的位置,在本实验中是R1的S1/2接口。

```
R1(config)#access-list 100 permit tcp 172.16.1.0 0.0.0.255 host 172.16.4.2 eq ftp
R1(config)#access-list 100 permit tcp 172.16.1.0 0.0.0.255 host 172.16.4.2 eq ftp-data
! 允许来自宿舍网172.16.1.0/24子网的到达FTP Server(172.16.4.2)的流量

R1(config)#access-list 100 permit tcp 172.16.2.0 0.0.0.255 host 172.16.4.2 eq ftp
R1(config)#access-list 100 permit tcp 172.16.2.0 0.0.0.255 host 172.16.4.2 eq ftp-data
! 允许来自教工网172.16.2.0/24子网的到达FTP Server(172.16.4.2)的流量

R1(config)#access-list 100 permit tcp 172.16.2.0 0.0.0.255 host 172.16.4.3 eq www
! 允许来自教工网172.16.2.0/24子网的到达WWW Server(172.16.4.3)的流量
```

(6) 应用ACL。

```
R1(config)#interface serial 1/2
R1(config-if)#ip access-group 100 out
```

(7) 在主机上安装 FTP Server 和 WWW Server。

过程略。

(8) 验证测试。

在宿舍网主机可以访问到 FTP Server,但是不能访问 WWW Server。在教工网主机(172.16.2.0/24)可以访问到 FTP Server 和 WWW Server。

【注意事项】

在部署标准 ACL 时,需要将其放置到距离源端近的位置,可以防止不要的流量在网络中传输。

【参考配置】

```
R1#show running-config

Building configuration...
Current configuration : 667 bytes

!
hostname R1

ip access-list extended 100
  10 permit tcp 172.16.1.0 0.0.0.255 host 172.16.4.2 eq ftp
  20 permit tcp 172.16.1.0 0.0.0.255 host 172.16.4.2 eq ftp-data
  30 permit tcp 172.16.2.0 0.0.0.255 host 172.16.4.2 eq ftp
  40 permit tcp 172.16.2.0 0.0.0.255 host 172.16.4.2 eq ftp-data
  50 permit tcp 172.16.2.0 0.0.0.255 host 172.16.4.3 eq www
!
interface serial 1/2
  ip access-group 100 out
  ip address 172.16.3.1 255.255.255.0
  clock rate 64000
!
interface serial 1/3
  clock rate 64000
!
interface FastEthernet 1/0
  ip address 172.16.1.1 255.255.255.0
  duplex auto
  speed auto
!
interface FastEthernet 1/1
  ip address 172.16.2.1 255.255.255.0
  duplex auto
  speed auto
```

```
!
ip route 172.16.4.0 255.255.255.0 serial 1/2
!
line con 0
line aux 0
line vty 0 4
  login
!
End
```

R2# show running-config

```
Building configuration...
Current configuration : 611 bytes
!
hostname R2
!
interface serial 1/2
  ip address 172.16.3.2 255.255.255.0
!
interface serial 1/3
  clock rate 64000
!
!
interface FastEthernet 1/0
  ip address 172.16.4.1 255.255.255.0
  duplex auto
  speed auto
!
ip route 172.16.1.0 255.255.255.0 serial 1/2
ip route 172.16.2.0 255.255.255.0 serial 1/2
!
!
line con 0
line aux 0
line vty 0 4
  login
!
!
!
!
end
```

1.3 使用 MAC ACL 进行访问控制

【实验名称】

使用 MAC ACL 进行访问控制。

【实验目的】

使用基于 MAC 的 ACL 实现高级的访问控制。

【背景描述】

某公司的一个简单的局域网中，通过使用一台交换机提供主机及服务器的接入，并且所有主机和服务器均属于同一个 VLAN(VLAN2)中。网络中有三台主机和一台财务服务器(Accounting Server)。现在需要实现访问控制，只允许财务部主机(172.16.1.1)访问财务服务器。

【需求分析】

基于 MAC 的 ACL 可以根据配置的规则对网络中的数据进行过滤。

【实验拓扑】

图 1-3 是某公司简单的局域网中的拓扑规划图，希望实现子网之间基于 MAC 的 ACL 高级安全访问控制。

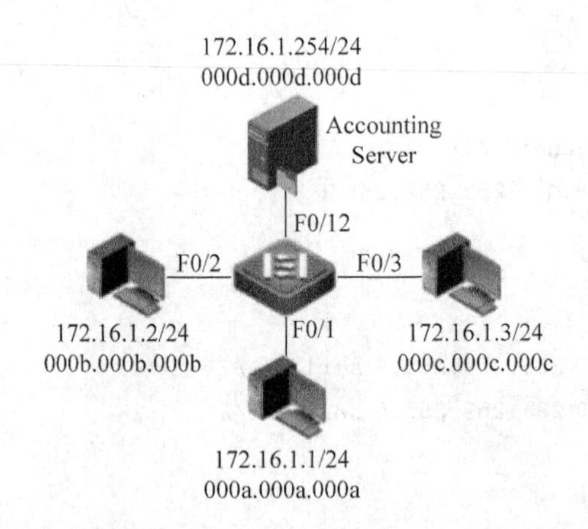

图 1-3 某公司局域网基于 MAC 的 ACL 规划拓扑规划

【实验设备】

交换机 1 台；PC 4 台。

【预备知识】

- 交换机基本配置。
- 基于 MAC 的 ACL 原理及配置。

MAC 地址是网络设备全球唯一编号，也就是通常所说的物理地址、硬件地址、适配器地址或网卡地址。MAC 地址可用于直接标识某个网络设备，是目前网络数据交换的基础。

现在大多数的高端交换机都支持基于物理端口配置 MAC 地址过滤表，用于限定只有与 MAC 地址过滤表中规定的一些网络设备有关的数据包，才能使用该端口进行传递。通过 MAC 地址过滤技术可以保证授权的 MAC 地址才能对网络资源进行访问。

与 802.1x 协议不同，基于 MAC 地址访问控制不需要额外的客户端软件，当一个客户端连接到交换机上会自动地进行认证过程。基于 MAC 地址访问控制功能允许用户配置一张 MAC 地址表，交换机可以通过存储在交换机内部或远端认证服务器上面的 MAC 地址列表来控制合法或非法的用户访问。

【实验原理】

基于 MAC 的 ACL 可以对数据包源 MAC 地址、目的 MAC 地址和以太网类型进行检查，基于 MAC 的 ACL 是二层 ACL，而标准 IP ACL 和扩展 IP ACL 是三层和四层的 ACL。由于标准 IP ACL 和扩展 IP ACL 是对数据包的 IP 地址信息进行检查，并且 IP 地址是逻辑地址，用户可以对其进行修改，所以很容易逃避 ACL 的检查。但基于 MAC 的 ACL 是对数据包的物理地址(MAC)进行检查，所以用户很难通过修改 MAC 地址逃避 ACL 的过滤。

当应用了 MAC ACL 接口接收或发送报文时，将根据接口配置 ACL 规则对数据进行检查，并采取相应的措施，允许通过或拒绝通过，从而达到访问控制的目的，提高网络安全性。

【实验步骤】

(1) 交换机基本配置。

```
Switch#configure terminal
Switch(config)#vlan 2
Switch(config-vlan)#exit

Switch(config)#interface range fastEthernet 0/1-3
Switch(config-if-range)#switchport access vlan 2
Switch(config-if-range)#exit

Switch(config)#interface fastEthernet 0/12
Switch(config-if)#switchport access vlan 2
Switch(config-if)#exit
```

(2) 配置 MAC ACL。

由于本例中使用的交换机不支持出方向(out)的 MAC ACL，因此需要将 MAC ACL 配置在接入主机端口的入方向(in)。由于只允许财务部主机访问财务服务器，所以需要在接入其他主机的接口的入方向禁止其访问财务服务器。

```
Switch(config)#mac access-list extended deny_to_accsrv
```

```
Switch(config-mac-nacl)#deny any host 000d.000d.000d
! 拒绝到达财务服务器的所有流量

Switch(config-mac-nacl)#permit any any      ! 允许其他所有流量
Switch(config-mac-nacl)#exit
```

(3) 应用ACL。

将MAC ACL应用到F0/2和F0/3接口入方向,以限制非财务部主机访问财务服务器。

```
Switch(config)#interface fastEthernet 0/2
Switch(config-if)#mac access-group deny_to_accsrv in
Switch(config-if)#exit

Switch(config)#interface fastEthernet 0/3
Switch(config-if)#mac access-group deny_to_accsrv in
Switch(config-if)#end
```

(4) 验证测试。

在财务部主机上ping财务服务器,可以ping通,但是在其他两台非财务部主机上ping财务服务器,无法ping通,说明其他两台主机到达财务服务器的流量被MAC ACL拒绝。

【注意事项】

在一些交换机中,只支持入方向的MAC ACL,所以在配置和应用MAC ACL时需要考虑ACL规则的配置方式,以及应用MAC ACL的接口。

基于MAC地址的访问控制对交换设备的要求不高,并且基本对网络性能没有影响,配置命令相对简单,比较适合小型网络,规模较大的网络不适用。

使用MAC地址访问控制技术要求网络管理员必须明确网络中每个网络设备的MAC地址,并要根据控制要求对交换机的MAC表进行配置。采用MAC地址访问控制对于网管员来说,其负担是相当重的,而且随着网络设备数量的不断扩大,它的维护工作量也不断加大。

另外,还存在一个安全隐患,那就是现在许多网卡都支持MAC地址重新配置,非法用户可以通过将自己所用网络设备的MAC地址改为合法用户MAC地址的方法,使用MAC地址"欺骗",成功通过交换机的检查,进而非法访问网络资源

【参考配置】

```
Switch#show running-config

Building configuration...
Current configuration : 1481 bytes
!
hostname Switch
```

```
!
vlan 1
!
vlan 2
!
mac access-list extended deny_to_accsrv
  10 deny any host 000d.000d.000d etype-any
  20 permit any any etype-any
!
interface FastEthernet 0/1
  switchport access vlan 2
!
interface FastEthernet 0/2
  switchport access vlan 2
  mac access-group deny_to_accsrv in
!
interface FastEthernet 0/3
  switchport access vlan 2
  mac access-group deny_to_accsrv in
!
interface FastEthernet 0/4

interface FastEthernet 0/5

interface FastEthernet 0/6
!
interface FastEthernet 0/7

interface FastEthernet 0/8

interface FastEthernet 0/9
!
interface FastEthernet 0/10

interface FastEthernet 0/11

interface FastEthernet 0/12
!
  switchport access vlan 2
!
interface FastEthernet 0/13

interface FastEthernet 0/14
```

```
interface FastEthernet 0/15
!
interface FastEthernet 0/16

interface FastEthernet 0/17

interface FastEthernet 0/18
!
interface FastEthernet 0/19

interface FastEthernet 0/20

interface FastEthernet 0/21
!
interface FastEthernet 0/22

interface FastEthernet 0/23

interface FastEthernet 0/24
!
interface GigabitEthernet 0/25

interface GigabitEthernet 0/26
!
interface GigabitEthernet 0/27

interface GigabitEthernet 0/28
!
line con 0
line vty 0 4
  login
!
!

End
```

1.4 使用专家 ACL 进行高级访问控制

【实验名称】

使用专家 ACL 进行高级访问控制。

【实验目的】

使用专家 ACL 实现高级的访问控制。

【背景描述】

某公司的一个简单的局域网中,通过使用一台交换机提供主机及服务器的接入,并且所有主机和服务器均属于同一个 VLAN(VLAN2)中。网络中有三台主机和一台财务服务器(Accounting Server)。现在需要实现访问控制,只允许财务部主机(172.16.1.1)访问财务服务器上的财务服务(TCP 5555),而其他服务不允许访问。

【需求分析】

专家 ACL 可以根据配置的规则对网络中的数据进行过滤。

【实验拓扑】

图 1-4 是某公司简单的局域网中的拓扑规划图,希望实现子网之间基于专家 ACL 进行高级访问控制。

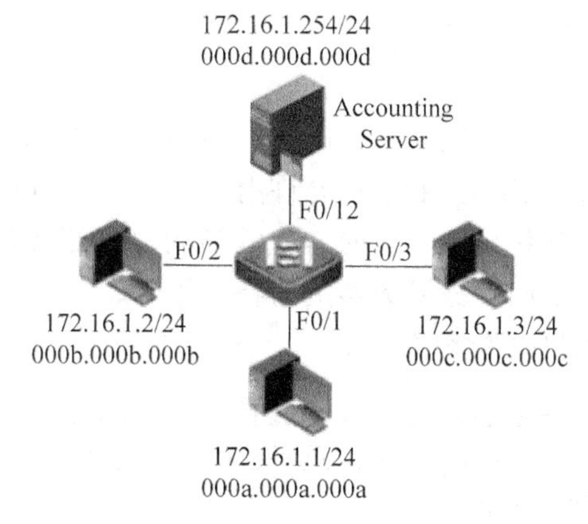

图 1-4 某公司局域网基于专家 ACL 拓扑规划图

【实验设备】

交换机 1 台;PC 4 台。

【预备知识】

- 交换机基本配置。
- 专家 ACL 原理及配置。

【实验原理】

专家 ACL 是考虑到实际网络的复杂需求,将 ACL 的检测元素扩展到源 MAC 地址、目的 MAC 地址、源 IP 地址、目的 IP 地址、源端口、目的端口和协议,从而可以实现对数据更精确的过滤,满足网络的复杂需求。

当应用了专家 ACL 的接口接收或发送报文时,将根据接口配置的 ACL 规则对数据进行检查,并采取相应的措施,允许通过或拒绝通过,从而达到访问控制的目的,提高网络安全性。

【实验步骤】

(1) 交换机基本配置。

```
Switch#configure terminal
Switch(config)#vlan 2
Switch(config-vlan)#exit

Switch(config)#interface range fastEthernet 0/1-3
Switch(config-if-range)#switchport access vlan 2
Switch(config-if-range)#exit

Switch(config)#interface fastEthernet 0/12
Switch(config-if)#switchport access vlan 2
Switch(config-if)#exit
```

(2) 配置专家 ACL

由于本例中使用的交换机不支持出方向(out)的专家 ACL,所以需要将专家 ACL 配置在接入主机端口的入方向(in)。由于只允许财务部主机访问财务服务器的特定服务,因此需要在接入其他主机的接口的入方向禁止其访问财务服务器,并在接入财务部主机的接口的入方向只允许其访问财务服务器上的特定服务。

配置针对非财务部主机的专家 ACL:

```
Switch(config)#expert access-list extended deny_to_accsrv
Switch(config-exp-nacl)#deny any any host 172.16.1.254 host 000d.000d.000d
!拒绝到达财务服务器的所有流量

Switch(config-exp-nacl)#permit any any any any
!允许其他所有流量

Switch(config-exp-nacl)#exit
```

配置针对财务部主机的专家 ACL。

```
Switch(config)#expert access-list extended allow_to_accsrv5555
Switch(config-exp-nacl)#permit tcp host 172.16.1.1 host 000a.000a.000a host 172.
16.1.254 any eq 5555
!允许财务部主机访问财务服务器上的特定服务

Switch(config-exp-nacl)#permit icmp host 172.16.1.1 host 000a.000a.000a host 172.
16.1.254 host 000d.000d.000d
!允许财务部主机到达财务服务器的 ICMP 报文,以便后续进行测试

Switch(config-exp-nacl)#deny any any host 172.16.1.254 any
!拒绝到达财务服务器的所有流量
```

```
Switch(config-exp-nacl)#permit any any any any
! 允许其他所有流量

Switch(config-exp-nacl)#exit
```

(3) 应用 ACL。

将专家 ACL"deny_to_accsrv"应用到 F0/2 接口和 F0/3 接口的入方向,以限制非财务部主机访问财务服务器。

```
Switch(config)#interface fastEthernet 0/2
Switch(config-if)#expert access-group deny_to_accsrv in
Switch(config-if)#exit

Switch(config)#interface fastEthernet 0/3
Switch(config-if)#expert access-group deny_to_accsrv in
Switch(config-if)#exit
```

将专家 ACL"allow_to_accsrv5555"应用到 F0/1 接口的入方向,以限制财务部主机访问财务服务器的其他服务。

```
Switch(config)#interface fastEthernet 0/1
Switch(config-if)#expert access-group allow_to_accsrv5555 in
Switch(config-if)#end
```

(4) 验证测试。

在财务部主机上 ping 财务服务器,可以 ping 通,并且可以访问服务器上的财务服务(TCP 5555),但是不能访问服务器上的其他服务。在其他两台非财务部主机上 ping 财务服务器,无法 ping 通,说明其他两台主机到达财务服务器的流量被专家 ACL 拒绝。

【注意事项】

在一些交换机中,只支持入方向的专家 ACL,所以在配置和应用专家 ACL 时需要考虑 ACL 规则的配置方式,以及应用专家 ACL 的接口。

【参考配置】

```
Switch#show running-config

Building configuration...
Current configuration : 1872 bytes
!
hostname Switch
!
vlan 1
!
vlan 2
!
```

```
expert access-list extended allow_to_accsrv5555
  10 permit tcp host 172.16.1.1 host 000a.000a.000a host 172.16.1.254 any eq 5555
  20 permit icmp host 172.16.1.1 host 000a.000a.000a host 172.16.1.254 host 000d.
000d.000d
  30 deny ip host 172.16.1.1 host 000a.000a.000a host 172.16.1.254 any
  40 permit ip any any any any
!
expert access-list extended deny_to_accsrv
  10 deny ip any any host 172.16.1.254 any
  20 permit ip any any any any
!
interface FastEthernet 0/1
  switchport access vlan 2
  expert access-group allow_to_accsrv5555 in
!
interface FastEthernet 0/2
  switchport access vlan 2
  expert access-group deny_to_accsrv in
!
interface FastEthernet 0/3
  switchport access vlan 2
  expert access-group deny_to_accsrv in
!
interface FastEthernet 0/4
!
interface FastEthernet 0/5
!
interface FastEthernet 0/6
!
interface FastEthernet 0/7
!
interface FastEthernet 0/8
!
interface FastEthernet 0/9
interface FastEthernet 0/10
!
interface FastEthernet 0/11
!
interface FastEthernet 0/12
  switchport access vlan 2
!
interface FastEthernet 0/13
!
interface FastEthernet 0/14
```

```
!
interface FastEthernet 0/15
!
interface FastEthernet 0/16
!
interface FastEthernet 0/17
!
interface FastEthernet 0/18
!
interface FastEthernet 0/19
!
interface FastEthernet 0/20
!
interface FastEthernet 0/21
!
interface FastEthernet 0/22
!
interface FastEthernet 0/23
!
interface FastEthernet 0/24
!
interface GigabitEthernet 0/25
!
interface GigabitEthernet 0/26
!
interface GigabitEthernet 0/27
!
interface GigabitEthernet 0/28
!
line con 0
line vty 0 4
  login
!
end
```

1.5 配置基于时间的访问控制

【实验名称】

配置基于时间的访问控制。

【实验目的】

使用基于时间的 ACL 实现基于时间段的高级访问控制。

【背景描述】

某公司的网络中使用一台路由器提供子网间的互联。子网 172.16.1.0/24 为公司员工主机所在的网段，其中公司经理的主机地址为 172.16.1.254/24；子网 10.1.1.0/24 为公司服务器网段，其中有两台服务器，一台 WWW 服务器(10.1.1.100/24)和一台 FTP 服务器(10.1.1.200/24)。现在想实现基于时间段的访问控制，使公司员工只有在正常上班时间(周一至周五 9:00～18:00)可以访问 FTP 服务器，并且只有在下班时间才能访问 WWW 服务器；对于经理的主机可以在任何时间访问这两台服务器。

【需求分析】

基于时间的 ACL 可以根据配置的规则在不同的时间段对网络中的数据进行过滤。

【实验拓扑】

图 1-5 是某公司局域网中的拓扑规划图，希望实现子网之间基于时间的 ACL，实现基于时间段的高级访问控制。

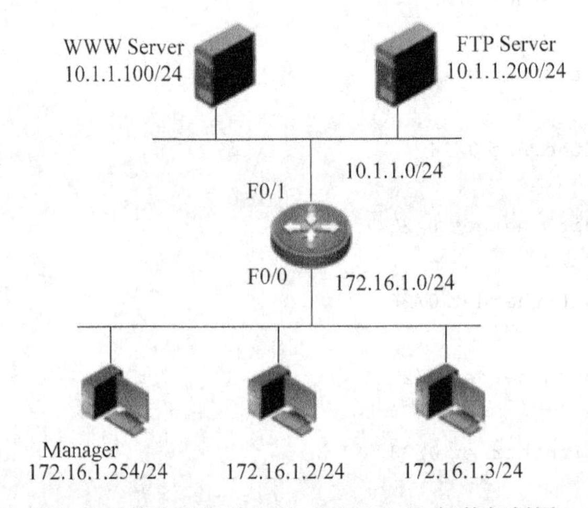

图 1-5 某公司局域网基于时间 ACL 拓扑规划图

【实验设备】

路由器 1 台；PC 4 台(其中两台作为 WWW Server 和 FTP Server)。

【预备知识】

- 路由器基本配置。
- 基于时间的 ACL 原理及配置。

access-list 访问列表最基本的有两种，分别是标准访问列表和扩展访问列表，二者的区别主要是前者是基于目标地址的数据包过滤，而后者是基于目标地址、源地址和网络协议及其端口的数据包过滤。

随着网络的发展和用户要求的变化，出现了一种基于时间的访问列表。通过它可以根据一天中的不同时间，或根据一星期中的不同日期，当然也可以二者结合起来，控制对网络数据包的转发。

这种基于时间的 ACL，就是在原来的标准访问列表和扩展访问列表中加入有效的时间范围来更合理有效地控制网络。它需要先定义一个时间范围，然后在原来的各种访问列表的基础上应用它。并且，对于编号访问表和名称访问表都适用。

基于时间的 ACL 语句中，使用 time-range 命令来指定时间范围的名称，然后用 absolute 命令或一个或多个 periodic 命令来具体定义时间范围。其标准的命令格式为：

```
time-range time-range-name absolute [start time date] [end time date] periodic
days-of-the week hh:mm to [days-of-the week] hh:mm
```

其中：

time-range 用来定义时间范围的命令。

time-range-name 用来标识时间范围，便于在后面访问列表中引用。

absolute 用来指定绝对时间范围。它后面紧跟 start 和 end 两个关键字。在这两个关键字后面的时间要以 24 小时制、hh：mm（小时：分钟）表示，日期要按照日/月/年来表示。可以看到，它们两个可以都省略。如果省略 start 及其后面的时间，那表示与之相联系的 permit 或 deny 语句立即生效，并一直作用到 end 处的时间为止；如果省略 end 及其后面的时间，那表示与之相联系的 permit 或 deny 语句在 start 处表示时间开。

上面讲的是命令和基本参数，为了便于理解，看两个应用例子。

(1) 如果要表示每天早 8 点到晚 8 点，就可以用这样的语句：

```
absolute start 8:00 end 20:00
```

(2) 要使一个访问列表从 2000 年 12 月 1 日早 5 点开始起作用，直到 2000 年 12 月 31 日晚 24 点停止作用，语句如下：

```
absolute start 5:00 1 December 2000 end 24:00 31 December 2000
```

一个时间范围只能有一个 absolute 语句，但指定一个重复发生（每周）开始和结束时间，可使用多个 periodic 语句，例如定义时间段为每周 1 和周 3 的 12：00～18：00，语句如下：

```
periodic mon 12:00 to 18:00
periodic wen 12:00 to 18:00
```

periodic 主要是以星期为参数来定义时间范围的一个命令。参数 Monday、Tuesday、Wednesday、Thursday、Friday、Saturday、Sunday（从周一到周日）、weekdays（从周一到周五）、weekend（周六到周日）中的一个或几个的组合，也可以是 daily（每天）、weekday（周一到周五）或 weekend（周末）。

【实验原理】

基于时间的 ACL 是在各种 ACL 规则（标准 ACL、扩展 ACL 等）后面应用时间段选项（time-range）以实现基于时间段的访问控制。当 ACL 规则应用了时间段后，只有在此时间范围内规则才会生效。此外，只有配置了时间段的规则才会在指定的时间段内生效，其他未引用时间段的规则将不受影响。

【实验步骤】

(1) 路由器基本配置。

```
Router#configure terminal
Router(config)#interface fastEthernet 0/0
Router(config-if)#ip address 172.16.1.1 255.255.255.0
Router(config-if)#exit

Router(config)#interface fastEthernet 0/1
Router(config-if)#ip address 10.1.1.1 255.255.255.0
Router(config-if)#exit
```

(2) 配置时间段。

定义正常上班的时间段。

```
Router(config)#time-range work-time
Router(config-time-range)#periodic weekdays 09:00 to 18:00
Router(config-time-range)#exit
```

(3) 配置 ACL。

配置 ACL,并应用时间段,以实现需求中的基于时间段的访问控制。

```
Router(config)#ip access-list extended accessctrl
Router(config-ext-nacl)#permit ip host 172.16.1.254 10.1.1.0 0.0.0.255
！允许经理的主机在任何时间访问两台服务器

Router(config-ext-nacl)#permit tcp 172.16.1.0 0.0.0.255 host 10.1.1.200 eq ftp
time-range work-time
Router(config-ext-nacl)#permit tcp 172.16.1.0 0.0.0.255 host 10.1.1.200 eq ftp-
data time-range work-time
！只允许员工的主机在上班时间访问 FTP 服务器

Router(config-ext-nacl)#deny tcp 172.16.1.0 0.0.0.255 host 10.1.1.100 eq www time-
range work-time
！不允许员工的主机在上班时间访问 WWW 服务器

Router(config-ext-nacl)#permit tcp 172.16.1.0 0.0.0.255 host 10.1.1.100 eq www
！允许员工访问 WWW 服务器,但是仅当系统时间不在定义的时间段范围内时才会执行此条规则

Router(config-ext-nacl)#exit
```

(4) 应用 ACL。

将 ACL 应用到 F0/0 接口的入方向。

```
Router(config)#interface fastEthernet 0/0
```

```
Router(config-if)#ip access-group accessctrl in
Router(config-if)#end
```

(5) 验证测试。

在上班时间,普通员工的主机不能访问 WWW 服务器,但是可以访问 FTP 服务器;下班时间可以访问 WWW 服务器,但是不能访问 FTP 服务器。经理的主机(172.16.1.254)在任何时间都可以访问这两台服务器。

【注意事项】

- 在使用基于时间的 ACL 时,要保证设备(路由器或交换机)的系统时间的准确,因为设备是根据自己的系统时间来判断当前时间是否在时间段范围内。可以在特权模式下使用 **show clock** 命令查看当前系统时间,并且使用 **clock set** 命令调整系统时间。
- 通过调整设备的系统时间来实现在不同时间段测试 ACL 是否生效。

【参考配置】

```
Router#show running-config

Building configuration...
Current configuration : 928 bytes
!
hostname Router
!
time-range work-time
  periodic Weekdays 9:00 to 18:00
!
!
ip access-list extended accessctrl
  10 permit ip host 172.16.1.254 10.1.1.0 0.0.0.255
  20 permit tcp 172.16.1.0 0.0.0.255 host 10.1.1.200 eq ftp time-range work-time
  30 permit tcp 172.16.1.0 0.0.0.255 host 10.1.1.200 eq ftp-data time-range
work-time
  40 deny tcp 172.16.1.0 0.0.0.255 host 10.1.1.100 eq www time-range work-time
  50 permit tcp 172.16.1.0 0.0.0.255 host 10.1.1.100 eq www
!
!
interface FastEthernet 0/0
  ip access-group accessctrl in
  duplex auto
  speed auto
!
interface FastEthernet 0/1
  duplex auto
```

```
  speed auto
!
!
line con 0
line aux 0
line vty 0 4
  login
!
!
!
!
!
end
```

第 2 章 端口保护安全

2.1 使用 IP-MAC 绑定增强接入安全

【实验名称】

使用 IP-MAC 绑定增强接入安全。

【实验目的】

使用交换机的 IP-MAC 绑定功能增强网络接入的安全性。

【背景描述】

某企业的网络管理员发现经常有员工私自将自己的笔记本式计算机接入到网络中，而且有些员工通过使用 HUB 将多个网络设备接入到交换机端口上。此外，有些员工还使用非法的 IP 地址访问网络资源，给网络管理和维护增加了复杂度。

【需求分析】

对于网络中出现的这种问题，需要防止用户接入非法或未授权的设备，以及私自修改或使用非法的 IP 地址。交换机的 IP-MAC 绑定功能可以满足这个要求，提高网络接入安全性。

【实验拓扑】

图 2-1 是某公司局域网中的拓扑规划图，希望实现局域网中，使用交换机的 IP-MAC 绑定功能，增强网络接入的安全控制功能。

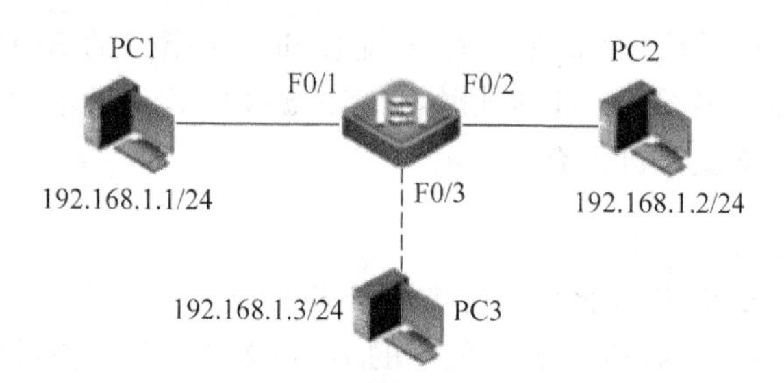

图 2-1　某公司局域网交换机 IP-MAC 绑定安全控制

【实验设备】

交换机 1 台；PC 3 台。

【预备知识】

- 交换机转发原理。
- 交换机基本配置。
- IP-MAC 绑定原理。

目前 IP 地址是根据现在的 IPv4 标准指定的，不受硬件限制，比较容易记忆的地址，长度为 4 字节。而 MAC 地址却是用网卡的物理地址，保存在网卡的 EPROM 里面，与硬件有关系，较难记忆，长度为 6 字节。

虽然在 TCP/IP 网络中，计算机往往需要设置 IP 地址后才能通信，然而，实际上计算机之间的通信并不是通过 IP 地址，而是借助于网卡的 MAC 地址。IP 地址只是被用于查询欲通信的目的计算机的 MAC 地址。ARP 协议是用来向对方的计算机、网络设备通知自己 IP 对应的 MAC 地址的。在计算机的 ARJ 缓存中包含一个或多个表，用于存储 IP 地址及其经过解析的以太网 MAC 地址。一台计算机与另一台 IP 地址的计算机通信后，在 ARP 缓存中会保留相应的 MAC 地址。所以，下次和同一个 IP 地址的计算机通信，将不再查询 MAC 地址，而是直接引用缓存中的 MAC 地址。

在交换式网络中，交换机也维护一张 MAC 地址表，并根据 MAC 地址将数据发送至目的计算机。由于 IP 地址是虚拟地址，计算机上 IP 地址的修改非常容易，而 MAC 地址存储在网卡的 EEPROM 中，且网卡的 MAC 地址是唯一确定的。因此，为了防止内部人员进行非法 IP 盗用(例如盗用权限更高人员的 IP 地址，以获得权限外的信息)，可以将内部网络的 IP 地址与 MAC 地址绑定，盗用者即使修改了 IP 地址，也因 MAC 地址不匹配而盗用失败。而且由于网卡 MAC 地址的唯一确定性，可以根据 MAC 地址查出使用该 MAC 地址的网卡，进而查出非法盗用者。

因此，可以采用 MAC 地址与 IP 地址的绑定技术，在交换机上全局模式下运行 address-bind，可以设置将一个 IP 地址和 MAC 地址的绑定，命令格式如下：

```
address-bind ip-address mac-address
no address-bind ip-address
```

这条命令的指导思想是：如果将一个 IP 地址和一个指定的 MAC 地址绑定，则当交换机收到源 IP 地址为这个 IP 地址的帧时，当帧的源 MAC 地址不为这个 IP 地址绑定的 MAC 时，这个帧将会被交换机丢弃。

【实验原理】

交换机的 IP-MAC 绑定功能是一种非常严格的接入控制机制。当启用了 IP-MAC 绑定功能后，交换机只会接收符合预先配置的 IP 和 MAC 绑定条目的报文，否则将丢弃报文，从而防止用户将非法或未授权的设备接入网络，并且可以防止用户私自修改或使用非法的 IP 地址访问网络资源。

【实验步骤】

(1) 将 PC1 和 PC2 接入到交换机的 F0/1 和 F0/2 端口，并测试连通性，如图 2-2 所示。

```
C:\Documents and Settings\Administrator>ping 192.168.1.2

Pinging 192.168.1.2 with 32 bytes of data:

Reply from 192.168.1.2: bytes=32 time<1ms TTL=128
Reply from 192.168.1.2: bytes=32 time<1ms TTL=128
Reply from 192.168.1.2: bytes=32 time<1ms TTL=128
Reply from 192.168.1.2: bytes=32 time=2ms TTL=128

Ping statistics for 192.168.1.2:
    Packets: Sent = 4, Received = 4, Lost = 0 (0% loss),
Approximate round trip times in milli-seconds:
    Minimum = 0ms, Maximum = 2ms, Average = 0ms
```

图 2-2　测试网络连通性

从图 2-2 中可以看出，PC1 和 PC2 可以相互 ping 通。

(2) 配置 PC1 和 PC2 的 IP-MAC 地址绑定条目。

```
Switch(config)#address-bind 192.168.1.1 0015.f2dc.96a4
Switch(config)#address-bind 192.168.1.2 001c.251e.16cc
```

需要注意的是，0015.f2dc.96a4 为 PC1 的 MAC 地址，001c.251e.16cc 为 PC2 的 MAC 地址，在实际使用中需要根据具体设备确定。

(3) 启用 IP-MAC 绑定功能。

```
Switch(config)#address-bind install
```

(4) 验证测试。

在 PC1 上测试，ping PC2 的地址，如图 2-3 所示。

```
C:\Documents and Settings\Administrator>ping 192.168.1.2

Pinging 192.168.1.2 with 32 bytes of data:

Reply from 192.168.1.2: bytes=32 time<1ms TTL=128
Reply from 192.168.1.2: bytes=32 time<1ms TTL=128
Reply from 192.168.1.2: bytes=32 time<1ms TTL=128
Reply from 192.168.1.2: bytes=32 time<1ms TTL=128

Ping statistics for 192.168.1.2:
    Packets: Sent = 4, Received = 4, Lost = 0 (0% loss),
Approximate round trip times in milli-seconds:
    Minimum = 0ms, Maximum = 0ms, Average = 0ms
```

图 2-3　连接在同一台交换机的网络连通性测试(1)

从图 2-2 中可以看出，由于在交换机上配置了 PC1 和 PC2 的 IP-MAC 绑定条目，所以 PC1 发送的 ping 请求报文和 PC2 发送的 ping 响应报文可以被接收，所以 PC1 和 PC2 可以 ping 通。

(5) 将 PC3 接入到 F0/3 端口。

在 PC1 和 PC2 上 ping PC3 的地址，如图 2-4 所示。

从图 2-3 中可以看出，由于交换机上没有 PC3 的 IP-MAC 绑定条目，所以 PC3 的 ping 响应报文会被丢弃，PC1、PC2 无法与 PC3 ping 通。

(6) 修改 PC1 的 IP 地址

将 PC1 的 IP 地址修改为 192.168.1.254 后，ping PC2 的地址，如图 2-5 所示。

从图 2-5 中可以看出，由于 PC1 修改了自己的 IP 地址，这样在交换机中就没有了相

```
C:\Documents and Settings\Administrator>ping 192.168.1.3

Pinging 192.168.1.3 with 32 bytes of data:

Request timed out.
Request timed out.
Request timed out.
Request timed out.

Ping statistics for 192.168.1.3:
    Packets: Sent = 4, Received = 0, Lost = 4 (100% loss),
```

图 2-4 连接在同一台交换机的网络连通性测试不通(2)

```
C:\Documents and Settings\Administrator>ipconfig

Windows IP Configuration


Ethernet adapter 本地连接:

        Connection-specific DNS Suffix  . :
        IP Address. . . . . . . . . . . . : 192.168.1.254
        Subnet Mask . . . . . . . . . . . : 255.255.255.0
        Default Gateway . . . . . . . . . :

C:\Documents and Settings\Administrator>ping 192.168.1.2

Pinging 192.168.1.2 with 32 bytes of data:

Request timed out.
Request timed out.
Request timed out.
Request timed out.

Ping statistics for 192.168.1.2:
    Packets: Sent = 4, Received = 0, Lost = 4 (100% loss),
```

图 2-5 连接在同一台交换机的网络连通性测试不通(3)

对应的 IP-MAC 绑定条目，所以 PC1 发送的报文会被丢弃，PC1 与 PC2 无法 ping 通。

【备注事项】

由于 IP-MAC 功能只接收已经存在绑定关系的报文，所以所有的 ARP 请求报文都会被丢弃。为了使符合 IP-MAC 绑定关系的设备能够正常通信，需要在这些设备上已经存在到达目的地或网关的 ARP 解析条目。

【参考配置】

```
Switch#show running-config

Building configuration...
Current configuration : 1209 bytes
!
vlan 1
!
!
interface FastEthernet 0/1
!
interface FastEthernet 0/2
!
```

```
interface FastEthernet 0/3
!
interface FastEthernet 0/4
!
interface FastEthernet 0/5
!
interface FastEthernet 0/6
!
interface FastEthernet 0/7
!
interface FastEthernet 0/8
!
interface FastEthernet 0/9
!
interface FastEthernet 0/10
!
interface FastEthernet 0/11
!
interface FastEthernet 0/12
!
interface FastEthernet 0/13
!
interface FastEthernet 0/14
!
interface FastEthernet 0/15
!
interface FastEthernet 0/16
!
interface FastEthernet 0/17
!
interface FastEthernet 0/18
!
interface FastEthernet 0/19
!
interface FastEthernet 0/20
!
interface FastEthernet 0/21
!
interface FastEthernet 0/22
!
interface FastEthernet 0/23
!
interface FastEthernet 0/24
!
```

```
interface GigabitEthernet 0/25
!
interface GigabitEthernet 0/26
!
interface GigabitEthernet 0/27
!
interface GigabitEthernet 0/28
!
address-bind 192.168.1.1 0015.f2dc.96a4
address-bind 192.168.1.2 001c.251e.16cc
address-bind install
!
!
!
!
line con 0
line vty 0 4
  login
!
!
End
```

2.2 使用端口安全提高接入安全

【实验名称】

使用端口安全提高接入安全。

【实验目的】

使用交换机的端口安全功能增强接入层网络安全性。

【背景描述】

某企业的网络管理员发现经常有员工私自将自己的笔记本式计算机接入到网络中，而且有些员工通过使用 HUB 将多个网络设备接入到交换机端口上，给网络管理和维护增加了难度。

【需求分析】

对于网络中出现的这种问题，需要防止用户接入非法或未授权的设备，并且限制用户将多个网络设备接入到交换机的端口。交换机的端口安全特性可以满足这个要求，提高接入层网络的安全性。

【实验拓扑】

图 2-6 所示的网络拓扑，是某公司局域网中的拓扑规划图，希望实现局域网中使用交

换机的端口安全技术，防止用户接入非法或未授权的设备，并且限制用户将多个网络设备接入到交换机的端口，增强网络接入的安全控制功能。

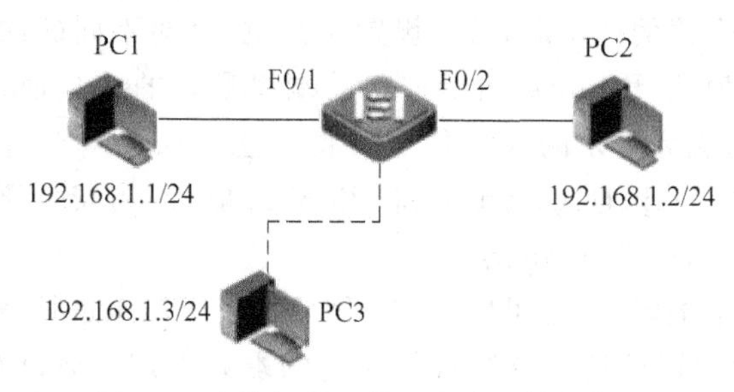

图 2-6　交换机端口接入安全拓扑规划图

【实验设备】

交换机 1 台；PC 3 台。

【预备知识】

- 交换机转发原理。
- 交换机基本配置。
- 端口安全原理。

大部分网络攻击行为都采用欺骗源 IP 或源 MAC 地址的方法，对网络的核心设备进行连续的数据包的攻击，从而耗尽网络核心设备系统资源的目的，如典型的 ARP 攻击、MAC 攻击和 DHCP 攻击等。这些针对交换机的端口产生的攻击行为，可以启用交换机的端口安全功能特性来防范。通过在交换机的某个端口上配置限制访问的 MAC 地址以及 IP(可选)，可以控制该端口上的数据安全输入。

当交换机的端口配置安全端口功能：设置来自于某些源地址的数据是合法数据后，打开交换机的端口安全功能，除了源地址为这些安全地址的包外，这个端口将不转发其他任何包。为了增强网络的安全性，还可以将 MAC 地址和 IP 地址绑定起来，作为安全接入的地址，实施更为严格的访问限制。当然，也可以只绑定其中的一个地址，如只绑定 MAC 地址而不绑定 IP 地址，或相反。

交换机的端口安全功能还表现在，可以限制一个端口上能连接安全地址的最大个数。如果一个端口被配置为安全端口，配置有最大的安全地址的连接数量，当其上连接的安全地址的数目达到允许的最大个数，或该端口收到一个源地址不属于该端口上的安全地址时，交换机将产生一个安全违例通知。

交换机的端口安全违例产生后，可以选择多种方式来处理违例，如丢弃接收到的数据帧，发送违例通知或关闭相应端口等。如果将交换机上某个端口上最大个数设置为 1，并且为该端口只配置了一个安全地址时，则连接到这个端口上的工作站(其地址为配置的安全地址)将独享该端口的全部带宽。

最常见的对交换机端口安全的理解，就是根据交换机端口上连接设备的 MAC 地址，实施对网络流量的控制和管理，例如限制具体端口上通过的 MAC 地址的最大连接数量，这样一来，可以限制终端用户，非法使用集线器等简单的网络互联设备，来随意性扩展企业内部网络的连接数量，造成网络中流量的不可控制。

当交换机端口上所连接的安全地址的数目达到允许的最大个数，交换机将产生一个安全违例通知。当安全违例产生后，可以设置交换机，针对不同的网络安全需求，采用不同的安全违例的处理模式：Protect（当所连接的端口通过的安全地址达到最大的安全地址个数后，安全端口将丢弃其余的未知名地址数据包）、RestrictTrap（当安全端口产生违例事件后，将发送一个 Trap 通知，等候处理）和 Shutdown（当安全端口产生违例事件后，将关闭端口，同时还发送一个 Trap 通知）。

对交换机端口安全的实施，还可以根据 MAC 地址限制来进行网络管理，实施网络安全，例如把接入主机的 MAC 地址与交换机相连的端口绑定。通过在交换机的指定端口上限制带有某些接入设备的 MAC 地址帧流量通过，从而实现对网络的安全控制访问目的。

当连接主机的 MAC 地址与交换机连接端口绑定后，如果交换机发现主机的 MAC 地址与交换机上配置的 MAC 地址不同时，交换机相应的端口也将执行相应违例措施，如连接端口 Down 掉。

如果需要在交换机上配置端口的进行安全地址的绑定操作，从特权模式开始，可以通过以下步骤手工配置一个安全端口上的绑定的安全地址。

```
switchport port-security    ！打开接口的端口安全功能
switchport port-security maximum value
    ！设置接口上安全地址的最大个数，范围是 1～128，默认值为 128
switchport port-security violation {protect | restrict | shutdown}
    ！设置接口违例的方式，当接口因为违例而被关闭后选择的方式
Switchport port-security mac-address mac-address [ip-address ip-address]
    ！手工配置接口上的安全地址
switchport port-security mac-address 00-90-F5-10-79-C1
                                         ！配置端口的安全 MAC 地址
Switchport port-security maximum 1       ！限制此端口允许通过 MAC 地址数为 1
Switchport port-security violation shutdown ！当配置不符时端口 down 掉
Show port-security address               ！验证配置
No switchport port-security mac-address mac-address  ！删除该接口安全地址
No swithcport port-security              ！关闭一个接口的端口安全功能
No switchport port-security maximum      ！恢复交换机端口默认连接地址个数
No switchport port-security violation    ！将违例处理置为默认模式
```

【实验原理】

交换机的端口安全特性可以只允许特定 MAC 地址的设备接入到网络中，从而防止用户将非法或未授权的设备接入网络，并且可以限制端口接入的设备数量，防止用户将过多的设备接入到网络中。

【实验步骤】

(1) 启用端口安全特性。

```
Switch#configure
Switch(config)#interface fastEthernet 0/1
Switch(config-if)#switchport port-security
```

(2) 手工配置 PC1 的 MAC 地址为安全 MAC 地址。

```
Switch(config-if)#switchport port-security mac-address 0001.0001.0001
```

(3) 配置端口最多允许一个安全 MAC 地址，即保证只有 PC1 可以接入到此端口。

```
Switch(config-if)#switchport port-security maximum 1
```

(4) 配置当产生地址违规时关闭端口。

```
Switch(config-if)#switchport port-security violation shutdown
```

(5) 验证测试。

将 PC1 接入 F0/1 接口，PC1 与 PC2 之间可以互相 ping 通。

(6) 验证测试。

将 PC3 接入到 F0/1 接口，并且设置其 IP 地址为 192.168.1.3。在 PC3 上 ping PC2 的 IP 地址，无法 ping 通，而且交换机提示如下信息，出现端口违规，端口被关闭。

```
Nov 9 02:01:47 Switch % 7:Interface FastEthernet 0/1 violation occur.
Nov 9 02:01:50 Switch % 7:% LINK CHANGED: Interface FastEthernet 0/1, changed
state to down
Nov 9 02:01:50 Switch % 7:% LINE PROTOCOL CHANGE: Interface FastEthernet 0/1,
changed state to DOWN
```

由于 PC3 的 MAC 地址不是所配置的安全地址(PC1 的 MAC 地址)，而且由于端口最多允许一个安全 MAC 地址，所以当端口收到 PC3 发送的数据帧时，产生了端口违规现象，端口被关闭。

【注意事项】

- 配置安全端口之前必须使用命令 switchport mode access 将端口设置为 Access 端口。
- 当端口由于违规被关闭时，可以在全局模式下使用 errdisable recovery 命令将其恢复到 UP 状态。
- 在配置安全 MAC 地址实验中，使用 PC1 主机网卡的真实 MAC 地址。

【参考配置】

```
Switch#show running-config

Building configuration...
Current configuration : 1286 bytes
!
hostname Switch
```

```
!
vlan 1
!
interface FastEthernet 0/1
  switchport port-security mac-address 0001.0001.0001
  switchport port-security maximum 1
  switchport port-security violation shutdown
  switchport port-security
!
interface FastEthernet 0/2
!
interface FastEthernet 0/3
!
interface FastEthernet 0/4
!
interface FastEthernet 0/5
!
interface FastEthernet 0/6
!
interface FastEthernet 0/7
!
interface FastEthernet 0/8
!
interface FastEthernet 0/9
!
interface FastEthernet 0/10
!
interface FastEthernet 0/11
!
interface FastEthernet 0/12
!
interface FastEthernet 0/13
!
interface FastEthernet 0/14
!
interface FastEthernet 0/15
!
interface FastEthernet 0/16
!
interface FastEthernet 0/17
!
interface FastEthernet 0/18
!
interface FastEthernet 0/19
```

```
!
interface FastEthernet 0/20
!
interface FastEthernet 0/21
!
interface FastEthernet 0/22
!
interface FastEthernet 0/23
!
interface FastEthernet 0/24
!
interface GigabitEthernet 0/25
!
interface GigabitEthernet 0/26
!
interface GigabitEthernet 0/27
!
interface GigabitEthernet 0/28
!
!
line con 0
line vty 0 4
  login
!
!
end
```

2.3 ARP 攻击与防御(ARP 检查)

【实验名称】

ARP 攻击与防御(ARP 检查)。

【实验目的】

使用交换机的 ARP 检查功能防止 ARP 欺骗攻击。

【背景描述】

某企业的网络管理员发现最近经常有员工抱怨无法访问互联网,经过故障排查后,发现客户端 PC 上缓存的网关的 ARP 绑定条目是错误的,从此现象可以判断出网络中可能出现了 ARP 欺骗攻击,导致客户端 PC 不能获取正确的 ARP 条目,以致不能访问外部网络。

【需求分析】

ARP 欺骗攻击是目前内部网络出现的最频繁的一种攻击。对于这种攻击,需要检查网络中ARP报文的合法性。交换机的ARP检查功能可以满足这个要求，防止ARP欺骗攻击。

【实验拓扑】

图2-7是某公司局域网中的拓扑规划图，希望实现局域网中使用交换机的端口实施ARP检查安全技术，保护用户客户端接入PC，能获取正确的ARP条目，增强网络接入的安全控制功能。

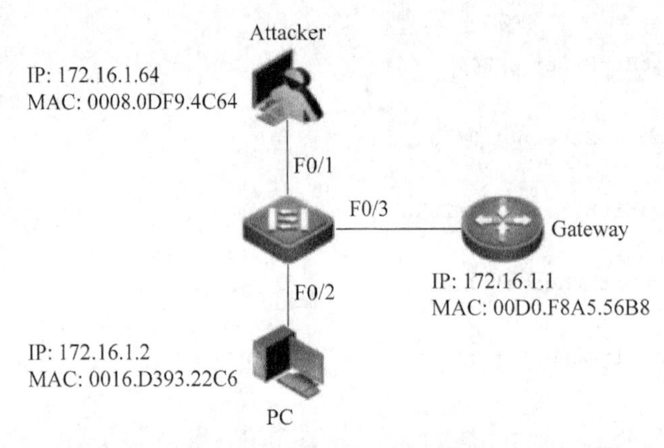

图2-7 交换机端口实施ARP检查安全技术

【实验设备】

交换机1台；PC 2台，其中一个需要安装ARP欺骗攻击工具WinArpSpoofer(测试用)；路由器1台(作为网关)。

【预备知识】

- 交换机转发原理。
- 交换机基本配置。
- ARP检查原理。

在局域网中，网络中实际传输的是“帧”，帧里面是有目标主机的MAC地址。在以太网中，一个主机和另一个主机进行直接通信，必须要知道目标主机的MAC地址。但这个目标MAC地址是如何获得的呢？它就是通过地址解析协议获得的。所谓“地址解析”，就是主机在发送帧前将目标IP地址转换成目标MAC地址的过程。ARP(Address Resolution Protocol，地址解析协议)的基本功能就是通过目标设备的IP地址，查询目标设备的MAC地址，以保证通信的顺利进行。

ARP检查的原理就是：首先，每台主机都会在自己的ARP缓冲区中建立一个ARP列表，以表示IP地址和MAC地址的对应关系。当源主机需要将一个数据包发送到目的主机时，会首先检查自己ARP列表中是否存在该IP地址对应的MAC地址，如果有，就直接将数据包发送到这个MAC地址；如果没有，就向本地网段发起一个ARP请求的广播包，查询此目的主机对应的MAC地址。此ARP请求数据包里包括源主机的IP地址、硬件地址以及目的主机的IP地址。网络中所有的主机收到这个ARP请求后，会检查数据包中的目的 IP 是否和自己的 IP 地址一致。如果不相同,就忽略此数据包;如果相同,该主机首先将发送端的 MAC 地址和 IP 地址添加到自己的 ARP 列表中,如果 ARP 表中已经存在该 IP 的信息,则将其覆盖,然后给源主机发送一个 ARP 响应数据包,告诉对方自己是它需要查找的 MAC 地址。源主机收到这个 ARP 响应数据包后,将得到的目的主机的 IP 地址和 MAC 地址添加到自己的 ARP 列表中,并利用此信息开始数据的传输。如果源主机一直没有收到 ARP 响应数据包,表示 ARP 查询失败。

- ARP 欺骗原理。

局域网中此起彼伏的瞬间掉线或大面积的断网,大都是 ARP 欺骗在作怪。从影响网络连接通畅的方式来看,ARP 欺骗分为两种:一种是对路由器 ARP 表的欺骗;另一种是对内网 PC 的网关欺骗。

第一种 ARP 欺骗的原理是——截获网关数据。它通知路由器一系列错误的内网 MAC 地址,并按照一定的频率不断进行,使真实的地址信息无法通过更新保存在路由器中,结果路由器的所有数据只能发送给错误的 MAC 地址,造成正常 PC 无法收到信息。第二种 ARP 欺骗的原理是——伪造网关。它的原理是建立假网关,让被它欺骗的 PC 向假网关发数据,而不是通过正常的路由器途径上网。在 PC 看来,就是上不了网了,“网络掉线了”。

以主机 A(192.168.16.1)向主机 B(192.168.16.2)发送数据为例。当发送数据时,主机 A 会在自己的 ARP 缓存表中寻找是否有目标 IP 地址。如果找到了,也就知道了目标 MAC 地址,直接把目标 MAC 地址写入帧里面发送就可以了;如果在 ARP 缓存表中没有找到相对应的 IP 地址,主机 A 就会在网络上发送一个广播。目标 MAC 地址是 FF.FF.FF.FF.FF.FF,这表示向同一网段内的所有主机发出这样的询问:“192.168.16.2 的 MAC 地址是什么?”网络上其他主机并不响应 ARP 询问,只有主机 B 接收到这个帧时,才向主机 A 做出这样的回应:“192.168.16.2 的 MAC 地址是 bb-bb-bb-bb-bb-bb。”这样,主机 A 就知道了主机 B 的 MAC 地址,它就可以向主机 B 发送信息了。同时,它还更新了自己的 ARP 缓存表,下次再向主机 B 发送信息时,直接从 ARP 缓存表里查找就可以了。ARP 缓存表采用了老化机制,在一段时间内如果表中的某一行没有使用,就会被删除,这样可以大大减少 ARP 缓存表的长度,加快查询速度。

从上面的内容可以看出,ARP 协议的基础就是信任局域网内所有的人,那么就很容易实现在以太网上的 ARP 欺骗。对目标主机 A 进行欺骗,主机 A 去 ping 主机 C,信息通过广播方式首先发送到主机 D 的 DD-DD-DD-DD-DD-DD 地址上。如果进行欺骗的时候,把主机 C 的 MAC 地址骗为主机 D 的 DD-DD-DD-DD-DD-DD,于是主机 A 发送到主机 C 上的数据包都变成发送给主机 D 了。这不正好是主机 D 能够接收到 A 发送的数据包了么,嗅探成功。

主机 A 对这个变化一点都没有意识到,但是接下来的事情就让主机 A 产生了怀疑。因为主机 A 和主机 C 连接不上,主机 D 对接收到主机 A 发送给主机 C 的数据包没有转交给主机 C。做 man in the middle,进行 ARP 重定向。打开主机 D 的 IP 转发功能,主机 A 发送过来的数据包转发给主机 C,好比一个路由器一样。不过,假如主机 D 发送 ICMP 重定向的话,就中断了整个计划。

主机 D 直接进行整个包的修改转发,捕获到主机 A 发送给主机 C 的数据包,全部进行修改后再转发给主机 C,而主机 C 接收到的数据包完全认为是从主机 A 发送来的。不过,主机 C 发送的数据包又直接传递给主机 A,倘若再次进行对主机 C 的 ARP 欺骗。现在主机 D 就完全成为主机 A 与主机 C 之间的桥梁了,对于主机 A 和主机 C 之间的通信就可以了如指掌。

【实验原理】

交换机的 ARP 检查功能可以检查端口收到的 ARP 报文的合法性,并可以丢弃非法的 ARP 报文,防止 ARP 欺骗攻击。

【实验步骤】

(1) 配置 IP 地址,测试网络连通性。

按照图 2-7 所示拓扑图正确配置 PC、攻击机、路由器的 IP 地址,使用 ping 命令验证设备之间的连通性,保证可以互通。查看 PC 本地的 ARP 缓存,ARP 表中存有正确的网关的 IP 与 MAC 地址绑定,如图 2-8 所示。

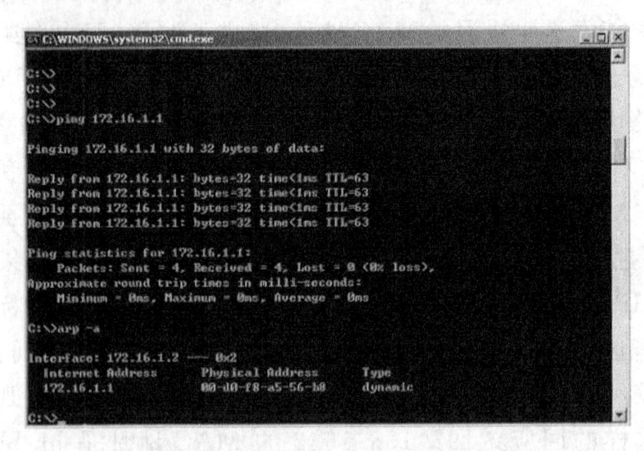

图 2-8 查询 ARP 表中的网关绑定

(2) 在攻击机上运行 WinArpSpoofer 软件后,界面显示如图 2-9 所示。

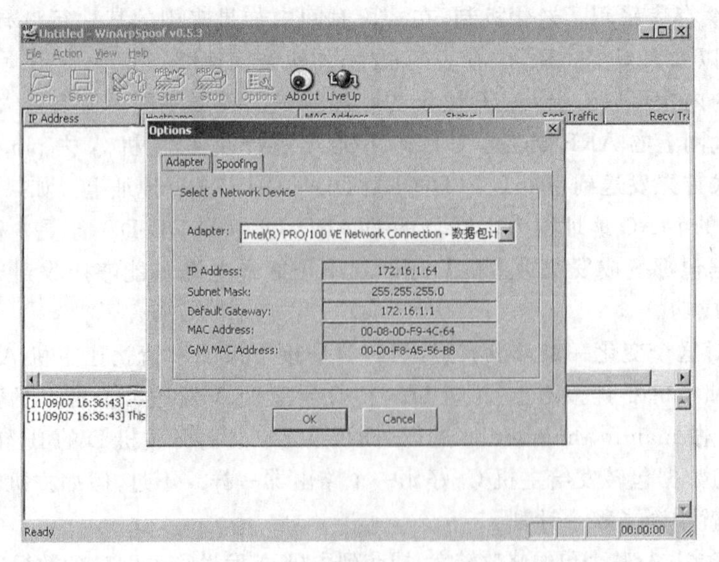

图 2-9 攻击机上运行 WinArpSpoofer 软件

在 Adapter 选项卡中,选择正确的网卡后,WinArpSpoofer 会显示网卡的 IP 地址、掩码、网关、MAC 地址以及网关的 MAC 地址信息。

(3) 在 WinArpSpoofer 界面中选择 Spoofing 选项卡,界面如图 2-10 所示。

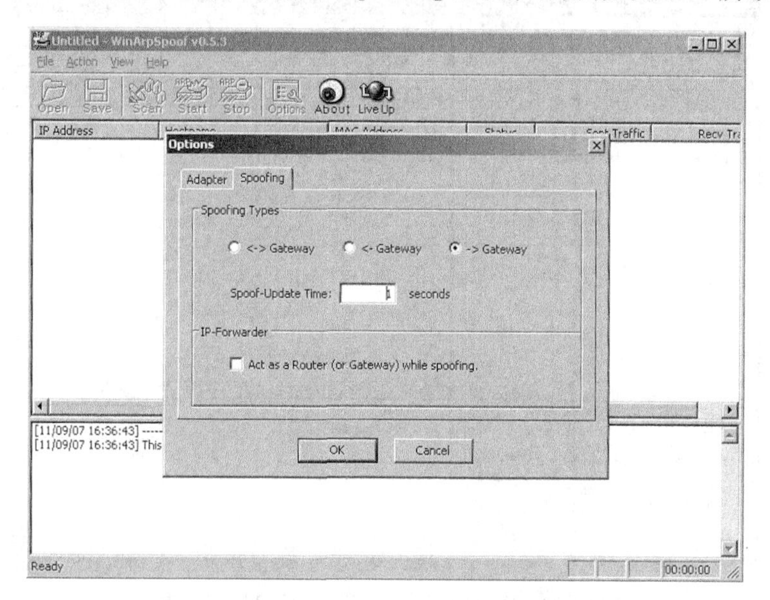

图 2-10 WinArpSpoofer 软件的 Spoofing 选项卡

在 Spoofing 选项卡中,取消对 Act as a Router(or Gateway) while spoofing. 复选框的勾选。如果选中,软件还将进行 ARP 中间人攻击。配置完毕后,单击 OK 按钮。

(4) 使用 WinArpSpoofer 进行扫描。

单击工具栏中的 Scan 按钮,软件将会扫描网络中的主机,并获取其 IP 地址、MAC 地址等信息,如图 2-11 所示。

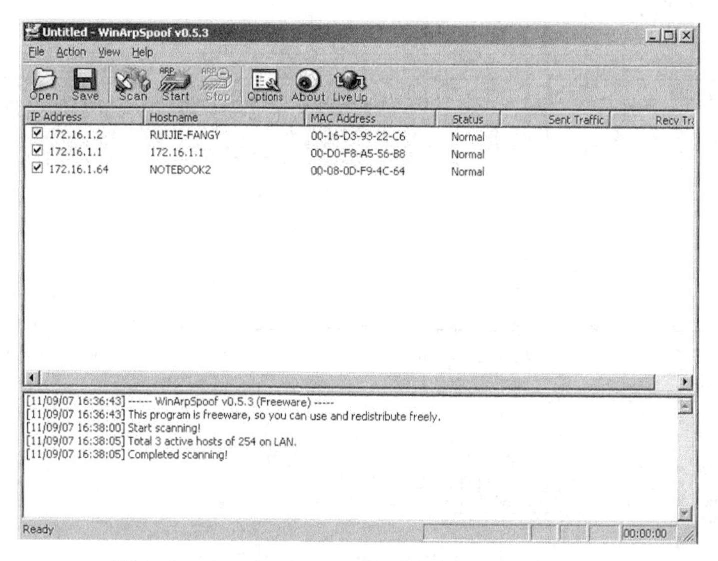

图 2-11 WinArpSpoofer 软件扫描网络中的主机

(5) 进行 ARP 欺骗。

单击工具栏中的 Start 按钮,软件将进行 ARP 欺骗攻击,如图 2-12 所示。

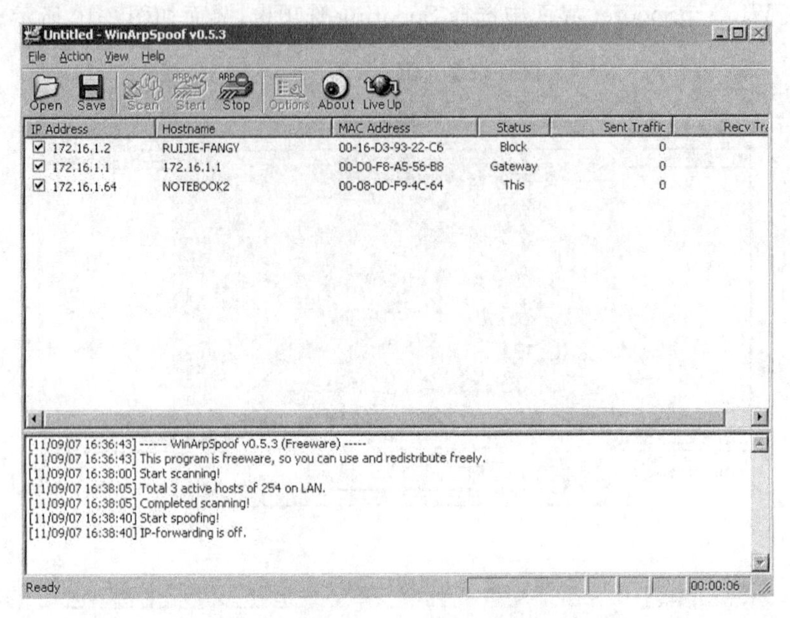

图 2-12 WinArpSpoofer 进行 ARP 欺骗攻击

(6) 验证测试。

通过使用 Ethereal 捕获攻击机发出的报文,可以看出攻击机发送了经过伪造的 ARP 应答(Reply)报文,目的 MAC 地址为 PC 的 MAC 地址(0016. D393. 22C6)。攻击者"声称"网关(IP 地址为 172. 16. 1. 1)的 MAC 地址为自己的 MAC 地址(0008. 0DF9. 4C64),并"声称"自己(IP 地址为 172. 16. 1. 64)的 MAC 地址为网关的 MAC 地址(00D0. F8A5. 56B8),如图 2-13 所示。

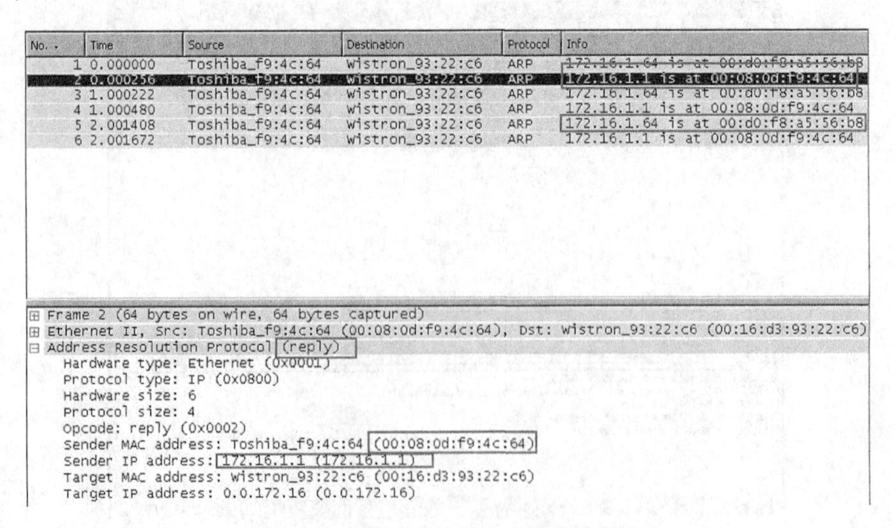

图 2-13 Ethereal 捕获攻击机发出报文

(7) 验证测试。

使用 PC ping 网关的地址,发现无法 ping 通。查看 PC 的 ARP 缓存,可以看到 PC 收到了伪造的 ARP 应答报文后,更新了 ARP 表,表中的条目为错误的绑定,即网关的 IP 地址与攻击机的 MAC 地址进行了绑定,如图 2-14 所示。

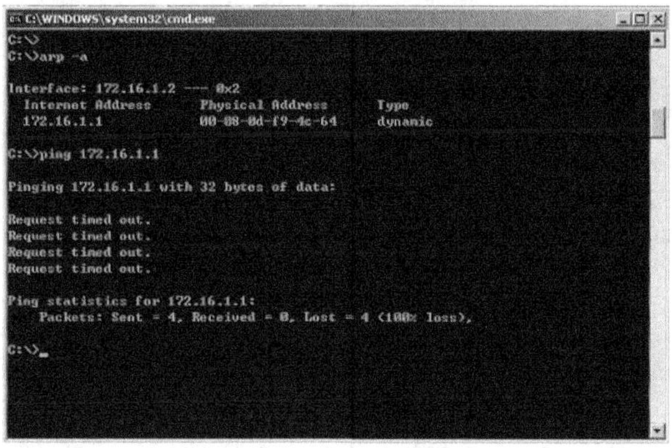

```
C:\WINDOWS\system32\cmd.exe
C:\>
C:\>arp -a

Interface: 172.16.1.2 --- 0x2
  Internet Address      Physical Address      Type
  172.16.1.1            00-08-0d-f9-4c-64     dynamic

C:\>ping 172.16.1.1

Pinging 172.16.1.1 with 32 bytes of data:

Request timed out.
Request timed out.
Request timed out.
Request timed out.

Ping statistics for 172.16.1.1:
    Packets: Sent = 4, Received = 0, Lost = 4 (100% loss),

C:\>_
```

图 2-14　伪造 ARP 应答报文更新 ARP 表

(8) 配置 ARP 检查。

在交换机连接攻击者 PC 的端口上启用 ARP 检查功能,防止 ARP 欺骗攻击。

```
Switch#configure
Switch(config)#port-security arp-check
Switch(config)#interface fastEthernet 0/1
Switch(config-if)#switchport port-security
Switch(config-if)#switchport port-security mac-address 0008.0df9.4c64 ip-address
172.16.1.64        !将攻击者的 MAC 地址与其真实的 IP 地址绑定
```

(9) 验证测试。

启用了 ARP 检查功能后,当交换机端口收到非法 ARP 报文后,会将其丢弃。这时在 PC 上查看 ARP 缓存,发现 ARP 表中的条目是正确的,并且 PC 可以 ping 通网关,如图 2-15 所示。

```
C:\WINDOWS\system32\cmd.exe
C:\>
C:\>
C:\>
C:\>ping 172.16.1.1

Pinging 172.16.1.1 with 32 bytes of data:

Reply from 172.16.1.1: bytes=32 time<1ms TTL=63
Reply from 172.16.1.1: bytes=32 time<1ms TTL=63
Reply from 172.16.1.1: bytes=32 time<1ms TTL=63
Reply from 172.16.1.1: bytes=32 time<1ms TTL=63

Ping statistics for 172.16.1.1:
    Packets: Sent = 4, Received = 4, Lost = 0 (0% loss),
Approximate round trip times in milli-seconds:
    Minimum = 0ms, Maximum = 0ms, Average = 0ms

C:\>arp -a

Interface: 172.16.1.2 --- 0x2
  Internet Address      Physical Address      Type
  172.16.1.1            00-d0-f8-a5-56-b8     dynamic

C:\>_
```

图 2-15　正确 ARP 表条目可以 ping 通网关

注意，由于 PC 之前缓存了错误的 ARP 条目，所以需要等到错误条目超时或使用 arp-d 命令进行手动删除之后，PC 才能解析出正确的网关 MAC 地址。

【注意事项】

WinArpSpoofer 软件仅可用于实验。

【参考配置】

```
Switch# show running-config

Building configuration...
Current configuration : 216 bytes
!
version 1.0
!
hostname Switch
vlan 1
!
port-security arp-check
interface fastEthernet 0/1
  switchport port-security
  switchport port-security mac-address 0008.0df9.4c64 ip-address 172.16.1.64
!
end
```

2.4　使用保护端口实现安全隔离

【实验名称】

使用保护端口实现安全隔离。

【实验目的】

使用交换机的保护端口功能对端口流量进行控制。

【背景描述】

某网络中，有两台服务器属于同一个 VLAN 中，并且接入到了一台交换机上。为了安全起见，需要防止这两台服务器之间进行通信。

【需求分析】

对于这种需求，需要在交换机上隔离端口之间的通信，交换机的保护端口特性可以满足这个要求。

【实验拓扑】

图 2-16 所示的网络拓扑，是某局域网中的拓扑规划图，希望实现局域网中两台服务

器安全检查技术，保护同一台交换机上同一个 VLAN 中两台服务器的安全，防止这两台服务器之间进行通信，增强网络服务器的安全访问控制功能。

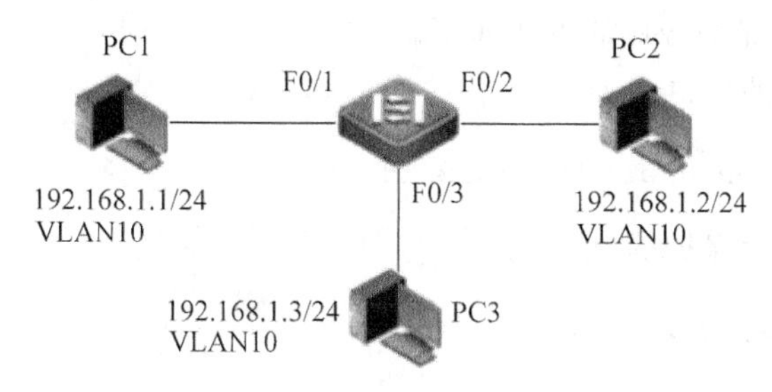

图 2-16 保护同一个 VLAN 中两台服务器的安全访问控制

【实验设备】

交换机 1 台；PC 3 台。

【预备知识】

- 交换机转发原理。

局域网交换技术是作为对共享式局域网，提供有效的网段划分的解决方案而出现的，它可以使每个用户尽可能地分享到最大带宽。

交换技术是在 OSI 七层网络模型中的第二层，即数据链路层进行操作，因此交换机对数据包的转发，建立在 MAC 地址——物理地址基础之上。对于 IP 网络协议来说，它是透明的，即交换机在转发数据包时，不知道也无须知道信源机和信宿机 IP 地址，只需知道其物理地址，即 MAC 地址。

交换机在操作过程当中，会不断收集资料去建立它本身的一个地址表，这个表相当简单，它只说明了某个 MAC 地址是在哪个端口上被发现。所以当交换机收到一个 TCP/IP 封包时，它便会看一下该数据包的目的 MAC 地址，核对一下自己的地址表，以确认应该从哪个端口把数据包发出去。

由于这个过程比较简单，加上这一功能由一崭新硬件进行——ASIC(Application Specific Integrated Circuit)，因此速度相当快，一般只需几十微秒，交换机便可决定一个 IP 封包该往哪里送。值得一提的是，万一交换机收到一个不认识的封包，就是说如果目的地 MAC 地址不能在地址表中找到时，交换机会把 IP 封包"广播"出去，即把它从每一个端口中送出去，就如交换机在处理一个收到的广播封包时一样。因此，当某个节点发送广播消息，能够接收到这个消息的所有节点属于同一广播域，广播会带来安全问题和网络干扰。

- 交换机基本配置。
- 保护端口原理。

保护端口可以确保同一交换机上的端口之间不进行通信。有些应用环境下，要求一台交换机上的有些端口之间不能互相通信，保护端口不向其他保护端口转发任何传输，包括单播、多播和广播包。传输不能在第二层保护端口间进行，所有保护端口间的传输都必须通过第三层设备转发。

当将某些端口设为保护口之后，保护口之间互相无法通信，保护端口与非保护端口间的传输不受任何影响，可以正常通信。

在交换机上设置保护端口的方法如下。

(1) 指定欲配置的接口。

```
Switch(config)#interface interface-id
```

(2) 将接口配置为保护端口。

```
Switch(config-if)#switchport protected
```

【实验原理】

保护端口是交换机中的一个基于端口的流量控制功能，它可以防止数据在端口之间被转发，也就是阻塞端口之间的通信。保护端口是一个交换机本地的特性，相同交换机中保护端口之间无法进行通信，但保护端口与非保护端口之间的通信将不受影响。

【实验步骤】

(1) 创建并配置 VLAN。

```
Switch#configure
Switch(config)#vlan 10
Switch(config-vlan)#exit
Switch(config)#interface range fastEthernet 0/1-3
Switch(config-if)#switchport access vlan 10
Switch(config-if)#end
Switch#
```

(2) 验证测试。

PC1、PC2、PC3 之间可以互相 ping 通。

(3) 配置保护端口。

将 F0/1 与 F0/2 端口配置为保护端口。

```
Switch#configure
Switch(config)#interface range fastEthernet 0/1-2
Switch(config-if-range)#switchport protected
                  ! 配置端口 F0/1 和端口 F0/2 为保护端口
Switch(config-if-range)#end
Switch#
```

(4) 验证测试

由于 F0/1 与 F0/2 配置为保护端口，所以 PC1 与 PC2 之间无法 ping 通，如图 2-17 所示。

但 PC1 与 PC3、PC2 与 PC3 之间，即保护端口与非保护端口之间可以 ping 通，如图 2-18 所示。

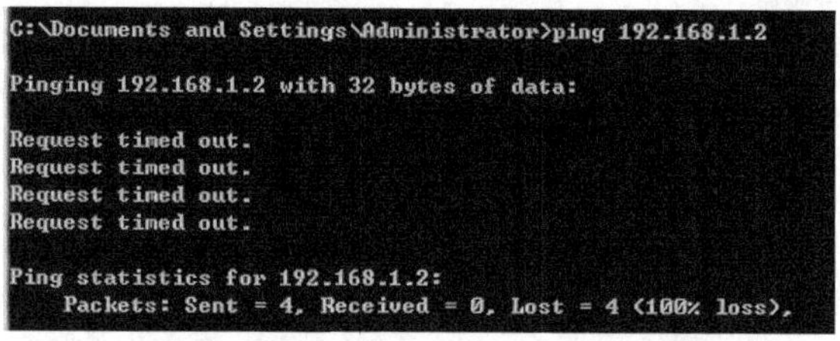

```
C:\Documents and Settings\Administrator>ping 192.168.1.2

Pinging 192.168.1.2 with 32 bytes of data:

Request timed out.
Request timed out.
Request timed out.
Request timed out.

Ping statistics for 192.168.1.2:
    Packets: Sent = 4, Received = 0, Lost = 4 (100% loss),
```

图 2-17 保护端口之间无法 ping 通

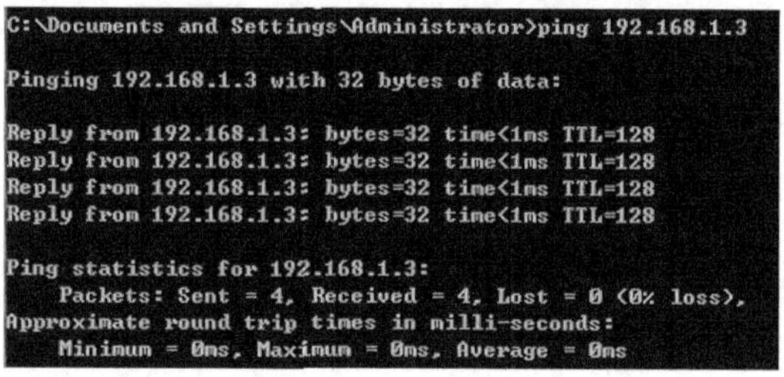

```
C:\Documents and Settings\Administrator>ping 192.168.1.3

Pinging 192.168.1.3 with 32 bytes of data:

Reply from 192.168.1.3: bytes=32 time<1ms TTL=128
Reply from 192.168.1.3: bytes=32 time<1ms TTL=128
Reply from 192.168.1.3: bytes=32 time<1ms TTL=128
Reply from 192.168.1.3: bytes=32 time<1ms TTL=128

Ping statistics for 192.168.1.3:
    Packets: Sent = 4, Received = 4, Lost = 0 (0% loss),
Approximate round trip times in milli-seconds:
    Minimum = 0ms, Maximum = 0ms, Average = 0ms
```

图 2-18 保护端口与非保护端口间可以 ping 通

【参考配置】

```
Switch#show running-config

Building configuration...
Current configuration : 1261 bytes

!
!
!
vlan 1
!
vlan 10
!
!
!
interface FastEthernet 0/1
  switchport access vlan 10
  switchport protected
!
interface FastEthernet 0/2
  switchport access vlan 10
  switchport protected
!
interface FastEthernet 0/3
  switchport access vlan 10
```

```
!
interface FastEthernet 0/4
!
interface FastEthernet 0/5
!
interface FastEthernet 0/6
!
interface FastEthernet 0/7
!
interface FastEthernet 0/8
!
interface FastEthernet 0/9
!
interface FastEthernet 0/10
!
interface FastEthernet 0/11
!
interface FastEthernet 0/12
!
interface FastEthernet 0/13
!
interface FastEthernet 0/14
!
interface FastEthernet 0/15
!
interface FastEthernet 0/16
!
interface FastEthernet 0/17
!
interface FastEthernet 0/18
!
interface FastEthernet 0/19
!
interface FastEthernet 0/20
!
interface FastEthernet 0/21
!
interface FastEthernet 0/22
!
interface FastEthernet 0/23
!
interface FastEthernet 0/24
!
interface GigabitEthernet 0/25
```

```
!
interface GigabitEthernet 0/26
!
interface GigabitEthernet 0/27
!
interface GigabitEthernet 0/28
!
!
!
!
!
line con 0
line vty 0 4
  login
!
!
end
```

2.5 使用端口阻塞进行流量控制

【实验名称】

使用端口阻塞进行流量控制。

【实验目的】

使用交换机的端口阻塞功能对端口流量进行控制。

【背景描述】

某企业网络中最近经常出现大量的数据泛洪现象，通过分析，发现很多设备收到了不是发往其自身的数据包。对于这种现象，很可能是网络中有人发起 MAC 泛洪攻击。

【需求分析】

对于网络中出现的大量泛洪现象，可以使用交换机的端口阻塞功能防止不必要的数据泛洪。

【实验拓扑】

图 2-19 是某企业局域网规划拓扑，该局域网络中最近经常出现大量的数据泛洪现象，希望实现交换机的端口阻塞功能，防止不必要的数据泛洪，以保护网络安全。

【实验设备】

交换机 1 台；PC 3 台（PC1 装有 Ethereal 或 Sniffer 等报文发送工具）。

【预备知识】

- 交换机转发原理。

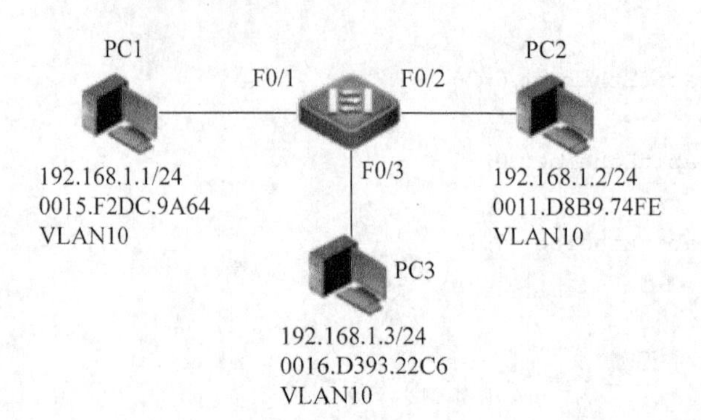

图 2-19 配置交换机端口阻塞，防止数据泛洪，实现局域网安全

- 交换机基本配置。
- 端口阻塞原理。

标准的交换机行为就是将去往未知的目标 MAC 地址的数据帧洪泛发出，并且将每个到达包的源地址和端口信息填入到 CRM 表(内容寻址内存表)。交换机拥有一个大小固定的内存空间，用于存放学习到的 MAC 地址信息，交换机或桥连接就是依靠这张表来实施转发、过滤以及第二层的学习机制的。

在默认情况下，如果数据包具有未知目标 MAC 地址，那么交换机将把它扩散到与接收端口 VLAN 相同的所有端口。但通过使用单播或多播扩散阻塞的特性，可以避免在不必要的端口上转发单播扩散流量。通过以每个端口为基础而限制流量大小，不仅可以增加网络的安全限制，而且还可以防止网络设备，徒然地处理无定向数据包。

因此，交换机的端口阻塞功能，可以在特定端口上阻止广播、未知目的 MAC 单播或未知目的 MAC 组播帧，从这个端口泛洪出去。

配置的基本过程如下。

(1) 进入全局模式。

```
configure terminal
```

(2) 进入接口模式。

```
interface 接口
```

(3) 配置其端口阻塞单播。

```
switchport block unicast
```

(4) 配置其端口阻塞多播流量。

```
switchport block multicast
```

【实验原理】

交换机的端口阻塞是指在特定端口上，阻止广播、未知目的 MAC 单播或未知目的 MAC 组播帧从这个端口泛洪出去，这样不仅节省了带宽资源，同时也避免了终端设备收到多余的数据帧。

【实验步骤】

(1) 创建并配置 VLAN。

```
Switch#configure
Switch(config)#vlan 10
Switch(config-vlan)#exit
Switch(config)#interface range fastEthernet 0/1-3
Switch(config-if)#switchport access vlan 10
Switch(config-if)#end
Switch#
```

(2) 验证测试。

PC1、PC2、PC3 之间可以互相 ping 通。

(3) 验证测试。

在图 2-19 中的网络拓扑 PC1 上,使用 Ethereal 或 Sniffer 等报文发送工具,发送未知目的 MAC 地址的单播帧(本实验假设是 0001.0001.0001),在 PC2 与 PC3 上均可以捕获到报文,原因是交换机向所有端口泛洪了未知目的 MAC 地址的帧。

在 PC2 与 PC3 上捕获的报文,如图 2-20 所示。

No.	Time	Source	Destination	Protocol	Info
1	0.000000	00:15:f2:dc:9a:64	00:01:00:01:00:01	FC	[Malformed Packet]
2	0.013637	00:15:f2:dc:9a:64	00:01:00:01:00:01	FC	[Malformed Packet]
3	0.029247	00:15:f2:dc:9a:64	00:01:00:01:00:01	FC	[Malformed Packet]
4	0.044845	00:15:f2:dc:9a:64	00:01:00:01:00:01	FC	[Malformed Packet]
5	0.061654	00:15:f2:dc:9a:64	00:01:00:01:00:01	FC	[Malformed Packet]
6	0.076095	00:15:f2:dc:9a:64	00:01:00:01:00:01	FC	[Malformed Packet]
7	0.091721	00:15:f2:dc:9a:64	00:01:00:01:00:01	FC	[Malformed Packet]

图 2-20 PC 上捕获的未知目的 MAC 地址单播帧报文

(4) 配置端口阻塞。

配置 F0/3 端口阻塞未知目的 MAC 地址的单播帧。

```
Switch#configure
Switch(config)#interface fastEthernet 0/3
Switch(config-if)#switchport block unicast      ! 配置 F0/3 为阻塞端口
Switch(config-if)#end
```

(5) 验证测试。

由于 F0/3 配置为阻塞端口,PC1 发送的目的地址为 0001.0001.0001 的帧只有 PC2 可以收到,PC3 无法收到。

【参考配置】

```
Switch#show running-config

Building configuration...
Current configuration : 270 bytes
!
```

```
version 1.0
!
hostname Switch
vlan 1
!
vlan 10
!
interface fastEthernet 0/1
  switchport access vlan 10
!
interface fastEthernet 0/2
  switchport access vlan 10
!
interface fastEthernet 0/3
  switchport block unicast
  switchport access vlan 10
!
end
```

2.6 配置系统保护功能

【实验名称】

配置系统保护功能。

【实验目的】

使用交换机的系统保护功能阻止扫描攻击，保护交换机系统资源。

【背景描述】

某企业网络管理员发现网络中出现了扫描攻击。由于扫描攻击是任何后续攻击的第一步，为了消除安全隐患，而且避免由于扫描攻击给网络设备（如交换机）造成的资源消耗，需要阻止扫描攻击。

【需求分析】

由于网络中的扫描攻击导致的带宽浪费、系统资源消耗以及安全问题等现象，可以使用交换机的系统保护功能解决。

【实验拓扑】

图 2-21 所示网络拓扑，是某企业内部局域网络规划结构，希望实施交换机的系统保护功能，解决由于网络中的扫描、攻击导致的带宽浪费、系统资源消耗以及安全问题。

【实验设备】

交换机 1 台；PC 2 台（PC1 装有扫描工具）。

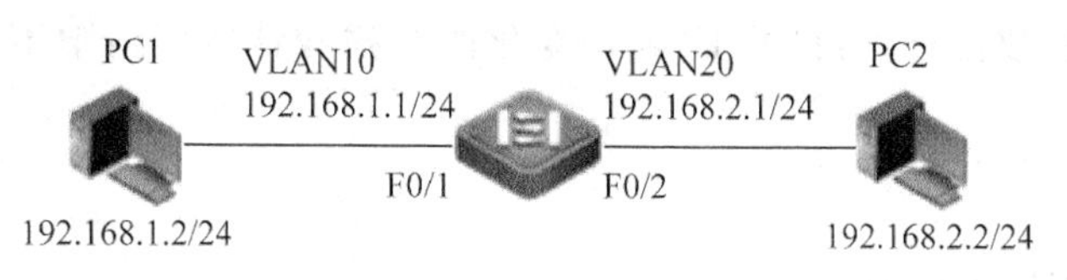

图 2-21 实施交换机系统保护解决网络资源消耗及安全

【预备知识】

- 交换机转发原理。
- 交换机基本配置。
- 系统保护原理。

system-guard 是在以太网交换机上，实现蠕虫病毒检测功能。交换机通过自动下发 ACL 方式，使染毒主机下线，从而将染毒主机与网络隔离，保证网络中的其他主机不受感染，在超过一定时间后，交换机将恢复对这个染毒主机地址的正常转发流程。

也就是说，这条命令限制了 TCP 并发连接数，它实时监控每一个进程的并发线程数目，只要超过了系统认为的安全线程数目，就开始屏蔽掉部分线程。这是为了防止震荡波这类的蠕虫病毒，但是 bt、emule 这类多线程的点对点工具也一起被同等对待了。于是，不开启 system-guard 时，蠕虫病毒将导致设备死机；开启 system-guard 时，导致很多用户 BT 软件工作异常。

system-guard 的配置包括：使能 system-guard 检测功能、设置当前最大可检测的染毒主机数目、设置每次地址学习相关参数。

通过以下命令可以使能或禁止 system-guard 检测功能。只有使能了 system-guard 检测功能后，system-guard 的其他配置才能生效。在全局模式下，配置 system-guard 命令检测功能：

```
system-guard enable              ! 配置 system-guard 检测功能
undo system-guard enable         ! 禁止 system-guard 检测功能
```

默认情况下，当前最大可检测染毒主机的数目为 30，还可以通过以下配置命令，配置系统当前最大可检测的染毒主机数目。设置当前最大可检测染毒主机的数目操作命令：

```
system-guard detect-maxnum number      ! 设置当前最大可检测的染毒主机数目
undo system-guard detect-maxnum        ! 恢复最大可检测染毒主机数目至默认值
```

在默认情况下，交换机禁止 system-guard 检测功能，需要注意的是：

(1) 在使用防火墙功能前，请确保端口的优先级配置处于默认状态，即端口的优先级为 0，且交换机对于报文中的 cos 优先级不信任。

(2) 在使用防火墙功能后，请不要修改端口优先级配置，以及系统的队列调度方式。

【实验原理】

交换机系统的保护特性是一种工作在物理端口的安全机制，它通过监视端口收到报文的速率判断是否存在扫描攻击，并对攻击 IP 进行阻断，保护交换机的系统资源。系统保护可以识别两种攻击行为：目的 IP 地址变化的扫描和针对网络中不存在的 IP 发送大量报文的攻击。

【实验步骤】

(1) 创建并配置 VLAN。

```
Switch# configure
Switch(config)#vlan 10
Switch(config-vlan)#exit
Switch(config)#vlan 20
Switch(config-vlan)#exit
Switch(config)#interface fastEthernet 0/1
Switch(config-if)#switchport access vlan 10
Switch(config-if))#exit
Switch(config)#interface fastEthernet 0/2
Switch(config-if)#switchport access vlan 20
Switch(config-if)#exit
Switch(config)#interface vlan 10
Switch(config-if)#ip address 192.168.1.1 255.255.255.0
Switch(config-if)#exit
Switch(config)#interface vlan 20
Switch(config-if)#ip address 192.168.2.1 255.255.255.0
Switch(config-if)#exit
Switch#
```

(2) 验证测试。

PC1 和 PC2 之间可以互相 ping 通，如图 2-22 所示。

```
C:\Documents and Settings\Administrator>ping 192.168.2.2

Pinging 192.168.2.2 with 32 bytes of data:

Reply from 192.168.2.2: bytes=32 time<1ms TTL=62
Reply from 192.168.2.2: bytes=32 time<1ms TTL=62
Reply from 192.168.2.2: bytes=32 time<1ms TTL=62
Reply from 192.168.2.2: bytes=32 time<1ms TTL=62

Ping statistics for 192.168.2.2:
    Packets: Sent = 4, Received = 4, Lost = 0 (0% loss),
Approximate round trip times in milli-seconds:
    Minimum = 0ms, Maximum = 0ms, Average = 0ms
```

图 2-22　PC 之间互相 ping 通

(3) 配置系统保护。

```
Switch# configure
Switch(config)#interface fastEthernet f0/1
Switch(config-if)#system-guard enable
Switch(config-if)#system-guard scan-dest-ip-attack-packets 100
    ! 配置针对目的 IP 地址变化扫描的检测阈值为每秒 100 个不同目的 IP 的报文
Switch(config-if)#system-guard isolate-time 600
```

```
！配置隔离时间为 600s
Switch(config-if)#end
```

(4) 验证测试。

如图 2-23 所示，在 PC1 上使用扫描工具对 192.168.2.0/24 网段的所有 IP 地址进行扫描。

图 2-23 扫描工具对同网段所有 IP 地址扫描

在 PC1 上捕获的报文，可以看到 PC1 正在以大约每秒 100 多个报文的速率进行扫描，如图 2-24 所示。

Ethereal: Capture Interfaces

Description	IP	Packets	Packets/s			
Generic dialup adapter	unknown	0	0	Capture	Prepare	Details
NB 802.11g Wireless LAN USB Adapter(3887A)	172.16.1.64	4450	2	Capture	Prepare	Details
Realtek RTL8139/810x Family Fast Ethernet NIC	192.168.1.2	2727	131	Capture	Prepare	Details

Stop　Close

No.	Time	Source	Destination	Protocol	Info
1	0.000000	192.168.1.2	192.168.2.1	ICMP	Echo (ping) request
2	0.000181	192.168.1.2	192.168.2.2	ICMP	Echo (ping) request
3	0.000315	192.168.1.2	192.168.2.3	ICMP	Echo (ping) request
4	0.000450	192.168.1.2	192.168.2.4	ICMP	Echo (ping) request
5	0.000582	192.168.1.2	192.168.2.5	ICMP	Echo (ping) request
6	0.000709	192.168.1.2	192.168.2.6	ICMP	Echo (ping) request
7	0.000834	192.168.1.2	192.168.2.7	ICMP	Echo (ping) request
8	0.000962	192.168.1.2	192.168.2.8	ICMP	Echo (ping) request
9	0.001087	192.168.1.2	192.168.2.9	ICMP	Echo (ping) request
10	0.001212	192.168.1.2	192.168.2.10	ICMP	Echo (ping) request

图 2-24 扫描工具在 PC1 上捕获的报文

(5) 验证测试。

在交换机上可以看到已经检测出攻击，并将 IP 地址 192.168.1.2 隔离，并显示日志信息：

```
Nov 30 02:54:49 Switch % 7:ip 192.168.1.2 is isolated !!
```

通过命令查看被隔离的 IP 地址及其状态：

```
Switch# show system-guard isolate-ip
interface    ip-address     isolate reason    remain-time(second)
---------    ------------   ---------------   ------------------
Fa0/1        192.168.1.2    scan ip attack         559
```

可以看到隔离的原因为目的 IP 变化的扫描攻击，并且隔离剩余时间为 559s。

【参考配置】

```
Switch# show running-config

Building configuration...
Current configuration : 1505 bytes

!
hostname Switch
!
!
!
vlan 1
!
vlan 10
!
vlan 20
!
!
!
interface FastEthernet 0/1
  switchport access vlan 10
  system-guard enable
  system-guard isolate-time 600
  system-guard scan-dest-ip-attack-packets 100
!
interface FastEthernet 0/2
  switchport access vlan 20
!
interface FastEthernet 0/3
!
interface FastEthernet 0/4
!
interface FastEthernet 0/5
!
interface FastEthernet 0/6
!
interface FastEthernet 0/7
!
interface FastEthernet 0/8
!
interface FastEthernet 0/9
```

```
!
interface FastEthernet 0/10
!
interface FastEthernet 0/11
!
interface FastEthernet 0/12
!
interface FastEthernet 0/13
!
interface FastEthernet 0/14
!
interface FastEthernet 0/15
!
interface FastEthernet 0/16
!
interface FastEthernet 0/17
!
interface FastEthernet 0/18
!
interface FastEthernet 0/19
!
interface FastEthernet 0/20
!
interface FastEthernet 0/21
!
interface FastEthernet 0/22
!
interface FastEthernet 0/23
!
interface FastEthernet 0/24
!
interface GigabitEthernet 0/25
!
interface GigabitEthernet 0/26
!
interface GigabitEthernet 0/27
!
interface GigabitEthernet 0/28
!
interface VLAN 10
  ip address 192.168.1.1 255.255.255.0
!
```

```
interface VLAN 20
  ip address 192.168.2.1 255.255.255.0
!
line con 0
line vty 0 4
  login
!
!
end
```

第3章 生成树安全

3.1 利用风暴控制抑制广播风暴

【实验名称】

利用风暴控制抑制广播风暴。

【实验目的】

使用交换机的风暴控制功能对端口流量进行控制。

【背景描述】

某企业网络中最近经常出现大量的数据泛洪现象，通过分析，发现某接入网络的设备正在以非常高的速率向网络中发送报文，产生了广播风暴，极大地降低了网络性能，造成带宽资源浪费。

【需求分析】

对于网络中出现的广播风暴现象，可以使用交换机的风暴控制功能，防止广播风暴的产生。

【实验拓扑】

图3-1是某企业局域网络规划拓扑，希望实施交换机的风暴控制功能，防止广播风暴的产生，提高网络工作的效率。

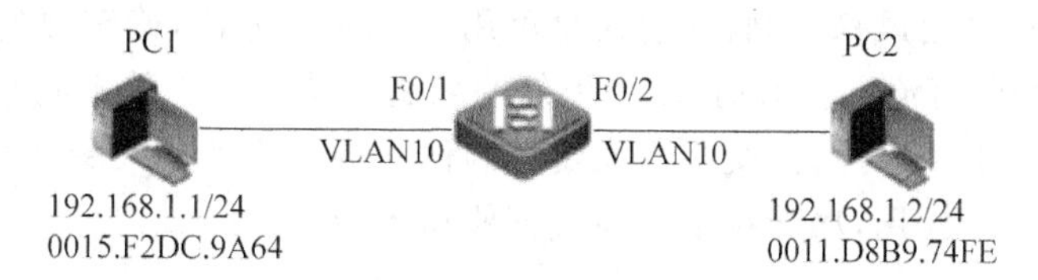

图3-1 实施交换机风暴控制，防止网络广播风暴

【实验设备】

交换机1台；PC 2台(PC1装有Ethereal或Sniffer等报文发送工具)。

【预备知识】

- 交换机转发原理。
- 交换机基本配置。
- 风暴控制原理。

当局域网中交换机端口接收到大量的广播、单播、多播时，就会发生广播风暴。转发这些包将导致网络速度变慢或超时。对于企业的局域网来说，怎样避免受到广播风暴类型的攻击导致网络变慢这种情况的出现，是非常重要的。

借助交换机端口的广播风暴控制技术，可以有效地避免由于硬件损坏或链路故障而引起的广播风暴，从而导致网络瘫痪。风暴控制防止交换机的端口被局域网中的广播、多播或一个物理端口上的单播风暴所破坏。局域网风暴发生包在局域网中泛洪，建立过多的流量并丧失了网络性能。

在默认情况下，局域网中交换机端口广播、多播和单播风暴控制被禁用。单播、多播、广播的风暴控制在交换机上关闭意味着压制级别都是100%。但可以使用storm-control接口命令，设定门限值给每一种类型的流量。风暴控制功能对端口广播接受条件进行设置，对广播的时间和频率进行控制，直到广播的传播情况处于限制要求之内，从而获得网络安全。

风暴控制防止交换机的端口被局域网中的广播、多播或一个物理端口上的单播风暴所破坏。局域网风暴发生包在局域网中泛洪，建立过多的流量并丧失了网络性能。风暴控制(或叫流量压制)治理进栈的流量状态，通过一段时间和对比测量带有预先设定的压制级别门限值的方法来治理。门限值表现为该端口总的可用带宽的百分比。交换机支持单独的风暴控制门限给广播多播和单播。假如流量类型的门限值达到了，更多这种类型的流量就会受到压制，直到进栈流量下降到门限值级别以下。

当多播的速度超出一组门限，所有的进站流量(广播、多播、单播)都会被丢弃，直到级别下降到门限级别以下。只有stp的包会被转发。当广播和单播门限超出的时候，只有超出门限的流量会被封闭。

当风暴控制开启时，交换机监视通过接口的包来交换总线和决定这个包是单播、多播还是广播。交换机监视广播多播和单播的数目，每1秒钟一次，并且当某种类型流量的门限值到达了，这种流量就会被丢弃。这个门限以可被广播使用的总的可用带宽的百分比被指定。

在交换机端口开启风暴控制，并输入总可用带宽的百分比，确定要使用给该种流量，输入100%会允许所有流量。然而，因为硬件的限制以及包大小的不同会导致偏差，门限值百分比是一个近似值。注意，交换机风暴控制仅支持在物理接入端口下使用，它不支持以太网络干道环境下使用，尽管在干道模式下能输入命令。

【实验原理】

交换机的风暴控制是一种工作在物理端口的流量控制机制，它在特定的时间周期内监视端口收到的数据帧，然后通过与配置的阈值进行比较。如果超过了阈值，交换机将暂时禁止相应类型的数据帧(未知目的MAC单播、多播或广播)的转发直到数据流恢复正常(低于阈值)。

【实验步骤】

(1) 创建并配置VLAN。

```
Switch# configure
```

```
Switch(config)#vlan 10
Switch(config-vlan)#exit
Switch(config)#interface range fastEthernet 0/1-2
Switch(config-if)#switchport access vlan 10
Switch(config-if)#end
Switch#
```

(2) 验证测试。

在图 3-1 所示的拓扑中,PC1、PC2 之间可以互相 ping 通,如图 3-2 所示。

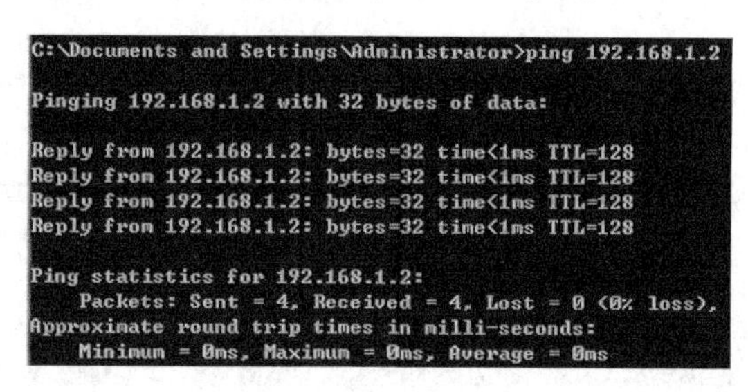

```
C:\Documents and Settings\Administrator>ping 192.168.1.2

Pinging 192.168.1.2 with 32 bytes of data:

Reply from 192.168.1.2: bytes=32 time<1ms TTL=128
Reply from 192.168.1.2: bytes=32 time<1ms TTL=128
Reply from 192.168.1.2: bytes=32 time<1ms TTL=128
Reply from 192.168.1.2: bytes=32 time<1ms TTL=128

Ping statistics for 192.168.1.2:
    Packets: Sent = 4, Received = 4, Lost = 0 (0% loss),
Approximate round trip times in milli-seconds:
    Minimum = 0ms, Maximum = 0ms, Average = 0ms
```

图 3-2 连在同一交换机上的设备互相连通

(3) 验证测试。

在 PC1 上使用 Ethereal 或 Sniffer 等报文发送工具,发送广播 MAC 地址的帧,在 PC2 上通过 Ethereal 或 Sniffer 等报文捕获工具,捕获可以看到接收到的报文的速率(pps),如图 3-3 所示。

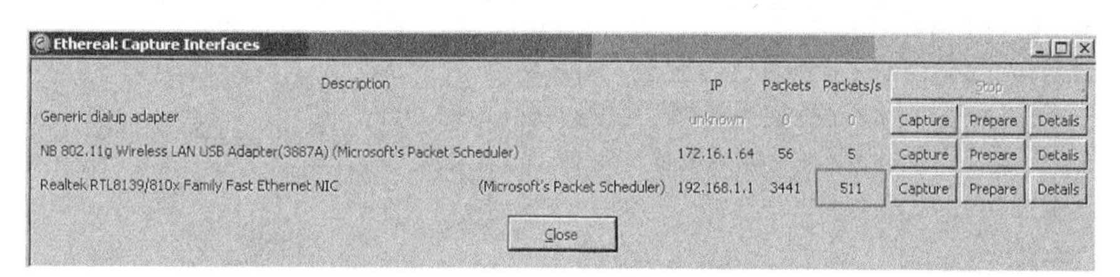

图 3-3 PC1 捕获报文速率

图 3-4 所示为在 PC1 上捕获的报文,可以看到 PC1 正在以大约每秒 500 个包的速率发送广播报文。

No.	Time	Source	Destination	Protocol	Info
1	0.000000	00:15:f2:dc:96:a4	ff:ff:ff:ff:ff:ff	FC	[Malformed Packet]
2	0.002065	00:15:f2:dc:96:a4	ff:ff:ff:ff:ff:ff	FC	[Malformed Packet]
3	0.003982	00:15:f2:dc:96:a4	ff:ff:ff:ff:ff:ff	FC	[Malformed Packet]
4	0.006137	00:15:f2:dc:96:a4	ff:ff:ff:ff:ff:ff	FC	[Malformed Packet]
5	0.011454	00:15:f2:dc:96:a4	ff:ff:ff:ff:ff:ff	FC	[Malformed Packet]
6	0.014944	00:15:f2:dc:96:a4	ff:ff:ff:ff:ff:ff	FC	[Malformed Packet]
7	0.018146	00:15:f2:dc:96:a4	ff:ff:ff:ff:ff:ff	FC	[Malformed Packet]

```
⊞ Frame 1 (1400 bytes on wire, 1400 bytes captured)
⊞ Ethernet II, Src: 00:15:f2:dc:96:a4 (00:15:f2:dc:96:a4), Dst: ff:ff:ff:ff:ff:ff
⊞ MDS Header(Unknown(0)/Unknown(0))
  [Malformed Packet: FC]
```

图 3-4 PC1 捕获报文速率

图 3-5 和图 3-6 所示为在 PC2 上捕获的报文,可以看到 PC2 正在以大约每秒 500 个

包的速率接收广播报文。

Ethereal: Capture Interfaces

Description	IP	Packets	Packets/s	Stop		
Generic dialup adapter	unknown	0	0	Capture	Prepare	Details
Broadcom 802.11a/b/g WLAN (Microsoft's Packet Scheduler)	192.168.1.100	0	0	Capture	Prepare	Details
NVIDIA nForce MCP Networking Adapter Driver (Microsoft's Packet Scheduler)	192.168.1.2	6615	506	Capture	Prepare	Details

Close

图 3-5　PC2 捕获报文速率

No.	Time	Source	Destination	Protocol	Info
1	0.000000	00:15:f2:dc:96:a4	ff:ff:ff:ff:ff:ff	FC	[Malformed Packet]
2	0.002065	00:15:f2:dc:96:a4	ff:ff:ff:ff:ff:ff	FC	[Malformed Packet]
3	0.003982	00:15:f2:dc:96:a4	ff:ff:ff:ff:ff:ff	FC	[Malformed Packet]
4	0.006137	00:15:f2:dc:96:a4	ff:ff:ff:ff:ff:ff	FC	[Malformed Packet]
5	0.011454	00:15:f2:dc:96:a4	ff:ff:ff:ff:ff:ff	FC	[Malformed Packet]
6	0.014944	00:15:f2:dc:96:a4	ff:ff:ff:ff:ff:ff	FC	[Malformed Packet]
7	0.018146	00:15:f2:dc:96:a4	ff:ff:ff:ff:ff:ff	FC	[Malformed Packet]

```
⊞ Frame 4 (1400 bytes on wire, 1400 bytes captured)
⊞ Ethernet II, Src: 00:15:f2:dc:96:a4 (00:15:f2:dc:96:a4), Dst: ff:ff:ff:ff:ff:ff
⊞ MDS Header(Unknown(0)/Unknown(0))
  [Malformed Packet: FC]
```

图 3-6　PC2 捕获报文速率

(4) 配置风暴控制。

配置 F0/1 端口(连接 PC1 的端口)对广播报文进行风暴控制，限制其端口收到的报文速率(pps)。

```
Switch#configure
Switch(config)#interface fastEthernet 0/1
Switch(config-if)#storm-control broadcast pps 100
                    ！设置报文速率阈值为每秒 100 个报文
Switch(config-if)#end
Switch#
```

(5) 验证测试。

由于 F0/1 配置了对广播报文的风暴控制，PC1 发送的广播报文在进入 F0/1 端口时被限制，只有大约每秒 100 个报文可以通过。

在 PC2 上捕获的报文，可以看到 PC2 接收报文的速率为每秒 100 个报文，如图 3-7 所示。

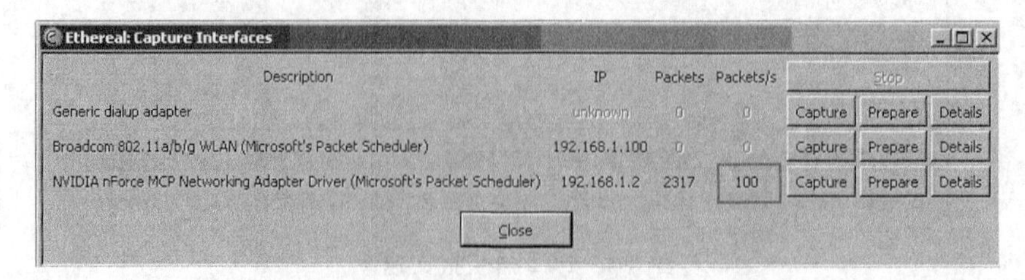

图 3-7　限制流量后 PC2 捕获报文的速率

【注意事项】

实际启用风暴控制的端口所允许通过的流量可能会与配置的阈值有细微的偏差。

【参考配置】

```
Switch#show running-config

Building configuration...
Current configuration : 1278 bytes
!
!
vlan 1
!
vlan 10
!
!
!
interface FastEthernet 0/1
  switchport access vlan 10
  storm-control broadcast pps 100
!
interface FastEthernet 0/2
switchport access vlan 10
!
interface FastEthernet 0/3
!
interface FastEthernet 0/4
!
interface FastEthernet 0/5
!
interface FastEthernet 0/6
!
interface FastEthernet 0/7
!
interface FastEthernet 0/8
!
interface FastEthernet 0/9
!
interface FastEthernet 0/10
!
interface FastEthernet 0/11
!
interface FastEthernet 0/12
!
```

```
interface FastEthernet 0/13
!
interface FastEthernet 0/14
!
interface FastEthernet 0/15
!
interface FastEthernet 0/16
!
interface FastEthernet 0/17
!
interface FastEthernet 0/18
!
interface FastEthernet 0/19
!
interface FastEthernet 0/20
!
interface FastEthernet 0/21
!
interface FastEthernet 0/22
!
interface FastEthernet 0/23
!
interface FastEthernet 0/24
!
interface GigabitEthernet 0/25
!
interface GigabitEthernet 0/26
!
interface GigabitEthernet 0/27
!
interface GigabitEthernet 0/28
!
!
!
!
line con 0
line vty 0 4
login
!
!
end
```

3.2 使用 BPDU Guard 提高 STP 安全性

【实验名称】

使用 BPDU Guard 提高 STP 安全性。

【实验目的】

使用交换机的 BPDU Guard 特性增强交换网络的稳定性与安全性。

【背景描述】

某企业的网络管理员发现，最近网络中的交换机时常会出现生成树重新收敛的现象。而且由于生成树的收敛，导致一段时间内交换机无法转发用户的数据信息，降低了网络性能，并且造成网络拓扑的不稳定。经过分析，发现原因为某些用户私自将交换机接入到了网络中，使生成树重新收敛，造成网络拓扑不稳定。

【需求分析】

对于 STP 来说，当拥有更好优先级（数值更低）的交换机加入到网络后，会造成 STP 重新进行计算，使网络处于收敛过程，使用交换机的 BPDU Guard 特性可以防止端口接收 BPDU，防止网络拓扑改变。

【实验拓扑】

图 3-8 是某企业的局域网络规划结构拓扑。需要配置交换机的 BPDU Guard 特性，防止端口接收 BPDU，防止网络拓扑改变，实现企业网安全。

【实验设备】

交换机 3 台。

【预备知识】

- 交换机转发原理。
- 交换机基本配置。
- STP 原理。

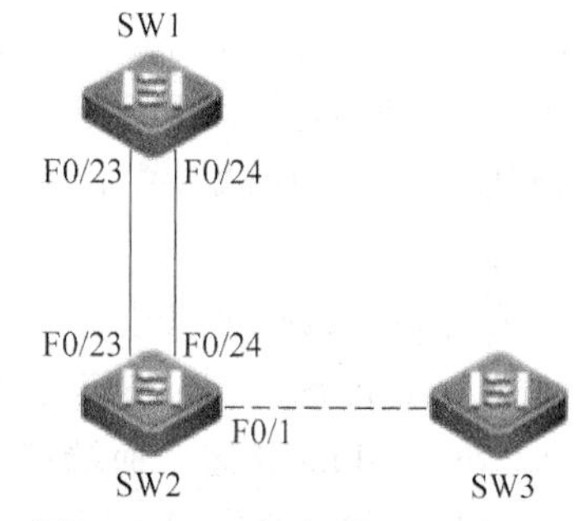

图 3-8 配置交换机 BPDU Guard 特性，实现网络安全

生成树协议是一种二层管理协议，它通过有选择性地阻塞网络冗余链路来达到消除网络二层环路的目的，同时具备链路的备份功能。

生成树协议（Spanning-Tree Protocol，STP）最初是由美国数字设备公司（Digital Equipment Corp，DEC）开发的，后经电气电子工程师学会（Institute of Electrical and Electronics Engineers，IEEE）进行修改，最终制定了相应的 IEEE 802.1d 标准。STP 协议的主要功能就是为了解决由于备份连接所产生的环路问题。

STP 协议的主要思想就是当网络中存在备份链路时，只允许主链路激活，如果主链路因故障而被断开后，备用链路才会被打开。IEEE 802.1d 生成树协议检测到网络上存在环路时，自动断开环路链路。当交换机间存在多条链路时，交换机的生成树算法只启动最主要的一条链路，而将其他链路都阻塞掉，将这些链路变为备用链路。当主链路出现问题时，生成树协议将自动启用备用链路接替主链路的工作，不需要任何人工干预。

大家知道，自然界中生长的树是不会出现环路的，如果网络也能够像树一样生长就不会出现环路。于是，STP 协议中定义了根交换机(Root Bridge)、根端口(Root Port)、指定端口(Designated Port)和路径开销(Path Cost)等概念，目的就在于通过构造一棵自然树的方法达到阻塞冗余环路，同时实现链路备份和路径最优化。STP 协议的本质就是利用图论中的生成树算法，对网络的物理结构不加改变，而在逻辑上切断环路，阻塞某些交换机端口，提取连通图，形成一个生成树，以解决环路所造成的严重后果。

IEEE 802.1d 协议通过在交换机上运行一套复杂的算法，使冗余端口置于"阻塞状态"，使得网络中的计算机在通信时只有一条链路生效，而当这个链路出现故障时，IEEE 802.1d 协议将会重新计算出网络的最优链路，将处于"阻塞状态"的端口重新打开，从而确保网络连接稳定可靠。

• PortFast 原理。

在一个启用 STP 的网络中，所有交换机端口在启动之后，都将经历阻塞状态以及侦听和学习这两种过渡状态。正确配置的端口最终会稳定在转发状态或阻塞状态，处于转发状态的端口提供了到达根交换机的最短路径开销，处于阻塞状态的端口则作为备份链路随时待命。当交换机识别出网络拓扑变化时，交换机端口的状态变化：阻塞状态(blocking)、侦听状态(listening)、学习状态(learning)、转发状态(forwarding)、禁止状态(disable)。

默认只有 forwarding 状态，port 才能发送用户数据。如果一个 port 一开始是没有接 pc，一旦 pc 接上，就会经历 blocking→listening→learing→forwarding，每个状态的变化要经历一段时间，这样总共会有 3 个阶段时间，默认的配置要 50 秒钟。这样从 PC 接上网线，到能发送用户数据，需要等 50 秒的时间，但如果设置了 PortFast，那就不需要等待这 50 秒了。

采用 PortFast 可以让这些端口节省 Listening 和 Learning 状态的时间，立即进入 Forwarding 状态。需要注意的是，PortFast 仅仅让端口在网络环境变化的情况下，直接进入 Forwarding 状态。而端口仍然运行 STP 协议，所以如果检测到环路，端口仍将由 Forwarding 状态变成 Blocking 状态。PortFast 快速端口能使交换机跳过侦听、学习状态而进入 STP 转发状态。

当一个设备连接到一个端口上时，端口通常进入侦听状态。当转发延迟定时器超时后，进入学习状态，当转发延迟定时器第二次超时，端口进入到转发或阻塞状态，当一个交换机或中继端口启用 PortFast 后，端口立即进入转发状态，但交换机检测到链路，端口就进入转发状态(插电缆后的 2s)。

如果端口检测到一个环路同时又启用了 PortFast 功能，它就进入阻塞状态。重要的是，要注意到 PortFast 值在端口初始化的时候才生效。如果端口由于某种原因又被迫进入阻塞状态，随后又需要回到转发状态，仍然要经过正常的侦听。PortFast 只能用在接入层，也就是说交换机的端口是接 HOST 的才能起用 PortFast，如果是接交换机的就一定不能启用，否则会造成新的环路。

配置方法是在接口模式下启用命令 Spanning-tree PortFast。

- BPDU Guard 原理。

当交换机 STP 功能启用，默认所有端口都会参与 STP，发送和接收 BPDU，交换机之间是通过 BPDU 包的传送来识别对方是交换机还是普通 PC。当 BPDU Guard 开启后，在正常情况下，一个下联端口不会收到任何 BPDU。启用 BPDU Guard 的端口功能是，当这个端口收到任何 BPDU，就马上设为 Error-Disabled 状态。

因为 PC 和非网管换机都不支持 STP，所以不会收发 BPDU。当这个端口有自回环的环路，那么它发出去的 BPDU 在非网管换机上回环后，就会被自己接收到，这个时候 BPDU Guard 就会把它立刻设为 Error-Disabled 状态。这个端口就相当于被关闭了，不会转发任何数据，也就切断了环路，保护了整个网络。

交换机 BPDU Guard 特性可以全局启用，也可以基于接口启用，两种方法稍有不同。当在启用 PortFast 特性端口收到 BPDU 后，BPDU Guard 特性将关闭(Error-Disable)该端口。端口处于 Error-Disable 状态时，必须手动才能把此端口回复为正常状态。

ROOT Guard 是根桥保护，一般在汇聚层或核心层网络设置，避免一个网络的总根进行振荡，被接入层设备占据根桥位置。在开启了 PortFast 的接口上去开启 BPDU Guard，开启后如果这个接口收到了 BPDU 报文，就会把该接口置位 Error-Disable 的状态，如果没有收到 BPDU 报文那么一切正常。宁可把这个接口关闭也不能造成网络的环路。配置交换机 BPDU Guard 的特性方法：

```
Switch(config)#spanning-tree portfast bpduguard default
        ! ---在启用了 PortFast 特性的端口上启用 BPDU Guard
Switch(config-if)#spanning-tree bpduguard enable
        ! ---在不启用 PortFast 特性的情况下启用 BPDU Guard
```

【实验原理】

BPDU Guard(BPDU 防护)是 STP 的一个增强机制，也是一个安全机制。当交换机的端口启用了 BPDU Guard 后，端口将丢弃收到的 BPDU 报文，而且配置了 BPDU Guard 的端口收到 BPDU 报文后，端口会变为 Error-Disabled 状态，不但避免了环路的产生，而且增强了交换网络的安全性和稳定性。

【实验步骤】

(1) 配置 Trunk 端口。

SW1 与 SW2 之间通过两条链路相连以提供冗余性。

```
SW1#configure
SW1(config)#interface fastEthernet 0/23
SW1(config-if)#switchport mode trunk
SW1(config-if)#exit
SW1(config)#interface fastEthernet 0/24
```

```
SW1(config-if)#switchport mode trunk
SW1(config-if)#end
SW1#

SW2#configure
SW2(config)#interface fastEthernet 0/23
SW2(config-if)#switchport mode trunk
SW2(config-if)#exit
SW2(config)#interface fastEthernet 0/24
SW2(config-if)#switchport mode trunk
SW2(config-if)#end
SW2#
```

(2) 启用生成树协议。

```
SW1#configure
SW1(config)#spanning-tree mode rstp
SW1(config)#spanning-tree
SW1(config)#

SW2#configure
SW2(config)#spanning-tree mode rstp
SW2(config)#spanning-tree
SW2(config)#
```

(3) 验证测试。

查看生成树的选举结果,由于SW2具有更小的MAC地址,所以SW2被选为根桥。

```
SW1#show spanning-tree
StpVersion : RSTP
SysStpStatus : ENABLED
MaxAge : 20
HelloTime : 2
ForwardDelay : 15
BridgeMaxAge : 20
BridgeHelloTime : 2
BridgeForwardDelay : 15
MaxHops: 20
TxHoldCount : 3
PathCostMethod : Long
BPDUGuard : Disabled
BPDUFilter : Disabled
BridgeAddr : 00d0.f882.f4a1
Priority: 32768
TimeSinceTopologyChange : 0d:2h:37m:57s
TopologyChanges : 10
```

```
DesignatedRoot : 8000.00d0.f821.a542
RootCost : 200000
RootPort : 23

SW2#show spanning-tree
StpVersion : RSTP
SysStpStatus : ENABLED
MaxAge : 20
HelloTime : 2
ForwardDelay : 15
BridgeMaxAge : 20
BridgeHelloTime : 2
BridgeForwardDelay : 15
MaxHops: 20
TxHoldCount : 3
PathCostMethod : Long
BPDUGuard : Disabled
BPDUFilter : Disabled
BridgeAddr : 00d0.f821.a542
Priority: 32768
TimeSinceTopologyChange : 0d:2h:38m:28s
TopologyChanges : 14
DesignatedRoot : 8000.00d0.f821.a542
RootCost : 0
RootPort : 0
```

(4) 配置 SW3。

将 SW3 配置为具有更小数值的优先级,以确保 SW3 有资格成为新的根桥,并启用 RSTP。

```
SW3#configure
SW3(config)#spanning-tree priority 4096
SW3(config)#spanning-tree mode rstp
SW3(config)#spanning-tree
SW3(config)#
```

(5) 将 SW3 接入 SW2 的 F0/1 端口。

交换机提示拓扑变更。

```
SW2#Dec 3 23:09:37 SW2 % 7:% LINK CHANGED: Interface FastEthernet 0/1, changed
state to up
Dec 3 23:09:37 SW2 % 7:% LINE PROTOCOL CHANGE: Interface FastEthernet 0/1, changed
state to UP
Dec 3 23:09:40 SW2 % 7:2007-12-3 23:09:40 topochange:topology is changed
Dec 3 23:09:41 SW2 % 7:2007-12-3 23:09:41 topochange:topology is changed
```

查看生成树的选举结果，可以看到SW3成为新的根桥。

```
SW2# show spanning-tree
StpVersion : RSTP
SysStpStatus : ENABLED
MaxAge : 20
HelloTime : 2
ForwardDelay : 15
BridgeMaxAge : 20
BridgeHelloTime : 2
BridgeForwardDelay : 15
MaxHops: 20
TxHoldCount : 3
PathCostMethod : Long
BPDUGuard : Disabled
BPDUFilter : Disabled
BridgeAddr : 00d0.f821.a542
Priority: 32768
TimeSinceTopologyChange : 0d:0h:0m:36s
TopologyChanges : 16
DesignatedRoot : 1000.00d0.f834.6af0
RootCost : 200000
RootPort : 1

SW1# show spanning-tree
StpVersion : RSTP
SysStpStatus : ENABLED
MaxAge : 20
HelloTime : 2
ForwardDelay : 15
BridgeMaxAge : 20
BridgeHelloTime : 2
BridgeForwardDelay : 15
MaxHops: 20
TxHoldCount : 3
PathCostMethod : Long
BPDUGuard : Disabled
BPDUFilter : Disabled
BridgeAddr : 00d0.f882.f4a1
Priority: 32768
TimeSinceTopologyChange : 0d:0h:1m:22s
TopologyChanges : 12
DesignatedRoot : 1000.00d0.f834.6af0
RootCost : 400000
```

```
RootPort : 23

SW3#show spanning-tree
StpVersion : RSTP
SysStpStatus : ENABLED
MaxAge : 20
HelloTime : 2
ForwardDelay : 15
BridgeMaxAge : 20
BridgeHelloTime : 2
BridgeForwardDelay : 15
MaxHops: 20
TxHoldCount : 3
PathCostMethod : Long
BPDUGuard : Disabled
BPDUFilter : Disabled
BridgeAddr : 00d0.f834.6af0
Priority: 4096
TimeSinceTopologyChange : 0d:0h:1m:56s
TopologyChanges : 6
DesignatedRoot : 1000.00d0.f834.6af0
RootCost : 0
RootPort : 0
```

通过以上测试可以看出，由于 SW3 的加入，造成 STP 重新进行计算。

(6) 将 SW3 从 SW2 的 F0/1 端口断开，使网络恢复以前的拓扑。

(7) 配置 BPDU Guard。

启用 SW2 的 F0/1 端口的 BPDU Guard 特性。

```
SW2#configure
SW2(config)#interface fastEthernet 0/1
SW2(config-if)#spanning-tree bpduguard enable
SW2(config-if)#end
SW2#
```

查看 BPDU Guard 状态。

```
SW2#show spanning-tree interface fastEthernet 0/1

PortAdminPortFast : Disabled
PortOperPortFast : Disabled
PortAdminLinkType : auto
PortOperLinkType : point-to-point
PortBPDUGuard : enable
PortBPDUFilter : disable
```

```
PortState : discarding
PortPriority : 128
PortDesignatedRoot : 8000.00d0.f821.a542
PortDesignatedCost : 0
PortDesignatedBridge :8000.00d0.f821.a542
PortDesignatedPort : 8001
PortForwardTransitions : 3
PortAdminPathCost : 200000
PortOperPathCost : 200000
PortRole : disableport
```

(8) 将 SW3 再次接入 SW2 的 F0/1 端口。

SW2 提示 F0/1 端口变为 down。

```
Dec 3 23:25:26 SW2 % 7:% LINK CHANGED: Interface FastEthernet 0/1, changed state
to up
Dec 3 23:25:26 SW2 % 7:% LINE PROTOCOL CHANGE: Interface FastEthernet 0/1, changed
state to UP

Dec 3 23:25:29 SW2 % 7:% LINK CHANGED: Interface FastEthernet 0/1, changed state
to down
Dec 3 23:25:29 SW2 % 7:% LINE PROTOCOL CHANGE: Interface FastEthernet 0/1, changed
state to down
```

查看 F0/1 端口的生成树状态。

```
SW2#show spanning-tree interface f0/1

PortAdminPortFast : Disabled
PortOperPortFast : Disabled
PortAdminLinkType : auto
PortOperLinkType : point-to-point
PortBPDUGuard : enable
PortBPDUFilter : disable
PortState : discarding
PortPriority : 128
PortDesignatedRoot : 8000.00d0.f821.a542
PortDesignatedCost : 0
PortDesignatedBridge :8000.00d0.f821.a542
PortDesignatedPort : 8001
PortForwardTransitions : 3
PortAdminPathCost : 200000
PortOperPathCost : 200000
PortRole : disableport
```

查看 SW2 与 SW1 的生成树状态，SW2 仍然为根桥。

```
SW2# show spanning-tree
StpVersion : RSTP
SysStpStatus : ENABLED
MaxAge : 20
HelloTime : 2
ForwardDelay : 15
BridgeMaxAge : 20
BridgeHelloTime : 2
BridgeForwardDelay : 15
MaxHops: 20
TxHoldCount : 3
PathCostMethod : Long
BPDUGuard : Disabled
BPDUFilter : Disabled
BridgeAddr : 00d0.f821.a542
Priority: 32768
TimeSinceTopologyChange : 0d:0h:20m:26s
TopologyChanges : 16
DesignatedRoot : 8000.00d0.f821.a542
RootCost : 0
RootPort : 0

SW1# show spanning-tree
StpVersion : RSTP
SysStpStatus : ENABLED
MaxAge : 20
HelloTime : 2
ForwardDelay : 15
BridgeMaxAge : 20
BridgeHelloTime : 2
BridgeForwardDelay : 15
MaxHops: 20
TxHoldCount : 3
PathCostMethod : Long
BPDUGuard : Disabled
BPDUFilter : Disabled
BridgeAddr : 00d0.f882.f4a1
Priority: 32768
TimeSinceTopologyChange : 0d:0h:20m:56s
TopologyChanges : 12
DesignatedRoot : 8000.00d0.f821.a542
RootCost : 200000
RootPort : 23
```

通过以上测试可以看出，由于 SW2 的 F0/1 端口配置了 BPDU Guard，当 SW3 接入到 F0/1 端口后，收到了 BPDU 报文，BPDU Guard 使 F0/1 端口变为 Disable 状态，并且阻塞了 BPDU 报文，使得原网络拓扑没有受到影响。

【注意事项】

当端口进入 Error-Disabled 状态后，端口将被关闭，丢弃所有报文，需要使用 **errdisable recovery** 命令手工启用端口，或使用 **errdisable recovery interval** *time* 命令设置超时间隔，此时间间隔过后，端口将自动被启用。

【参考配置】

```
SW1#show running-config

Building configuration...
Current configuration : 1213 bytes
!
hostname SW1
!
!
vlan 1
!
!
spanning-tree
spanning-tree mode rstp
interface FastEthernet 0/1
!
interface FastEthernet 0/2
!
interface FastEthernet 0/3
!
interface FastEthernet 0/4
!
interface FastEthernet 0/5
!
interface FastEthernet 0/6
!
interface FastEthernet 0/7
!
interface FastEthernet 0/8
!
interface FastEthernet 0/9
!
interface FastEthernet 0/10
!
```

```
interface FastEthernet 0/11
!
interface FastEthernet 0/12
!
interface FastEthernet 0/13
!
interface FastEthernet 0/14
!
interface FastEthernet 0/15
!
interface FastEthernet 0/16
!
interface FastEthernet 0/17
!
interface FastEthernet 0/18
!
interface FastEthernet 0/19
!
interface FastEthernet 0/20
!
interface FastEthernet 0/21
!
interface FastEthernet 0/22
!
interface FastEthernet 0/23
  switchport mode trunk

!
interface FastEthernet 0/24
  switchport mode trunk

!
interface GigabitEthernet 0/25
!
interface GigabitEthernet 0/26
!
interface GigabitEthernet 0/27
!
interface GigabitEthernet 0/28
!
!
line con 0
line vty 0 4
  login
```

```
!
!
End
```

```
SW2#show running-config

Building configuration...
Current configuration : 1246 bytes
!
hostname SW2
!
!
vlan 1
!
!
spanning-tree
spanning-tree mode rstp
interface FastEthernet 0/1
  spanning-tree bpduguard enable
!
interface FastEthernet 0/2
!
interface FastEthernet 0/3
!
interface FastEthernet 0/4
!
interface FastEthernet 0/5
!
interface FastEthernet 0/6
!
interface FastEthernet 0/7
!
interface FastEthernet 0/8
!
interface FastEthernet 0/9
!
interface FastEthernet 0/10
!
interface FastEthernet 0/11
!
interface FastEthernet 0/12
!
interface FastEthernet 0/13
```

```
!
interface FastEthernet 0/14
!
interface FastEthernet 0/15
!
interface FastEthernet 0/16
!
interface FastEthernet 0/17
!
interface FastEthernet 0/18
!
interface FastEthernet 0/19
!
interface FastEthernet 0/20
!
interface FastEthernet 0/21
!
interface FastEthernet 0/22
!
interface FastEthernet 0/23
  switchport mode trunk

!
interface FastEthernet 0/24
switchport mode trunk

!
interface GigabitEthernet 0/25
!
interface GigabitEthernet 0/26
!
interface GigabitEthernet 0/27
!
interface GigabitEthernet 0/28
!
!
!
line con 0
line vty 0 4
  login
!
!
End
```

```
SW3# show running-config

Building configuration...
Current configuration : 1208 bytes
!
hostname SW3
!
!
vlan 1
!
!
!
spanning-tree
spanning-tree mode rstp
spanning-tree mst 0 priority 4096
interface FastEthernet 0/1
!
interface FastEthernet 0/2
!
interface FastEthernet 0/3
!
interface FastEthernet 0/4
!
interface FastEthernet 0/5
!
interface FastEthernet 0/6
!
interface FastEthernet 0/7
!
interface FastEthernet 0/8
!
interface FastEthernet 0/9
!
interface FastEthernet 0/10
!
interface FastEthernet 0/11
!
interface FastEthernet 0/12
!
interface FastEthernet 0/13
!
interface FastEthernet 0/14
!
```

```
interface FastEthernet 0/15
!
interface FastEthernet 0/16
!
interface FastEthernet 0/17
!
interface FastEthernet 0/18
!
interface FastEthernet 0/19
!
interface FastEthernet 0/20
!
interface FastEthernet 0/21
!
interface FastEthernet 0/22
!
interface FastEthernet 0/23
!
interface FastEthernet 0/24
!
interface GigabitEthernet 0/25
!
interface GigabitEthernet 0/26
!
interface GigabitEthernet 0/27
!
interface GigabitEthernet 0/28
!
!
!
line con 0
line vty 0 4
  login
!
!
end
```

3.3 使用 BPDU Filter 提高 STP 安全性

【实验名称】

使用 BPDU Filter 提高 STP 安全性。

【实验目的】

使用交换机的 BPDU 过滤特性增强交换网络的稳定性与弹性。

【背景描述】

正常情况下，交换机会向所有启用的接口发送 BPDU 报文，以便进行生成树的选举与拓扑维护。但是，如果交换机的某个端口连接的为终端设备，如 PC、打印机等，而这些设备无须参与 STP 计算，所以无须接收 BPDU 报文。

【需求分析】

可以使用过滤 BPDU Filter 功能禁止 BPDU 报文从端口发送出去，以防止无须参与 STP 计算的设备收到多余的 BPDU 报文。

【实验拓扑】

图 3-9 是某企业的局域网络规划结构拓扑。需要配置交换机的 BPDU Filter 特性，禁止 BPDU 报文从端口发送出去，以防止无须参与 STP 计算的设备收到多余的 BPDU 报文，实现企业网安全。

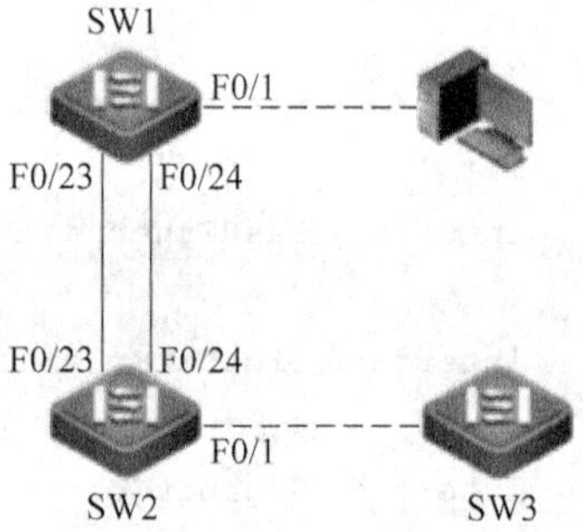

图 3-9　配置交换机 BPDU Filter 特性实现网络安全

【实验设备】

交换机 3 台；PC 1 台。

【预备知识】

- 交换机转发原理。
- 交换机基本配置。
- STP 原理。
- PortFast 原理。
- BPDU Filter 原理。

交换机之间是通过 BPDU 包的传送来识别对方是交换机还是普通 PC 的，交换机端口 BPDU 包默认是开启的。如果在交换机的接口上，启用 PortFast 特性后，就不会在该接口检测 BPDU 信息。默认该接口连接的设备不是交换机，而启动状态也直接从 Blocking 变为 Fowording。

如果全局配置了 BPDU Filter 过滤功能，但某个端口接收到任何 BPDU，那么交换机将把接口更改回正常 STP 操作，也就是它将禁用 PortFast 和 BPDU 过滤特性。如果在接口上明确配置了 BPDU 过滤功能，那么交换机将不发送任何的 BPDU，并且将把接收到的所有 BPDU 都丢弃。

开启 BPDU Filter 的接口不能收发 BPDU 报文，需要在接口模式下配置：

```
spanning-tree bpdufilter enable
```

【实验原理】

BPDU Filter 功能禁止 BPDU 报文从端口发送出去，以防止无须参与 STP 计算的设备收到多余的 BPDU 报文。

【实验步骤】

(1) 配置 Trunk 端口。

SW1 与 SW2 之间通过两条链路相连以提供冗余性。

```
SW1#configure
SW1(config)#interface fastEthernet 0/23
SW1(config-if)#switchport mode trunk
SW1(config-if)#exit
SW1(config)#interface fastEthernet 0/24
SW1(config-if)#switchport mode trunk
SW1(config-if)#end
SW1#

SW2#configure
SW2(config)#interface fastEthernet 0/23
SW2(config-if)#switchport mode trunk
SW2(config-if)#exit
SW2(config)#interface fastEthernet 0/24
SW2(config-if)#switchport mode trunk
SW2(config-if)#end
SW2#
```

(2) 启用生成树协议。

```
SW1#configure
SW1(config)#spanning-tree mode rstp
SW1(config)#spanning-tree
SW1(config)#

SW2#configure
SW2(config)#spanning-tree mode rstp
SW2(config)#spanning-tree
SW2(config)#
```

(3) 验证测试。

查看生成树的选举结果,由于 SW2 具有更小的 MAC 地址,所以 SW2 被选为根桥。

```
SW1#show spanning-tree
StpVersion : RSTP
SysStpStatus : ENABLED
MaxAge : 20
HelloTime : 2
ForwardDelay : 15
BridgeMaxAge : 20
BridgeHelloTime : 2
```

```
BridgeForwardDelay : 15
MaxHops: 20
TxHoldCount : 3
PathCostMethod : Long
BPDUGuard : Disabled
BPDUFilter : Disabled
BridgeAddr : 00d0.f882.f4a1
Priority: 32768
TimeSinceTopologyChange : 0d:2h:37m:57s
TopologyChanges : 10
DesignatedRoot : 8000.00d0.f821.a542
RootCost : 200000
RootPort : 23

SW2#show spanning-tree
StpVersion : RSTP
SysStpStatus : ENABLED
MaxAge : 20
HelloTime : 2
ForwardDelay : 15
BridgeMaxAge : 20
BridgeHelloTime : 2
BridgeForwardDelay : 15
MaxHops: 20
TxHoldCount : 3
PathCostMethod : Long
BPDUGuard : Disabled
BPDUFilter : Disabled
BridgeAddr : 00d0.f821.a542
Priority: 32768
TimeSinceTopologyChange : 0d:2h:38m:28s
TopologyChanges : 14
DesignatedRoot : 8000.00d0.f821.a542
RootCost : 0
RootPort : 0
```

(4) 配置 SW3。

将 SW3 配置为具有更小数值的优先级,以确保 SW3 有资格成为新的根桥,并启用 RSTP。

```
SW3#configure
SW3(config)#spanning-tree priority 4096
SW3(config)#spanning-tree mode rstp
SW3(config)#spanning-tree
SW3(config)#
```

(5) 将 SW3 接入 SW2 的 F0/1 端口。
交换机提示拓扑变更。

```
SW2# Dec 3 23:09:37 SW2 % 7:% LINK CHANGED: Interface FastEthernet 0/1, changed
state to up
Dec 3 23:09:37 SW2 % 7:% LINE PROTOCOL CHANGE: Interface FastEthernet 0/1, changed
state to UP
Dec 3 23:09:40 SW2 % 7:2007-12-3 23:09:40 topochange:topology is changed
Dec 3 23:09:41 SW2 % 7:2007-12-3 23:09:41 topochange:topology is changed
```

查看生成树的选举结果,可以看到 SW3 成为新的根桥。

```
SW2#show spanning-tree
StpVersion : RSTP
SysStpStatus : ENABLED
MaxAge : 20
HelloTime : 2
ForwardDelay : 15
BridgeMaxAge : 20
BridgeHelloTime : 2
BridgeForwardDelay : 15
MaxHops: 20
TxHoldCount : 3
PathCostMethod : Long
BPDUGuard : Disabled
BPDUFilter : Disabled
BridgeAddr : 00d0.f821.a542
Priority: 32768
TimeSinceTopologyChange : 0d:0h:0m:36s
TopologyChanges : 16
DesignatedRoot : 1000.00d0.f834.6af0
RootCost : 200000
RootPort : 1

SW1#show spanning-tree
StpVersion : RSTP
SysStpStatus : ENABLED
MaxAge : 20
HelloTime : 2
ForwardDelay : 15
BridgeMaxAge : 20
BridgeHelloTime : 2
BridgeForwardDelay : 15
MaxHops: 20
TxHoldCount : 3
```

```
PathCostMethod : Long
BPDUGuard : Disabled
BPDUFilter : Disabled
BridgeAddr : 00d0.f882.f4a1
Priority: 32768
TimeSinceTopologyChange : 0d:0h:1m:22s
TopologyChanges : 12
DesignatedRoot : 1000.00d0.f834.6af0
RootCost : 400000
RootPort : 23

SW3#show spanning-tree
StpVersion : RSTP
SysStpStatus : ENABLED
MaxAge : 20
HelloTime : 2
ForwardDelay : 15
BridgeMaxAge : 20
BridgeHelloTime : 2
BridgeForwardDelay : 15
MaxHops: 20
TxHoldCount : 3
PathCostMethod : Long
BPDUGuard : Disabled
BPDUFilter : Disabled
BridgeAddr : 00d0.f834.6af0
Priority: 4096
TimeSinceTopologyChange : 0d:0h:1m:56s
TopologyChanges : 6
DesignatedRoot : 1000.00d0.f834.6af0
RootCost : 0
RootPort : 0
```

通过以上测试可以看出，由于 SW3 的加入，造成 STP 重新进行计算。

(6) 将 SW3 从 SW2 的 F0/1 端口断开，使网络恢复以前的拓扑。

(7) 配置 BPDU Filter。

启用 SW2 的 F0/1 端口的 BPDU Filter 特性。

```
SW2#configure
SW2(config)#interface fastEthernet 0/1
SW2(config-if)#spanning-tree bpdufilter enable
SW2(config-if)#end
SW2#
```

查看 BPDU Filter 状态。

```
SW2#show spanning-tree interface fastEthernet 0/1

PortAdminPortFast : Disabled
PortOperPortFast : Disabled
PortAdminLinkType : auto
PortOperLinkType : point-to-point
PortBPDUGuard : disable
PortBPDUFilter : enable
PortState : discarding
PortPriority : 128
PortDesignatedRoot : 8000.00d0.f821.a542
PortDesignatedCost : 0
PortDesignatedBridge :8000.00d0.f821.a542
PortDesignatedPort : 8001
PortForwardTransitions : 3
PortAdminPathCost : 200000
PortOperPathCost : 200000
PortRole : disableport
```

(8) 将 SW3 再次接入 SW2 的 F0/1 端口。

查看 SW2 与 SW1 的生成树状态,SW2 仍然为根桥。

```
SW2#show spanning-tree
StpVersion : RSTP
SysStpStatus : ENABLED
MaxAge : 20
HelloTime : 2
ForwardDelay : 15
BridgeMaxAge : 20
BridgeHelloTime : 2
BridgeForwardDelay : 15
MaxHops: 20
TxHoldCount : 3
PathCostMethod : Long
BPDUGuard : Disabled
BPDUFilter : Disabled
BridgeAddr : 00d0.f821.a542
Priority: 32768
TimeSinceTopologyChange : 0d:0h:20m:26s
TopologyChanges : 16
DesignatedRoot : 8000.00d0.f821.a542
RootCost : 0
RootPort : 0

SW1#show spanning-tree
```

```
StpVersion : RSTP
SysStpStatus : ENABLED
MaxAge : 20
HelloTime : 2
ForwardDelay : 15
BridgeMaxAge : 20
BridgeHelloTime : 2
BridgeForwardDelay : 15
MaxHops: 20
TxHoldCount : 3
PathCostMethod : Long
BPDUGuard : Disabled
BPDUFilter : Disabled
BridgeAddr : 00d0.f882.f4a1
Priority: 32768
TimeSinceTopologyChange : 0d:0h:20m:56s
TopologyChanges : 12
DesignatedRoot : 8000.00d0.f821.a542
RootCost : 200000
RootPort : 23
```

通过以上测试可以看出，由于 SW2 的 F0/1 端口配置了 BPDU Filter，当 SW3 接入到 F0/1 端口后，收到了 BPDU 报文，BPDU Filter 丢弃了收到的 BPDU 报文，使得原网络拓扑没有受到影响。

(9) 验证 BPDU Filter。

为了更清晰地验证 BPDU Filter 功能，现将一台 PC 接入到 SW1 的 F0/1 端口，通过在 PC 上捕获报文，可以看到 SW1 正在向 F0/1 发送 BPDU 报文，如图 3-10 所示。

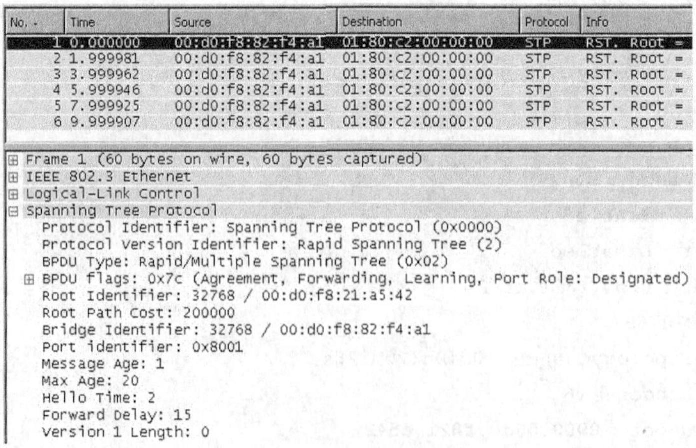

No.	Time	Source	Destination	Protocol	Info
1	0.000000	00:d0:f8:82:f4:a1	01:80:c2:00:00:00	STP	RST. Root =
2	1.999981	00:d0:f8:82:f4:a1	01:80:c2:00:00:00	STP	RST. Root =
3	3.999962	00:d0:f8:82:f4:a1	01:80:c2:00:00:00	STP	RST. Root =
4	5.999946	00:d0:f8:82:f4:a1	01:80:c2:00:00:00	STP	RST. Root =
5	7.999925	00:d0:f8:82:f4:a1	01:80:c2:00:00:00	STP	RST. Root =
6	9.999907	00:d0:f8:82:f4:a1	01:80:c2:00:00:00	STP	RST. Root =

```
⊞ Frame 1 (60 bytes on wire, 60 bytes captured)
⊞ IEEE 802.3 Ethernet
⊞ Logical-Link Control
⊟ Spanning Tree Protocol
    Protocol Identifier: Spanning Tree Protocol (0x0000)
    Protocol Version Identifier: Rapid Spanning Tree (2)
    BPDU Type: Rapid/Multiple Spanning Tree (0x02)
  ⊞ BPDU flags: 0x7c (Agreement, Forwarding, Learning, Port Role: Designated)
    Root Identifier: 32768 / 00:d0:f8:21:a5:42
    Root Path Cost: 200000
    Bridge Identifier: 32768 / 00:d0:f8:82:f4:a1
    Port identifier: 0x8001
    Message Age: 1
    Max Age: 20
    Hello Time: 2
    Forward Delay: 15
    Version 1 Length: 0
```

图 3-10 捕获 BPDU 报文

(10) 配置 BPDU Filter。

```
SW1#configure
SW1(config)#interface fastEthernet 0/1
SW1(config-if)#spanning-tree portfast
SW1(config-if)#spanning-tree bpdufilter enable
SW1(config-if)#end
SW1#
```

(11) 验证测试。

在 PC1 上将无法捕获到 BPDU 报文。

【参考配置】

```
SW1#show running-config

Building configuration...
Current configuration : 1272 bytes

!
hostname SW1
!
!
!
vlan 1
!
!
!
spanning-tree
spanning-tree mode rstp
interface FastEthernet 0/1
  spanning-tree bpdufilter enable
  spanning-tree portfast
!
interface FastEthernet 0/2
!
interface FastEthernet 0/3
!
interface FastEthernet 0/4
!
interface FastEthernet 0/5
!
interface FastEthernet 0/6
!
interface FastEthernet 0/7
!
interface FastEthernet 0/8
```

```
!
interface FastEthernet 0/9
!
interface FastEthernet 0/10
!
interface FastEthernet 0/11
!
interface FastEthernet 0/12
!
interface FastEthernet 0/13
!
interface FastEthernet 0/14
!
interface FastEthernet 0/15
!
interface FastEthernet 0/16
!
interface FastEthernet 0/17
!
interface FastEthernet 0/18
!
interface FastEthernet 0/19
!
interface FastEthernet 0/20
!
interface FastEthernet 0/21
!
interface FastEthernet 0/22
!
interface FastEthernet 0/23
  switchport mode trunk

!
interface FastEthernet 0/24
  switchport mode trunk

!
interface GigabitEthernet 0/25
!
interface GigabitEthernet 0/26
!
interface GigabitEthernet 0/27
!
interface GigabitEthernet 0/28
```

```
!
!
!
!
line con 0
line vty 0 4
  login
!
!
End
```

SW2#show running-config

```
Building configuration...
Current configuration : 1247 bytes

!
hostname SW2
!
!
!
vlan 1
!
!
!
!
spanning-tree
spanning-tree mode rstp
interface FastEthernet 0/1
  spanning-tree bpdufilter enable
!
interface FastEthernet 0/2
!
interface FastEthernet 0/3
!
interface FastEthernet 0/4
!
interface FastEthernet 0/5
!
interface FastEthernet 0/6
!
interface FastEthernet 0/7
!
```

```
interface FastEthernet 0/8
!
interface FastEthernet 0/9
!
interface FastEthernet 0/10
!
interface FastEthernet 0/11
!
interface FastEthernet 0/12
!
interface FastEthernet 0/13
!
interface FastEthernet 0/14
!
interface FastEthernet 0/15
!
interface FastEthernet 0/16
!
interface FastEthernet 0/17
!
interface FastEthernet 0/18
!
interface FastEthernet 0/19
!
interface FastEthernet 0/20
!
interface FastEthernet 0/21
!
interface FastEthernet 0/22
!
interface FastEthernet 0/23
  switchport mode trunk

!
interface FastEthernet 0/24
switchport mode trunk

!
interface GigabitEthernet 0/25
!
interface GigabitEthernet 0/26
!
interface GigabitEthernet 0/27
!
```

```
interface GigabitEthernet 0/28
!
!
!
line con 0
line vty 0 4
login
!
!
End
```

SW3#show running-config

```
Building configuration...
Current configuration : 1208 bytes

!
hostname SW3
!
!
!
vlan 1
!
!
!
!
spanning-tree
spanning-tree mode rstp
spanning-tree mst 0 priority 4096
interface FastEthernet 0/1
!
interface FastEthernet 0/2
!
interface FastEthernet 0/3
!
interface FastEthernet 0/4
!
interface FastEthernet 0/5
!
interface FastEthernet 0/6
!
interface FastEthernet 0/7
!
interface FastEthernet 0/8
```

```
!
interface FastEthernet 0/9
!
interface FastEthernet 0/10
!
interface FastEthernet 0/11
!
interface FastEthernet 0/12
!
interface FastEthernet 0/13
!
interface FastEthernet 0/14
!
interface FastEthernet 0/15
!
interface FastEthernet 0/16
!
interface FastEthernet 0/17
!
interface FastEthernet 0/18
!
interface FastEthernet 0/19
!
interface FastEthernet 0/20
!
interface FastEthernet 0/21
!
interface FastEthernet 0/22
!
interface FastEthernet 0/23
!
interface FastEthernet 0/24
!
interface GigabitEthernet 0/25
!
interface GigabitEthernet 0/26
!
interface GigabitEthernet 0/27
!
interface GigabitEthernet 0/28
!
!
```

```
!
!
!
line con 0
line vty 0 4
  login
!
!
End
```

第4章 网络接入安全

4.1 DHCP 攻击与防御

【实验名称】

DHCP 攻击与防御。

【实验目的】

使用交换机的 DHCP 监听功能增强网络安全性。

【背景描述】

某企业网络中，为了减少网络编址的复杂性和手工配置 IP 地址的工作量，使用了 DHCP 为网络中的设备分配 IP 地址。但网络管理员发现最近经常有员工抱怨无法访问网络资源，经过故障排查后，发现客户端 PC 通过 DHCP 获得了错误的 IP 地址，从此现象可以判断出网络中可能出现了 DHCP 攻击，有人私自架设了 DHCP 服务器(伪 DHCP 服务器)，导致客户端 PC 不能获得正确的 IP 地址信息，以致不能访问网络资源。

【需求分析】

对于网络中出现非法 DHCP 服务器的问题，需要防止其为客户端分配 IP 地址，仅允许合法的 DHCP 服务器提供服务。交换机的 DHCP 监听特性可以满足这个要求，阻止非法服务器为客户端分配 IP 地址。

【实验拓扑】

图 4-1 所示网络拓扑，是某企业网络中使用 DHCP 为网络中设备分配 IP 地址拓扑结构图。由于网络中出现非法 DHCP 服务器问题，需要使用 DHCP 监听特性，仅允许合法的 DHCP 服务器提供服务。

【实验设备】

三层交换机 1 台(支持 DHCP 监听)；二层交换机 1 台(支持 DHCP 监听)；PC 3 台(其中 2 台需安装 DHCP 服务器)。

【预备知识】

- 交换机转发原理。
- 交换机基本配置。
- DHCP 监听原理。

DHCP(Dynamic Host Configuration Protocol，动态主机配置协议)是一种在网络中

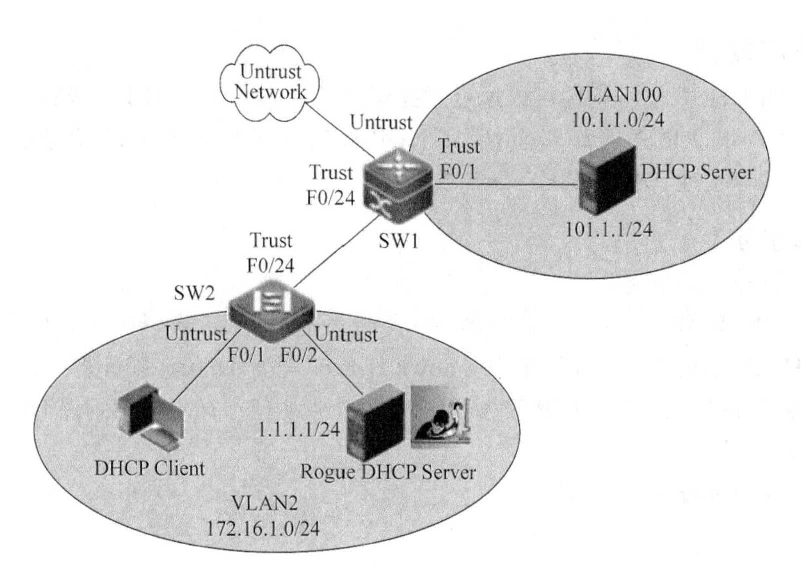

图 4-1 某企业网络中使用 DHCP 为网络设备分配 IP 拓扑结构图

常用的动态编址技术，用于简化手工配置和维护地址的工作。DHCP 基于 Client/Server 架构，为客户端分配 IP 地址和提供主机配置参数。

DHCP Snooping 技术是 DHCP 安全特性，通过建立和维护 DHCP Snooping 绑定表过滤不可信任的 DHCP 信息，这些信息是指来自不信任区域的 DHCP 信息。DHCP Snooping 绑定表包含不信任区域的用户 MAC 地址、IP 地址、租用期和 VLAN-ID 接口等信息。当交换机开启了 DHCP Snooping 后，会对 DHCP 报文进行侦听，并可以从接收到的 DHCP Request 或 DHCP Ack 报文中提取并记录 IP 地址和 MAC 地址信息。另外，DHCP Snooping 允许将某个物理端口设置为信任端口或不信任端口。信任端口可以正常接收并转发 DHCP Offer 报文，而不信任端口会将接收到的 DHCP Offer 报文丢弃。这样可以完成交换机对假冒 DHCP Server 的屏蔽作用，确保客户端从合法的 DHCP Server 获取 IP 地址。

DHCP Snooping 的主要作用就是隔绝非法的 DHCP Server，通过配置非信任端口建立和维护一张 DHCP Snooping 的绑定表，这张表一是通过 DHCP ACK 包中的 IP 和 MAC 地址生成的，二是可以手工指定。这张表是后续 DAI(dynamic arp inspect)和 IP Source Guard 基础。这两种类似的技术，是通过这张表来判定 IP 或 MAC 地址是否合法，来限制用户连接到网络的。

在全局模式下，配置 DHCP Snooping 的命令为：

```
IP DHCP Snooping
IP DHCP Snooping limit rate 10
        ! 配置 DHCP 包的转发速率，超过配置在接口上转发速率，该接口就关闭，默认不限制
IP DHCP Snooping trust
        ! 配置这个端口为信任端口，信任端口可以正常接收并转发 DHCP Offer 报文，不记录 IP
和 MAC 地址的绑定，默认是非信任端口
```

【实验原理】

交换机的 DHCP 监听特性可以通过过滤网络中接入的伪 DHCP(非法的、不可信的)发送的 DHCP 报文增强网络安全性。DHCP 监听还可以检查 DHCP 客户端发送的 DHCP 报文的合法性,防止 DHCP DoS 攻击。

【实验步骤】

(1) 配置 DHCP 服务器。

将两台 PC 配置为 DHCP 服务器,一台用做合法服务器,另一台用做伪服务器(Rogue DHCP Server)。可以使用 Windows Server 配置 DHCP 服务器,或使用第三方 DHCP 服务器软件。合法 DHCP 服务器中的地址池为 172.16.1.0/24,伪 DHCP 服务器的地址池为 1.1.1.0/24。

(2) SW2 基本配置(接入层)。

```
Switch#configure
Switch(config)#hostname SW2
SW2(config)#vlan 2
SW2(config-vlan)#exit
SW2(config)#interface range fastEthernet 0/1-2
SW2(config-if-range)#switchport access vlan 2
SW2(config)#interface fastEthernet 0/24
SW2(config-if)#switchport mode trunk
SW2(config-if)#end
SW2#
```

(3) SW1 基本配置(分布层)。

```
Switch#configure
Switch(config)#hostname SW1
SW1(config)#interface fastEthernet 0/24
SW1(config-if)#switchport mode trunk
SW1(config-if)#exit
SW1(config)#vlan 2
SW1(config-vlan)#exit
SW1(config)#interface vlan 2
SW1(config-if)#ip address 172.16.1.1 255.255.255.0
SW1(config-if)#exit
SW1(config)#vlan 100
SW1(config-vlan)#exit
SW1(config)#interface vlan 100
SW1(config-if)#ip address 10.1.1.2 255.255.255.0
SW1(config-if)#exit
SW1(config)#interface fastEthernet 0/1
```

```
SW1(config-if)#switchport access vlan 100
SW1(config-if)#end
SW1#
```

(4) 将 SW1 配置为 DHCP Relay。

```
SW1#configure
SW1(config)#service dhcp
SW1(config)#ip helper-address 10.1.1.1
        ! 配置 DHCP 中继,指明 DHCP 服务器地址
SW1(config)#end
SW1#
```

(5) 验证测试。

如图 4-1 所示网络环境,确保两台 DHCP 服务器可以正常工作。将客户端 PC 配置为自动获取地址后,接入交换机端口,此时可以看到客户端从伪 DHCP 服务器获得了错误的地址,如图 4-2 所示。

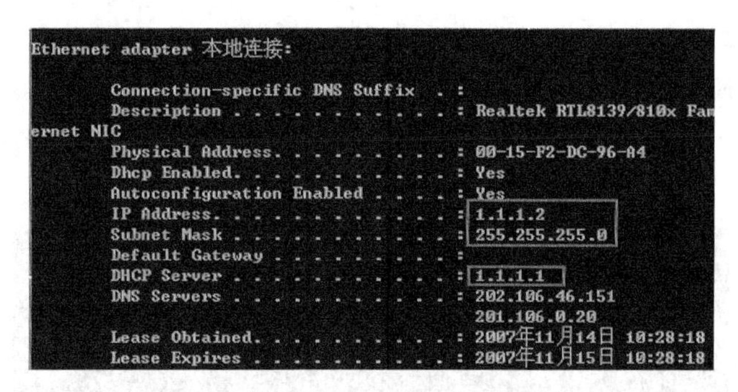

图 4-2 客户端从伪 DHCP 服务器获得错误地址

图 4-3 所示为在客户端上使用 Ethereal 捕获的报文,可以看到,客户端先接收到了伪 DHCP 服务器发送的 DHCP Offer 报文,后收到通过 DHCP Relay 发送的 DHCP Offer 报文。根据通常 DHCP 协议的实现,客户端将使用收到的第一个响应报文(DHCP Offer)中的信息。

No.	Time	Source	Destination	Protocol	Info
1	0.000000	0.0.0.0	255.255.255.255	DHCP	DHCP Discover - Transaction ID 0xe516f721
2	0.000858	1.1.1.1	1.1.1.2	ICMP	Echo (ping) request
3	0.002351	10.1.1.1	172.16.1.2	ICMP	Echo (ping) request
4	0.501732	1.1.1.1	1.1.1.2	ICMP	Echo (ping) request
5	0.502822	10.1.1.1	172.16.1.2	ICMP	Echo (ping) request
6	1.002745	1.1.1.1	255.255.255.255	DHCP	DHCP Offer - Transaction ID 0xe516f721
7	1.003093	0.0.0.0	255.255.255.255	DHCP	DHCP Request - Transaction ID 0xe516f721
8	1.003894	1.1.1.1	255.255.255.255	DHCP	DHCP ACK - Transaction ID 0xe516f721
9	1.004165	172.16.1.1	172.16.1.2	DHCP	DHCP Offer - Transaction ID 0xe516f721
10	1.005812	AsustekC_dc:96:a4	Broadcast	ARP	Who has 1.1.1.2? Gratuitous ARP
11	1.703921	AsustekC_dc:96:a4	Broadcast	ARP	Who has 1.1.1.2? Gratuitous ARP
12	2.703887	AsustekC_dc:96:a4	Broadcast	ARP	Who has 1.1.1.2? Gratuitous ARP

图 4-3 在客户端使用 Ethereal 捕获报文

(6) 在 SW1 上配置 DHCP 监听。

```
SW1#configure
```

```
SW1(config)#ip dhcp snooping                    ! 开启 DHCP Snooping 功能
SW1(config)#interface fastEthernet 0/1
SW1(config-if)#ip dhcp snooping trust           ! 配置 F0/1 为 trust 端口
SW1(config-if)#exit
SW1(config)#interface fastEthernet 0/24
SW1(config-if)#ip dhcp snooping trust           ! 配置 F0/24 为 trust 端口
SW1(config-if)#end
SW1#
```

(7) 在 SW2 上配置 DHCP 监听。

```
SW2#configure
SW2(config)#ip dhcp snooping
SW2(config)#interface fastEthernet 0/24
SW2(config-if)#ip dhcp snooping trust
SW2(config-if)#end
SW2#
```

(8) 验证测试。

将客户端之前获得的错误 IP 地址释放(使用 Windows 命令行 ipconfig /release),再使用 ipconfig /renew 重新获取地址,可以看到客户端获取到了正确的 IP 地址,如图 4-4 所示。

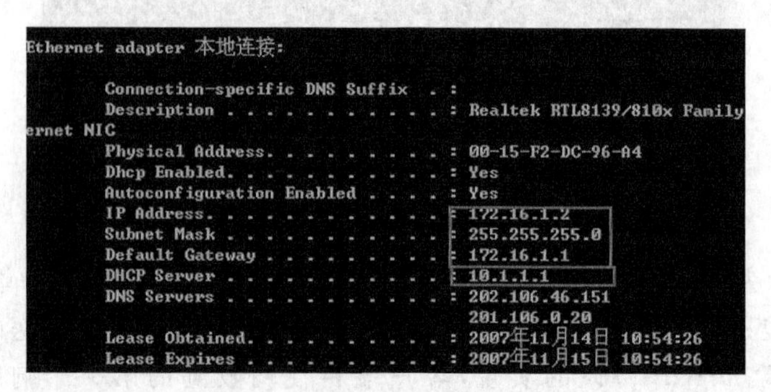

图 4-4 客户端获取到正确 IP

由于配置了 DHCP 监听,并且伪 DHCP 服务器连接的端口为非信任端口,所以交换机丢弃了伪 DHCP 服务器发送的响应报文。如图 4-5 所示,为在客户端上使用 Ethereal 捕获的报文,可以看到,客户端只接收到了通过 DHCP Relay 发送的 DHCP Offer 报文,未接收到伪 DHCP 服务器发送的 DHCP Offer 报文。

No.	Time	Source	Destination	Protocol	Info
1	0.000000	0.0.0.0	255.255.255.255	DHCP	DHCP Discover - Transaction ID 0xb76955a9
2	0.003803	FujianSt_21:a5:43	Broadcast	ARP	Who has 172.16.1.2? Tell 172.16.1.1
3	1.005166	172.16.1.1	172.16.1.2	DHCP	DHCP Offer - Transaction ID 0xb76955a9
4	1.005541	0.0.0.0	255.255.255.255	DHCP	DHCP Request - Transaction ID 0xb76955a9
5	1.009046	172.16.1.1	172.16.1.2	DHCP	DHCP ACK - Transaction ID 0xb76955a9
6	1.011269	AsustekC_dc:96:a4	Broadcast	ARP	Who has 172.16.1.2? Gratuitous ARP
7	1.011914	10.1.1.1	172.16.1.2	ICMP	Echo (ping) request
8	1.078342	AsustekC_dc:96:a4	Broadcast	ARP	Who has 172.16.1.2? Gratuitous ARP
9	2.078308	AsustekC_dc:96:a4	Broadcast	ARP	Who has 172.16.1.2? Gratuitous ARP

图 4-5 在客户端使用 Ethereal 捕获报文

【注意事项】

DHCP 监听只能配置在物理端口上,不能配置在 VLAN 接口上。

【参考配置】

```
SW1#show running-config

Building configuration...
Current configuration : 1427 bytes
!
hostname SW1
!
!
vlan 1
!
vlan 2
!
vlan 100
!
!
service dhcp
ip helper-address 10.1.1.1
ip dhcp snooping
!
!
!
interface FastEthernet 0/1
  switchport access vlan 100
  ip dhcp snooping trust
!
interface FastEthernet 0/2
!
interface FastEthernet 0/3
!
interface FastEthernet 0/4
!
interface FastEthernet 0/5
!
interface FastEthernet 0/6
!
interface FastEthernet 0/7
!
interface FastEthernet 0/8
!
```

```
interface FastEthernet 0/9
!
interface FastEthernet 0/10
!
interface FastEthernet 0/11
!
interface FastEthernet 0/12
!
interface FastEthernet 0/13
!
interface FastEthernet 0/14
!
interface FastEthernet 0/15
!
interface FastEthernet 0/16
!
interface FastEthernet 0/17
!
interface FastEthernet 0/18
!
interface FastEthernet 0/19
!
interface FastEthernet 0/20
!
interface FastEthernet 0/21
!
interface FastEthernet 0/22
!
interface FastEthernet 0/23
!
interface FastEthernet 0/24
  switchport mode trunk
   ip dhcp snooping trust
!
interface GigabitEthernet 0/25
!
interface GigabitEthernet 0/26
!
interface GigabitEthernet 0/27
!
interface GigabitEthernet 0/28
!
interface VLAN 2
  ip address 172.16.1.1 255.255.255.0
```

```
!
interface VLAN 100
  ip address 10.1.1.2 255.255.255.0
!
line con 0
line vty 0 4
  login
!
!
end
```

SW2# sh running-config

```
Building configuration...
Current configuration : 1254 bytes
!
hostname SW2
!
vlan 1
!
vlan 2
!
!
ip dhcp snooping
!
!
interface FastEthernet 0/1
  switchport access vlan 2
!
interface FastEthernet 0/2
  switchport access vlan 2
!
interface FastEthernet 0/3
!
interface FastEthernet 0/4
!
interface FastEthernet 0/5
!
interface FastEthernet 0/6
!
interface FastEthernet 0/7
!
interface FastEthernet 0/8
```

```
!
interface FastEthernet 0/9
!
interface FastEthernet 0/10
!
interface FastEthernet 0/11
!
interface FastEthernet 0/12
!
interface FastEthernet 0/13
!
interface FastEthernet 0/14
!
interface FastEthernet 0/15
!
interface FastEthernet 0/16
!
interface FastEthernet 0/17
!
interface FastEthernet 0/18
!
interface FastEthernet 0/19
!
interface FastEthernet 0/20
!
interface FastEthernet 0/21
!
interface FastEthernet 0/22
!
interface FastEthernet 0/23
!
interface FastEthernet 0/24
 switchport mode trunk
  ip dhcp snooping trust
!
interface GigabitEthernet 0/25
!
interface GigabitEthernet 0/26
!
interface GigabitEthernet 0/27
!
interface GigabitEthernet 0/28
!
line con 0
```

```
line vty 0 4
  login
!
!
end
```

4.2 ARP 攻击与防御(动态 ARP 检测)

【实验名称】

ARP 攻击与防御(动态 ARP 检测)。

【实验目的】

使用交换机的 DAI(动态 ARP 检测)功能增强网络安全性。

【背景描述】

某企业的网络管理员发现最近经常有员工抱怨无法访问互联网,经过故障排查后,发现客户端 PC 上缓存的网关的 ARP 绑定条目是错误的,从此现象可以判断出网络中可能出现了 ARP 欺骗攻击,导致客户端 PC 不能获取正确的 ARP 条目,以致不能访问外部网络。如果通过交换机的 ARP 检查功能解决此问题,需要在每个接入端口上配置地址绑定,工作量过大,因此考虑采用 DAI 功能解决 ARP 欺骗攻击的问题。

【需求分析】

ARP 欺骗攻击是目前内部网络中出现最频繁的一种攻击。对于这种攻击,需要检查网络中 ARP 报文的合法性。交换机的 DAI 功能可以满足这个要求,防止 ARP 欺骗攻击。

【实验拓扑】

图 4-6 是某企业网络中配置交换机的 DAI 功能,检查网络中 ARP 报文的合法性,防止 ARP 欺骗攻击。

【实验设备】

二层交换机 1 台(支持 DHCP 监听与 DAI);三层交换机 1 台(支持 DHCP 监听与 DAI);PC 3 台(其中 1 台需安装 DHCP 服务器,另 1 台安装 ARP 欺骗攻击工具 WinArpSpoofer(测试用))。

【预备知识】

- 交换机转发原理。
- 交换机基本配置。
- DHCP 监听原理。
- DAI 原理。

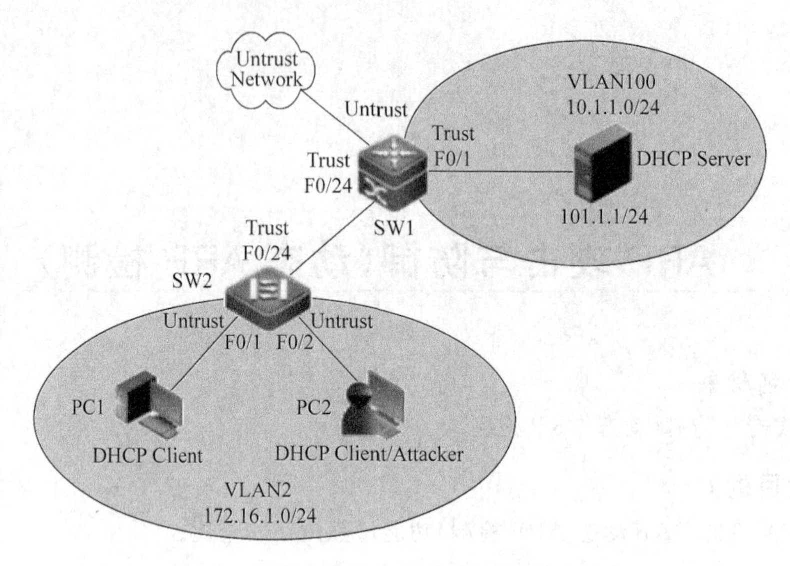

图 4-6　配置交换机 DAI 防止 ARP 欺骗攻击

ARP 欺骗是一种利用计算机病毒导致计算机网络无法正常运行的计算机攻击手段。感染 ARP 欺骗木马的计算机，试图通过“ARP 欺骗”手段，利用 ARP 协议的一个“缺陷”，免费 ARP 来达到欺骗主机上面的网关的 ARP 表项，截获所在网络内其他计算机的通信信息，并因此造成网内其他计算机的通信故障。

交换机的 DAI 技术，是以 DHCP Snooping 的绑定表为基础，检查 MAC 地址和 IP 地址的合法性。在交换机上提供 IP 地址和 MAC 地址的绑定，并动态建立绑定关系。DAI 以 DHCP Snooping 绑定表为基础，对于没有使用 DHCP 的服务器个别机器，采用静态添加 ARP access-list 实现。

如今很多交换机都能够防止 ARP 攻击核心层 Gateway，但是不能很有效地防止各 VLAN 间的攻击。防止 VLAN 间的攻击，针对 VLAN，对于同一 VLAN 内的接口，DAI 配置可以开启也可以关闭 DAI。通过 DAI 可以控制某个端口的 ARP 请求报文数量，这样可以有效地提高网络的安全性和稳定性。

由于 DAI 检查 DHCP Snooping 绑定表中的 IP 和 MAC 对应关系，无法实施中间人攻击，攻击工具失效，ARP inspection 是用来检测 arp 请求的，防止非法的 ARP 请求。认为是否合法的标准是前面 DHCP Snooping 时建立的那张表。因为那种表是 DHCP Server 正常回应时建立起来的，里面包括的是正确的 ARP 信息。如果这个时候有 ARP 攻击信息，利用 ARP inspection 技术就可以拦截到这个非法的 ARP 数据包。其实利用这个方法，还可以防止用户任意修改 IP 地址，造成地址冲突的问题。

在交换机的全局模式下配置 DAI 的方法为：ip arp inspection

在 VLAN2 上启用 DAI 的方法为：ip arp inspection vlan 2

配置端口为监控信任端口的方法是在指定的接口模式下：ip arp inspection trust

- ARP 欺骗原理。

【实验原理】

交换机的 DAI 功能可以检查端口收到的 ARP 报文的合法性,并可以丢弃非法的 ARP 报文,防止 ARP 欺骗攻击。

【实验步骤】

(1) 配置 DHCP 服务器。

将一台 PC 配置为 DHCP 服务器,可以使用 Windows Server 配置 DHCP 服务器,或使用第三方 DHCP 服务器软件。DHCP 服务器中的地址池为 172.16.1.0/24。

(2) SW2 基本配置及 DHCP 监听配置(接入层)。

```
Switch#configure
Switch(config)#hostname SW2
SW2(config)#vlan 2
SW2(config-vlan)#exit

SW2(config)#interface range fastEthernet 0/1-2
SW2(config-if-range)#switchport access vlan 2
SW2(config-if-range)#exit

SW2(config)#interface fastEthernet 0/24
SW2(config-if)#switchport mode trunk
SW2(config-if)#exit

SW2(config)#ip dhcp snooping
SW2(config)#interface fastEthernet 0/24
SW2(config-if)#ip dhcp snooping trust
SW2(config-if)#end
SW2#
```

(3) SW1 基本配置、DHCP 监听配置及 DHCP Relay 配置(分布层)。

```
Switch#configure
Switch(config)#hostname SW1
SW1(config)#interface fastEthernet 0/24
SW1(config-if)#switchport mode trunk
SW1(config-if)#exit

SW1(config)#vlan 2
SW1(config-vlan)#exit
SW1(config)#interface vlan 2
SW1(config-if)#ip address 172.16.1.1 255.255.255.0
SW1(config-if)#exit
SW1(config)#vlan 100
SW1(config-vlan)#exit
```

```
SW1(config)#interface vlan 100
SW1(config-if)#ip address 10.1.1.2 255.255.255.0
SW1(config-if)#exit
SW1(config)#interface fastEthernet 0/1
SW1(config-if)#switchport access vlan 100
SW1(config-if)#exit

SW1(config)#ip dhcp snooping                        ! 启用 DHCP Snooping 功能
SW1(config)#interface fastEthernet 0/1
SW1(config-if)#ip dhcp snooping trust               ! 配置 F0/1 端口为 Trust 端口
SW1(config-if)#exit
SW1(config)#interface fastEthernet 0/24
SW1(config-if)#ip dhcp snooping trust               ! 配置 F0/24 端口为 Trust 端口
SW1(config-if)#exit

SW1(config)#service dhcp
SW1(config)#ip helper-address 10.1.1.1
                                                    ! 配置 DHCP 中继,指明 DHCP 服务器地址
SW1(config)#end
SW1#
```

(4) 验证测试。

确保 DHCP 服务器可以正常工作。将客户端 PC1 和 PC2(攻击机)配置为自动获取地址后,接入交换机端口,此时可以看到从 DHCP 服务器获得了地址。

PC1 地址配置信息,获取地址为 172.16.1.2,如图 4-7 所示。

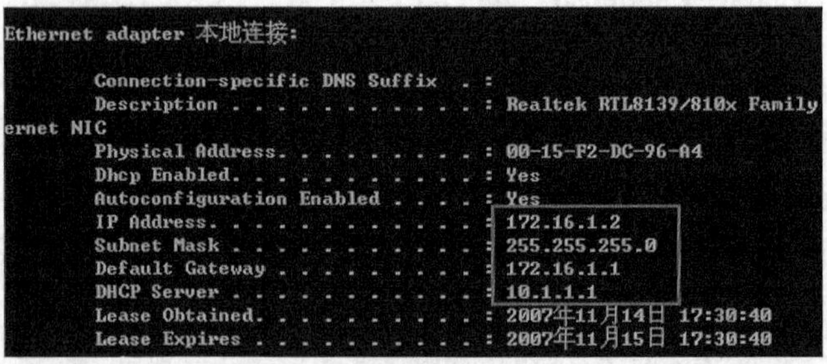

```
Ethernet adapter 本地连接:

        Connection-specific DNS Suffix  . :
        Description . . . . . . . . . . . : Realtek RTL8139/810x Family
ernet NIC
        Physical Address. . . . . . . . . : 00-15-F2-DC-96-A4
        Dhcp Enabled. . . . . . . . . . . : Yes
        Autoconfiguration Enabled . . . . : Yes
        IP Address. . . . . . . . . . . . : 172.16.1.2
        Subnet Mask . . . . . . . . . . . : 255.255.255.0
        Default Gateway . . . . . . . . . : 172.16.1.1
        DHCP Server . . . . . . . . . . . : 10.1.1.1
        Lease Obtained. . . . . . . . . . : 2007年11月14日 17:30:40
        Lease Expires . . . . . . . . . . : 2007年11月15日 17:30:40
```

图 4-7　PC1 从 DHCP 服务器自动获得地址

PC2 地址配置信息,获取地址为 172.16.1.3,如图 4-8 所示。

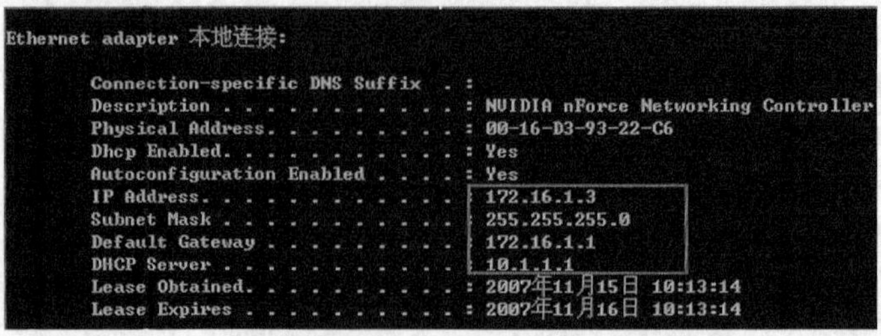

```
Ethernet adapter 本地连接:

        Connection-specific DNS Suffix  . :
        Description . . . . . . . . . . . : NVIDIA nForce Networking Controller
        Physical Address. . . . . . . . . : 00-16-D3-93-22-C6
        Dhcp Enabled. . . . . . . . . . . : Yes
        Autoconfiguration Enabled . . . . : Yes
        IP Address. . . . . . . . . . . . : 172.16.1.3
        Subnet Mask . . . . . . . . . . . : 255.255.255.0
        Default Gateway . . . . . . . . . : 172.16.1.1
        DHCP Server . . . . . . . . . . . : 10.1.1.1
        Lease Obtained. . . . . . . . . . : 2007年11月15日 10:13:14
        Lease Expires . . . . . . . . . . : 2007年11月16日 10:13:14
```

图 4-8　PC2 从 DHCP 服务器自动获得地址

在 SW2 上查看 DHCP 监听绑定信息。

```
SW2# show ip dhcp snooping binding

Total number of bindings: 2

MacAddress        IpAddress    Lease(sec)  Type           VLAN  Interface
----------------  -----------  ----------  -------------  ----  -----------------
0015.f2dc.96a4    172.16.1.2   79364       dhcp-snooping  2     FastEthernet 0/1
0016.d393.22c6    172.16.1.3   85420       dhcp-snooping  2     FastEthernet 0/2
```

(5) 验证测试。

使用 ping 命令验证设备之间的连通性,保证可以互通。查看 PC1 机本地的 ARP 缓存,ARP 表中存有正确的网关的 IP 与 MAC 地址绑定,如图 4-9 所示。

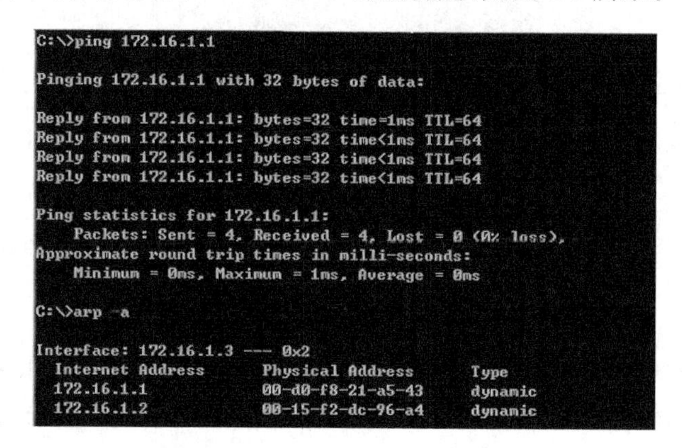

图 4-9 PC1 本地 ARP 缓存信息

(6) 在攻击机上运行 WinArpSpoofer 软件后,界面显示如图 4-10 所示。

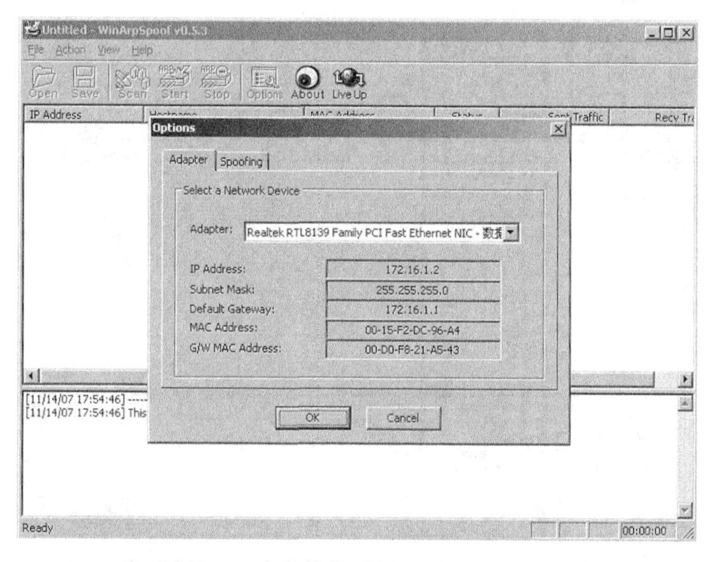

图 4-10 攻击机上运行 WinArpSpoofer

在 Adapter 选项卡中，选择正确的网卡后，WinArpSpoofer 会显示网卡的 IP 地址、掩码、网关、MAC 地址以及网关的 MAC 地址信息。

(7) 在 WinArpSpoofer 界面中选择 Spoofing 选项卡，界面显示如图 4-11 所示。

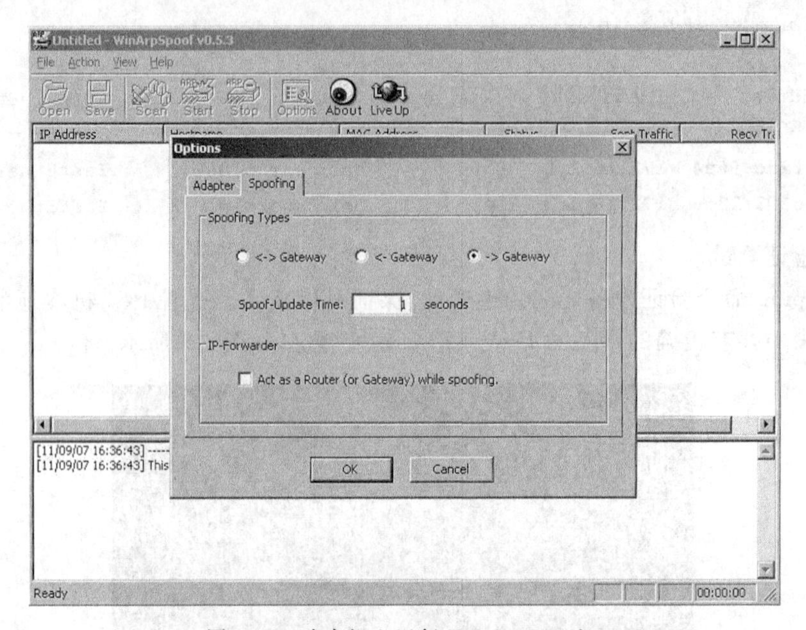

图 4-11　攻击机上运行 WinArpSpoofer

在 Spoofing 选项卡中，取消对 Act as a Router(or Gateway) while spoofing. 复选框的勾选，如果选中，软件还将进行 ARP 中间人攻击。配置完毕后，单击 OK 按钮。

(8) 使用 WinArpSpoofer 进行扫描。

单击工具栏中的 Scan 按钮，软件将会扫描网络中的主机，并获取其 IP 地址、MAC 地址等信息，如图 4-12 所示。

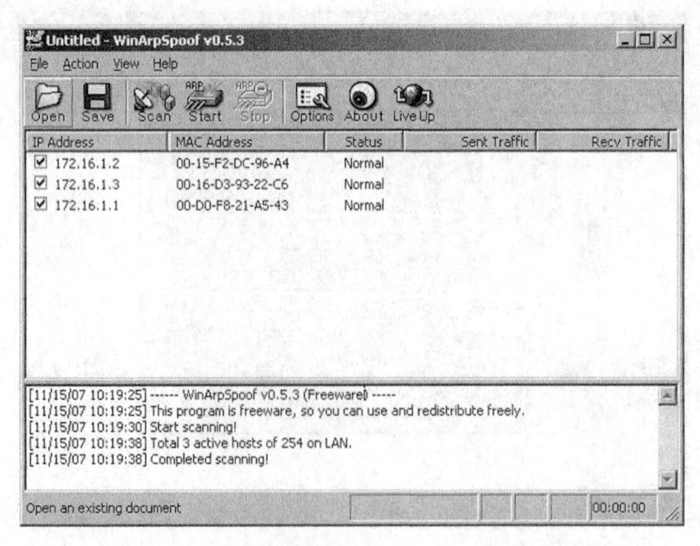

图 4-12　攻击机上运行 WinArpSpoofe 进行扫描

(9) 进行 ARP 欺骗。

单击工具栏中的 Start 按钮,软件将进行 ARP 欺骗攻击,如图 4-13 所示。

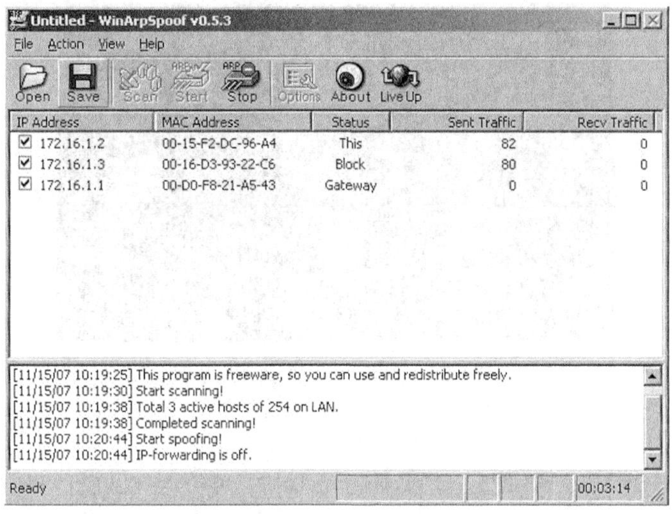

图 4-13　攻击机上运行 WinArpSpoofe 进行攻击

(10) 验证测试 1。

通过使用 Ethereal 捕获攻击机发出的报文,可以看出攻击机发送了经过伪造的 ARP 应答(Reply)报文,目的 MAC 地址为 PC1 的 MAC 地址(0016.D393.22C6)。攻击者"声称"网关(IP 地址为 172.16.1.1)的 MAC 地址为自己的 MAC 地址(0015.F2DC.96A4),并"声称"自己(IP 地址为 172.16.1.2)的 MAC 地址为网关的 MAC 地址(00D0.F821.A543),如图 4-14 所示。

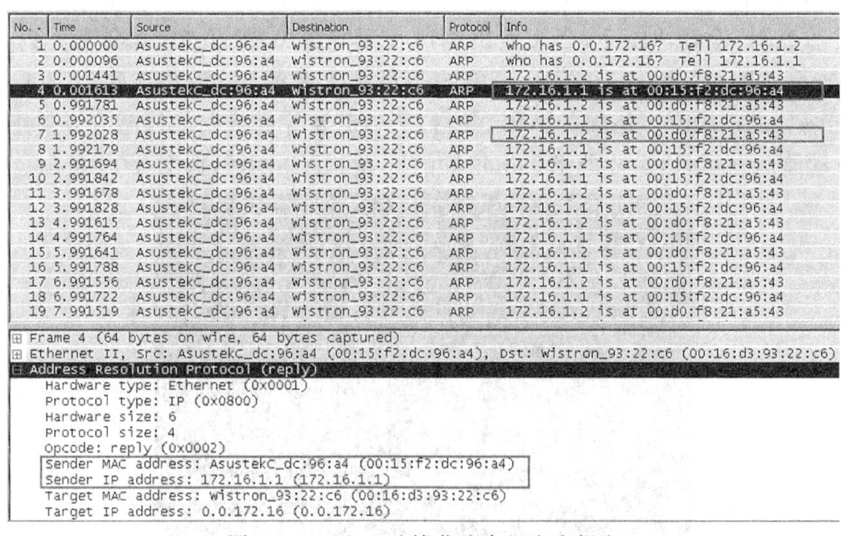

图 4-14　Ethereal 捕获攻击机发出报文

(11) 验证测试 2。

使用 PC1 ping 网关的地址,发现无法 ping 通。查看 PC1 的 ARP 缓存,可以看到

PC1 收到了伪造的 ARP 应答报文后，更新了 ARP 表，表中的条目为错误的绑定，即网关的 IP 地址与攻击机的 MAC 地址进行了绑定，如图 4-15 所示。

```
C:\>ping 172.16.1.1

Pinging 172.16.1.1 with 32 bytes of data:

Request timed out.
Request timed out.
Request timed out.
Request timed out.

Ping statistics for 172.16.1.1:
    Packets: Sent = 4, Received = 0, Lost = 4 (100% loss),

C:\>arp -a

Interface: 172.16.1.3 --- 0x2
  Internet Address      Physical Address      Type
  172.16.1.1            00-15-f2-dc-96-a4     dynamic
  172.16.1.2            00-d0-f8-21-a5-43     dynamic
```

图 4-15 查看 PC1 的 ARP 缓存

(12) 配置 DAI。

在 SW2 上对于 VLAN2 配置 DAI，防止 VLAN2 中的主机进行 ARP 欺骗。

```
SW2#configure
SW2(config)#ip arp inspection
SW2(config)#ip arp inspection vlan 2                ! 在 VLAN2 上启用 DAI
SW2(config)#interface f0/24
SW2(config-if)#ip arp inspection trust              ! 配置 F0/24 端口为监控信任端口
SW2(config-if)#end
SW2#
```

(13) 验证测试 3。

启用了 ARP 检查功能后，当交换机端口收到非法 ARP 报文后，会将其丢弃。这时在 PC 上查看 ARP 缓存，发现 ARP 表中的条目是正确的，并且 PC1 可以 ping 通网关。注意，由于 PC 之前缓存了错误的 ARP 条目，所以需要等到错误条目超时或使用 arp-d 命令进行手动删除之后，PC1 才能解析出正确的网关 MAC 地址，如图 4-16 所示。

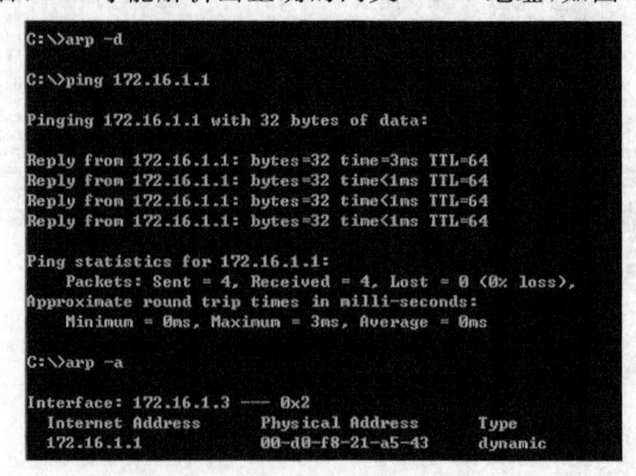

```
C:\>arp -d

C:\>ping 172.16.1.1

Pinging 172.16.1.1 with 32 bytes of data:

Reply from 172.16.1.1: bytes=32 time=3ms TTL=64
Reply from 172.16.1.1: bytes=32 time<1ms TTL=64
Reply from 172.16.1.1: bytes=32 time<1ms TTL=64
Reply from 172.16.1.1: bytes=32 time<1ms TTL=64

Ping statistics for 172.16.1.1:
    Packets: Sent = 4, Received = 4, Lost = 0 (0% loss),
Approximate round trip times in milli-seconds:
    Minimum = 0ms, Maximum = 3ms, Average = 0ms

C:\>arp -a

Interface: 172.16.1.3 --- 0x2
  Internet Address      Physical Address      Type
  172.16.1.1            00-d0-f8-21-a5-43     dynamic
```

图 4-16 在 PC 上查看 ARP 缓存

【注意事项】

- DHCP 监听只能配置在物理端口上,不能配置在 VLAN 接口上。
- DAI 只能配置在物理端口上,不能配置在 VLAN 接口上。
- 如果端口所属的 VLAN 启用了 DAI,并且为 Untrust 端口,当端口收到 ARP 报文后,若查找不到 DHCP 监听表项,则丢弃 ARP 报文,造成网络中断。
- WinArpSpoofer 软件仅可用于实验。

【参考配置】

```
SW1# show running-config

Building configuration...
Current configuration : 1427 bytes
!
hostname SW1
!
!
vlan 1
!
vlan 2
!
vlan 100
!
service dhcp
ip helper-address 10.1.1.1
ip dhcp snooping
!
!
interface FastEthernet 0/1
  switchport access vlan 100
  ip dhcp snooping trust
!
interface FastEthernet 0/2
!
interface FastEthernet 0/3
!
interface FastEthernet 0/4
!
interface FastEthernet 0/5
!
interface FastEthernet 0/6
!
interface FastEthernet 0/7
```

```
!
interface FastEthernet 0/8
!
interface FastEthernet 0/9
!
interface FastEthernet 0/10
!
interface FastEthernet 0/11
!
interface FastEthernet 0/12
!
interface FastEthernet 0/13
!
interface FastEthernet 0/14
!
interface FastEthernet 0/15
!
interface FastEthernet 0/16
!
interface FastEthernet 0/17
!
interface FastEthernet 0/18
!
interface FastEthernet 0/19
!
interface FastEthernet 0/20
!
interface FastEthernet 0/21
!
interface FastEthernet 0/22
!
interface FastEthernet 0/23
!
interface FastEthernet 0/24
  switchport mode trunk

  ip dhcp snooping trust
!
interface GigabitEthernet 0/25
!
interface GigabitEthernet 0/26
!
interface GigabitEthernet 0/27
!
```

```
interface GigabitEthernet 0/28
!
interface VLAN 2
  ip address 172.16.1.1 255.255.255.0
!
interface VLAN 100
  ip address 10.1.1.2 255.255.255.0
!
!
!
line con 0
line vty 0 4
  login
!
!
end
```

```
SW2#show running-config

Building configuration...
Current configuration : 1325 bytes
!
hostname SW2
!
!
vlan 1
!
vlan 2
!
!
ip dhcp snooping
!
!
ip arp inspection vlan 2
ip arp inspection
!
!
!
!
interface FastEthernet 0/1
  switchport access vlan 2
!
interface FastEthernet 0/2
  switchport access vlan 2
```

```
!
interface FastEthernet 0/3
!
interface FastEthernet 0/4
!
interface FastEthernet 0/5
!
interface FastEthernet 0/6
!
interface FastEthernet 0/7
!
interface FastEthernet 0/8
!
interface FastEthernet 0/9
!
interface FastEthernet 0/10
!
interface FastEthernet 0/11
!
interface FastEthernet 0/12
!
interface FastEthernet 0/13
!
interface FastEthernet 0/14
!
interface FastEthernet 0/15
!
interface FastEthernet 0/16
!
interface FastEthernet 0/17
!
interface FastEthernet 0/18
!
interface FastEthernet 0/19
!
interface FastEthernet 0/20
!
interface FastEthernet 0/21
!
interface FastEthernet 0/22
!
interface FastEthernet 0/23
!
interface FastEthernet 0/24
```

```
  switchport mode trunk

  ip arp inspection trust
  ip dhcp snooping trust
!
interface GigabitEthernet 0/25
!
interface GigabitEthernet 0/26
!
interface GigabitEthernet 0/27
!
interface GigabitEthernet 0/28
!
!
!
!
!
line con 0
line vty 0 4
  login
!
!
end
```

4.3 利用接入层 802.1x 安全网络接入

【实验名称】

利用接入层 802.1x 安全网络接入。

【实验目的】

使用交换机的 802.1x 功能实现安全的网络接入。

【背景描述】

某企业的网络管理员为了防止有公司外部的用户将计算机接入到公司网络中，造成公司信息资源受到损失，希望员工的计算机在接入到公司网络之前进行身份验证，只有具有合法身份凭证的用户才可以接入到公司网络。

【需求分析】

实现网络中基于端口的认证，交换机的 802.1x 特性可以满足这个要求。只有用户认证通过后交换机端口才会"打开"，允许用户访问网络资源。

【实验拓扑】

图 4-17 所示网络拓扑，是某企业网络中，配置交换机的 802.1x 特性，保证只有合法

用户认证通过后交换机端口才会“打开”，允许用户访问网络资源，实现网络防范安全。

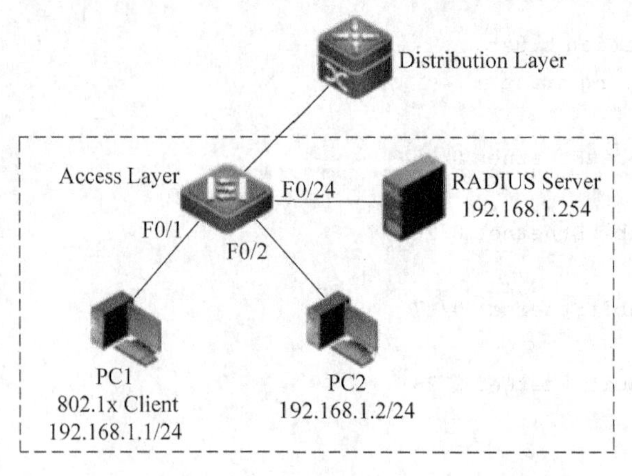

图 4-17 某企业网配置交换机 802.1x 拓扑

【实验设备】

交换机 1 台；PC 2 台（其中 1 台安装 802.1x 客户端，本实验使用锐捷 802.1x 客户端软件）；RADIUS 服务器 1 台（支持标准 RADIUS 协议的 RADIUS 服务器，本例中使用第三方 RADIUS 服务器软件 WinRadius，在实际应用环境中，推荐使用锐捷 SAM 系统作为 RADIUS 服务器，以支持更多的高级扩展应用）。

【预备知识】

- 交换机转发原理。
- 交换机基本配置。
- 802.1x 原理。

802.1x 协议是由（美）电气与电子工程师协会提出，完成标准化的一个符合 IEEE 802 协议集的局域网接入控制协议，其全称为基于端口的访问控制协议。它能够在利用 IEEE 802 局域网优势的基础上，提供一种对连接到局域网的用户进行认证和授权的手段，达到接受合法用户接入，保护网络安全的目的。通过 802.1x 协议通过的认证，又称 EAPOE 认证。

802.1x 协议起源于 802.11 协议，后者是标准的无线局域网协议，802.1x 协议的主要目的是为了解决无线局域网用户的接入认证问题。有线局域网通过固定线路连接组建，计算机终端通过网线接入固定位置物理端口，实现局域网接入，这些固定位置的物理端口，构成有线局域网的封闭物理空间。但是，由于无线局域网的网络空间具有开放性和终端可移动性，因此很难通过网络物理空间来界定终端是否属于该网络，因此如何通过端口认证，来防止其他公司的计算机接入本公司无线网络，就成为一项非常现实的问题，802.1x 正是基于这一需求而出现的一种认证技术。

随着宽带以太网建设规模的迅速扩大，网络上原有的认证系统已经不能很好地适应用户数量急剧增加和宽带业务多样性的要求。IEEE 802.1x 协议对认证方式和认证体系结构进行了优化，解决了传统 PPPoE 和 Web/Portal 认证方式带来的问题，更适合在宽带以太网中的使用。

IEEE 802.1x称为基于端口的访问控制协议(Port based network access control protocol)。IEEE 802.1x协议的体系结构包括三个重要的部分：Supplicant System(客户端)、Authenticator System(认证系统)和Authentication Server System(认证服务器)。

客户端系统一般为一个用户终端系统，该终端系统通常要安装一个客户端软件，用户通过启动这个客户端软件发起IEEE 802.1x协议的认证过程。为支持基于端口的接入控制，客户端系统需支持EAPOL(Extensible Authentication Protocol Over LAN)协议。

认证系统通常为支持IEEE 802.1x协议的网络设备。该设备对应于不同用户的端口(可以是物理端口，也可以是用户设备的MAC地址、VLAN、IP等)，有两个逻辑端口：受控(controlled Port)端口和不受控端口(uncontrolled Port)。不受控端口始终处于双向连通状态，主要用来传递EAPOL协议帧，可保证客户端始终可以发出或接收认证。受控端口只有在认证通过的状态下才打开，用于传递网络资源和服务。受控端口可配置为双向受控和仅输入受控两种方式，以适应不同的应用环境。如果用户未通过认证，则受控端口处于未认证状态，则用户无法访问认证系统提供的服务。

认证服务器通常为RADIUS服务器，该服务器可以存储有关用户的信息，例如用户所属的VLAN、CAR参数、优先级、用户的访问控制列表等。当用户通过认证后，认证服务器会把用户的相关信息传递给认证系统，由认证系统构建动态的访问控制列表，用户的后续流量就将接受上述参数的监管。认证服务器和RADIUS服务器之间通过EAP协议进行通信。

值得注意的是，在IEEE 802.1x协议中的"可控端口"与"非可控端口"是逻辑上的理解，设备内部并不存在这样的物理开关。对于每个用户而言，IEEE 802.1x协议均为其建立一条逻辑的认证通道，该逻辑通道其他用户无法使用，不存在端口打开后被其他用户利用的问题。

IEEE 802.1x协议的技术特点如下。

(1) 协议实现简单。IEEE 802.1x协议为二层协议，不需要到达三层，对设备的整体性能要求不高，可以有效降低建网成本。

(2) 认证和业务分离。IEEE 802.1x的认证体系结构中采用了"可控端口"和"不可控端口"的逻辑功能，从而可以实现业务与认证的分离。用户通过认证后，业务流和认证流实现分离，对后续的数据包处理没有特殊要求，业务可以很灵活，尤其是在开展宽带组播等方面的业务有很大的优势，所有业务都不受认证方式限制。

(3) 和其他认证方式的比较。IEEE 802.1x协议虽然源于IEEE 802.11无线以太网(EAPOW)，但是，它在以太网中的引入解决了传统的PPPoE和Web/Portal认证方式带来的问题，消除了网络瓶颈，减轻了网络封装开销，降低了建网成本。

【实验原理】

802.1x协议是一种基于端口的网络接入控制(Port Based Network Access Control)协议。"基于端口的网络接入控制"指在局域网接入设备的端口级别对所接入的设备进行认证和控制。如果连接到端口上的设备能够通过认证，则端口就被开放，终端设备就被允许访问局域网中的资源；如果连接到端口上的设备不能通过认证，则端口就相当于被关闭，使终端设备无法访问局域网中的资源。

【实验步骤】

(1) 验证网络连通性。

按照拓扑配置 PC1、PC2、RADIUS 服务器的 IP 地址，在 PC1 上 ping PC2 的地址，验证 PC1 与 PC2 的网络连通性，可以 ping 通，如图 4-18 所示。

```
C:\Documents and Settings\Administrator>ping 192.168.1.2

Pinging 192.168.1.2 with 32 bytes of data:

Reply from 192.168.1.2: bytes=32 time<1ms TTL=63
Reply from 192.168.1.2: bytes=32 time<1ms TTL=63
Reply from 192.168.1.2: bytes=32 time<1ms TTL=63
Reply from 192.168.1.2: bytes=32 time<1ms TTL=63

Ping statistics for 192.168.1.2:
    Packets: Sent = 4, Received = 4, Lost = 0 (0% loss),
Approximate round trip times in milli-seconds:
    Minimum = 0ms, Maximum = 0ms, Average = 0ms
```

图 4-18　测试网络连通

(2) 配置交换机 802.1x 认证。

```
Switch#configure
Switch(config)#aaa new-model
Switch(config)#aaa authentication dot1x ruijie group radius
Switch(config)#dot1x authentication ruijie
Switch(config)#radius-server host 192.168.1.254
Switch(config)#radius-server key 12345
        ！此处配置的密钥要与 RADIUS 服务器上配置的一致

Switch(config)#interface vlan 1
Switch(config-if)#ip address 192.168.1.200 255.255.255.0
Switch(config-if)#exit

Switch(config)#interface fastEthernet 0/1
Switch(config-if)#dot1x port-control auto
        ！启用 F0/1 端口的 802.1x 认证
Switch(config-if)#end
Switch#
```

(3) 验证测试。

此时用 PC1 ping PC2 的地址，如图 4-19 所示。

```
C:\Documents and Settings\Administrator>ping 192.168.1.2

Pinging 192.168.1.2 with 32 bytes of data:

Request timed out.
Request timed out.
Request timed out.
Request timed out.

Ping statistics for 192.168.1.2:
    Packets: Sent = 4, Received = 0, Lost = 4 (100% loss),
```

图 4-19　配置认证后测试网络连通

由于 F0/1 端口启用了 802.1x 认证，在 PC1 没有认证的情况下，无法访问网络。

(4) 配置 RADIUS 服务器。

运行 WinRadius 服务器，并添加账户信息，如图 4-20 所示。

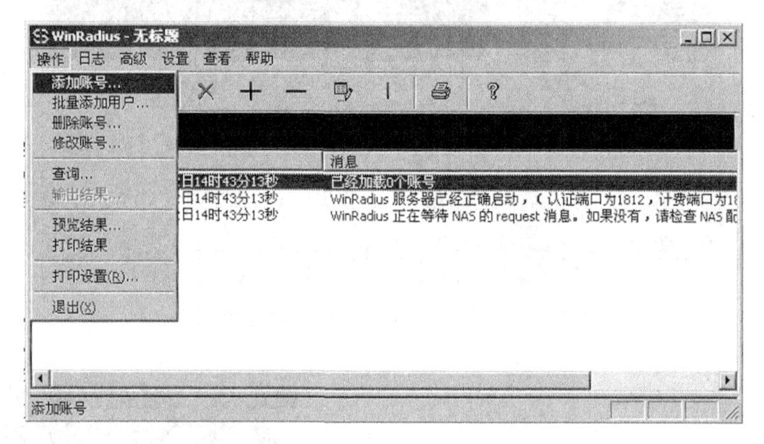

图 4-20 添加 WinRadius 服务器账户信息

设置账户信息，用户名为 test，密码为 testpass，如图 4-21 所示。

添加账号

用户名：test

密码：testpass

组名：

地址：

预付金额：0 分钱

到期日：

注意：yyyy/mm/dd表示到期日；数字表示从第一次接入开始的有效天数；空白表示永不过期。

其它：

○ 预付费用户 ◉ 后付费用户

计费方法：按时间计费

确定 取消

图 4-21 配置 WinRadius 服务器账户信息

设置 RADIUS 服务器系统属性，如图 4-22 所示。

设置 RADIUS 服务器的密钥，要与交换机上配置的秘钥保持一致；验证端口号和计费端口号都保持默认的标准端口号，如果设置其他的端口号，也需要在交换机上的 RADIUS 服务器配置中进行相应配置，如图 4-23 所示。

(5) 启用 802.1x 客户端进行验证。

在 PC1 上启动锐捷 802.1x 客户端，输入用户名(test)和密码(testpass)，单击“连接”按钮进行认证，如图 4-24 所示。

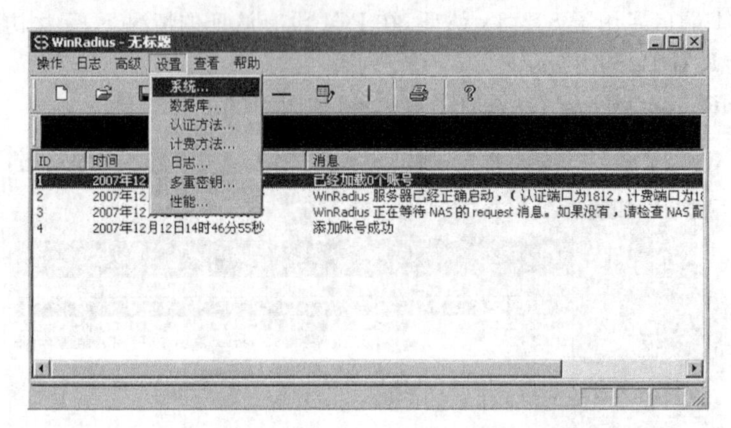

图 4-22　配置 WinRadius 服务器系统属性

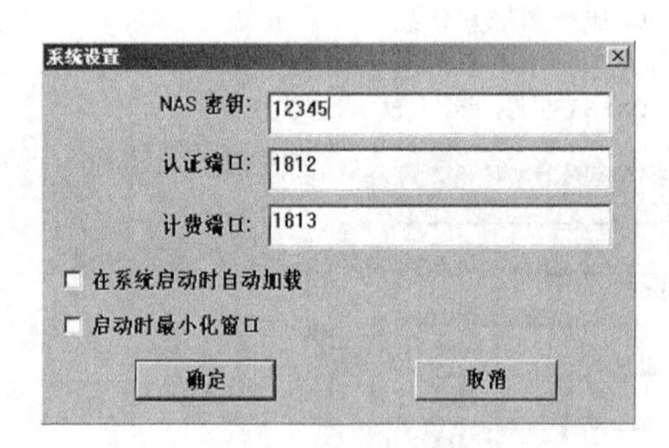

图 4-23　设置 RADIUS 服务器的密钥

图 4-24　启动锐捷 802.1x 客户端程序

认证成功后，在 Windows 右下角的状态栏中显示认证成功，如图 4-25 所示。

图 4-26 为在 PC1 上捕获的 802.1x 认证过程(EAP-MD5 认证方式)的报文。

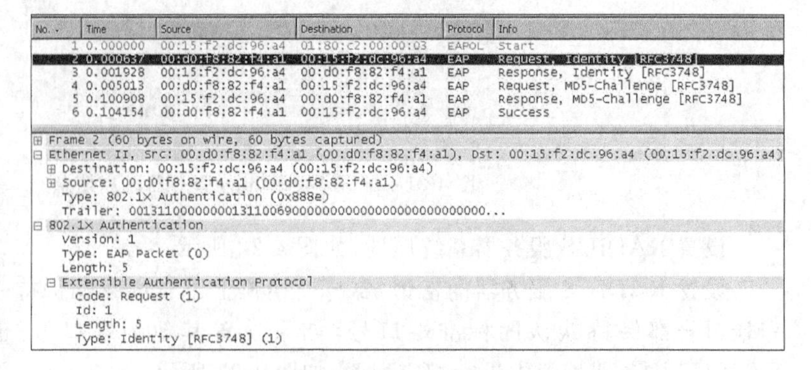

图 4-25　认证成功标识

图 4-26　捕获的 802.1x 认证报文

(6) 验证测试。

在 PC1 上 ping PC2 的 IP 地址，由于通过了 802.1x 认证，F0/1 端口被“打开”，PC1 与 PC2 可以 ping 通，如图 4-27 所示。

```
C:\Documents and Settings\Administrator>ping 192.168.1.2

Pinging 192.168.1.2 with 32 bytes of data:

Reply from 192.168.1.2: bytes=32 time<1ms TTL=63
Reply from 192.168.1.2: bytes=32 time<1ms TTL=63
Reply from 192.168.1.2: bytes=32 time<1ms TTL=63
Reply from 192.168.1.2: bytes=32 time<1ms TTL=63

Ping statistics for 192.168.1.2:
    Packets: Sent = 4, Received = 4, Lost = 0 (0% loss),
Approximate round trip times in milli-seconds:
    Minimum = 0ms, Maximum = 0ms, Average = 0ms
```

图 4-27 测试连通性成功

查看交换机的 802.1x 认证状态,可以看到 PC1 已通过认证。

```
Switch# show dot1x summary
ID     MAC              Interface VLAN Auth-State      Backend-State Port-Status User-Type
------ ---------------- --------- ---- --------------- ------------- ----------- ---------
14     0015.f2dc.96a4 Fa0/1     1    Authenticated Idle          Authed      static

Switch# show dot1x user id 14

User name: test
User id: 14
Type: static
Mac address is 0015.f2dc.96a4
Vlan id is 1
Access from port Fa0/1
Time online: 0days 0h 0m10s
User ip address is 192.168.1.1
Max user number on this port is 6000
Start accounting
Permit proxy user
Permit dial user
IP privilege is 0
```

(7) 注销 802.1x 认证。

在如图 4-25 中的连接中,选择认证连接,右击,选择“断开连接”项,注销 802.1x 认证。图 4-28 为在 PC1 上捕获的 802.1x 注销过程的报文。

【注意事项】

在认证过程中,需要保证交换机与 RADIUS 服务器之间可达。

【参考配置】

```
Switch# show running-config

Building configuration...
Current configuration : 1367 bytes
```

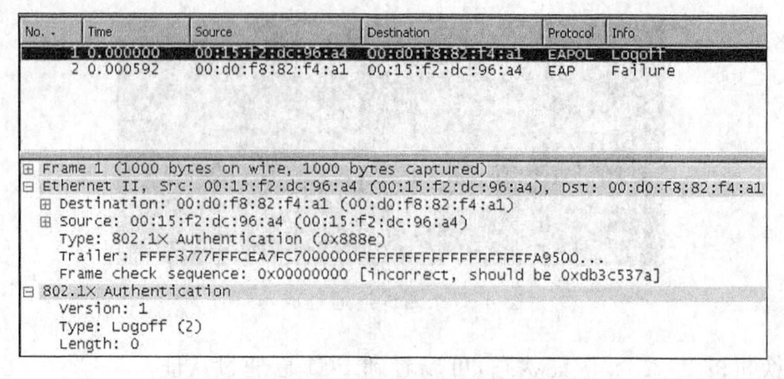

图 4-28　PC1 上捕获 802.1x 注销过程报文

```
!
hostname Switch
!
aaa new-model
!
!
aaa authentication dot1x ruijie group radius
!
!
vlan 1
!
!
!
!
radius-server host 192.168.1.254
radius-server key 7 0549546d577a
!
!
!
dot1x authentication ruijie
interface FastEthernet 0/1
  dot1x port-control auto
!
interface FastEthernet 0/2
!
interface FastEthernet 0/3
!
interface FastEthernet 0/4
!
interface FastEthernet 0/5
!
interface FastEthernet 0/6
```

```
!
interface FastEthernet 0/7
!
interface FastEthernet 0/8
!
interface FastEthernet 0/9
!
interface FastEthernet 0/10
!
interface FastEthernet 0/11
!
interface FastEthernet 0/12
!
interface FastEthernet 0/13
!
interface FastEthernet 0/14
!
interface FastEthernet 0/15
!
interface FastEthernet 0/16
!
interface FastEthernet 0/17
!
interface FastEthernet 0/18
!
interface FastEthernet 0/19
!
interface FastEthernet 0/20
!
interface FastEthernet 0/21
!
interface FastEthernet 0/22
!
interface FastEthernet 0/23
!
interface FastEthernet 0/24
!
interface GigabitEthernet 0/25
!
interface GigabitEthernet 0/26
!
interface GigabitEthernet 0/27
!
interface GigabitEthernet 0/28
```

```
!
interface VLAN 1
  ip address 192.168.1.200 255.255.255.0
!


!
!
line con 0
line vty 0 4
  login
!
!
end
```

4.4 利用分布层 802.1x 安全网络接入

【实验名称】

利用分布层 802.1x 安全网络接入。

【实验目的】

使用交换机的 802.1x 功能安全网络接入。

【背景描述】

某企业的网络管理员为了防止有公司外部的用户将计算机接入到公司网络中，造成公司信息资源受到损失，希望员工的计算机在接入到公司网络之前进行身份验证，只有具有合法身份凭证的用户才可以接入到公司网络。网络管理员通过考察网络后发现，在网络建设初期，出于成本的考虑，接入层交换机为低端交换机，不支持 802.1x 认证，因此考虑在分布层部署 802.1x，安全网络接入。

【需求分析】

要实现网络中基于端口的认证，交换机的 802.1x 特性可以满足这个要求。只有用户认证通过后交换机端口才会“打开”，允许用户访问网络资源。

【实验拓扑】

图 4-29 所示是某企业网络中配置交换机 802.1x 特性，实现网络中基于端口的认证，保证只有合法用户认证通过后交换机端口才会“打开”，允许用户访问网络资源，实现网络防范安全。

【实验设备】

交换机 2 台(仅分布层交换机需支持 802.1x)；PC 2 台(其中 1 台需安装 802.1x 客户端，本实验使用锐捷 802.1x 客户端软件)；RADIUS 服务器 1 台(支持标准 RADIUS

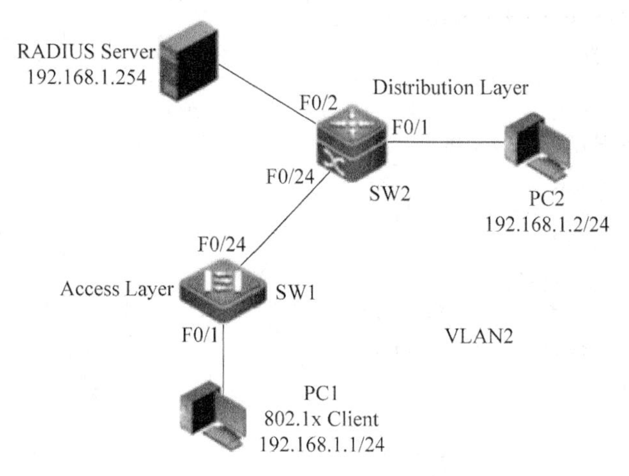

图 4-29 某企业网配置交换机 802.1x 拓扑

协议的 RADIUS 服务器，本例中使用第三方 RADIUS 服务器软件 WinRadius，在实际应用环境中，推荐使用锐捷 SAM 系统作为 RADIUS 服务器，以支持更多的高级及扩展应用）。

【预备知识】

- 交换机转发原理。
- 交换机基本配置。
- 802.1x 原理。

【实验原理】

802.1x 协议是一种基于端口的网络接入控制(Port Based Network Access Control)协议。“基于端口的网络接入控制”指在局域网接入设备的端口级别对所接入的设备进行认证和控制。如果连接到端口上的设备能够通过认证，则端口就被开放，终端设备就被允许访问局域网中的资源；如果连接到端口上的设备不能通过认证，则端口就相当于被关闭，使终端设备无法访问局域网中的资源。

【实验步骤】

(1) 交换机基本配置(拓扑中所有设备都属于 VLAN2)。

接入层交换机 SW1 基本配置。

```
SW1#configure
SW1(config)#vlan 2
SW1(config-vlan)#exit
SW1(config)#interface fastEthernet 0/1
SW1(config-if)#switchport access vlan 2
SW1(config-if)#exit

SW1(config)#interface fastEthernet 0/24
```

```
SW1(config-if)#switchport mode trunk
SW1(config-if)#end
SW1#
```

分布层交换机 SW2 基本配置。

```
SW2#configure
SW2(config)#vlan 2
SW2(config-vlan)#exit
SW2(config)#interface fastEthernet 0/1
SW2(config-if)#switchport access vlan 2
SW2(config-if)#exit

SW2(config)#interface fastEthernet 0/2
SW2(config-if)#switchport access vlan 2
SW2(config-if)#exit

SW2(config)#interface fastEthernet 0/24
SW2(config-if)#switchport mode trunk
SW2(config-if)#end
SW2#
```

(2) 验证网络连通性。

按照拓扑配置 PC1、PC2、RADIUS 服务器的 IP 地址，在 PC1 上 ping PC2 的地址，验证 PC1 与 PC2 的网络连通性，可以 ping 通，如图 4-30 所示。

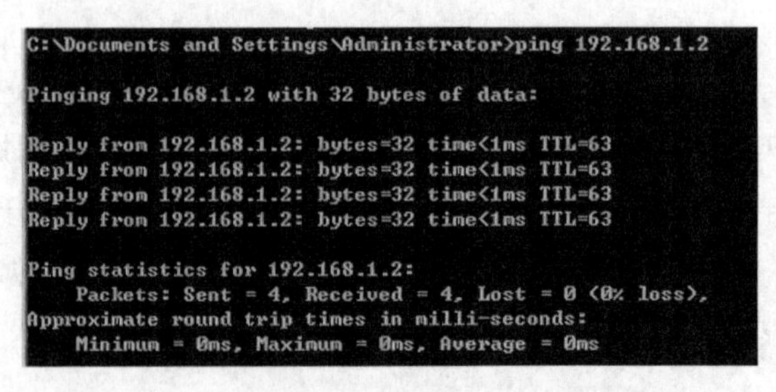

图 4-30　验证网络连通

(3) 配置分布层交换机 SW2 802.1x 认证。

```
SW2#configure
SW2(config)#aaa new-model
SW2(config)#aaa authentication dot1x ruijie group radius
SW2(config)#dot1x authentication ruijie

SW2(config)#interface vlan 2
SW2(config-if)#ip address 192.168.1.200 255.255.255.0
SW2(config-if)#exit
```

```
SW2(config)#radius-server host 192.168.1.254
SW2(config)#radius-server key 12345
             ! 此处配置的密钥要与 RADIUS 服务器上配置的一致

SW2(config)#interface fastEthernet 0/24
SW2(config-if)#dot1x port-control auto
             ! 启用 F0/24 端口的 802.1x 认证
SW2(config-if)#end
SW2#
```

(4) 验证测试。

此时用 PC1 ping PC2 的地址，如图 4-31 所示。

```
C:\Documents and Settings\Administrator>ping 192.168.1.2

Pinging 192.168.1.2 with 32 bytes of data:

Request timed out.
Request timed out.
Request timed out.
Request timed out.

Ping statistics for 192.168.1.2:
    Packets: Sent = 4, Received = 0, Lost = 4 (100% loss),
```

图 4-31　验证网络连通

由于 SW2 的 F0/24 端口启用了 802.1x 认证，在 PC1 没有认证的情况下，无法与 PC2 通信。

(5) 配置 RADIUS 服务器。

运行 WinRadius 服务器，并添加账户信息，如图 4-32 所示。

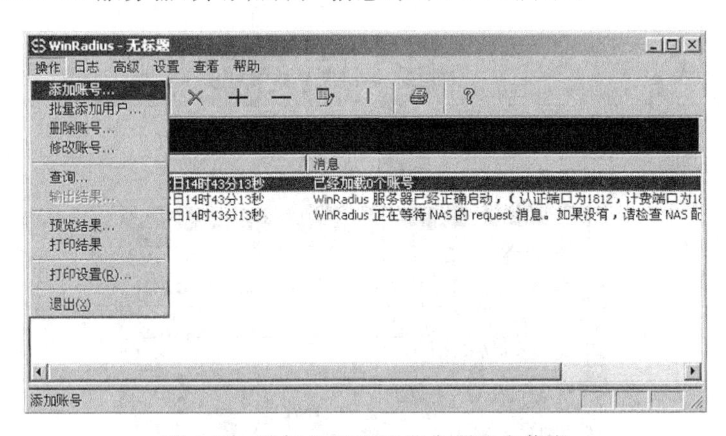

图 4-32　添加 RADIUS 服务器账户信息

设置账户信息，用户名为 test，密码为 testpass，如图 4-33 所示。

设置 RADIUS 服务器系统属性，如图 4-34 所示。

设置 RADIUS 服务器的密钥，要与交换机上配置的秘钥保持一致。验证端口号和计费端口号都保持默认的标准端口号，如果设置其他的端口号，也需要在交换机上的 RADIUS 服务器配置中进行相应配置，如图 4-35 所示。

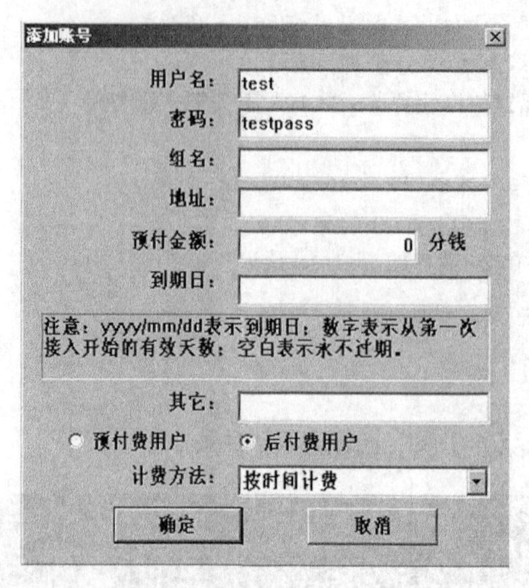

图 4-33　配置 RADIUS 服务器账户信息

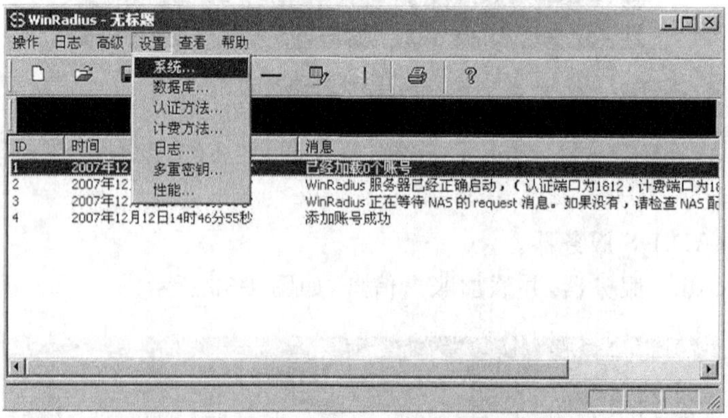

图 4-34　设置 RADIUS 服务器系统属性

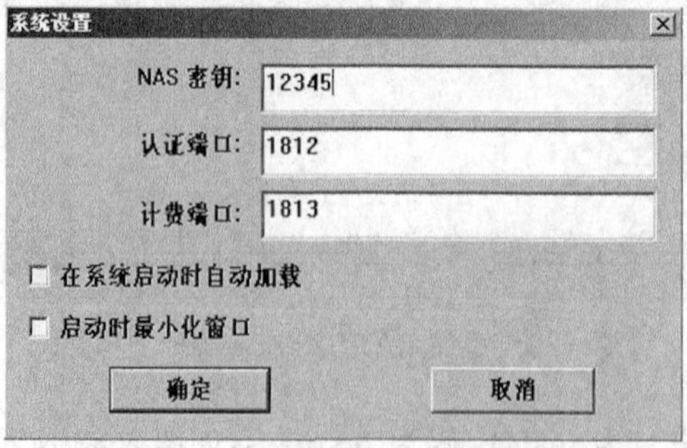

图 4-35　设置 RADIUS 服务器的密钥

(6) 启用 802.1x 客户端进行验证。

在 PC1 上启动锐捷 802.1x 客户端，输入用户名(test)和密码(testpass)，单击“连接”

按钮进行认证,如图 4-36 所示。

由于在分布层交换机 SW2 没有配置 EAPOL 报文可以携带 Tag,所以验证会失败,如图 4-37 所示。

图 4-36 启动锐捷 802.1x 客户端

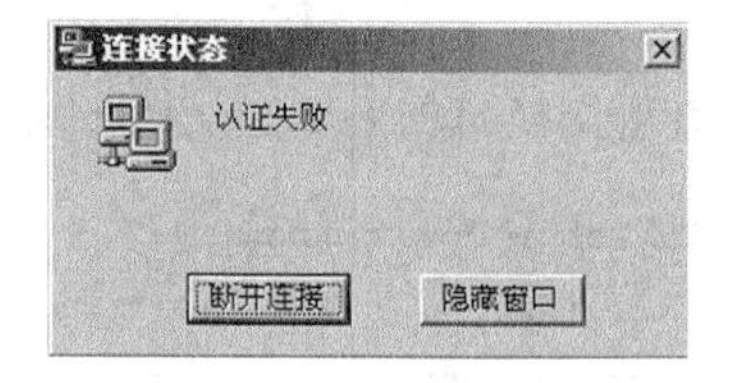

图 4-37 验证失败信息

(7) 配置分布层交换机 EAPOL 报文携带 VLAN Tag 选项。

```
SW2#configure
SW2(config)#dot1x eapol-tag
SW2(config)#end
SW2#
```

(8) 重新认证。

此时客户端可以成功进行认证。认证成功后,在 Windows 右下角的状态栏中显示认证成功,如图 4-38 所示。

图 4-38 验证成功信息

图 4-39 为在 PC1 上捕获的 802.1x 认证过程(EAP-MD5 认证方式)的报文。

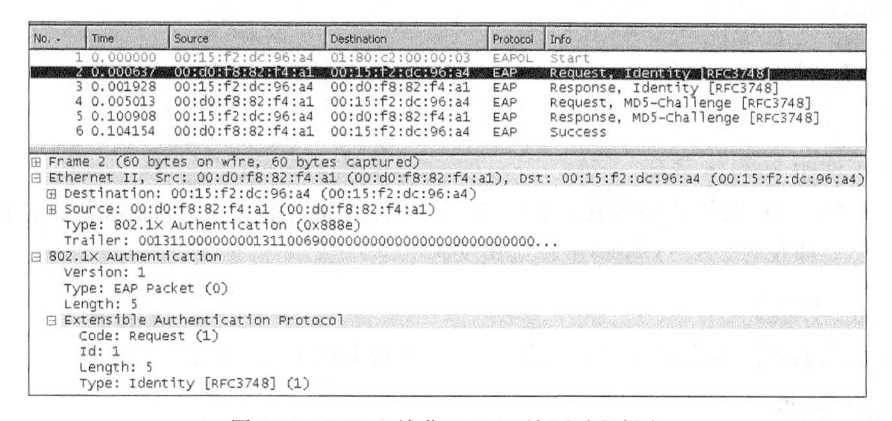

图 4-39 PC1 上捕获 802.1x 认证过程报文

(9) 验证测试。

在 PC1 上 ping PC2 的 IP 地址,由于通过了 802.1x 认证,SW2 的 F0/24 端口被"打

开”,PC1 与 PC2 可以 ping 通,如图 4-40 所示。

```
C:\Documents and Settings\Administrator>ping 192.168.1.2

Pinging 192.168.1.2 with 32 bytes of data:

Reply from 192.168.1.2: bytes=32 time<1ms TTL=63
Reply from 192.168.1.2: bytes=32 time<1ms TTL=63
Reply from 192.168.1.2: bytes=32 time<1ms TTL=63
Reply from 192.168.1.2: bytes=32 time<1ms TTL=63

Ping statistics for 192.168.1.2:
    Packets: Sent = 4, Received = 4, Lost = 0 (0% loss),
Approximate round trip times in milli-seconds:
    Minimum = 0ms, Maximum = 0ms, Average = 0ms
```

图 4-40　验证网络连通

查看交换机的 802.1x 认证状态,可以看到 PC1 已通过认证。

```
SW2#show dot1x summary
ID    MAC            Interface VLAN Auth-State    Backend-State Port-Status User-Type
----- -------------- --------- ---- ------------- ------------- ----------- ---------
7     0015.f2dc.96a4 Fa0/24    1    Authenticated Idle          Authed      static

Switch#show dot1x user id 7

User name: test
User id: 7
Type: static
Mac address is 0015.f2dc.96a4
Vlan id is 1
Access from port Fa0/24
Time online: 0days 0h 0m10s
User ip address is 192.168.1.1
Max user number on this port is 6000
Start accounting
Permit proxy user
Permit dial user
IP privilege is 0
```

(10) 注销 802.1x 认证。

在图 4-28 中,选择网络连接,右击,选择“断开连接”项,注销 802.1x 认证。图 4-41 为在 PC1 上捕获的 802.1x 注销过程的报文。

【注意事项】

在认证过程中,需要保证交换机与 RADIUS 服务器之间可达。

【参考配置】

```
SW1#show running-config

Building configuration...
```

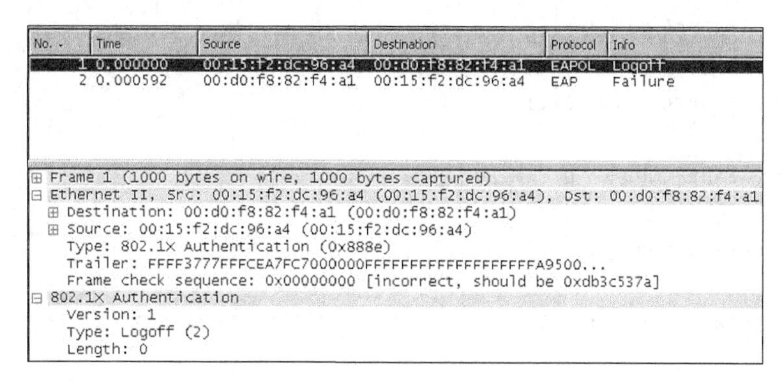

图 4-41 PC1 上捕获 802.1x 注销过程的报文

```
Current configuration : 1184 bytes
!
hostname SW1
!
!
!
vlan 1
!
vlan 2
!
!
!
!
interface FastEthernet 0/1
 switchport access vlan 2
!
interface FastEthernet 0/2
!
interface FastEthernet 0/3
!
interface FastEthernet 0/4
!
interface FastEthernet 0/5
!
interface FastEthernet 0/6
!
interface FastEthernet 0/7
!
interface FastEthernet 0/8
!
interface FastEthernet 0/9
!
```

```
interface FastEthernet 0/10
!
interface FastEthernet 0/11
!
interface FastEthernet 0/12
!
interface FastEthernet 0/13
!
interface FastEthernet 0/14
!
interface FastEthernet 0/15
!
interface FastEthernet 0/16
!
interface FastEthernet 0/17
!
interface FastEthernet 0/18
!
interface FastEthernet 0/19
!
interface FastEthernet 0/20
!
interface FastEthernet 0/21
!
interface FastEthernet 0/22
!
interface FastEthernet 0/23
!
interface FastEthernet 0/24
  switchport mode trunk

!
interface GigabitEthernet 0/25
!
interface GigabitEthernet 0/26
!
interface GigabitEthernet 0/27
!
interface GigabitEthernet 0/28
!
!
!
!
line con 0
```

```
line vty 0 4
login
!
!
End
```

SW2# show running-config

```
Building configuration...
Current configuration : 1456 bytes

!
hostname SW2
!
aaa new-model
!
!
aaa authentication dot1x ruijie group radius
!
!
vlan 1
!
vlan 2
!
!
!
radius-server host 192.168.1.254
radius-server key 7 151b5f72467e
!
!
!
!
dot1x authentication ruijie
interface FastEthernet 0/1
switchport access vlan 2
!
interface FastEthernet 0/2
  switchport access vlan 2
!
interface FastEthernet 0/3
!
interface FastEthernet 0/4
!
```

```
interface FastEthernet 0/5
!
interface FastEthernet 0/6
!
interface FastEthernet 0/7
!
interface FastEthernet 0/8
!
interface FastEthernet 0/9
!
interface FastEthernet 0/10
!
interface FastEthernet 0/11
!
interface FastEthernet 0/12
!
interface FastEthernet 0/13
!
interface FastEthernet 0/14
!
interface FastEthernet 0/15
!
interface FastEthernet 0/16
!
interface FastEthernet 0/17
!
interface FastEthernet 0/18
!
interface FastEthernet 0/19
!
interface FastEthernet 0/20
!
interface FastEthernet 0/21
!
interface FastEthernet 0/22
!
interface FastEthernet 0/23
!
interface FastEthernet 0/24
  dot1x port-control auto
  switchport mode trunk
!
interface GigabitEthernet 0/25
!
```

```
interface GigabitEthernet 0/26
!
interface GigabitEthernet 0/27
!
interface GigabitEthernet 0/28
!
interface VLAN 2
  ip address 192.168.1.200 255.255.255.0
!
!
!
line con 0
line vty 0 4
!
!
End
```

第5章 无线局域网络安全

5.1 实现无线用户的二层隔离

【实验名称】

实现无线用户的二层隔离。

【实验目的】

掌握配置无线局域网用户的二层隔离的方法。

【背景描述】

小张是学校的网络管理员，最近他发现学校内前期建成的无线局域网内，经常有学生反映当地的无线局域网的速度非常慢。于是小张就在网管上查看，发现无线局域网内的流量很大，而学校出口的流量不是很大，据此小张推断：是有学生在利用无线局域网相互之间传输大量数据。

为了增加无线局域网的利用率，减少无线局域网带宽在局域网内的浪费，小张决定把无线局域网内的用户做个二层隔离。

【需求分析】

需求：如何降低无线局域网内无线带宽的浪费。

分析：用智能无线局域网的二层隔离功能将用户隔离开，不允许无线网用户使用无线局域网互相传输数据。

【实验拓扑】

图5-1所示网络拓扑，是某学校内前期建成的无线局域网络规划拓扑，为了减少无线局域网带宽在局域网内的浪费，希望在学校内的无线局域网络中使用智能无线局域网的二层隔离功能将用户隔离开，不允许用户使用无线局域网互相传输数据。

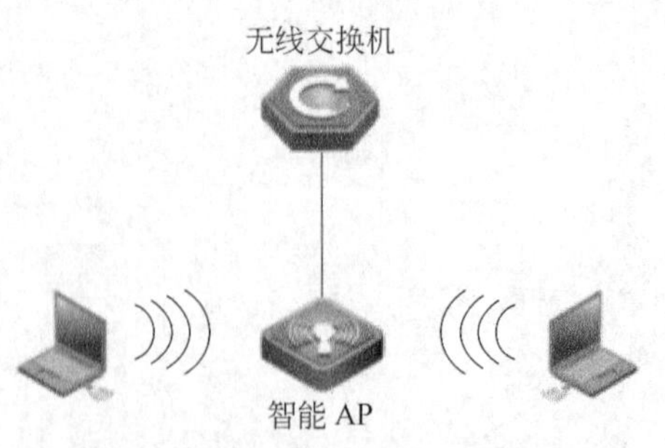

图5-1 无线局域网内二层隔离技术实施网络拓扑

【实验设备】

RG-WG54U 2块；PC 2台；智能无线AP 1台；智能无线交换机1台。

【预备知识】

- 无线局域网基本知识。

• 智能无线交换机。

伴随着迅驰笔记本的披荆斩棘，WLAN 无线技术已深深扎根家庭应用。在传统的无线 LAN 模式中，作为无线局域网接入点设备的 AP，提供了客户端接入、加密和验证等功能。无线交换机的出现让无线局域网系统可管理性、可扩展性都得到提高。

自从 2002 年 Symbol Technologies 推出了第一个无线交换机后，随着无线交换机的出现，或许将彻底改变很多注重安全的企业用户的使用习惯。很多网络设备厂家都开始认识到无线交换机未来对企业用户的吸引力，纷纷推出相关产品。无线交换机凭借良好的集中部署能力和管理功能，可更方便地管理和升级大型无线基础设施，在未来大中型 WLAN 安装中，无线交换机将占有重要作用。

无线交换机正是出于对无线 AP 的集中管理需求而生，所以无线交换机具备强大的 AP 管理功能。多数无线交换机可提供 1～72 个千兆端口或百兆端口，多个 Combo SFP 插槽，每个无线交换机能支持最多 8～512 个无线接入点，并可扩展到多个对等交换机，形成多达万个的 AP 无线漫游网络接入点。

无线交换机多数端口都支持 POE 供电功能，可扩展并轻松升级，AP 可以直接与无线交换机端口连接，或通过局域网交换机间接与它连接，而不需要更改现有的网络架构。并且超过每台 AP 可管理最大 SSID 数，无线交换机一般可达到 16～32 个点。这样，无线交换机就可替代原来二层交换机的位置，瘦 AP 便可取代原有的企业级 AP 的位置。

而在对非法 AP 的管理上，无线交换机一般都具备最常用的 RSSI 功能，可对最接近 802.11 设备的 AP 或传感器的身份验证，来完成基于信号强度的跟踪。而功能更强的三角定位技术等无线信号侦测技术也是主流产品的标配，使用三角测量法可精确算出使用者的位置，可使定位误差尽量缩小，三角测量则可以将定位精度限制于 400～900 平方英尺的范围之内。

除此之外，多数无线交换机还具备动态自我配置无线电参数（包括发射功率水平、信道、负载平衡和干扰规避）的 RF 管理功能，可以动态地、智能地调整瘦 AP 的信道和功率，可提供连续、一致的无线覆盖。

无线交换机的网络管理功能肯定不弱，其一般具备 SNMP、Telnet、Web、IPsec/VPN 和用户策略控制等基本功能，可灵活地应对各种网管需求。可对硬件、软件配置和网络策略进行统一管理，可以简化日常工作。通过集中式的管理，也可以向所有接入端口自动分发配置，这样就不需要分别配置和管理每个接入点并降低与之相关的成本。

并且无线交换机可通过嵌入的射频管理软件，对整个频谱范围内的无线设备进行监控和管理，使网络管理员可以输入楼宇和工作场所参数来计算楼宇的 RF 特征以及规划放置接入点的最佳位置。系统可以图形方式显示包括射频覆盖、负载均衡、冗余、安全威胁级别和网络使用率在内的统计数字，从而最大程度地延长网络系统的正常工作时间和帮助保持峰值性能，并获得对网络进行规划、评估和监控的能力。

并且在网络安全管理上，无线交换机也不弱，很多产品除具备一个定位引擎和无线入侵保护系统（Wireless IPS）外，还支持一整套完整的安全机制，包括接入点控制、基于 802.1x 的身份验证以及增强型加密，包括与 WPA 和 802.1x 认证结合的 AES、TKIP 以及 WEP 加密。其中，企业级的 WPA2 利用 AES 高级加密标准来代替 WPA 使用的

TKIP动态密钥完整性协议数据加密，是目前最安全的加密机制之一。集成较专业的防火墙，可以防护各种“拒绝服务”攻击并过滤在局域网内部以及局域网和广域网之间的网络流量。

• 无线局域网络网管软件RingMaster。

RingMaster是针对智能无线交换网络的集中管理平台系统软件，可为用户提供局域网或跨越广域网环境下的无线网络部署规划、设备配置及管理监控服务，并分析输出详细的网络运行状态报告。RingMaster可与智能无线局域网交换机协同工作，对所有部署的MP系列智能管理型无线接入点产品进行集中管理和控制，以优化网络表现，并增强网络安全性。

使用RingMaster无线局域网交换机集中网管系统软件，可在无线局域网部署实施前，简便智能地进行规划和配置。该系统软件的规划部分能够支持导入需要部署的建筑平面图，计算各种常见障碍物(如门、墙壁和天花板等建筑障碍物)的信号屏蔽参数，自动配置每个无线接入点的容量和覆盖范围。VirtualSiteSurvey向导功能可自动将MP系列无线接入点产品布置于站点平面图中，以模拟和优化无线接入点发射功率并且自动分配射频信道，使得整个虚拟规划模型最大化地接近实际应用，并对项目实施提供完善的指导。

RingMaster可根据用户建筑物的射频环境、障碍物特性和用户访问带宽要求等因素，自动规划MP系列智能管理型无线接入点产品的部署位置及部署数量，同时也可以对任何支持OAPI的第三方厂商的无线接入点产品进行部署规划。

RingMaster系统软件不仅可以规划安装过程，还可以对部署结果进行验证。用户可以快速复制和验证配置模板，自动下发配置到多台无线网络交换机和MP系列无线接入点以建立无线网络。此外，该系统软件还可用于跟踪配置变化、进行全网无线设备的批量升级、管理全网设备版本，并从管理端保存设备历史配置。这样可以大大降低部署无线网络的人为错误，大量节约成本。

RingMaster系统软件可提供对射频环境的全面控制，可提供对整个无线局域网的简易而精确的操作。射频扫描可以按计划进行、连续进行或按需进行，使用户能够了解无线空间内发生的所有操作，监视探测并定位非法接入点、非法网络或其他射频干扰。此外，该系统软件还可以监测无线用户通信情况，并自动调整无线接入点的功率，以消除覆盖区域之间的盲区，优化射频性能。RingMaster系统软件可监视并记录无线网络实时运行情况，可精确地对无线局域网进行动态调整和平衡，并可输出长达30天的设备运行情况及用户记录，协助管理员进行周密而有计划的网络管理。

RingMaster系统软件支持AES、TKIP和WEP加密等丰富的无线数据安全特性，并结合了WPA/WPA2和802.1x验证，因此可以基于每个用户或每个用户组进行全面的管理和保护，跟踪无线网络上的所有业务。基于此项功能，可以实现针对用户组的认证接入控制、灵活可控的漫游策略、对带宽使用的监视，大大增强了无线局域网的安全性，并可以实现安全连接和漫游。

RingMaster系统软件对采集的用户数据和网络运行数据提供了强化分析能力，它可以通过监视连接对象、对象所处位置、原来的位置以及曾经使用过的业务来组建一个移动域(Mobility Domain),以确保无线局域网的安全,并可以随时监视用户漫游记录,协助管理员进行详细的漫游管理。

RingMaster 系统软件已经率先支持对下一代无线通信协议 IEEE 802.11n,可配合支持 802.11n 智能无线接入点,完成对高速用户数据的监控。同时,还支持 Mesh(无线网状网)技术,可配合 Mesh 网关和 Mesh 无线接入点产品,完成城域级的大规模无线网状网的全面控制管理。

【实验原理】

智能型无线交换网络的无线交换机,由于有了一般交换机 VLAN 的强大功能,所以,对于二层隔离也可以实现,从而隔离无线局域网用户的相互访问。

【实验步骤】

(1) 配置无线交换机的基本参数。

① 无线交换机的默认 IP 地址是 192.168.100.1/24,因此将 STA1 的 IP 地址配置为 192.168.100.2/24,并打开浏览器登录到 http://192.168.100.1,弹出图 5-2 所示界面,单击"是"按钮。

系统的默认管理用户名是 admin,密码为空,如图 5-3 所示。

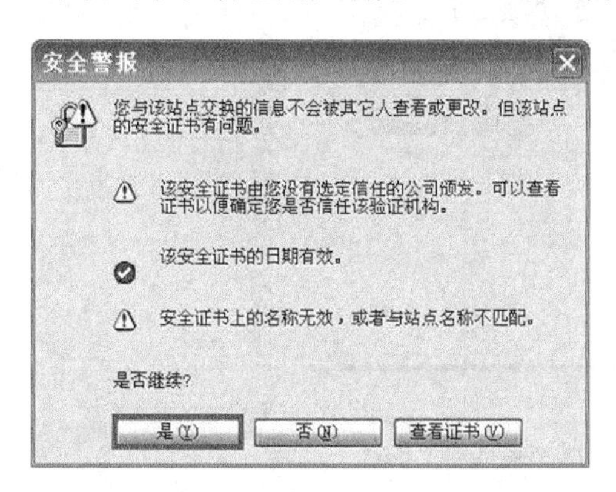

图 5-2 登录无线交换机

图 5-3 登录无线交换机

② 输入用户名和密码后就进入了无线交换机的 Web 配置页面,单击 Start 按钮,进入快速配置指南,如图 5-4 所示界面。

③ 选择管理无线交换机的工具 RingMaster, 如图 5-5 所示界面。

④ 配置无线交换机的 IP 地址、子网掩码以及默认网关, 如图 5-6 所示界面。

⑤ 设置系统的管理密码, 如图 5-7 所示界面。

⑥ 设置系统的时间以及时区, 如图 5-8 所示界面。

⑦ 确认并完成无线交换机的基本配置, 如图 5-9 所示界面。

(2) 通过 RingMaster 网管软件进行无线交换机的高级配置。

① 运行 RingMaster 软件,地址为 127.0.0.1,端口为 443,用户名和密码默认为空,如图 5-10 所示界面。

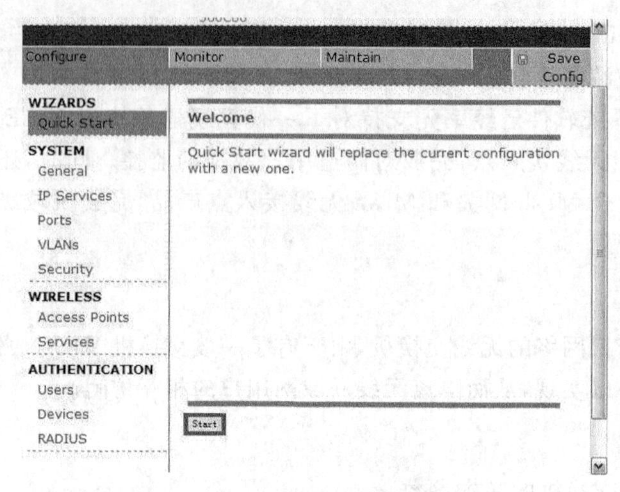

图 5-4　配置无线交换机

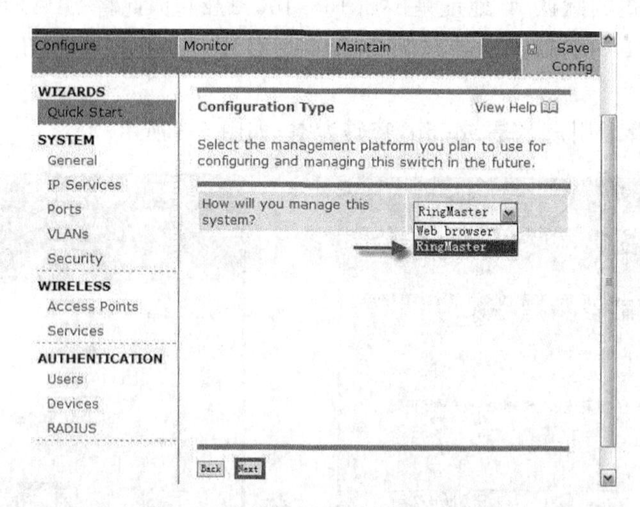

图 5-5　选择管理无线交换机的工具

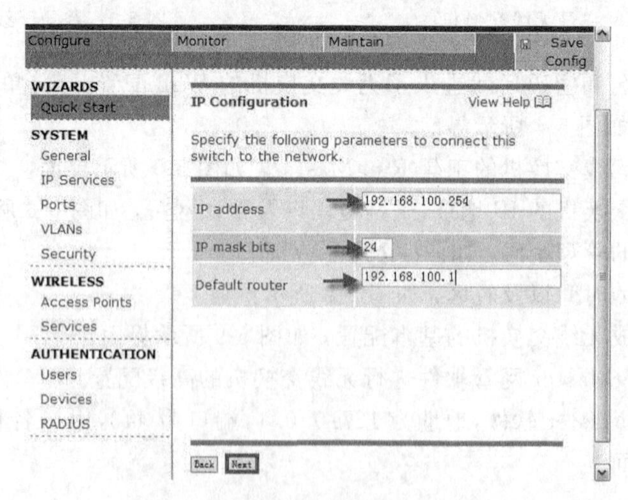

图 5-6　配置无线交换机的 IP 地址

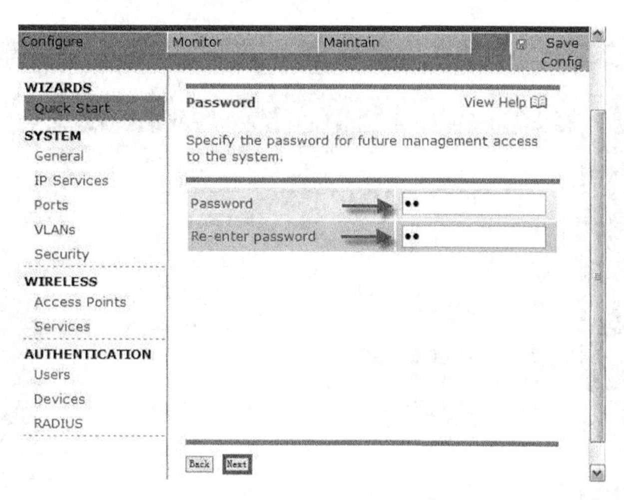

图 5-7 配置无线交换机系统的管理密码

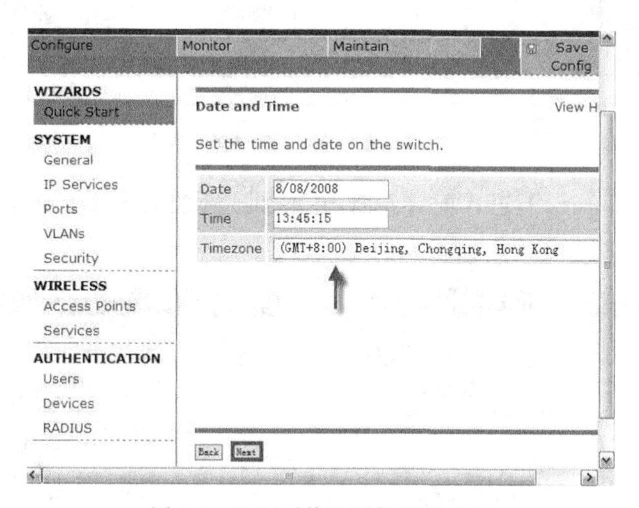

图 5-8 配置系统的时间以及时区

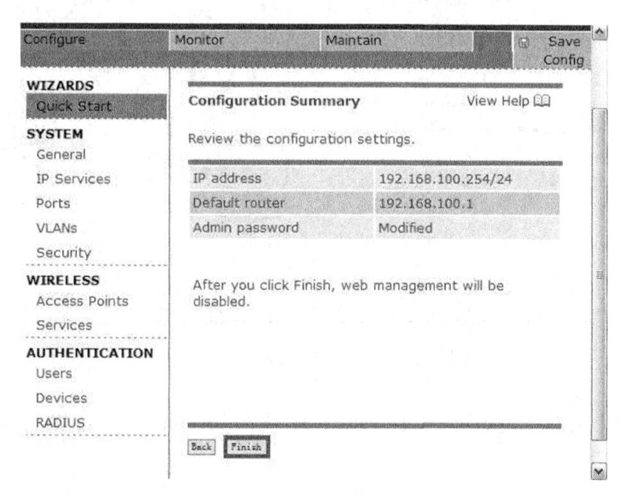

图 5-9 确认并完成无线交换机的基本配置

图 5-10　运行 RingMaster 软件

② 选择 Configuration，进入配置界面，并添加被管理的无线交换机，如图 5-11 所示界面。

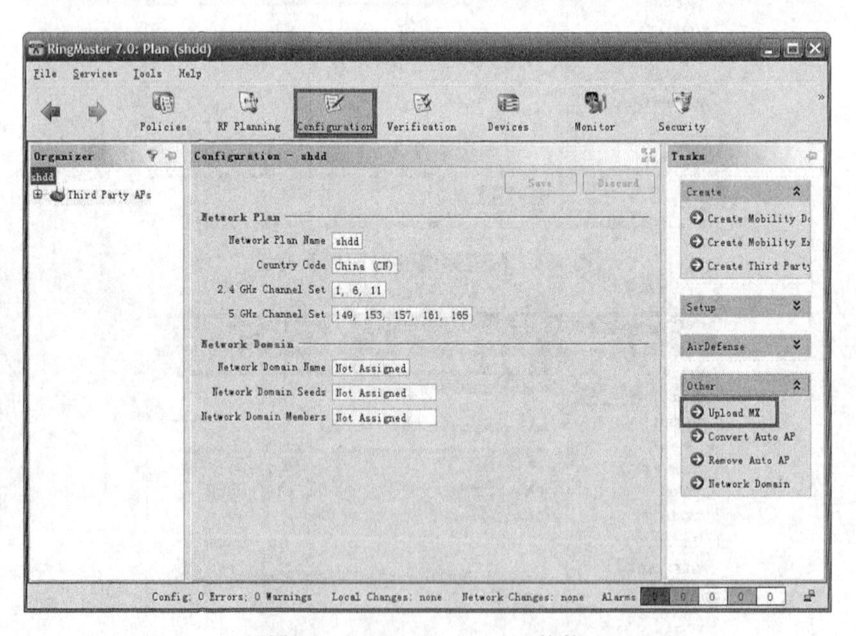

图 5-11　配置 RingMaster 软件

③ 输入被管理无线交换机的 IP 地址和 Enable 密码，如图 5-12～图 5-14 所示界面。

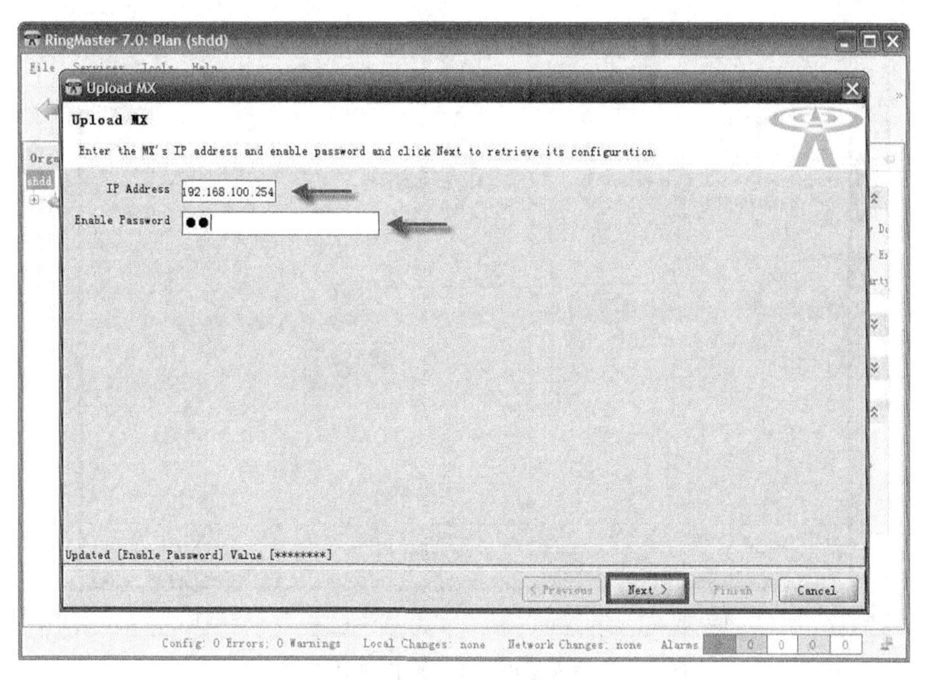

图 5-12 输入管理无线交换机的 IP 信息(1)

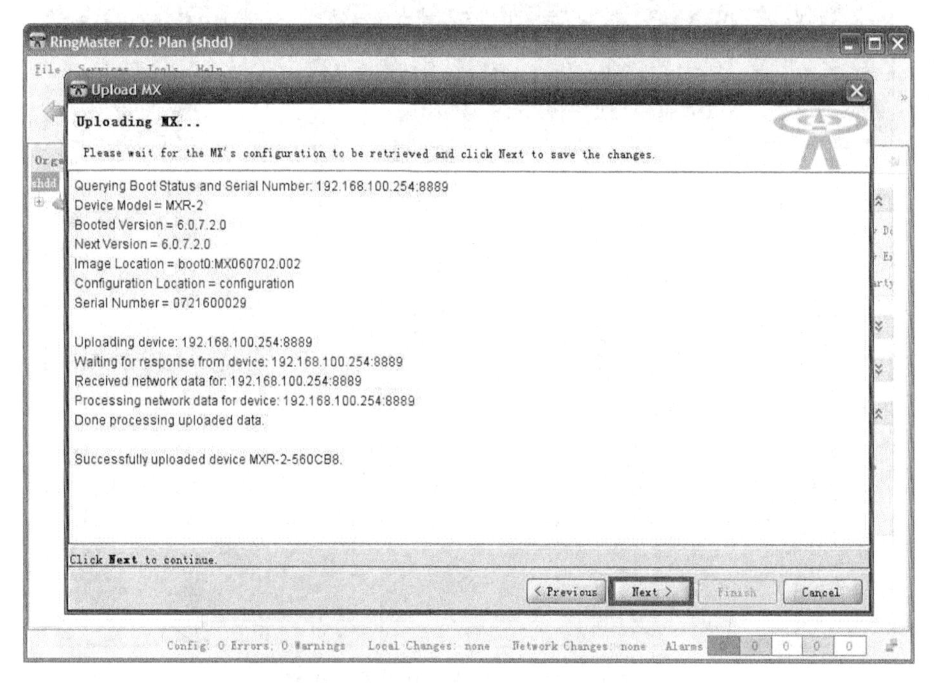

图 5-13 输入管理无线交换机的 IP 信息(2)

④ 完成添加后，进入无线交换机的操作界面，如图 5-15 所示界面。

(3) 配置无线 AP。

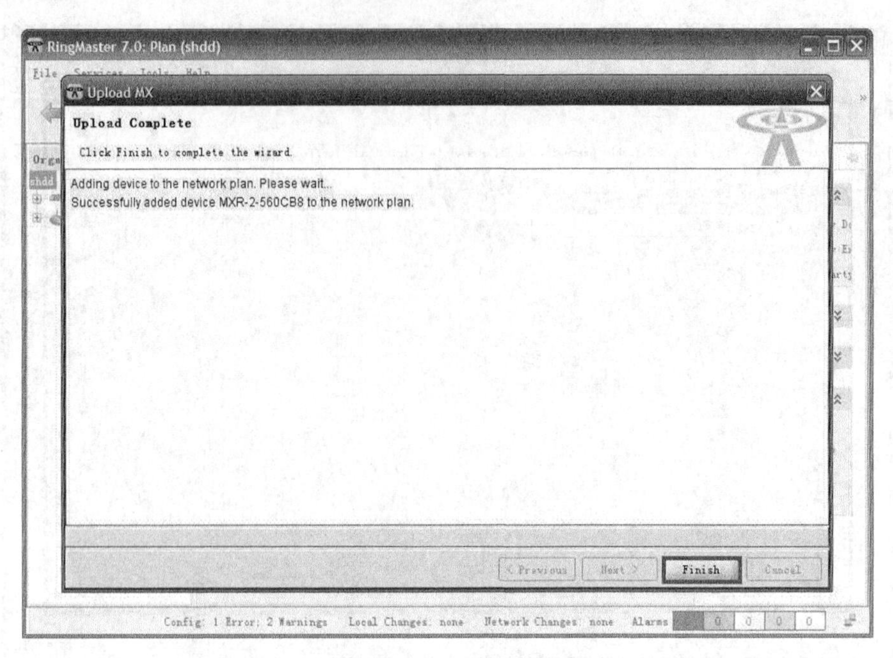

图 5-14　输入管理无线交换机的 IP 信息(3)

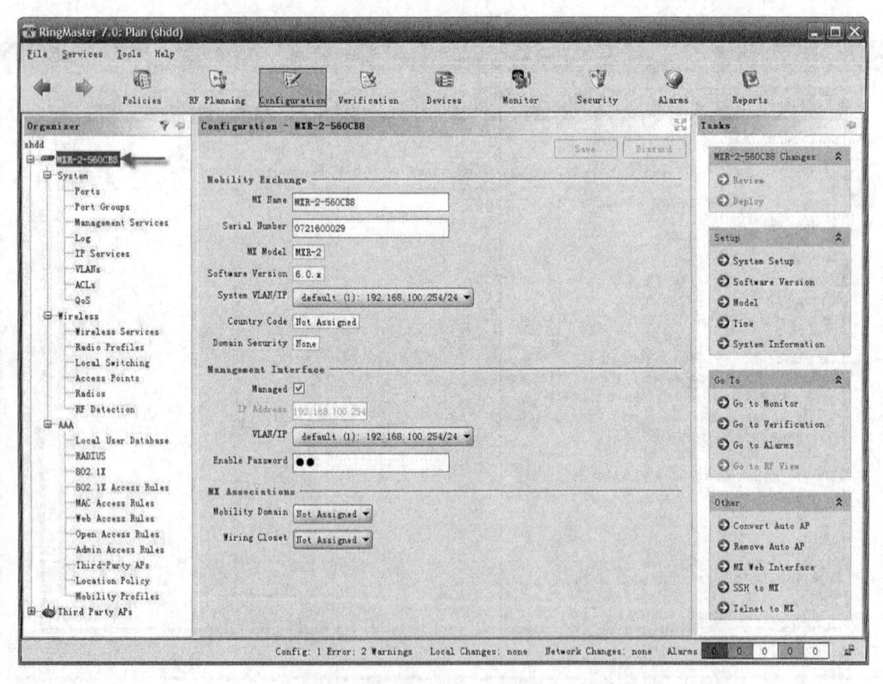

图 5-15　进入无线交换机的操作信息

① 选择 Wireless→Access Points 选项，添加 AP，如图 5-16 所示界面。

② 为添加 AP 命名，并选择连接方式，默认使用 Distributed 模式，如图 5-17 所示界面。

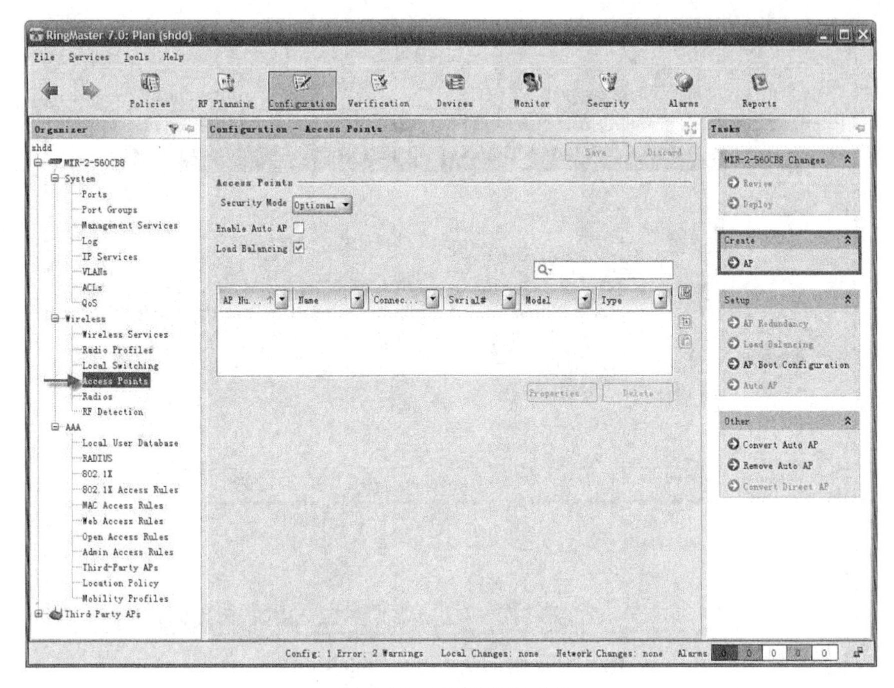

图 5-16 配置无线 AP

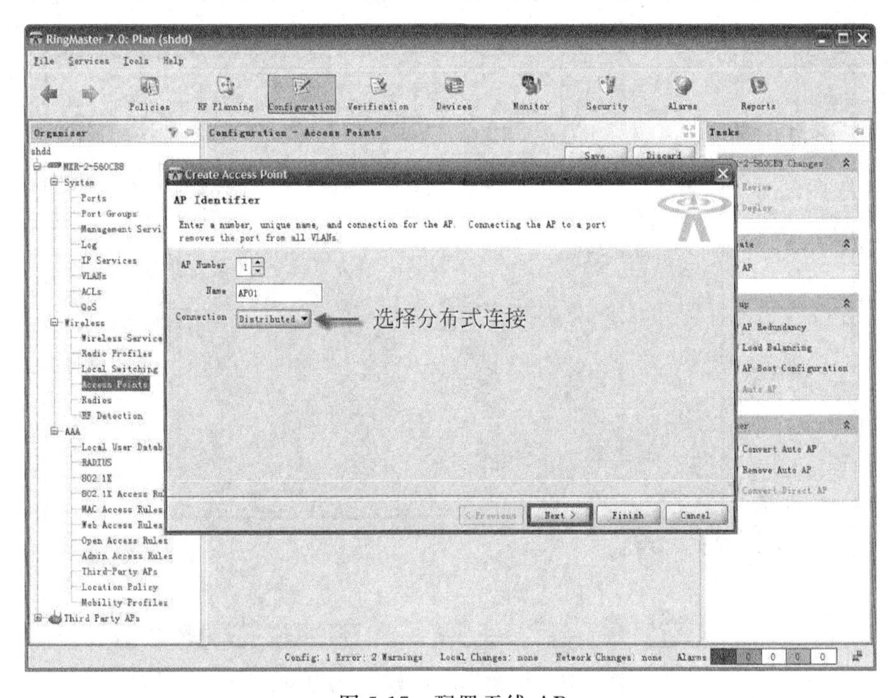

图 5-17 配置无线 AP

③ 将需要添加的 AP 机身后面的 SN 号输入对话框，用于 AP 与无线交换机的注册过程，如图 5-18 所示界面。

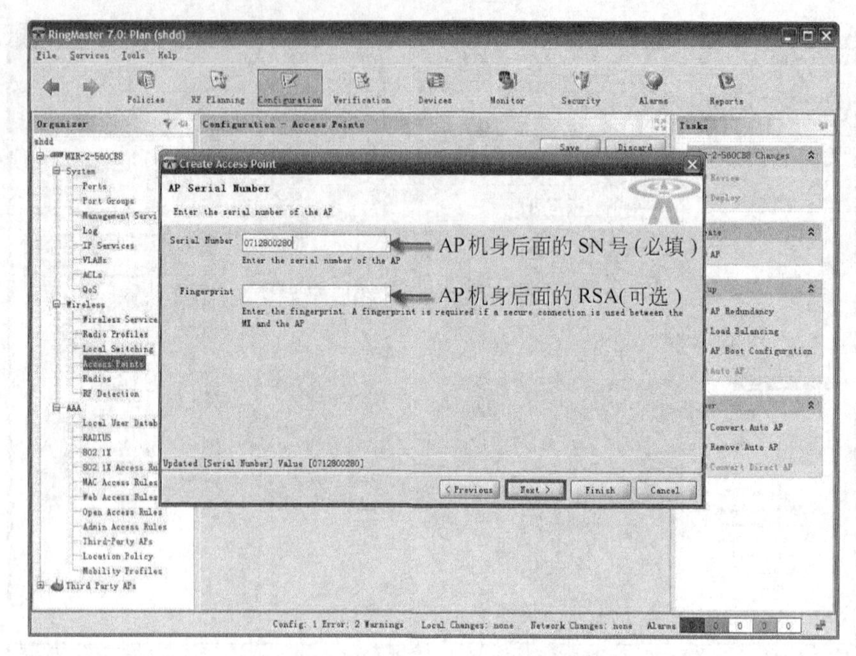

图 5-18　添加 AP 机身后的 SN 号

④ 选择添加 AP 的具体型号和传输协议,完成 AP 添加，如图 5-19 所示界面。

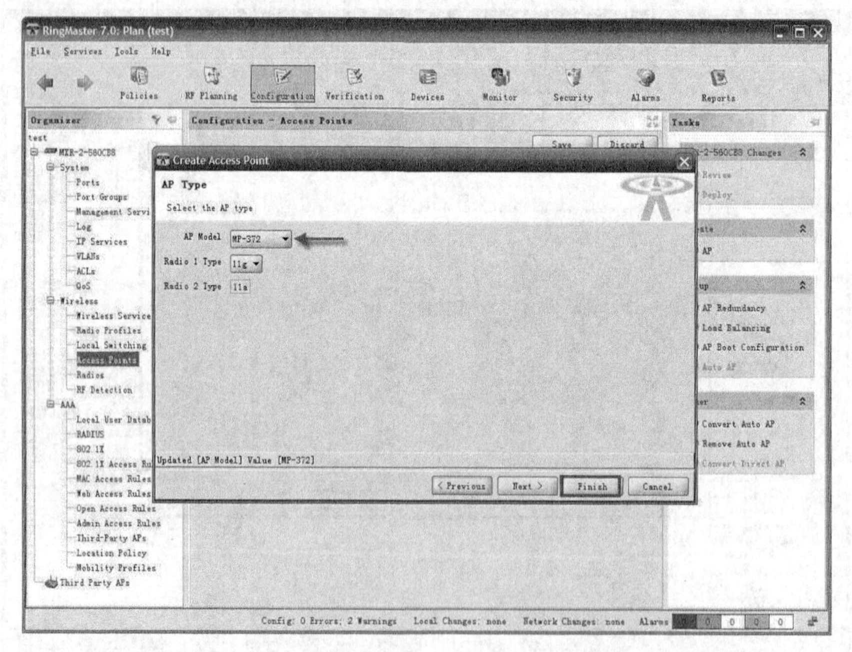

图 5-19　添加 AP 型号和传输协议

(4) 配置无线交换机的 DHCP 服务器。

① 选择 System→VLANs 选项,然后选择 default vlan,进入属性配置，如图 5-20 所示界面。

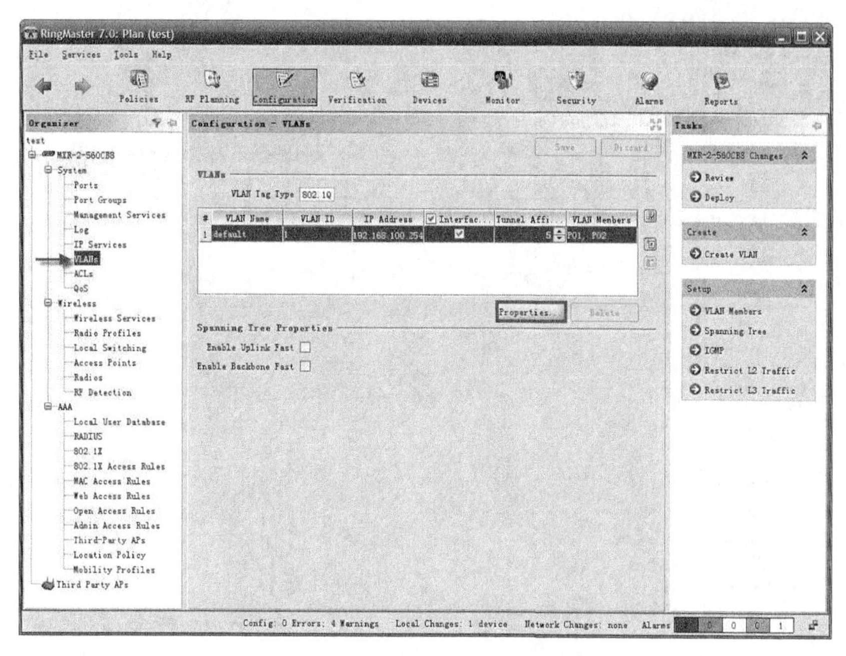

图 5-20 配置无线交换机的 DHCP 服务器

② 进入 Properties→DHCP Server 选项，激活 DHCP 服务器，设置地址池和 DNS，保存，如图 5-21 所示界面。

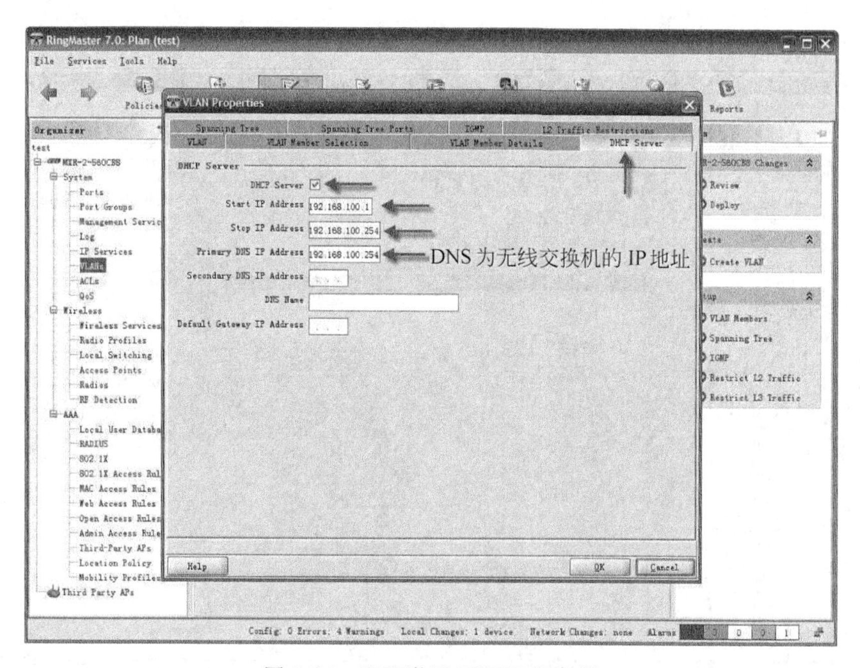

图 5-21 配置激活 DHCP 服务器

选择 System→Ports 选项，将无线交换机的端口 POE 打开，并保存，如图 5-22 所示界面。

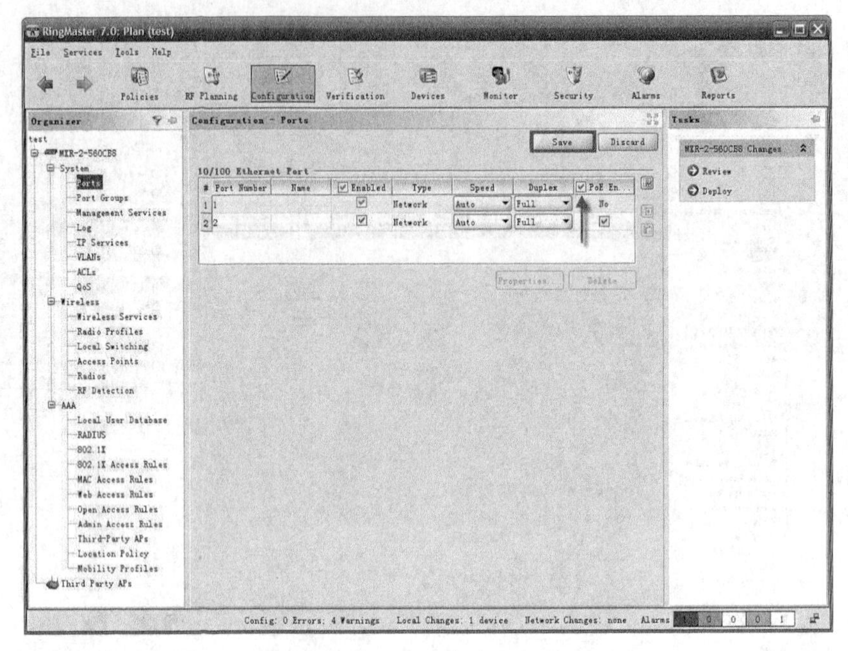

图 5-22　配置 DHCP 服务器

(5) 配置网管软件的二层隔离功能。

① 在无线网管软件中选择 Configuration→System→VLANs 选项，如图 5-23 所示界面。

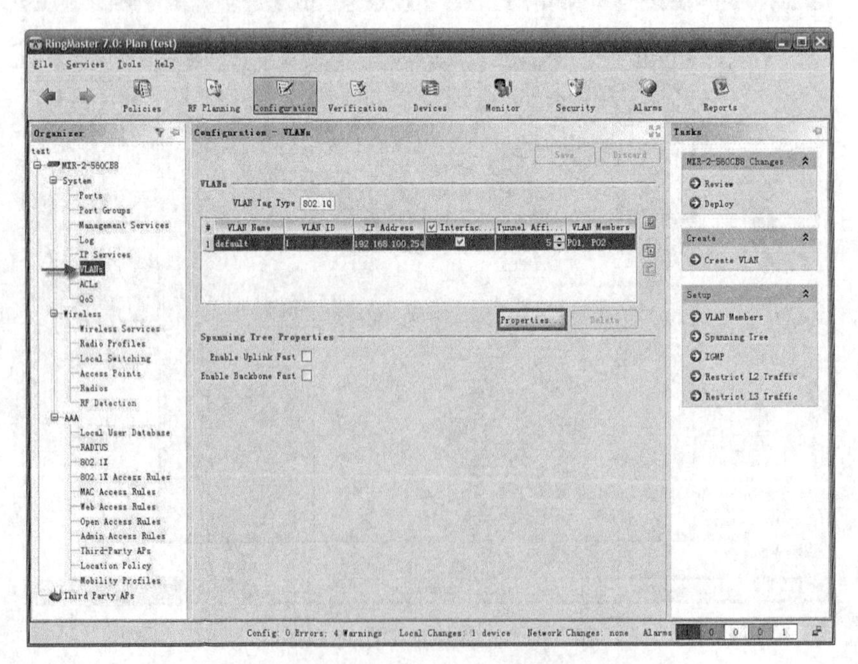

图 5-23　配置网管软件的二层隔离(1)

② 进入 Properties→VLAN L2 Restriction 选项，激活该选项，在方框内打上对勾，如图 5-24 所示界面。

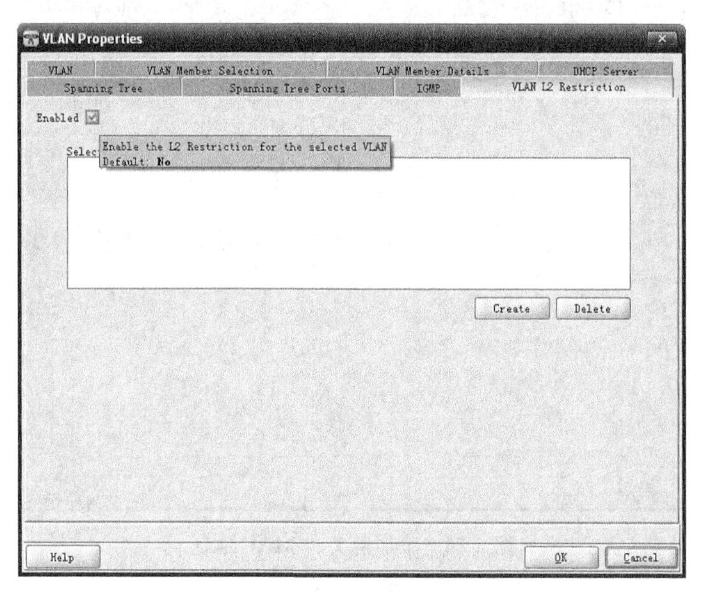

图 5-24　配置网管软件的二层隔离(2)

③ 添加 VLAN 内用户网关设备的 MAC 地址。单击图 5-24 中的 Create 键，出现图 5-25 所示界面。

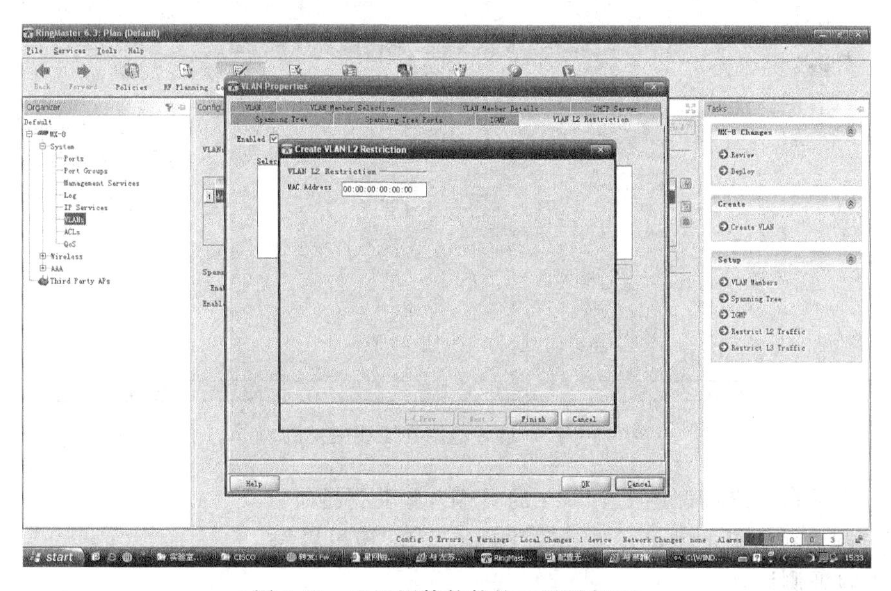

图 5-25　配置网管软件的二层隔离(3)

④ 添加网关的 MAC 地址，单击 Finish 按钮完成添加，如图 5-26 所示界面。

⑤ 单击 OK 按钮，完成操作。把设置应用到无线交换机上，如图 5-27 所示界面。

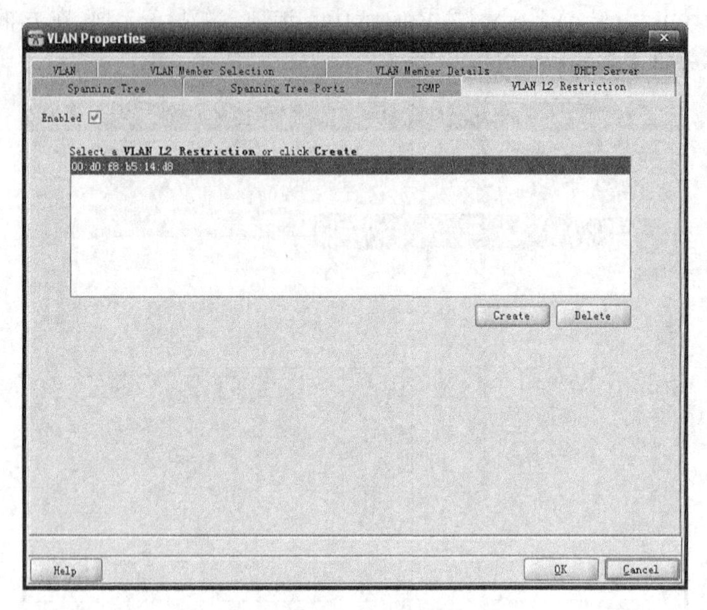

图 5-26　添加网关的 MAC 地址

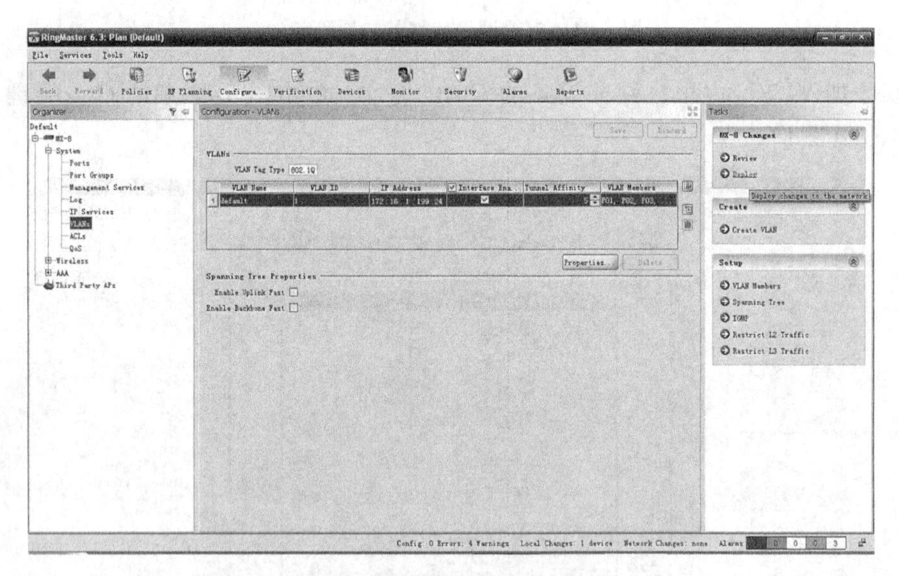

图 5-27　设置应用到无线交换机

(6) 使两台客户端都连接上 test 的 SSID,并获得地址。

查看两台计算机的地址，如图 5-28 和图 5-29 所示界面。

(7) 验证测试。

使用 STA1 ping STA2，如图 5-30 所示界面。

STA1 与 STA2 不能相互 ping 通。

【注意事项】

保证 STA1、STA2 无线连接的 SSID 一致。

STA1

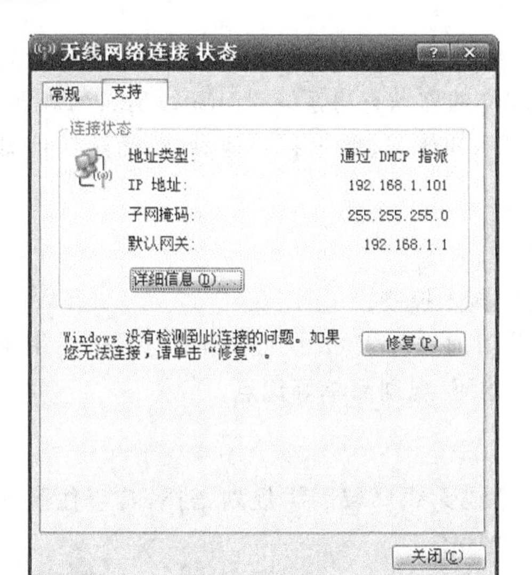

图 5-28　查看计算机的 IP 地址(1)

STA2

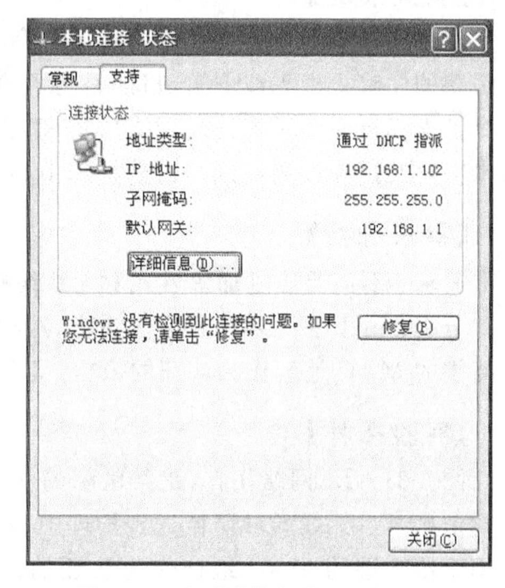

图 5-29　查看计算机的 IP 地址(2)

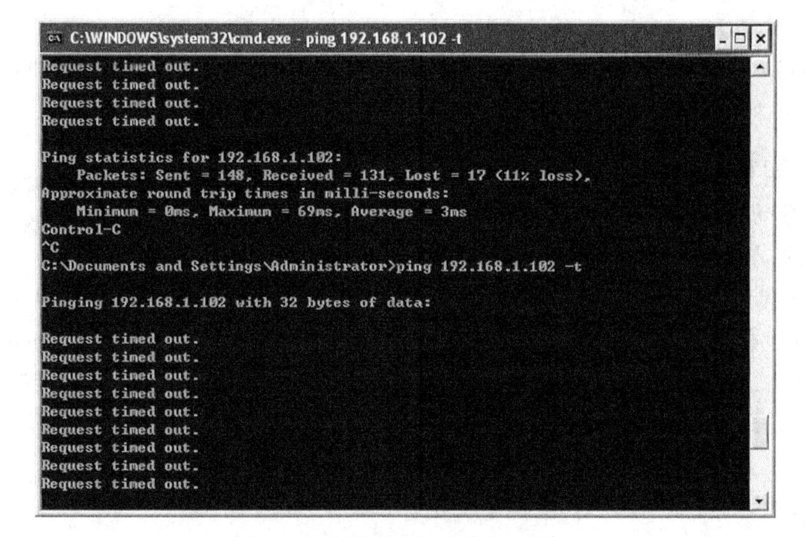

图 5-30　验证测试计算机连通

5.2 使用 MAC 认证实现接入控制

【实验名称】

使用 MAC 认证实现接入控制。

【实验目的】

掌握无线局域网中 MAC 地址认证的概念及配置方法。

【背景描述】

小张从学校毕业后在某家网络服务商处工作，工作第一天就接到一个任务，需要给某个医院的住院楼做无线覆盖，目的是为了给护理部的移动查房系统设计无线局域网规划。每个护士都有一个手持终端用来采集病人的信息，如体温、血压和其他参数，而这些信息将来需要通过无线局域网传送到护理中心。

【需求分析】

需求：不需要通过加密方式对无线终端进行接入控制。

分析：由于手持终端的操作系统局限性，采用加密和 Web 认证都不现实，而使用手持终端的 MAC 地址作为认证的依据，具有实现方便、规划简单等优点。

【实验拓扑】

图 5-31 所示网络拓扑，是某医院的住院楼建成无线局域网络规划拓扑，希望住院中心的信息通过无线局域网传送到护理中心。实现护士使用手持终端的 MAC 地址作为认证的依据，不需要通过加密方式对无线终端进行接入控制。

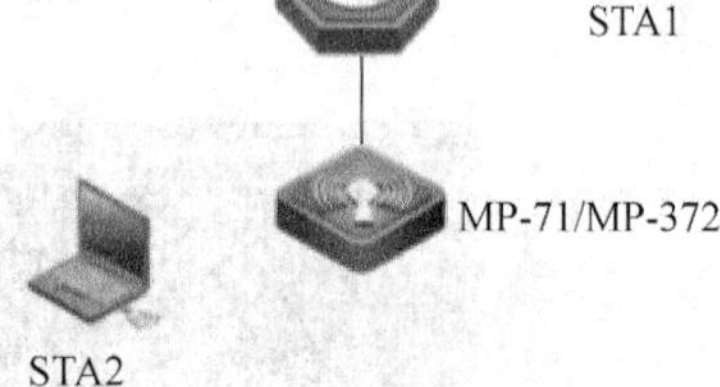

图 5-31　某医院住院楼无线局域网络规划拓扑

【实验设备】

RG-WG54U 1 块；PC 2 台；MP-71/MP-372 1 台；MX-8/MXR-2 1 台。

【预备知识】

- 无线局域网基本知识。
- 无线局域网中 MAC 地址认证。

每一块网卡都对应全球唯一的 MAC 地址，基于无线网卡的 MAC 地址的管理可以在一定程度上保障局域网的安全。通过在 AP 中建立一个访问控制列表(Access Control List，ACL)，然后通过 ACL 确定网卡的 MAC 地址，当有网卡发出请求连接时，AP 就会检测其 MAC 标识是否与列表中的记录相符。只有认证通过，AP 才会接收信息。当然，该种解决方案也不是绝对安全的，因为伪装 MAC 地址是比较容易的事，而且如果 ACL 控制列表过大，则可能引起 AP 工作不稳定。

无线局域网中 MAC 地址过滤，是对用户所用的无线终端的 MAC 地址进行认证。仅当用户的 MAC 地址在 AP 等接入设备的 MAC 地址列表中时，用户才能接入到网络中来。当需要使用网络的用户发生变化时，这种方式要求 MAC 地址列表必须随时更新。

无线局域网中 MAC 地址过滤的方式，只能提供有限的数据来源真实性，入侵者利用网络侦听手段很容易就能够获取传输的信息。另外，由于 MAC 地址也包含在传输的帧头中，这部分信息也会被非法用户所获取。市面上的许多无线网卡都允许用户来设定 MAC 地址，因此入侵者可以通过将其 MAC 地址设定为合法用户的 MAC 地址接入到无线网络。

- RingMaster 的基本操作能力。

【实验原理】

无线客户端的MAC地址如果与无线交换机数据库上的MAC地址相匹配,则无线客户端通过MAC地址验证,能够访问无线局域网。

【实验步骤】

(1) 配置无线交换机的基本参数。

① 无线交换机默认IP地址是192.168.100.1/24,配置STA1的IP地址为192.168.100.2/24,并打开浏览器登录到https://192.168.100.1,弹出图5-32所示界面,单击"是"按钮。

系统的默认管理用户名是admin,密码为空,如图5-33所示。

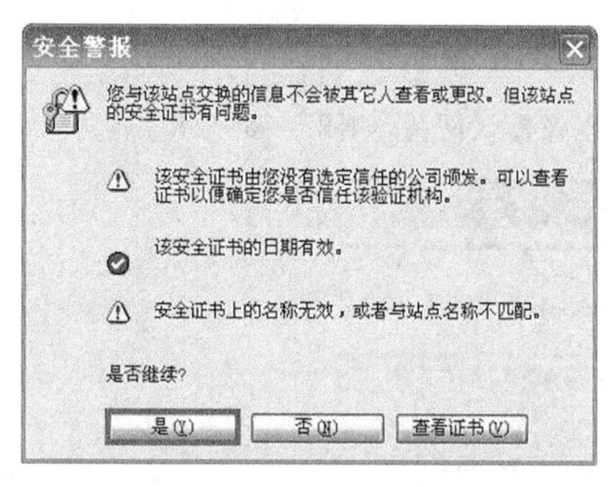

图5-32 登录无线交换机

图5-33 登录无线交换机

② 输入用户名和密码后就进入了无线交换机的Web配置页面,单击Start按钮,进入快速配置指南,如图5-34所示。

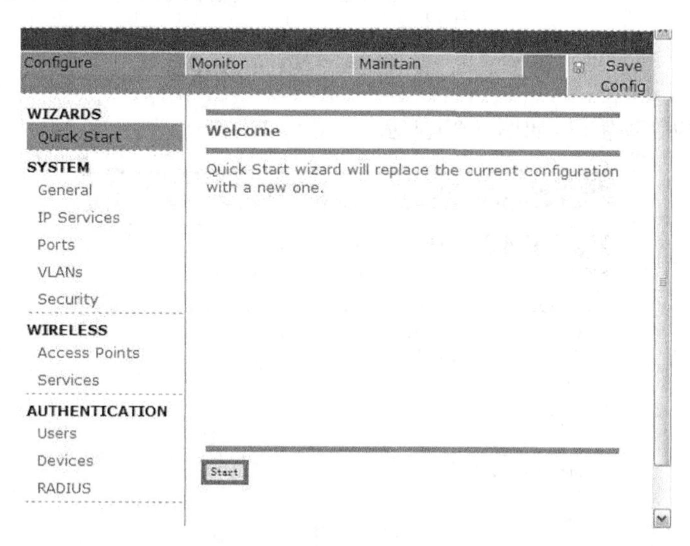

图5-34 配置无线交换机

③ 选择管理无线交换机的工具RingMaster,如图5-35所示。

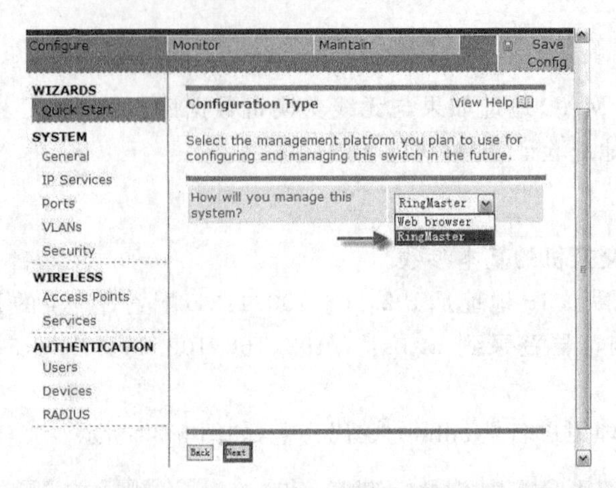

图 5-35　配置管理无线交换机的工具

④ 配置无线交换机的 IP 地址、子网掩码以及默认网关,如图 5-36 所示。

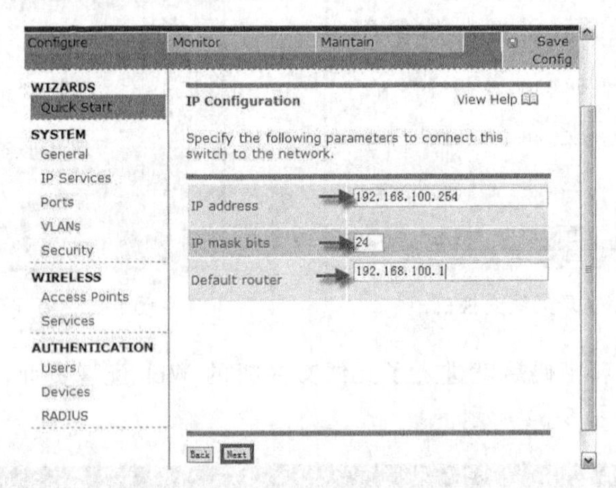

图 5-36　配置无线交换机的 IP 地址

设置系统的管理密码,如图 5-37 所示。

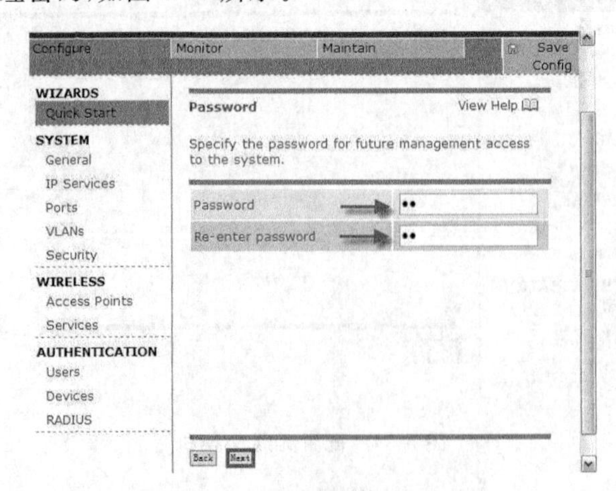

图 5-37　设置系统的管理密码

⑤ 设置系统的时间以及时区，如图 5-38 所示。

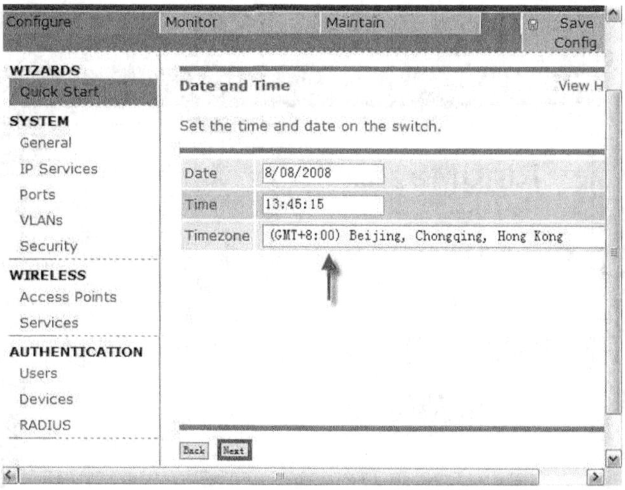

图 5-38　设置系统的时间

⑥ 确认并完成无线交换机的基本配置，如图 5-39 所示。

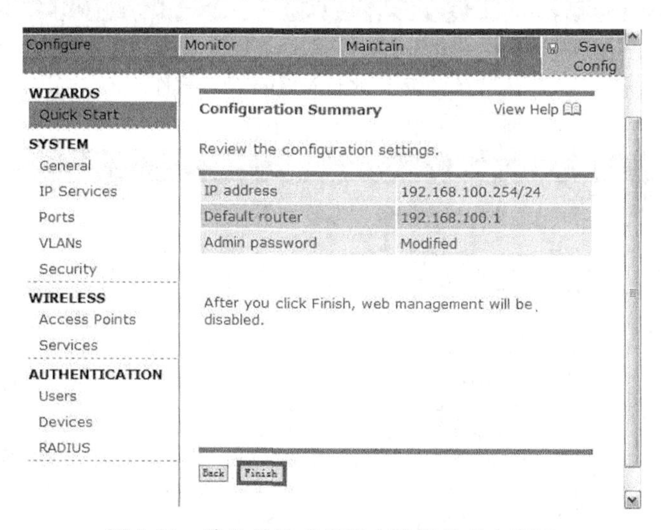

图 5-39　确认并完成无线交换机的基本配置

(2) 通过 RingMaster 网管软件进行无线交换机的高级配置。

① 运行 RingMaster，地址为 127.0.0.1，端口为 443，用户名和密码默认为空，如图 5-40 所示。

② 选择 Configuration，进入配置界面，并添加被管理的无线交换机，如图 5-41 所示。

③ 输入被管理的无线交换机的 IP 地址，Enable 密码，如图 5-42～图 5-44 所示。

④ 完成添加后，进入无线交换机的操作界面，如图 5-45 所示。

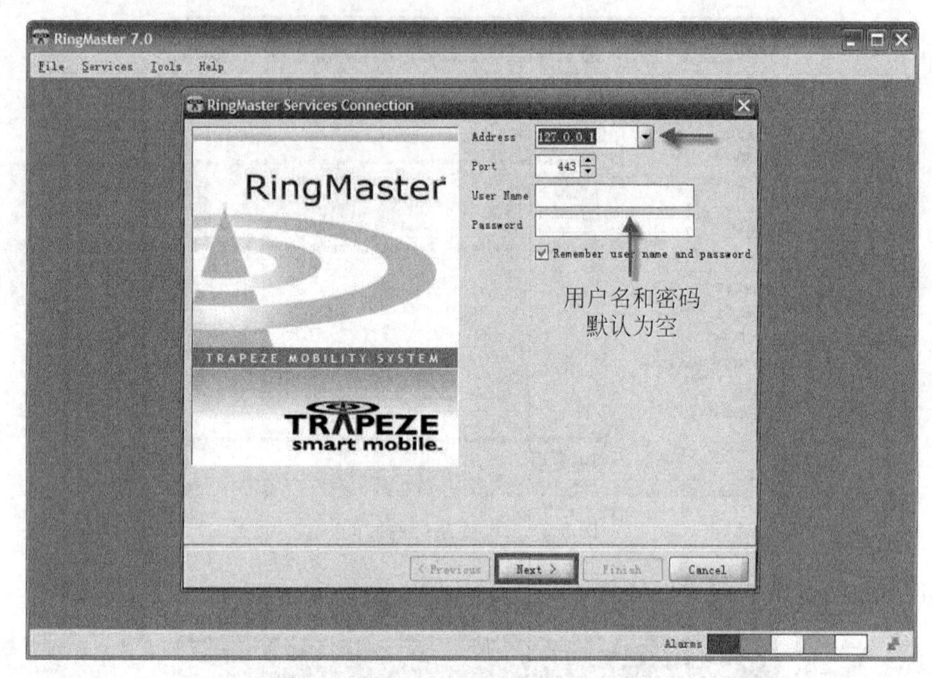

图 5-40　运行 RingMaster 网管软件

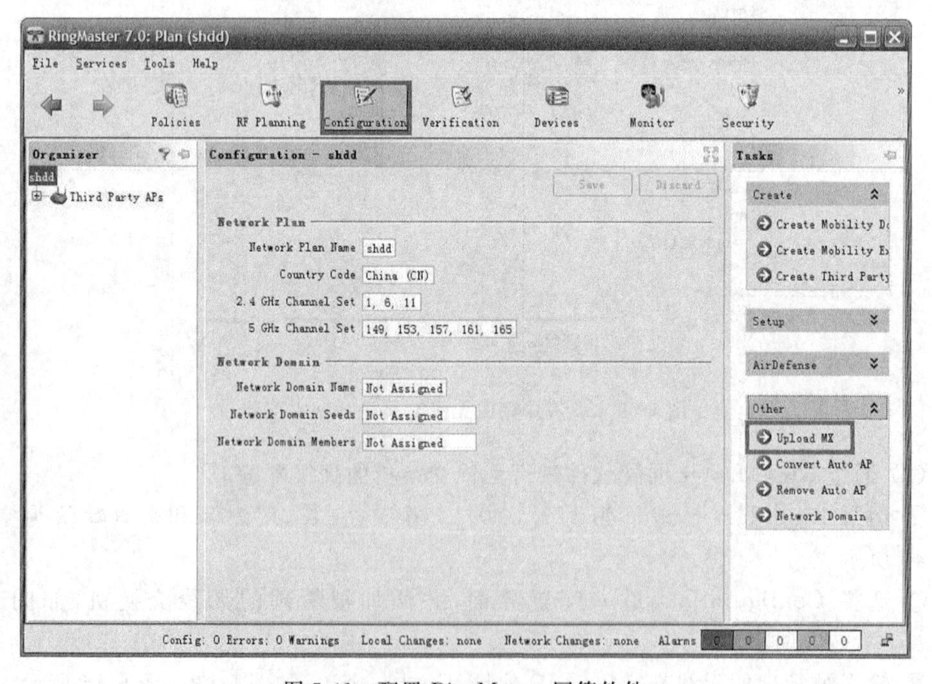

图 5-41　配置 RingMaster 网管软件

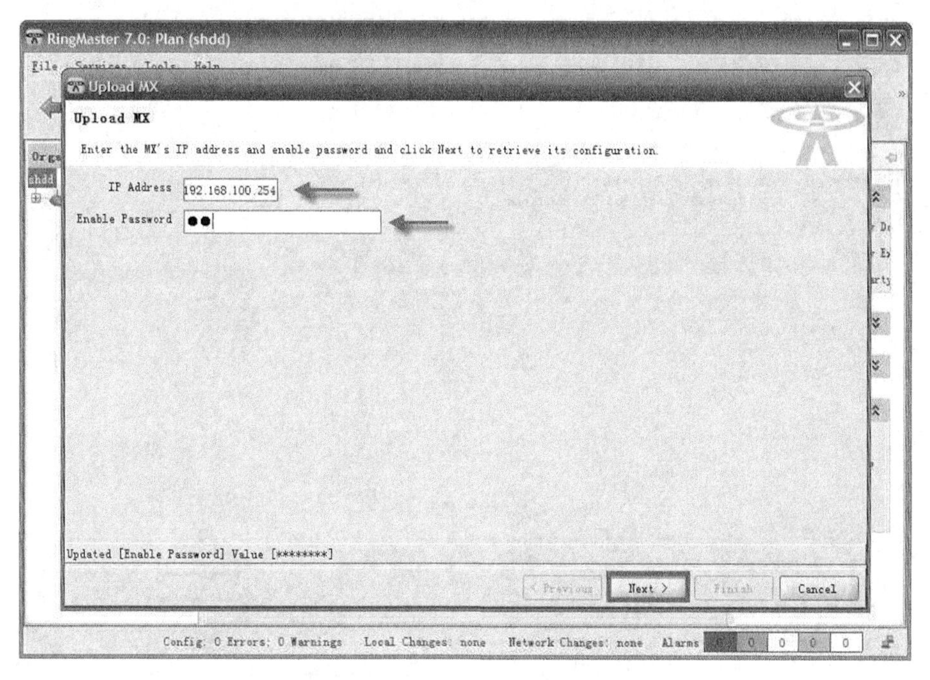

图 5-42 配置 RingMaster 网管软件 IP 地址(1)

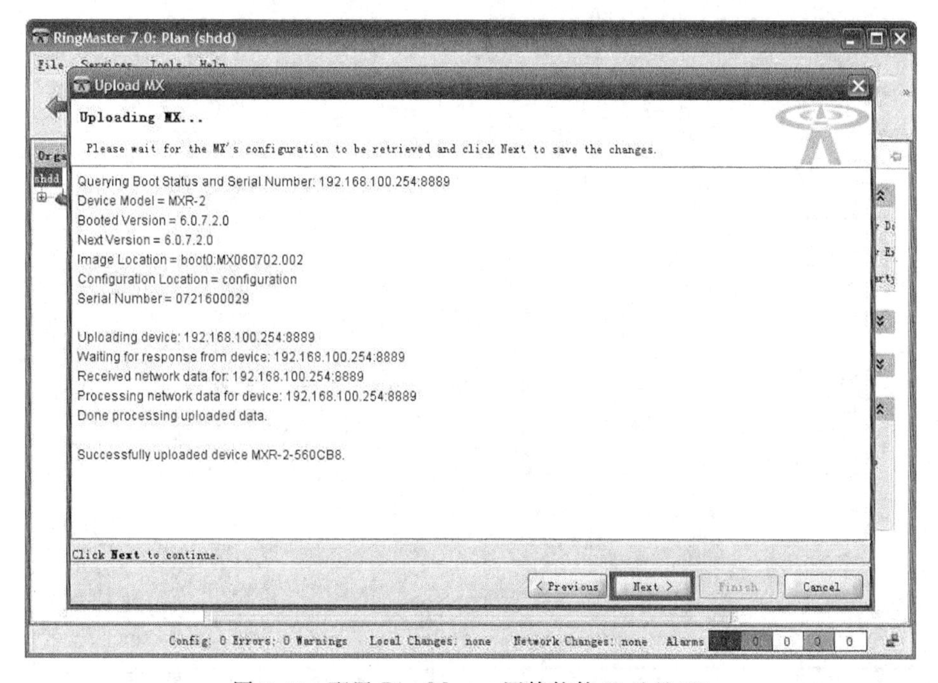

图 5-43 配置 RingMaster 网管软件 IP 地址(2)

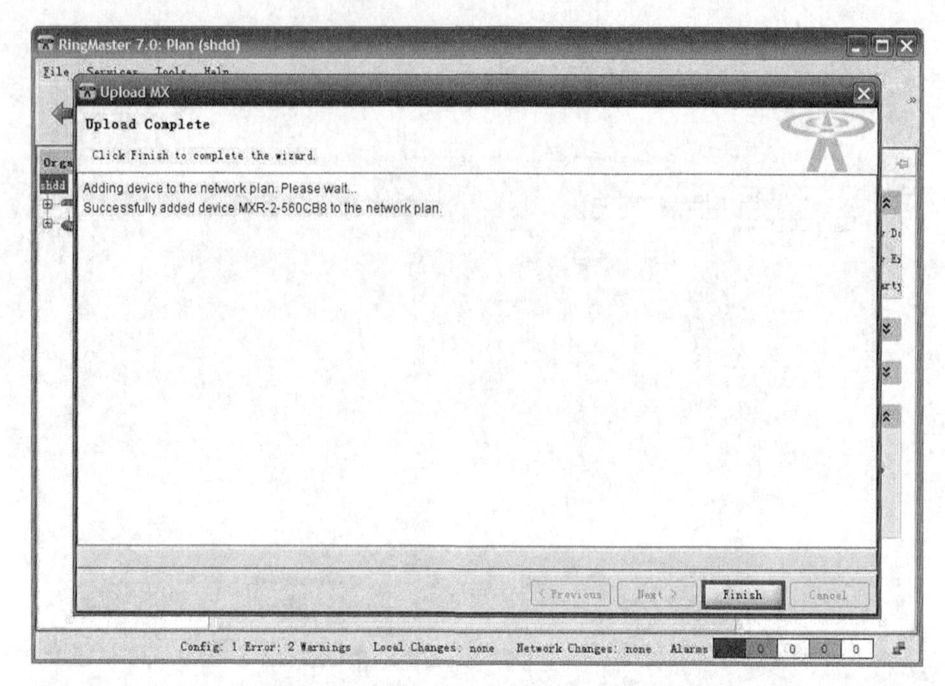

图 5-44　配置 RingMaster 网管软件 IP 地址(3)

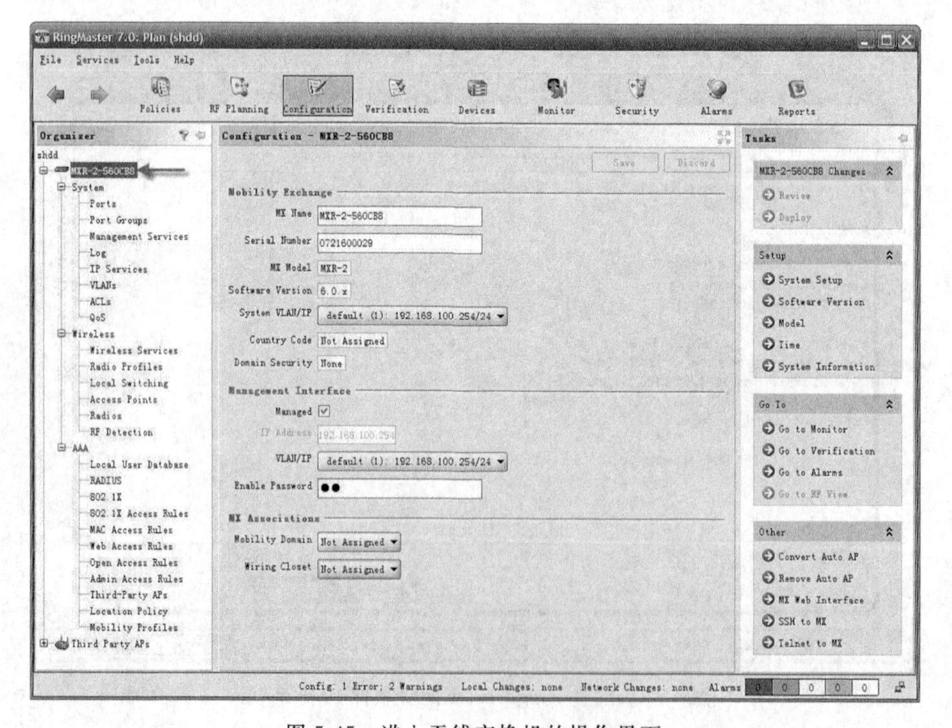

图 5-45　进入无线交换机的操作界面

(3) 配置无线 AP。

① 选择 Wireless→Access Points 选项，添加 AP，如图 5-46 所示。

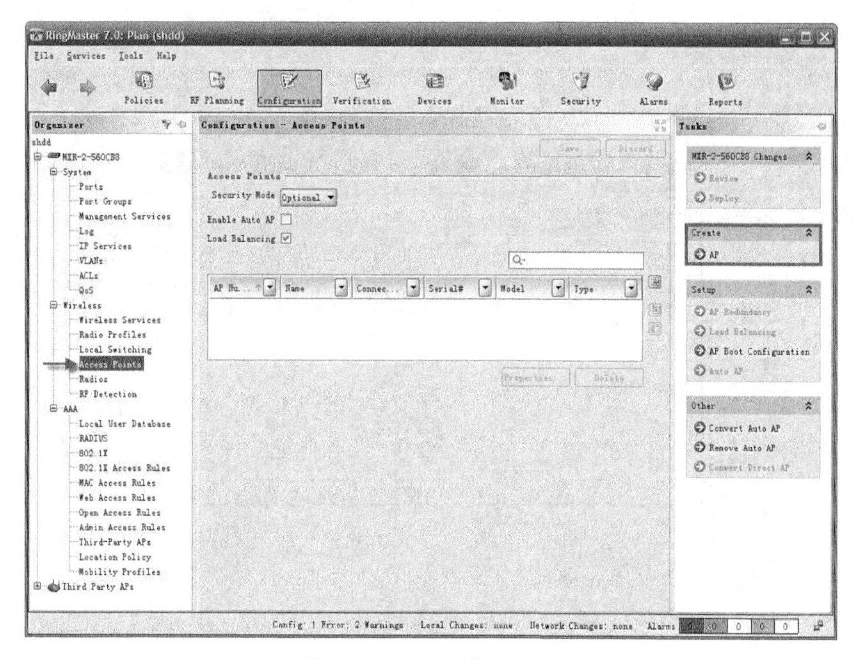

图 5-46　配置无线 AP(1)

② 为添加的 AP 进行命名，并选择连接方式，默认使用 Distributed 模式，如图 5-47 所示。

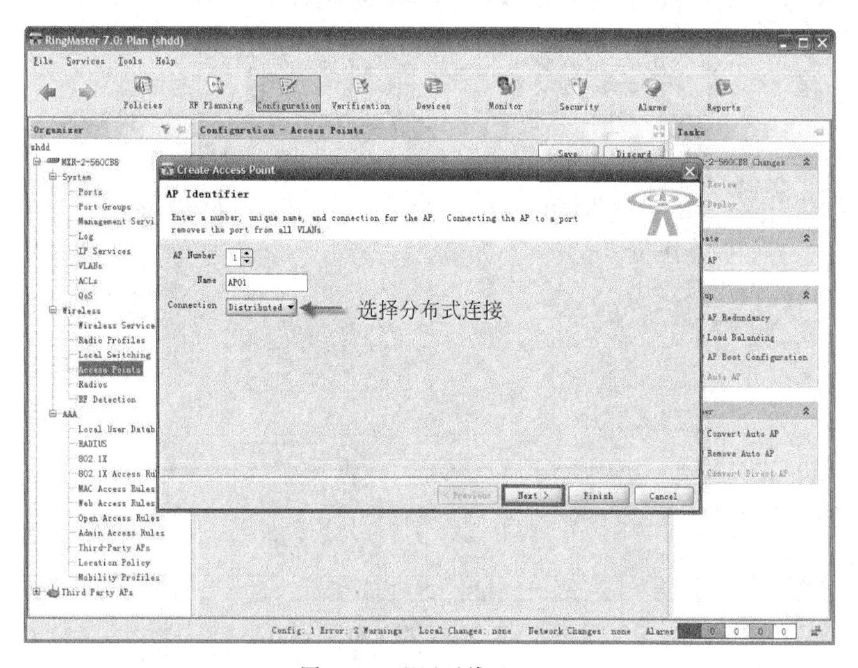

图 5-47　配置无线 AP(2)

③ 将需要添加 AP 机身后的 SN 号输入对话框，用于 AP 与无线交换机注册过程，如图 5-48 所示。

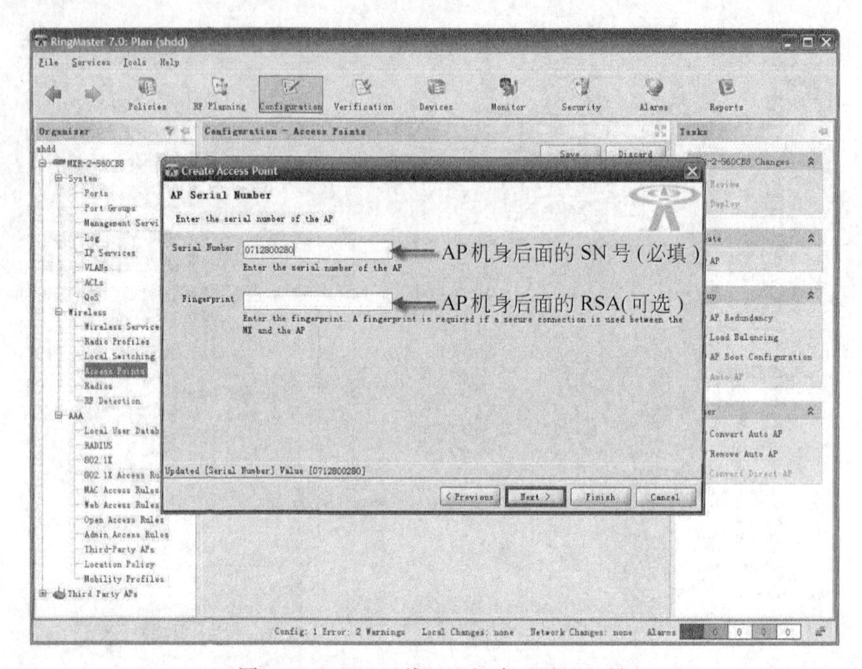

图 5-48　配置无线 AP 机身后的 SN 号

④ 选择添加 AP 的具体型号和传输协议，完成 AP 添加，如图 5-49 所示。

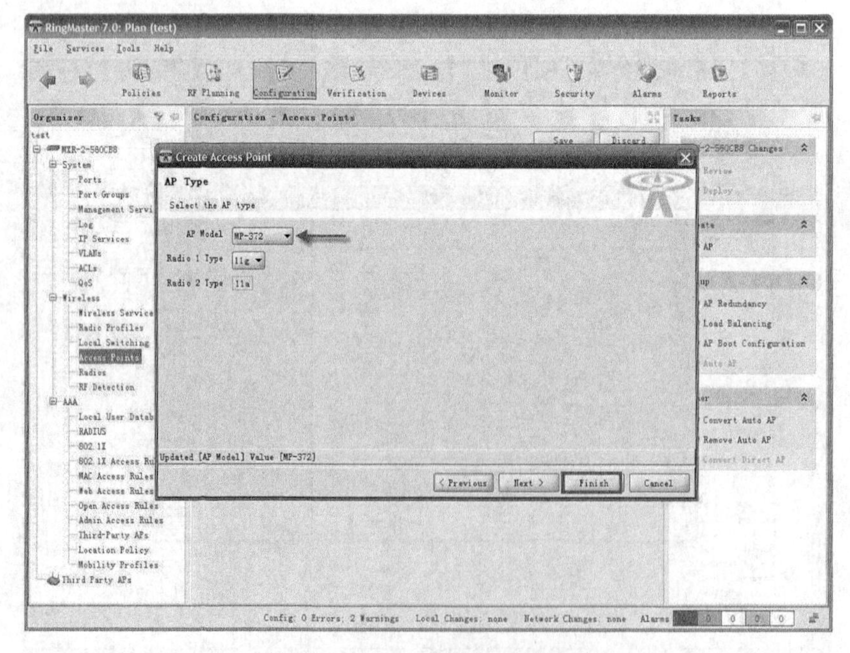

图 5-49　配置 AP 型号和传输协议

(4) 配置无线交换机的 DHCP 服务器。

① 选择 System→VLANs 选项，然后选择 default vlan，进入属性配置，如图 5-50 所示。

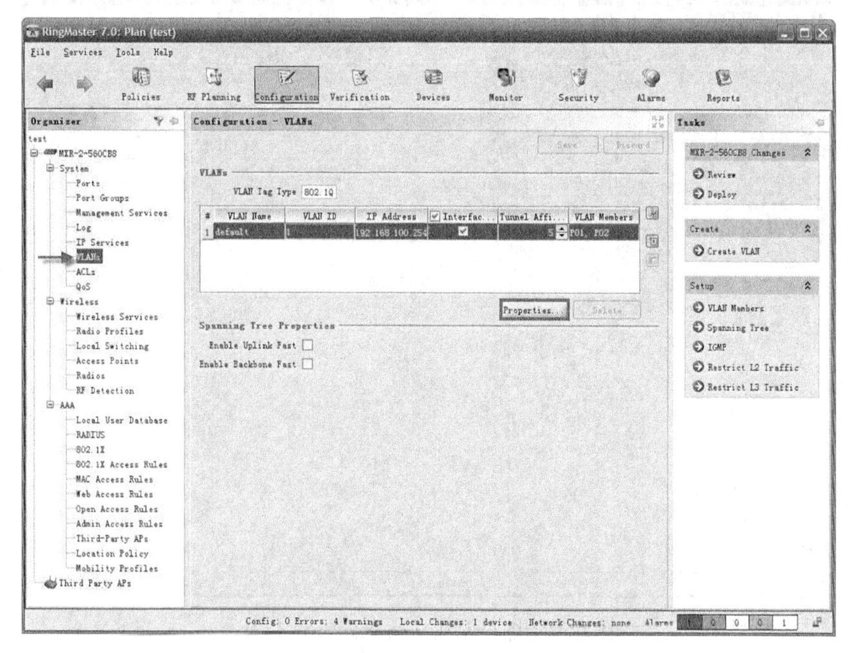

图 5-50 配置无线交换机的 DHCP 服务器

② 选择 Properties→DHCP Server 选项，激活 DHCP 服务器，设置地址池和 DNS，保存，如图 5-51 所示。

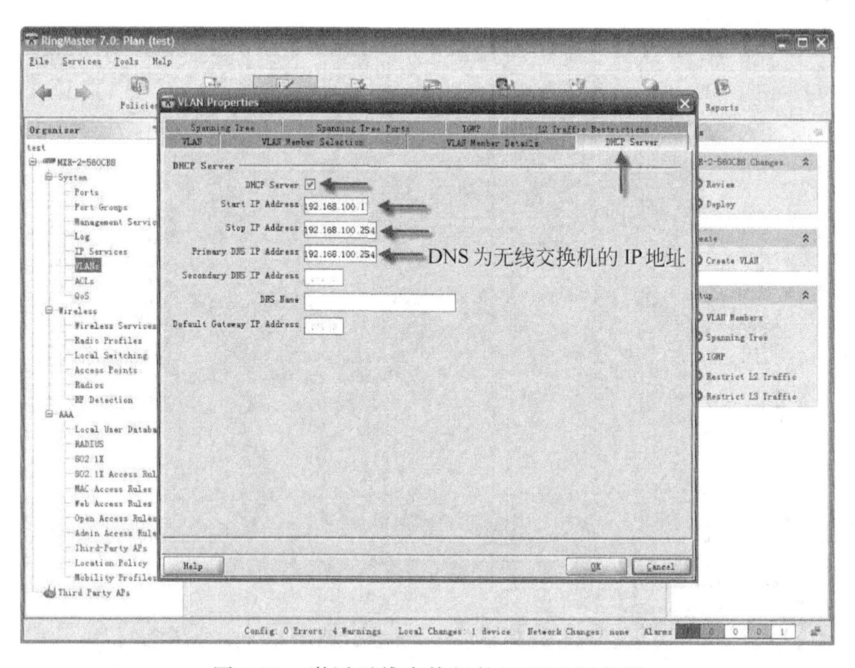

图 5-51 激活无线交换机的 DHCP 服务器

③ 选择 System→Ports 选项，将无线交换机的端口 POE 打开，并保存，如图 5-52 所示。

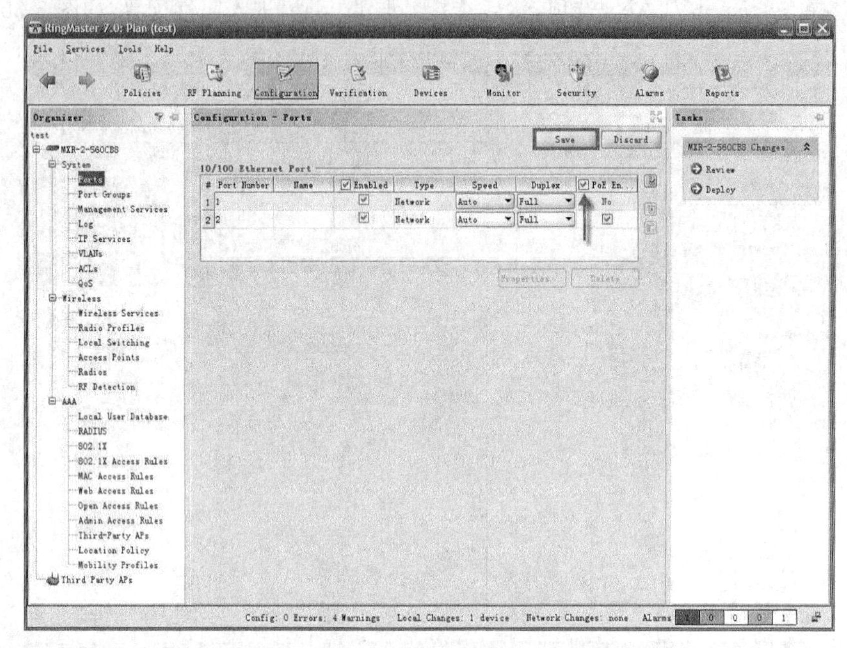

图 5-52　打开无线交换机的端口 POE

（5）配置无线交换机的 MAC 地址认证。

① 选择 Wireless→Wireless Services 选项，选择添加 Custom Service Profile，用于 MAC 认证，如图 5-53 所示。

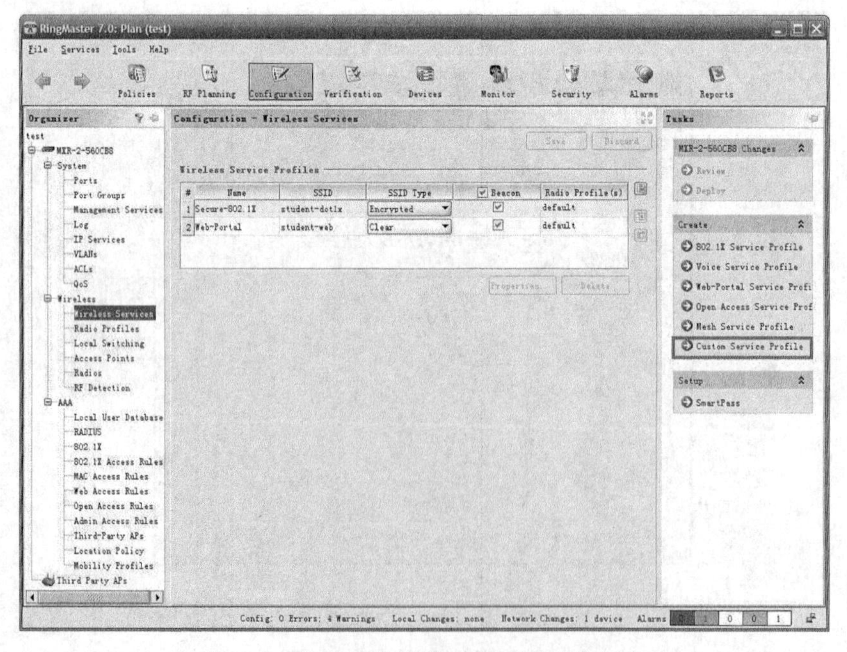

图 5-53　配置无线交换机的 MAC 地址认证

② 输入使用 MAC 认证服务的 SSID 名，以及选择是否使用 SSID 加密，如图 5-54 所示。

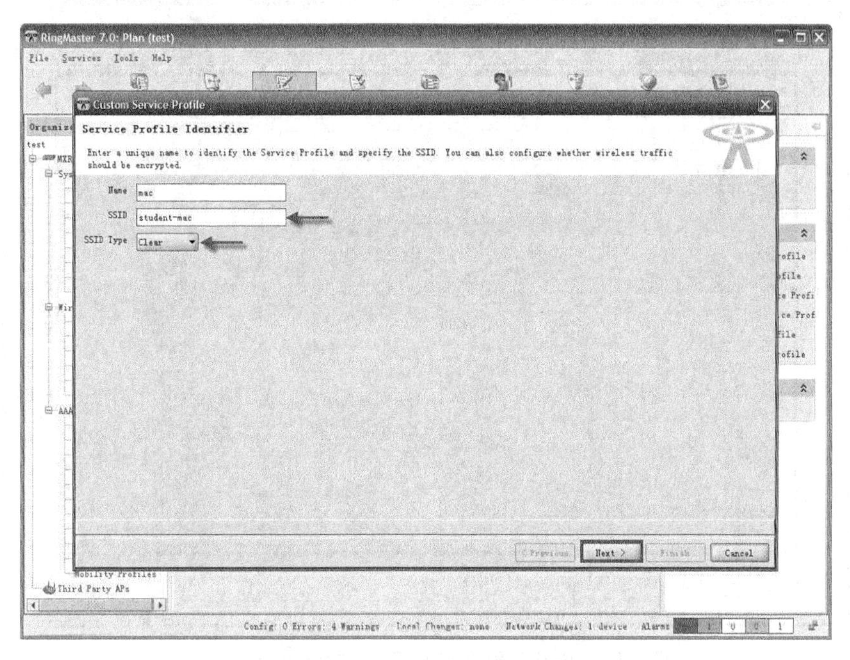

图 5-54　配置无线交换机 MAC 认证服务的 SSID(1)

③ 选择采用 MAC 地址认证，如图 5-55 所示。

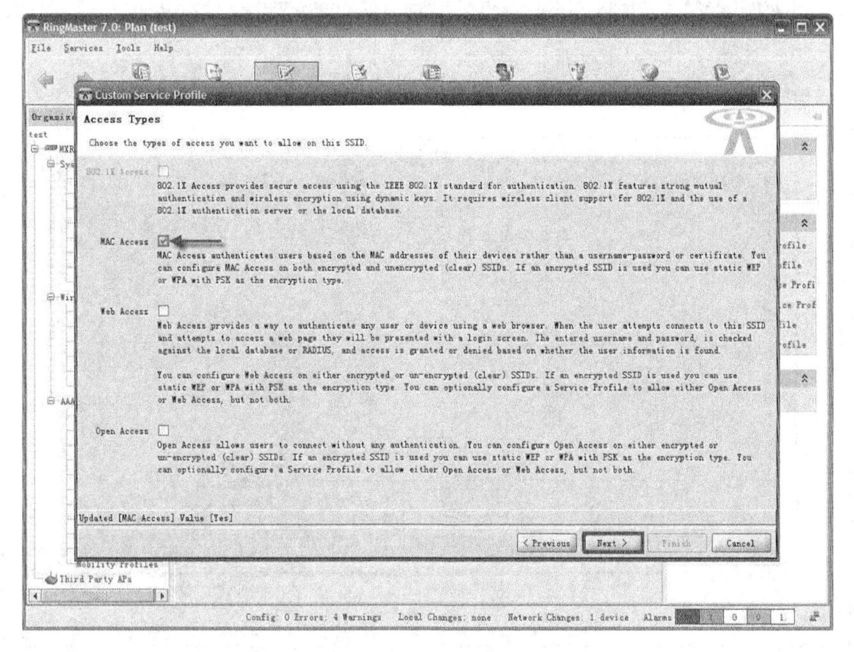

图 5-55　配置无线交换机 MAC 认证服务的 SSID(2)

④ 选择该 SSID 对应的用户 VLAN，如图 5-56 所示。

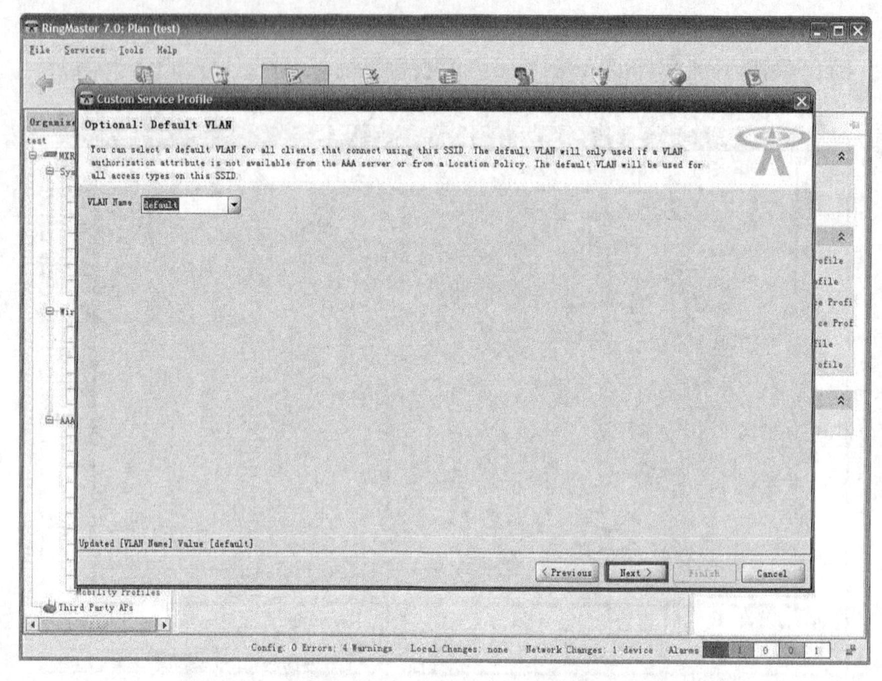

图 5-56　配置无线交换机 SSID 对应用户 VLAN

⑤ 添加一个 MAC 地址认证的规则，如图 5-57 和图 5-58 所示。

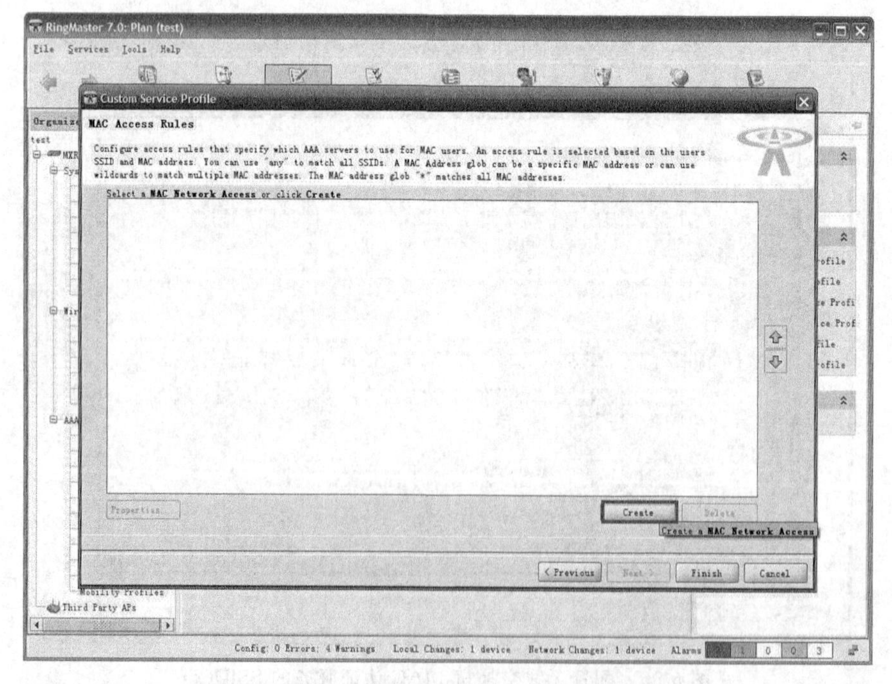

图 5-57　配置无线交换机 MAC 地址认证规则(1)

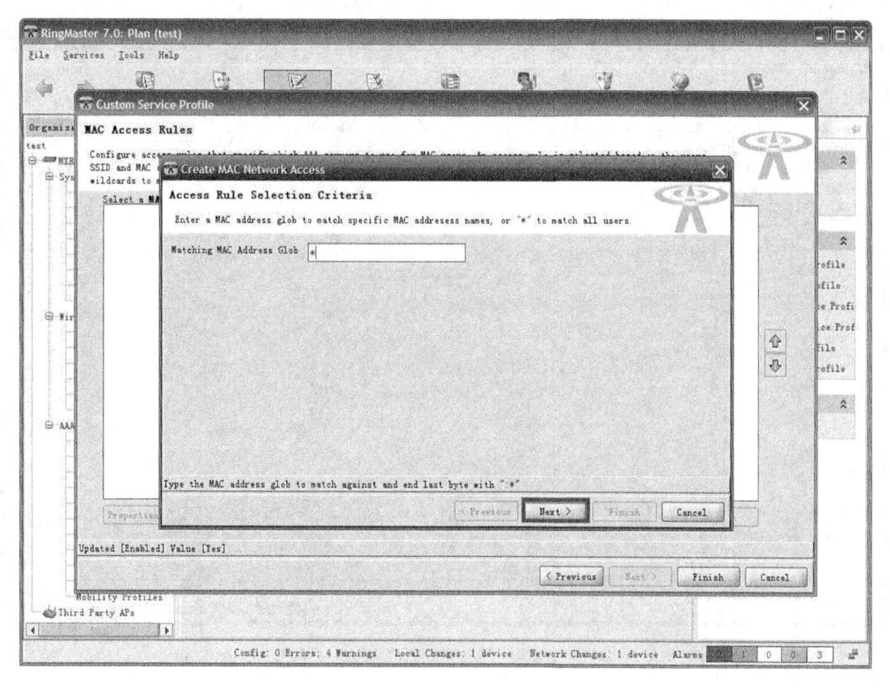

图 5-58 配置无线交换机 MAC 地址认证规则(2)

⑥ 选择无线交换机本地数据库作为 MAC 地址认证时的数据库,如图 5-59 和图 5-60 所示。

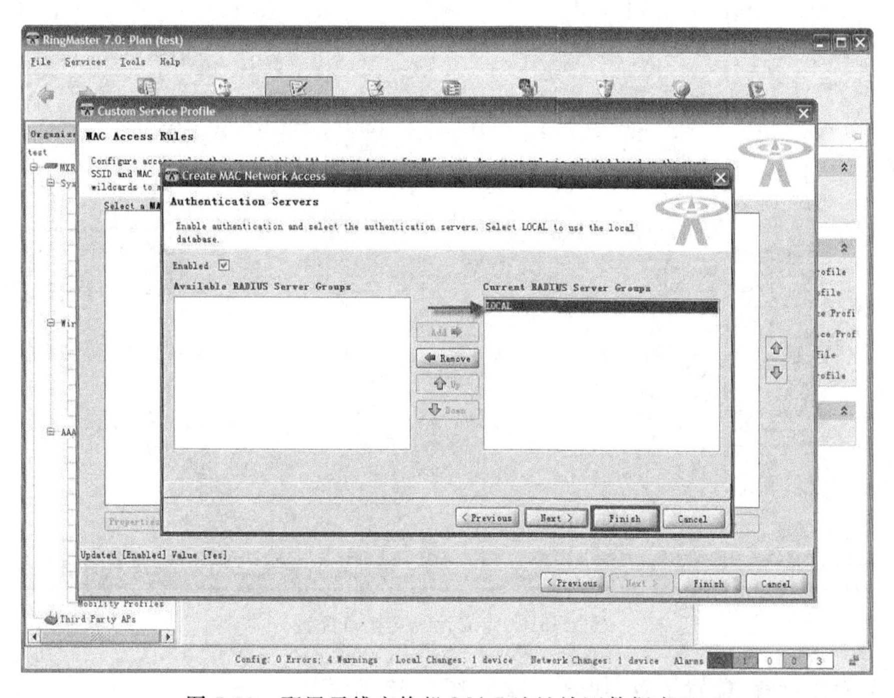

图 5-59 配置无线交换机 MAC 地址认证数据库(1)

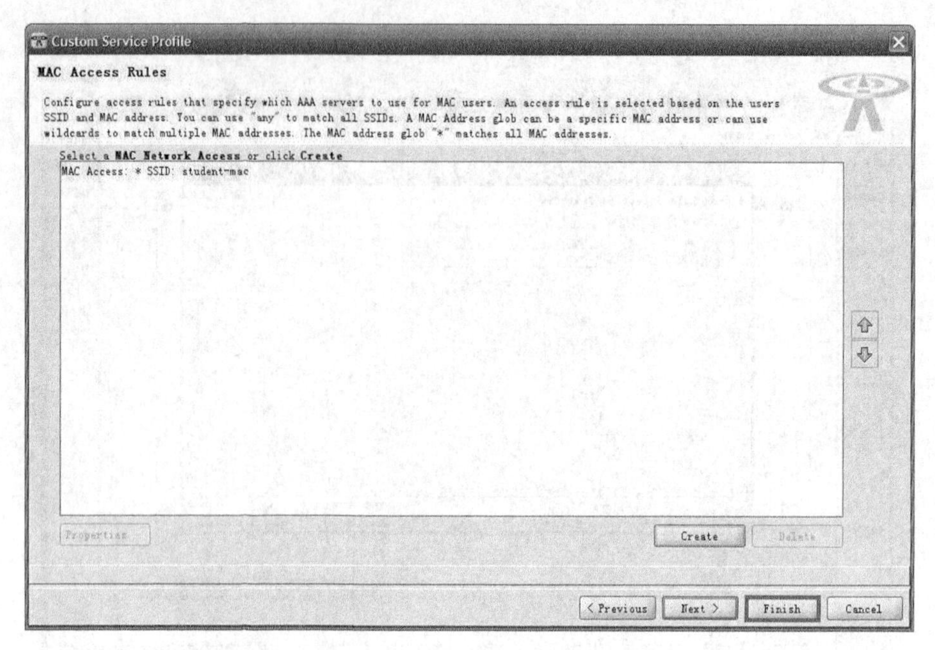

图 5-60　配置无线交换机 MAC 地址认证数据库(2)

⑦ 完成配置,并检查配置是否生效,如图 5-61 所示。

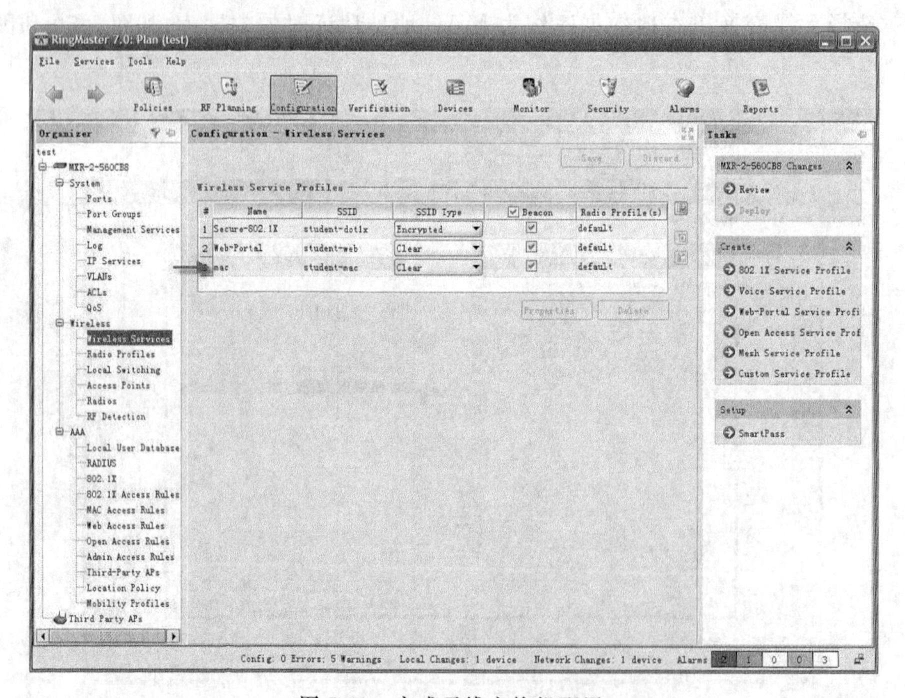

图 5-61　完成无线交换机配置

(6) 应用配置,配置生效,如图 5-62 和图 5-63 所示。

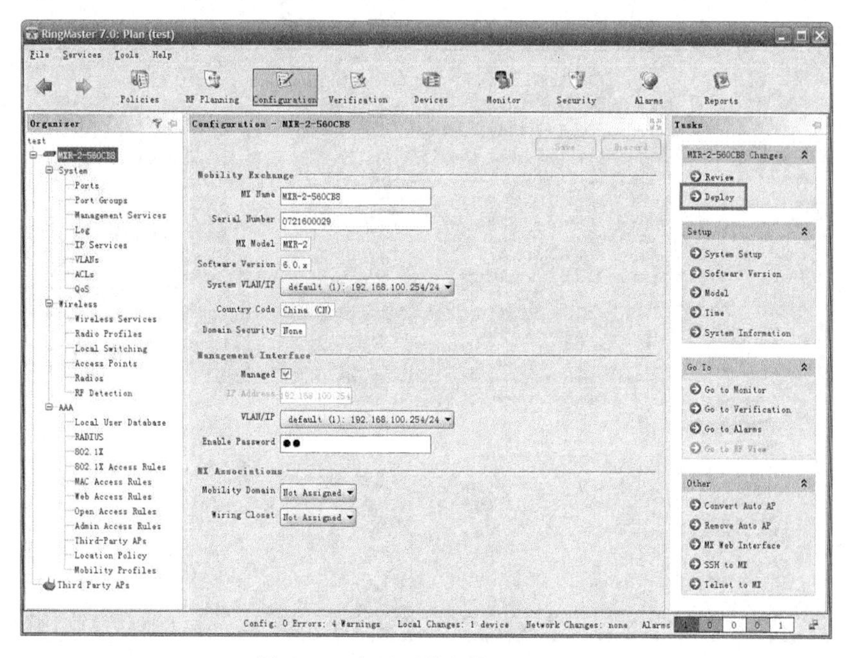

图 5-62　应用无线交换机配置(1)

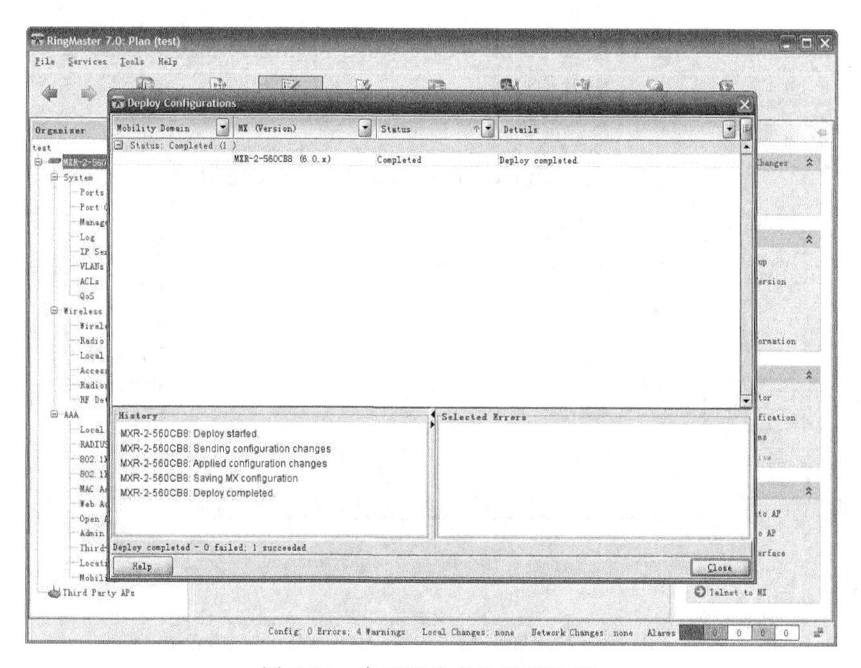

图 5-63　应用无线交换机配置(2)

(7) 添加本地数据库,将需要采用MAC认证的终端MAC地址导入,如图5-64所示。

输入STA1的无线网卡MAC地址,如图5-65所示。

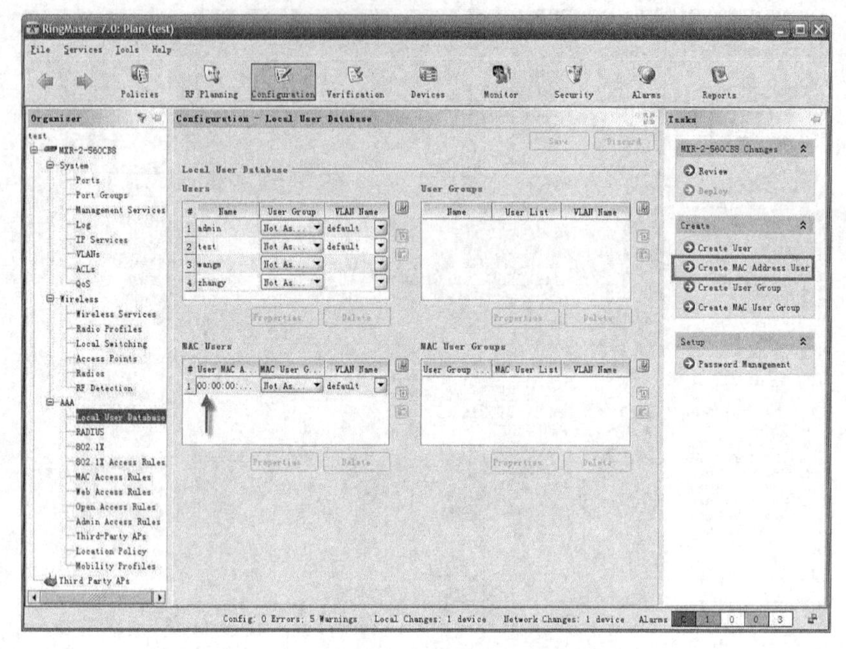

图 5-64　添加本地数据库到无线交换机

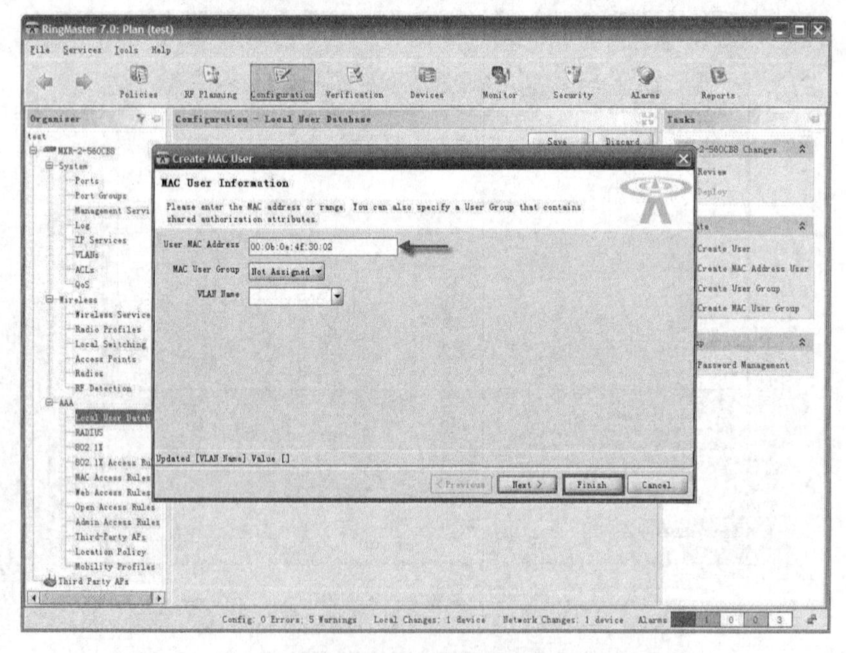

图 5-65　输入 STA1 无线网卡 MAC 地址

(8) 测试 MAC 认证。

打开无线网卡,搜寻 student-mac,联入该 SSID,如图 5-66 所示。

如果 MAC 地址正确,则成功联入无线局域网,如图 5-67 所示。

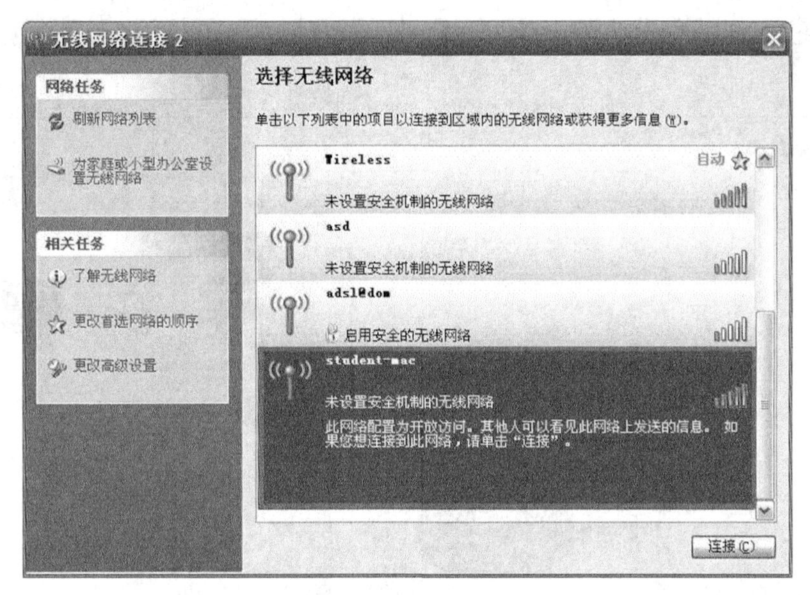

图 5-66　测试 MAC 认证

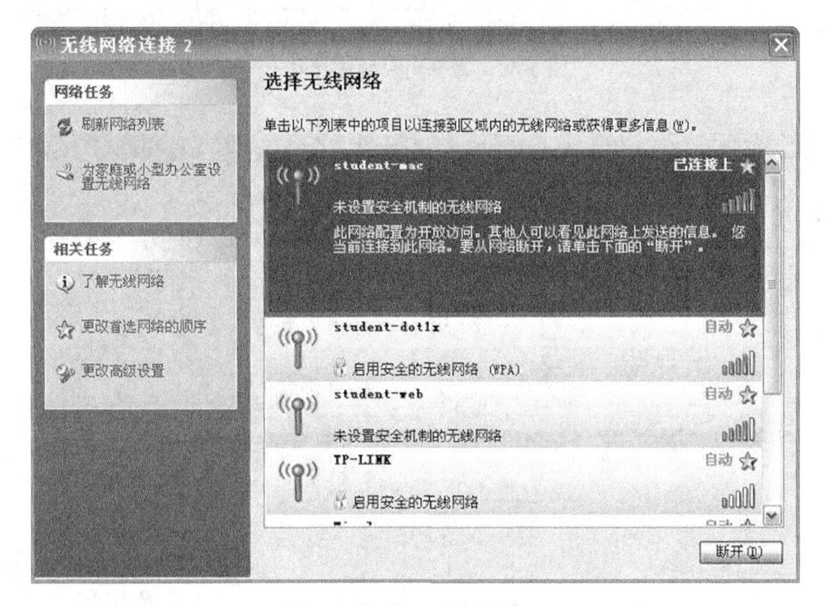

图 5-67　联入无线局域网

(9) 查看用户的连接状态。

在 RingMaster 的 Monitor→Clients by MX 中，查看连接的用户信息，如图 5-68 所示。

查看用户的具体信息：MAC 地址，认证类型，如图 5-69 所示。

(10) 验证测试。

用 STA2 ping STA1，可以 ping 通。

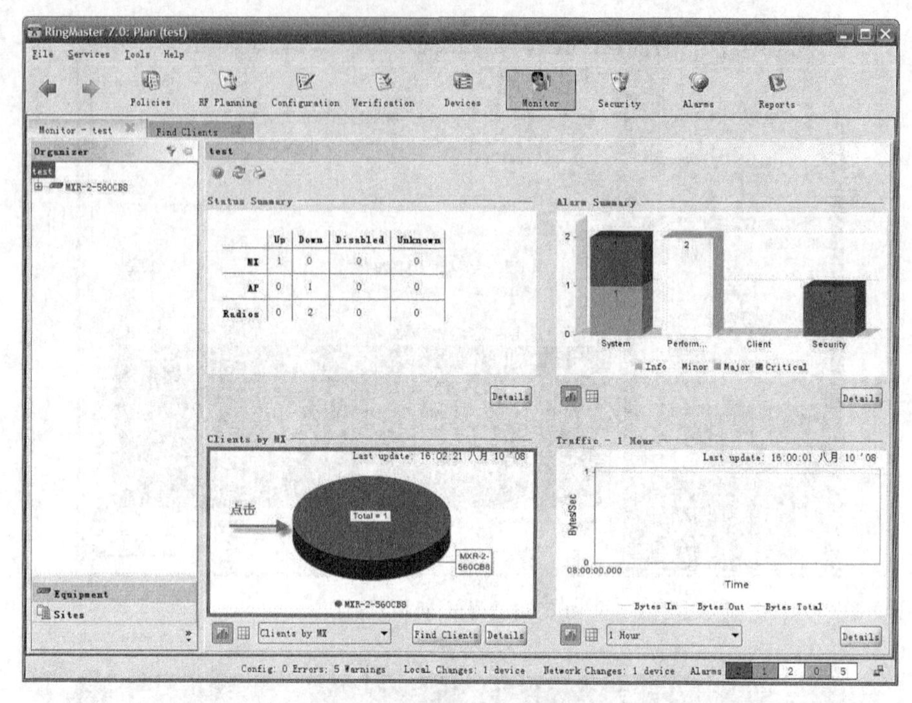

图 5-68　查看用户的连接状态

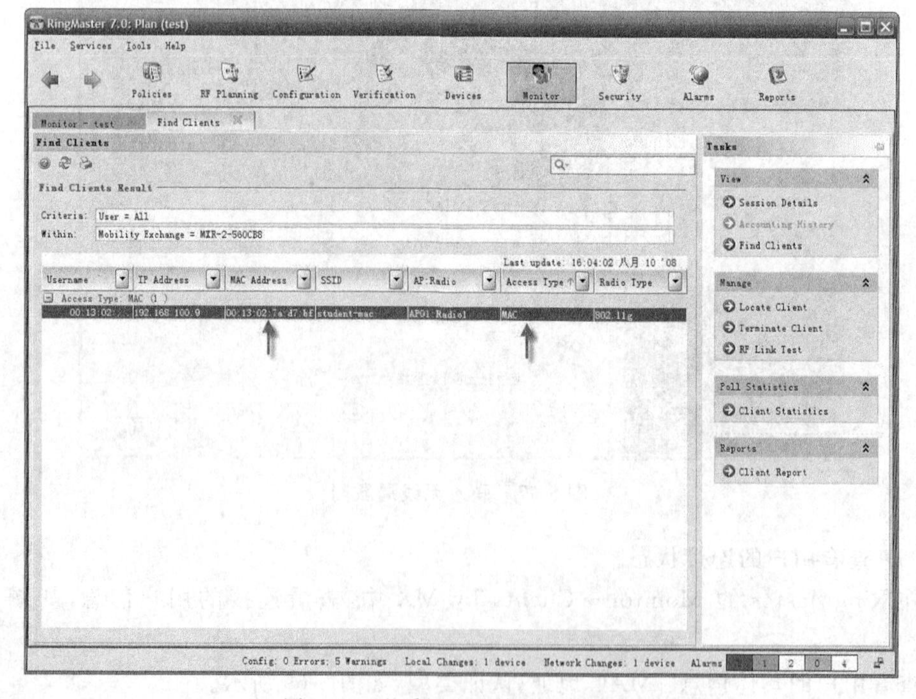

图 5-69　查看用户连接的具体信息

5.3 配置无线局域网中的 WEP 加密

【实验名称】

配置无线局域网中的 WEP 加密。

【实验目的】

掌握无线局域网 WEP 加密的概念及配置方法。

【背景描述】

小张从学校毕业后直接进入一家企业担任网络管理员，他发现公司内搜到很多 SSID，直接就可以接入无线局域网，没有任何认证加密手段。无线局域网不像有线网络，有严格的物理范围，无线局域网的无线信号可能会广播到公司办公室以外的地方，或大楼外，或别的公司，都可以搜到，这样收到信号的人就可以随意地接入到网络中，很不安全。于是你建议采用 WEP 加密的方式对无线网进行加密及接入控制，只有输入正确密钥的用户才可以接入到无线局域网中，并且数据传输也是加密的。

【需求分析】

需求：防止非法用户连接进来、防止无线信号被窃听。

分析：共享密钥的接入认证。数据加密，防止非法窃听。

【实验拓扑】

图 5-70 所示网络拓扑，是某企业规划的无线局域网络规划拓扑，由于网络内部没有任何认证加密手段，很多 SSID 直接就接入无线局域网，希望采用 WEP 加密的方式对无线网进行加密及接入控制，只有输入正确密钥的用户才可以接入到无线局域网中，并且数据传输加密。

图 5-70 某企业规划无线局域网络规划拓扑

【实验设备】

MXR-2 1 台；MP-71 1 台；带无线网卡的 PC 1 台。

【预备知识】

- 无线局域网基本知识。
- 智能无线产品的基本原理。
- RingMaster 的基本操作能力。
- 无线局域网 WEP 加密。

所有经过 Wi-Fi 认证的设备，都支持 WEP（Wired Equivalent Privacy）安全协定，它是无线设备中最基础的加密措施，很多用户都是通过它来配置提高无线设备安全的。采用 64 位或 128 位加密密钥的 RC4 加密算法，保证传输数据不会以明文方式被截获。

WEP加密其实是802.11b标准里定义一个用于无线局域网(WLAN)的安全性协议,被用来提供和有线LAN同级的安全性。LAN天生比WLAN安全,因为LAN的物理结构对其有所保护,部分或全部网络埋在建筑物里面也可以防止未授权的访问。而经由无线电波的WLAN没有同样的物理结构,因此容易受到攻击和干扰。

WEP保密协议由802.11标准定义,是最基本的无线安全加密措施,用于在无线局域网中保护链路层数据,其主要用途如下。

(1) 提供接入控制,防止未授权用户访问网络。

(2) WEP加密算法对数据进行加密,防止数据被攻击者窃听。

(3) 防止数据被攻击者中途恶意篡改或伪造。

WEP加密的目标就是通过对无线电波里的数据加密提供安全性,如同端-端发送一样。WEP特性里使用了RSA数据安全性公司开发的rc4 prng算法。如果无线基站支持MAC过滤,推荐连同WEP一起使用这个特性(MAC过滤比加密安全得多)。

WEP加密采用静态的保密密钥,各WLAN终端使用相同的密钥访问无线网络。WEP采用对称加密机制,数据的加密和解密采用相同的密钥和加密算法。启用加密后,两个无线网络设备要进行通信,必须均配置为使用加密,具有相同的密钥和算法。WEP支持64位和128位加密,对于64位加密,密钥为10个十六进制字符(0～9和A～F)或5个ASCII字符;对于128位加密,密钥为26个十六进制字符或13个ASCII字符。

WEP也提供认证功能,当加密机制功能启用,客户端要尝试连接上AP时,AP会发出一个Challenge Packet给客户端,客户端再利用共享密钥将此值加密后送回存取点以进行认证比对,如果正确无误,才能获准存取网络的资源。40位WEP具有很好的互操作性,所有通过Wi-Fi组织认证的产品都可以实现WEP互操作。现在,WEP一般也支持128位的钥匙,提供更高等级的安全加密。

WEP是目前最普遍的无线加密机制,但同样也是较为脆弱的安全机制,存在如下一些缺陷。

(1) 缺少密钥管理。用户的加密密钥必须与AP的密钥相同,并且一个服务区内的所有用户都共享同一把密钥。WEP标准中并没有规定共享密钥的管理方案,通常是手工进行配置与维护。由于同时更换密钥的费时与困难,所以密钥通常长时间使用而很少更换,倘若一个用户丢失密钥,则将殃及到整个网络。

(2) ICV算法不合适。WEP ICV是一种基于CRC-32的用于检测传输噪音和普通错误的算法。CRC-32是信息的线性函数,这意味着攻击者可以篡改加密信息,并很容易地修改ICV,使信息表面上看起来是可信的。能够篡改即加密数据包使各种各样的非常简单的攻击成为可能。

(3) RC4算法存在弱点。在RC4中,人们发现了弱密钥。所谓弱密钥,就是密钥与输出之间存在超出一个好密码所应具有的相关性。在24位的IV值中,有9000多个弱密钥。攻击者收集到足够的使用弱密钥的包后,就可以对它们进行分析,只需尝试很少的密钥就可以接入到网络中。

那么在WLAN接入中,如何让WEP更安全呢?

(1) 使用多组WEP密钥,使用一组固定WEP密钥,将会非常不安全,使用多组

WEP 密钥会提高安全性,但是请注意 WEP 密钥保存在 Flash 中,所以某些黑客取得你的网络上的任何一个设备,就可以进入你的网络。

(2) 如果你使用的是旧型的路由器,且只支持 WEP,你可以使用 128 位的 WEP Key,这样会让你的无线网络更安全。

(3) 定期更换你的 WEP 密钥。

(4) 你可以去制造商的网站下载一个固件升级,升级后就能添加 WPA 支持。

【实验原理】

WEP 加密方式的无线局域网是采用共享密钥形式的接入、加密方式,即在 AP 上设置了相应的 WEP 密钥,在客户端也需要输入和 AP 端一样的密钥才可以正常接入,并且 AP 与无线客户端的通信也通过了 WEP 加密,即使有人抓取到无线数据包,也看不到里面相应的内容。

但是,WEP 加密方式存在漏洞,现在有些软件可以对此密钥进行破解,所以不是最安全的加密方式。但是由于大部分的客户端都支持 WEP,所以 WEP 的部署还是比较广泛的。

【实验步骤】

(1) 配置无线交换机的基本参数。

① 无线交换机的默认 IP 地址是 192.168.100.1/24,因此将 STA1 的 IP 地址配置为 192.168.100.2/24,并打开浏览器登录到 https://192.168.100.1,弹出图 5-71 所示界面,单击"是"按钮。

系统的默认管理用户名是 admin,密码为空,如图 5-72 所示。

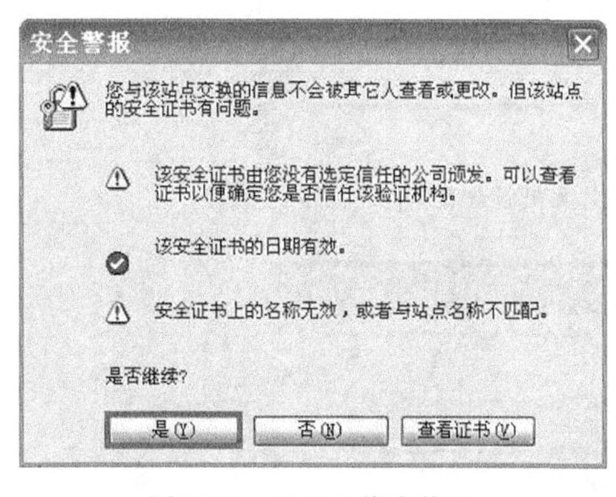

图 5-71 登录无线交换机

图 5-72 登录无线交换机密码

② 输入用户名和密码后就进入了无线交换机的 Web 配置页面,单击 Start 按钮,进入快速配置指南,如图 5-73 所示。

③ 选择管理无线交换机的工具 RingMaster ,如图 5-74 所示。

④ 配置无线交换机的 IP 地址、子网掩码以及默认网关,如图 5-75 所示。

⑤ 设置系统的管理密码,如图 5-76 所示。

⑥ 设置系统的时间以及时区,如图 5-77 所示。

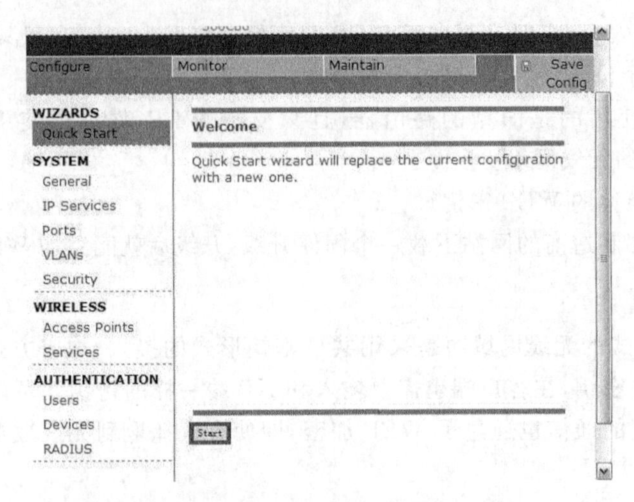

图 5-73　配置无线交换机

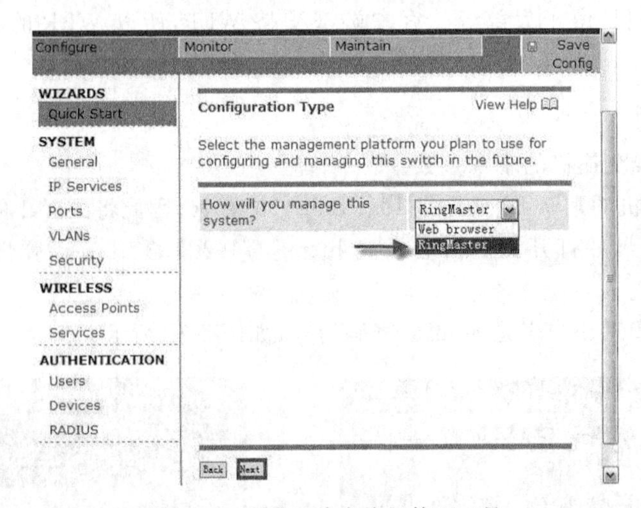

图 5-74　配置无线交换机管理工具

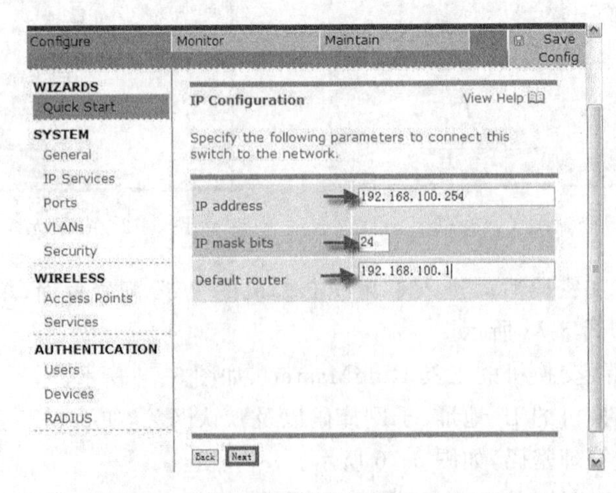

图 5-75　配置无线交换机管理工具的 IP 地址

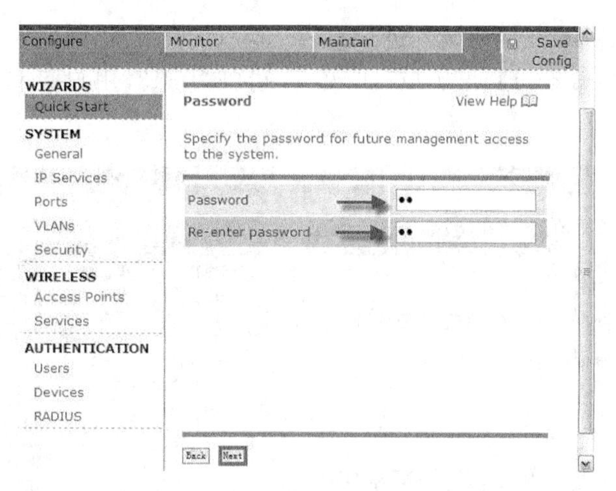

图 5-76 配置无线交换机的管理密码

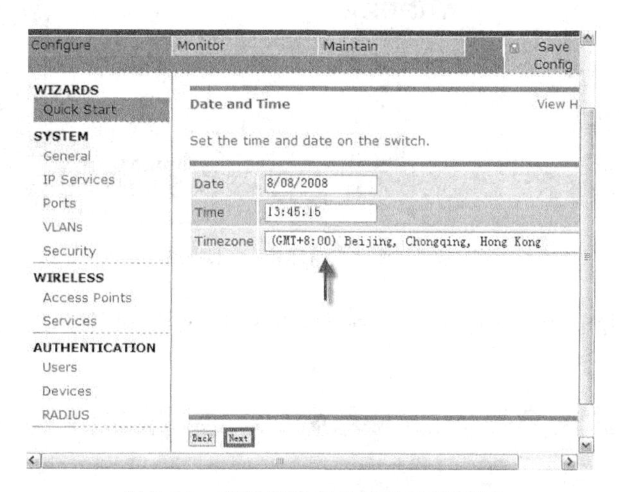

图 5-77 配置无线交换机的系统时间

⑦ 确认并完成无线交换机的基本配置，如图 5-78 所示。

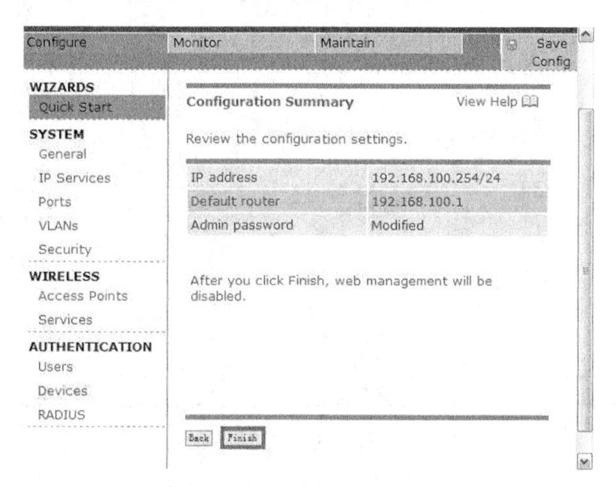

图 5-78 确认并完成无线交换机的配置

(2) 通过 RingMaster 网管软件进行无线交换机的高级配置。

① 运行 RingMaster，地址为 127. 0. 0. 1，端口为 443，用户名和密码默认为空，如图 5-79 所示。

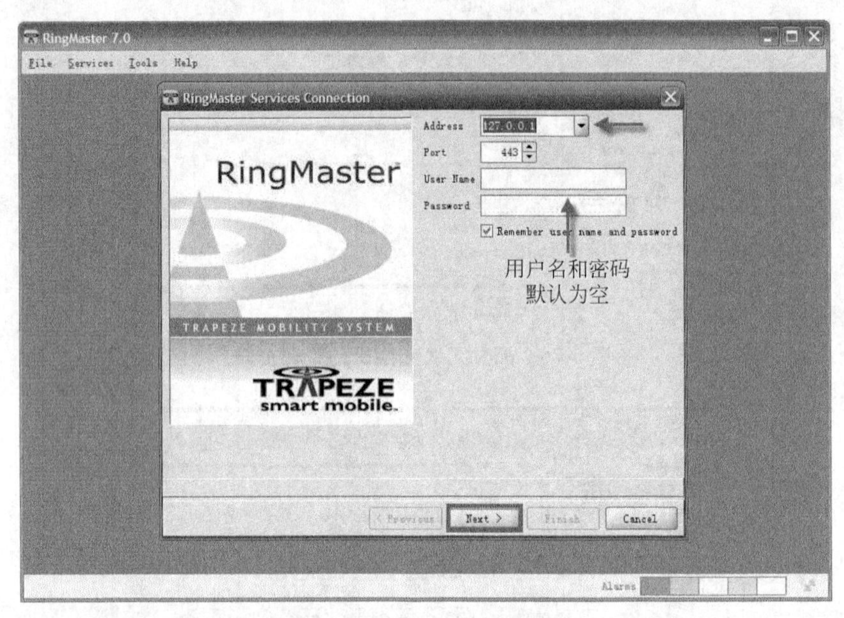

图 5-79　通过 RingMaster 网管软件

② 选择 Configuration，进入配置界面，并添加被管理的无线交换机，如图 5-80 所示。

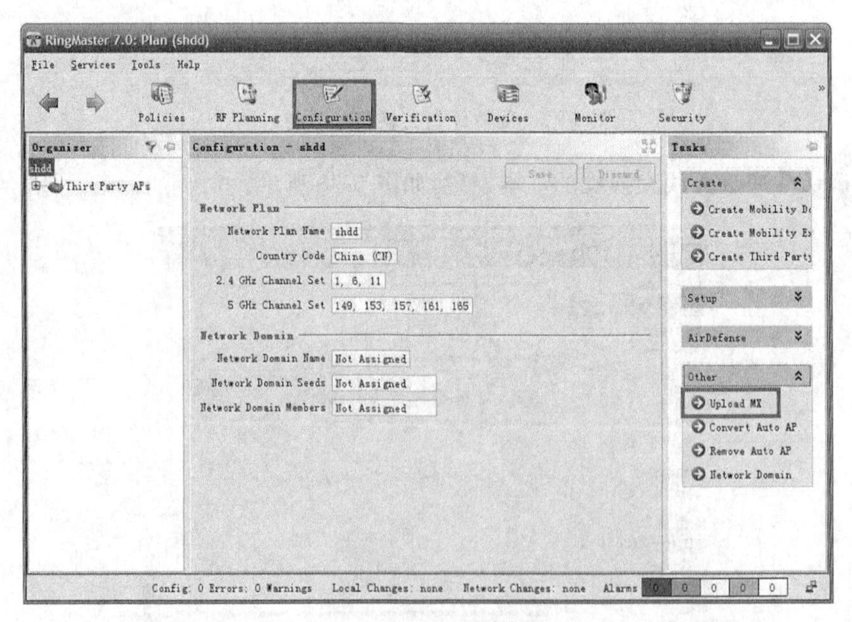

图 5-80　进入配置界面

③ 输入被管理的无线交换机的 IP 地址，Enable 密码，如图 5-81～图 5-83 所示。

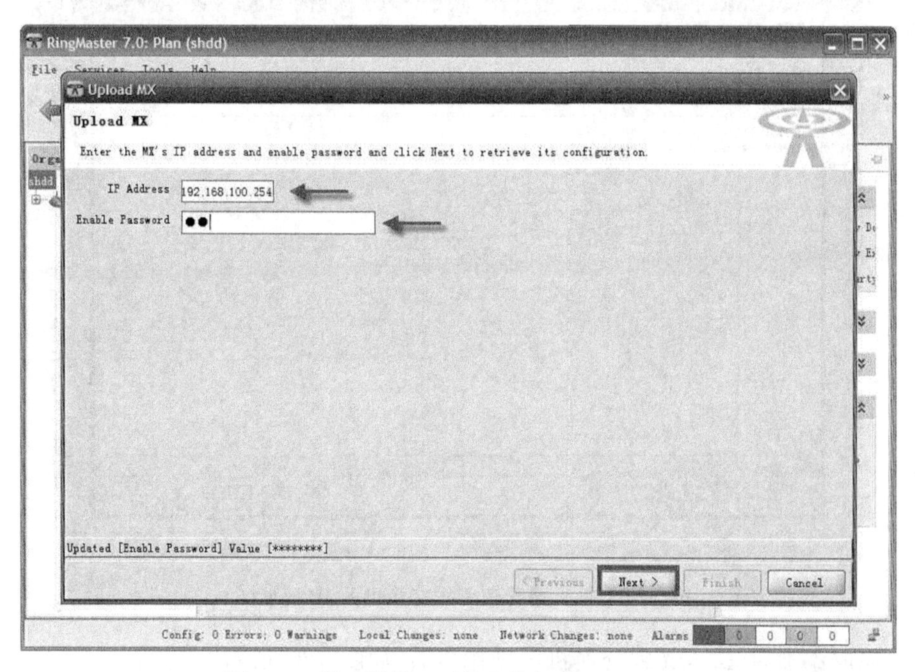

图 5-81　输入被管理无线交换机的 IP 地址(1)

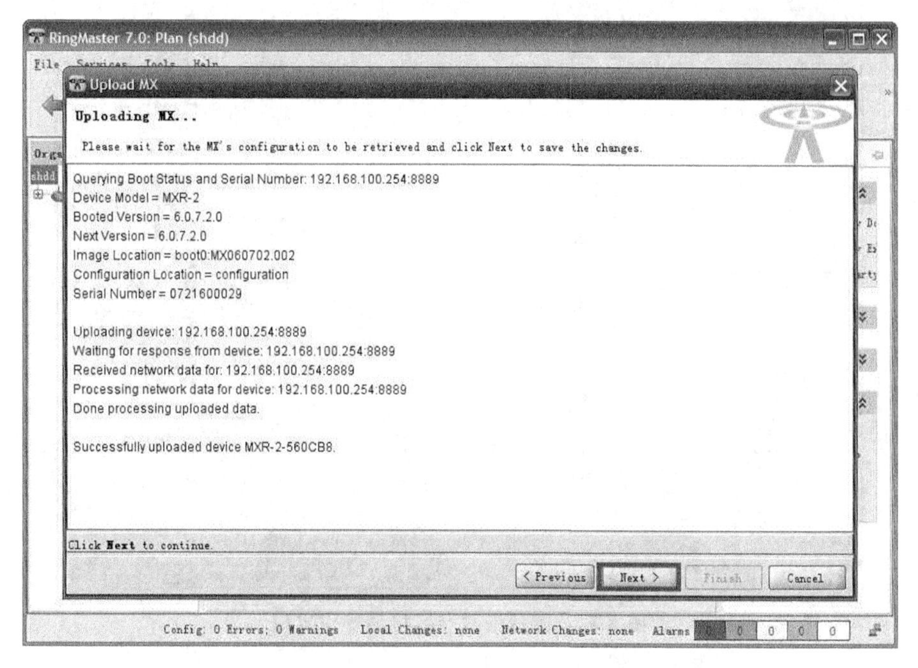

图 5-82　输入被管理无线交换机的 IP 地址(2)

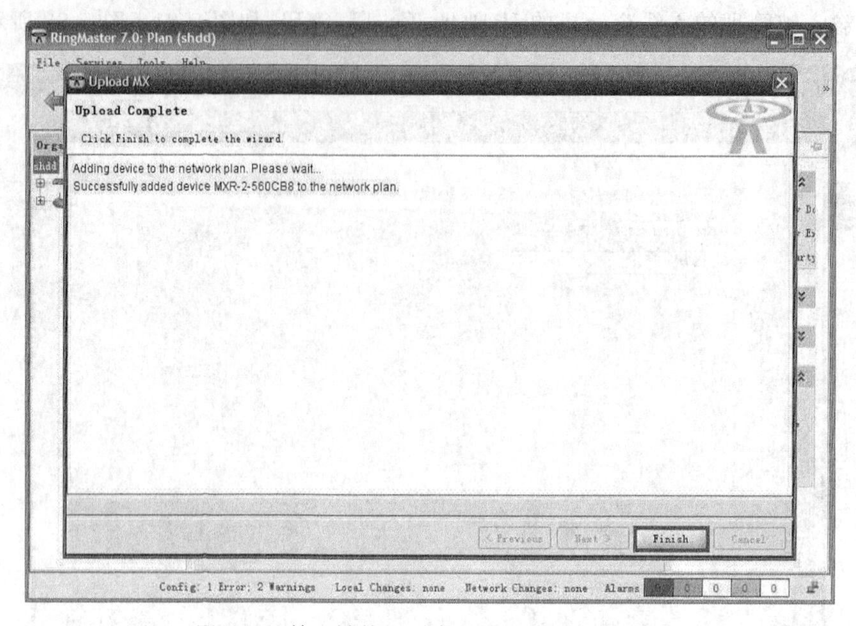

图 5-83　输入被管理无线交换机的 IP 地址(3)

④ 完成添加后，进入无线交换机的操作界面，如图 5-84 所示。

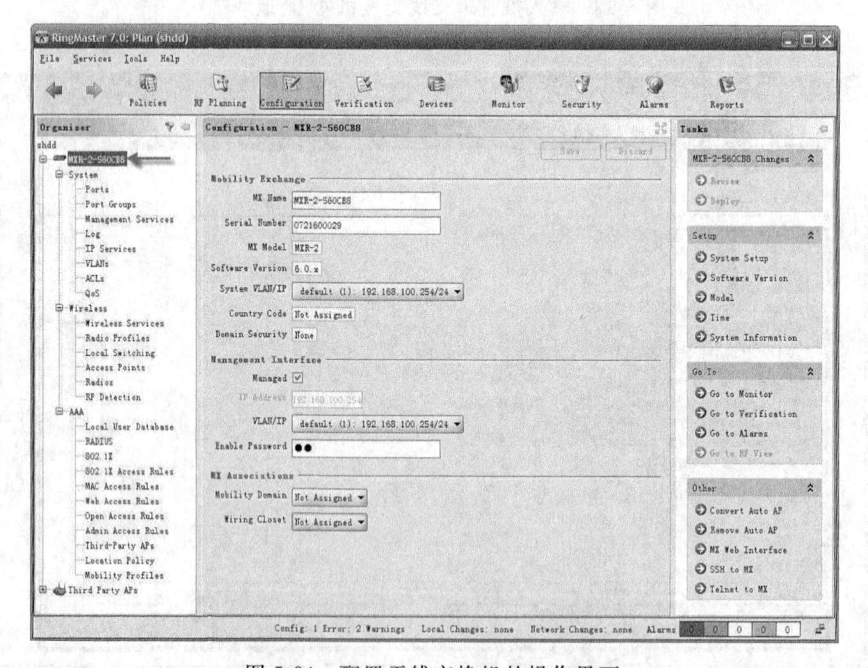

图 5-84　配置无线交换机的操作界面

(3) 配置无线 AP。

① 选择 Wireless→Access Points 选项，添加 AP，如图 5-85 所示。

② 为添加的 AP 进行命名，并选择连接方式，默认使用 Distributed 模式，如图 5-86

所示。

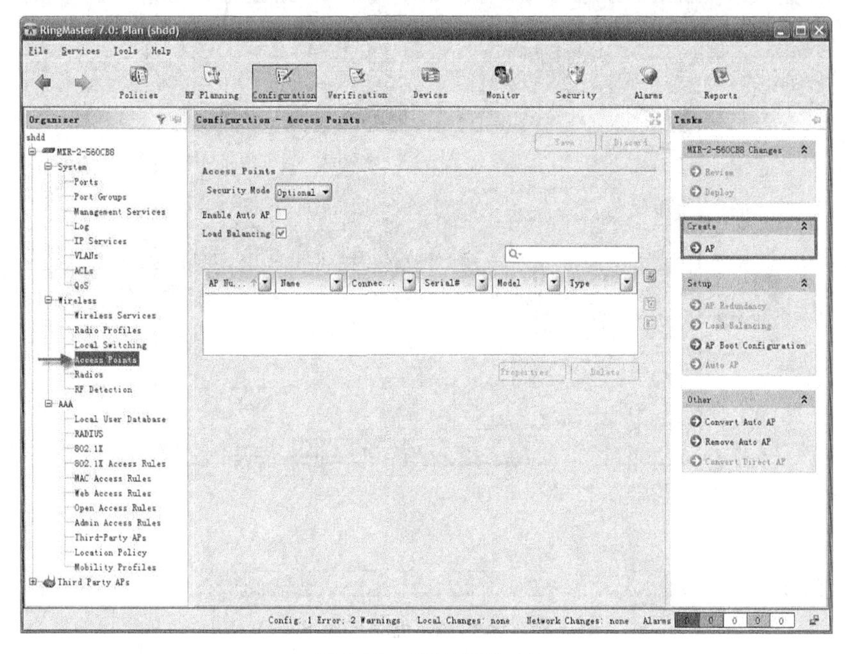

图 5-85 配置无线 AP

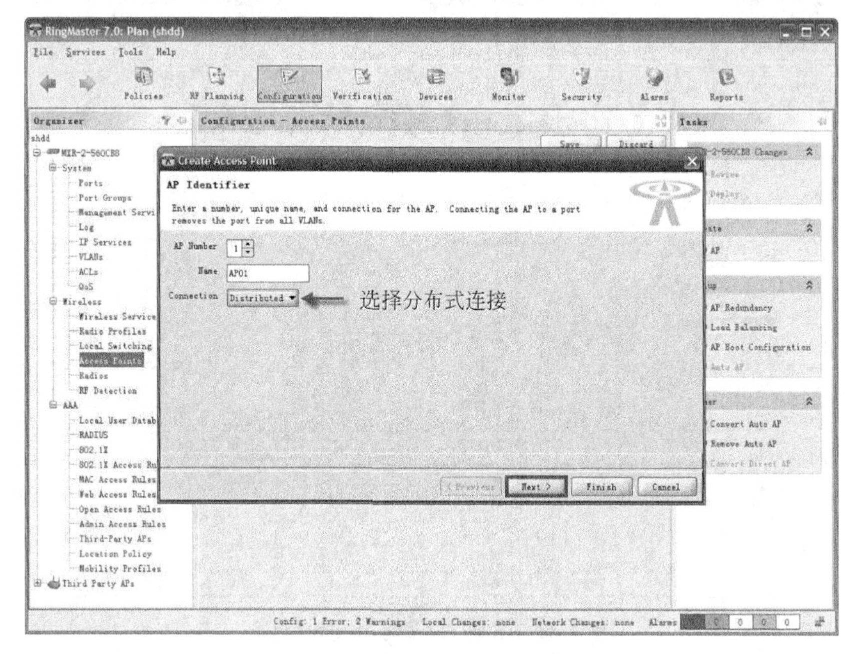

图 5-86 命名并选择连接方式

③ 将需要添加的 AP 机身后面的 SN 号输入对话框，用于 AP 与无线交换机的注册过程，如图 5-87 所示。

④ 选择添加 AP 的具体型号和传输协议，完成 AP 添加，如图 5-88 所示。

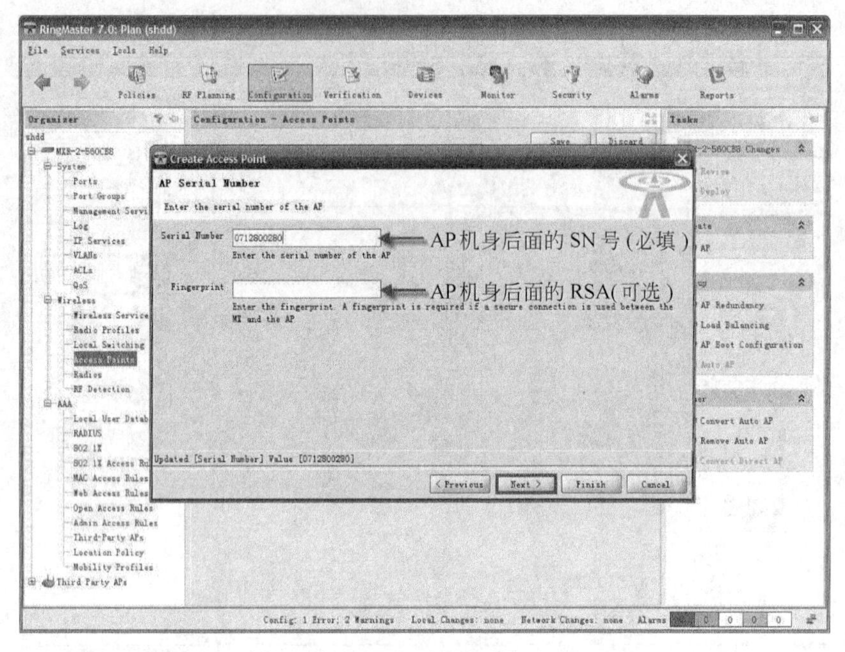

图 5-87　添加 AP 机身后的 SN 号

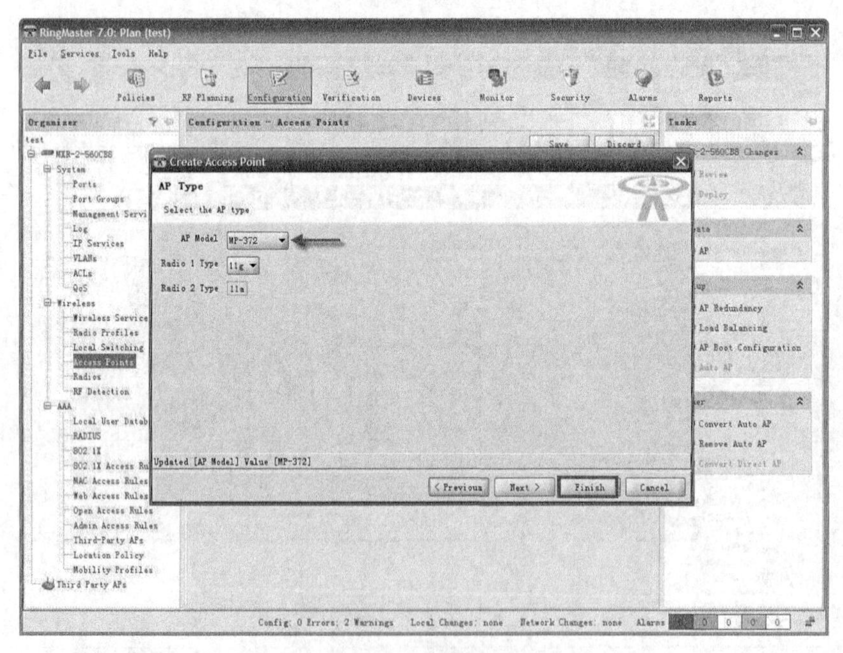

图 5-88　添加 AP 型号和传输协议

(4) 配置无线交换机的 DHCP 服务器。

① 选择 System→VLANs 选项，然后选择 default vlan，进入属性配置，如图 5-89 所示。

② 进入 Properties→DHCP Server 选项，激活 DHCP 服务器，设置地址池和 DNS，保

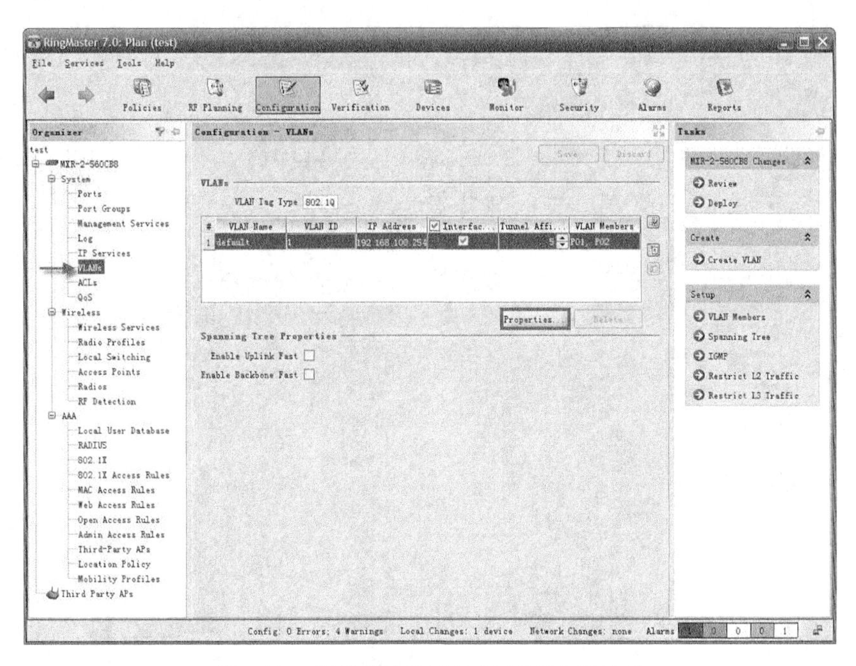

图 5-89　配置无线交换机的 DHCP 服务器

存，如图 5-90 所示。

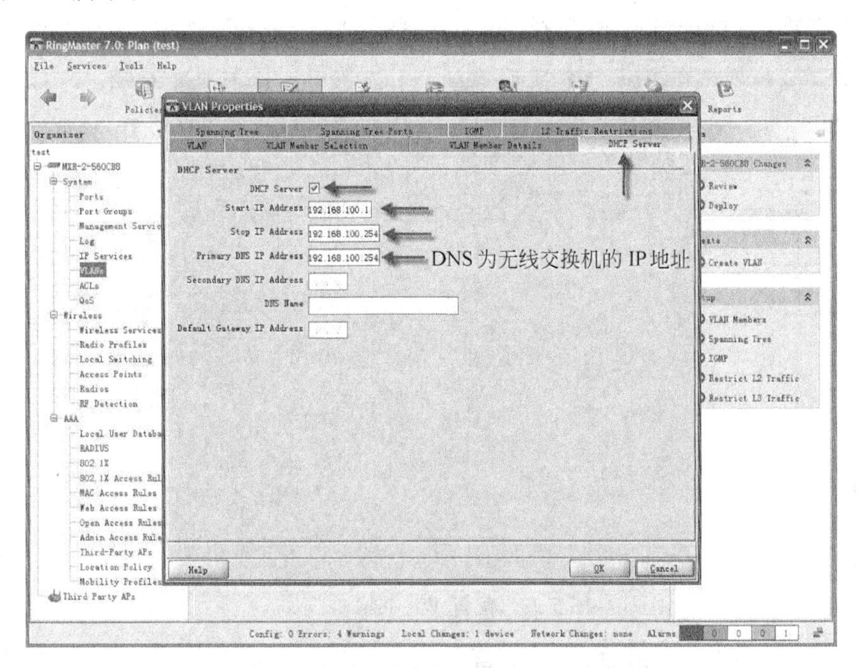

图 5-90　激活无线交换机的 DHCP 服务器

③ 选择 System→Ports 选项，将无线交换机的端口 POE 打开，并保存，如图 5-91 所示。

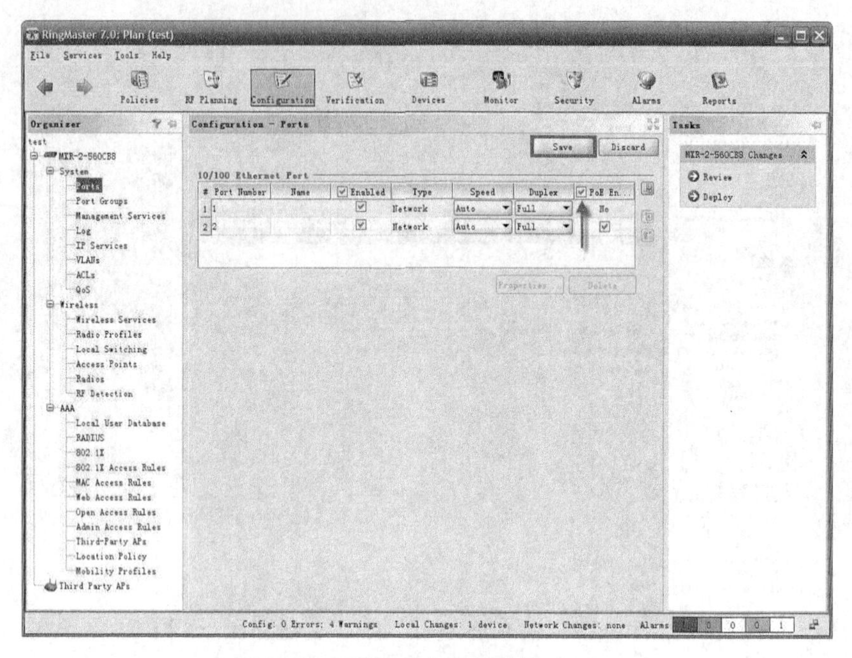

图 5-91　打开无线交换机的端口 POE

(5) 配置 Wireless Services。

① 在菜单 Configuration 下，选择 Wireless→Wireless Services 选项，如图 5-92 所示。

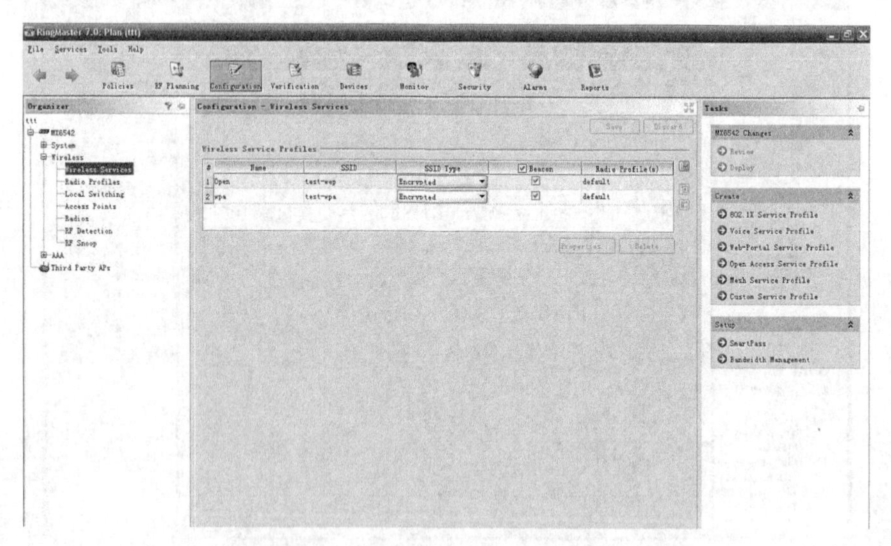

图 5-92　配置 Wireless Services

② 在管理页面右边的 Create 下面单击 Open Access Service Profile 链接，创建一个 Service Profile，如图 5-93 所示。

③ 输入实验使用的 Service Profile，名为 Open，SSID 为 test-wep，SSID 类型为 Encrypted，即加密的，如图 5-94 所示。

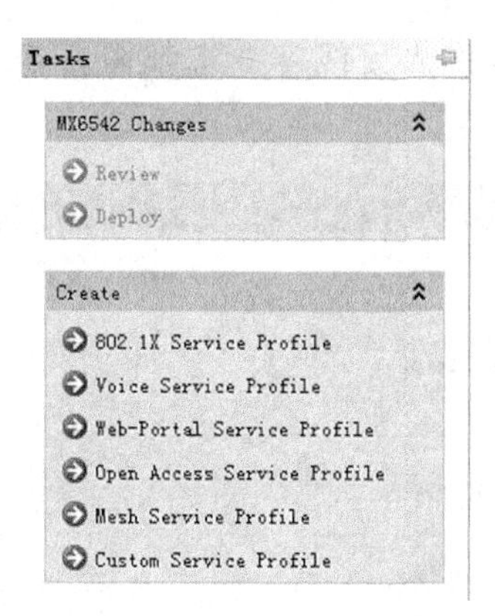

图 5-93　创建 Service Profile

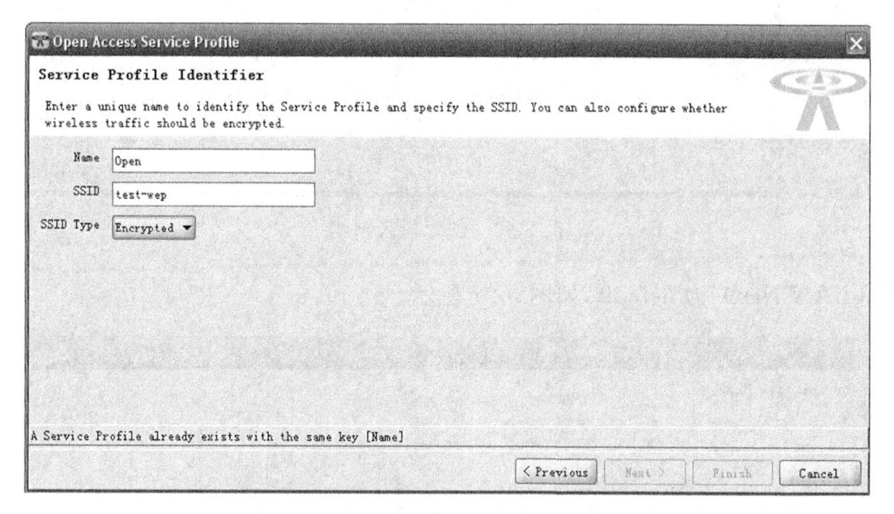

图 5-94　输入实验使用的 Service Profile 参数

④ 选择使用静态的 WEP 加密方式，如图 5-95 所示。

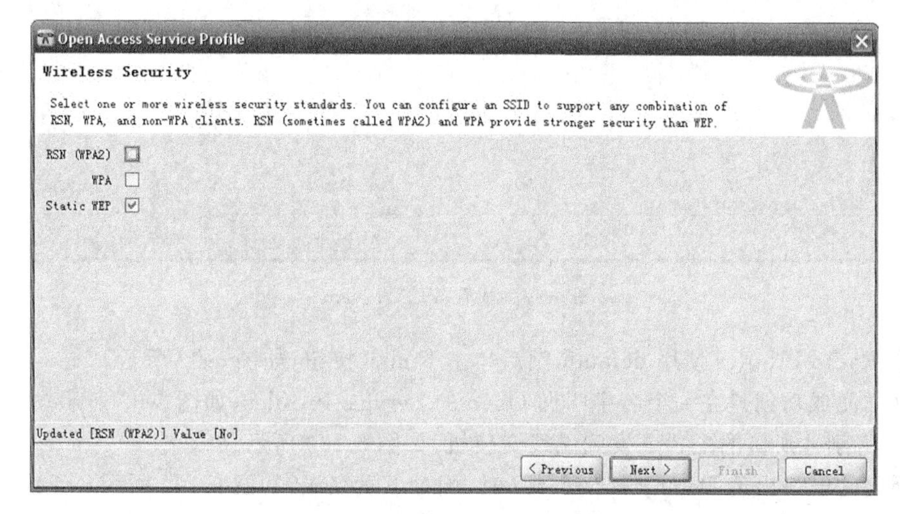

图 5-95　配置静态 WEP 加密

⑤ 输入密钥1234567890，接入无线客户端都需要输入正确密钥才能接入进来，如图5-96所示。

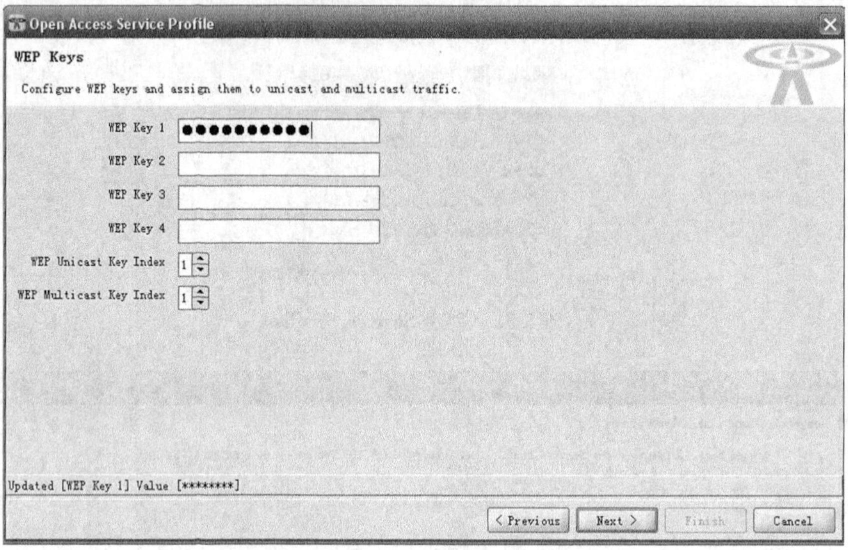

图5-96　配置输入密钥

⑥ VLAN Name为default，如图5-97所示。

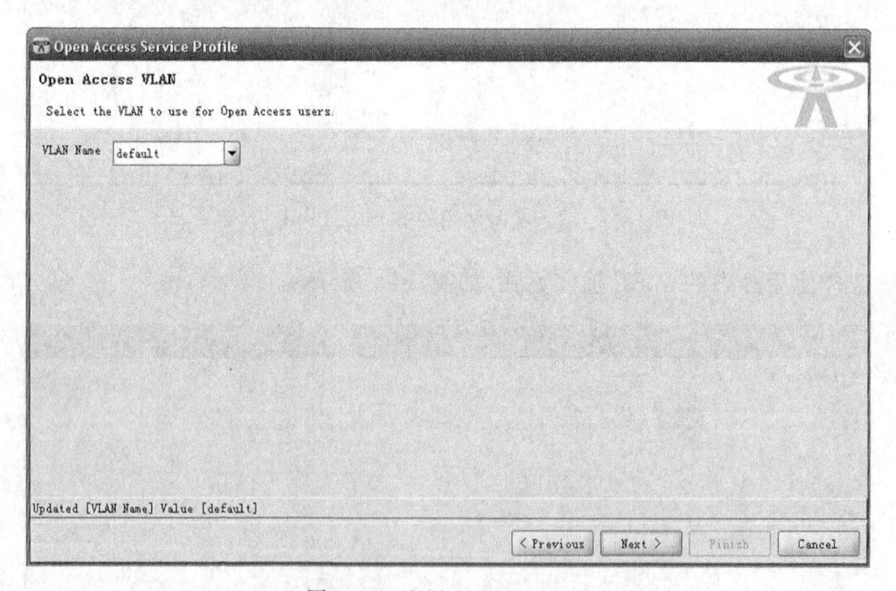

图5-97　配置VLAN Name

⑦ Radio Profiles使用default，然后单击Finish按钮，如图5-98所示。

这样便成功创建完一个名字叫做Open的Service Profiles，如图5-99所示。

⑧ 将刚才所做的配置下发到无线交换机，如图5-100所示。

弹出的窗口出现Deploy completed时，配置下发完成，如图5-101所示。无线局域网

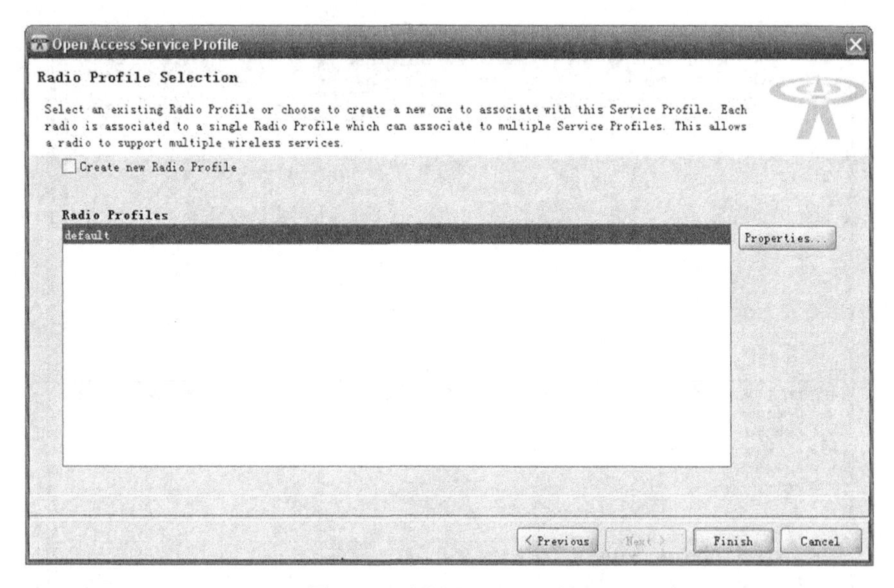

图 5-98　配置 Radio Profiles

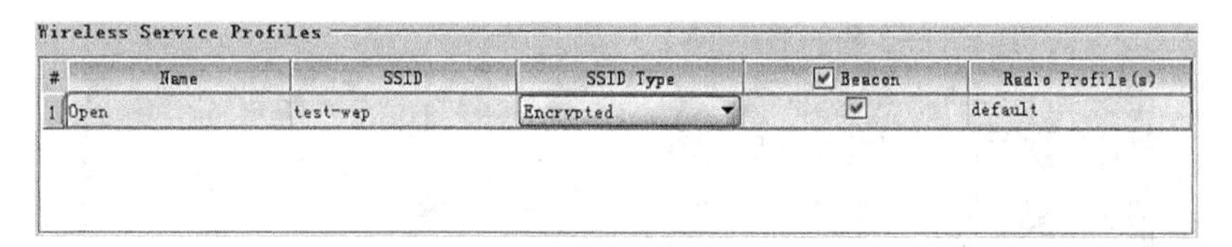

Wireless Service Profiles

#	Name	SSID	SSID Type	Beacon	Radio Profile(s)
1	Open	test-wep	Encrypted	☑	default

图 5-99　创建 Service Profiles

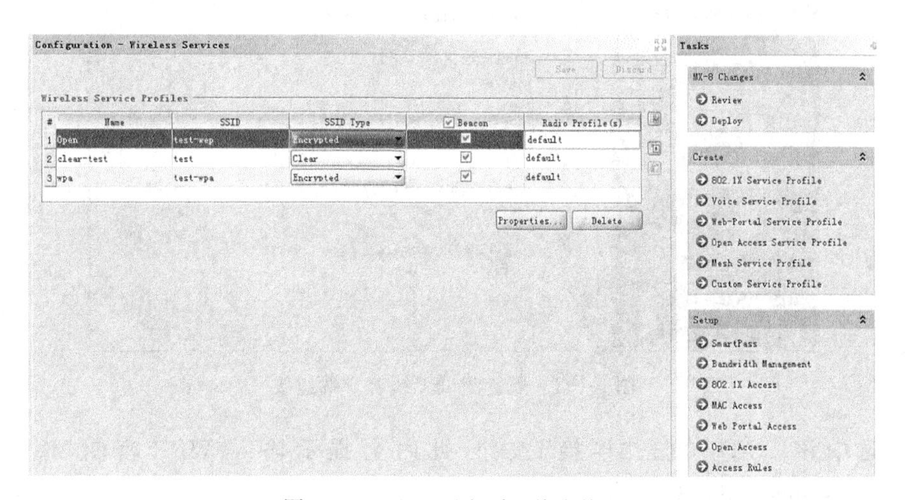

图 5-100　配置下发到无线交换机

便会广播出采用 WEP 加密方式的 SSID 为 test-wep。

(6) 测试无线客户端连接情况。

① 打开无线网卡，搜寻无线局域网，会发现名为 test-wep 的 SSID，并联入该 SSID，如图 5-102 所示。

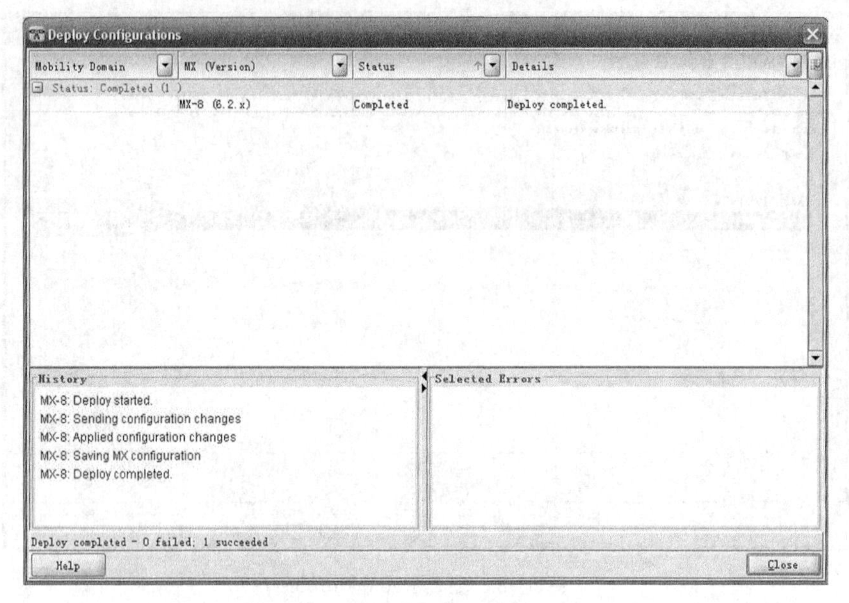

图 5-101 配置下发完成

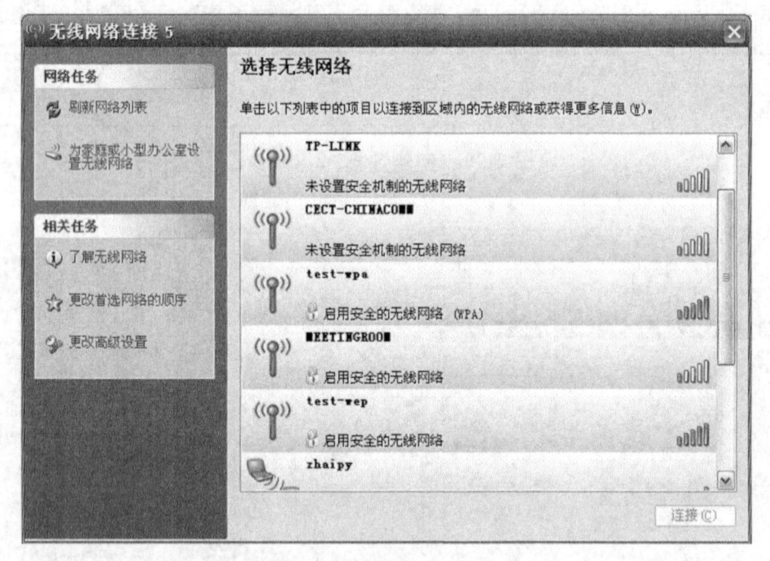

图 5-102 配置测试无线客户端连接

② 选中该 SSID，单击“连接”按钮，此时会提示输入 WEP 密钥，输入密钥 1234567890，如图 5-103 所示。

③ 单击“连接”按钮之后，无线客户端便可以正确连接到无线局域网了，如图 5-104 所示。

无线客户端可以 ping 通无线交换机地址和 STA1 的地址。

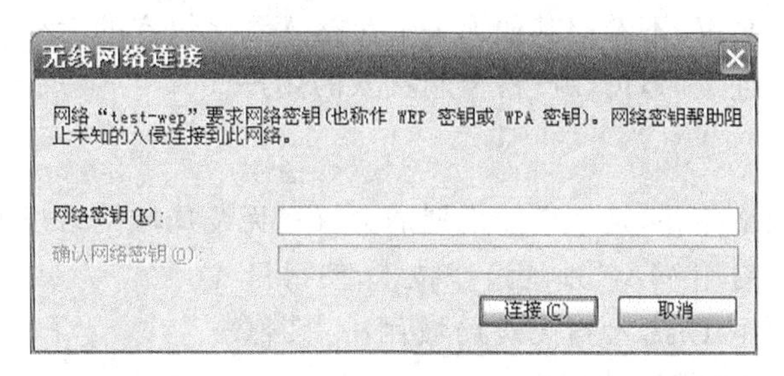

图 5-103 登录选中 SSID 连接

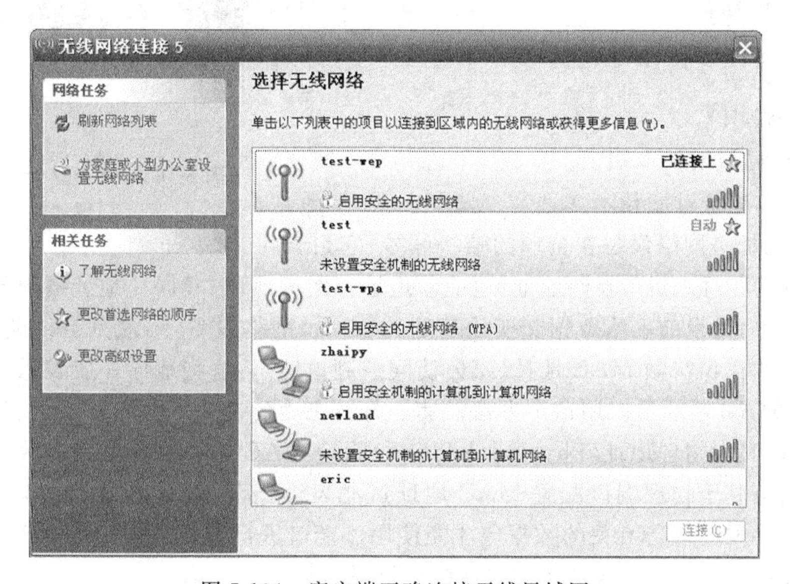

图 5-104 客户端正确连接无线局域网

5.4 配置 MAC 地址过滤(自治型 AP)

【实验名称】

配置 MAC 地址过滤(自治型 AP)。

【实验目的】

掌握 MAC 地址过滤技术的原理及配置方法。

【背景描述】

在会议室开机密会议时,公司不希望其他的人能够接入到会议室的无线局域网中,因此网络管理员建议可以在会议室的 AP 设备上启用 MAC 地址过滤技术,使得只有参与会议的人员才可以接入到无线局域网中,其他的人无法接入。

【需求分析】

需求:保证机密会议进行时,网络接入的安全性。

分析：对于机密会议，不希望其他无关人员接入到会议室的无线局域网中来，在无线设备上进行 MAC 地址过滤，可以严格控制接入的用户。

【实验拓扑】

图 5-105 所示网络拓扑，是某企业规划的会议室无线局域网络规划拓扑，希望实现在会议室的 AP 设备上启用 MAC 地址过滤技术，使得只有参与会议的人员才可以接入到无线局域网中，其他的人无法接入，严格控制接入的用户。

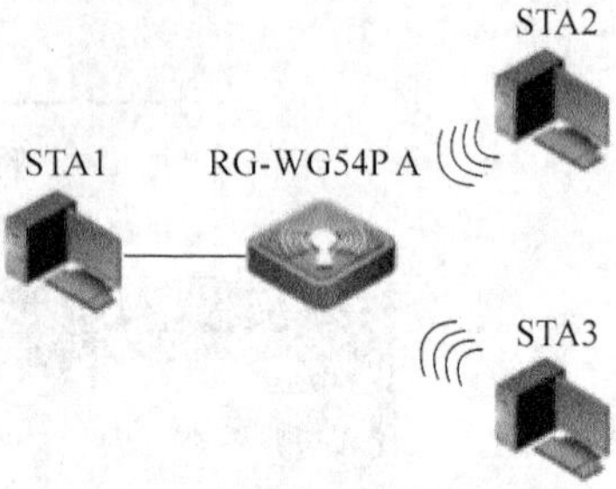

图 5-105　某企业会议室无线局域网络规划拓扑

【实验设备】

RG-WG54P 1 台；PC 2 台。

【预备知识】

- 无线局域网基本知识。
- MAC 地址过滤技术。

MAC 地址是网络设备在全球的唯一编号，它也就是通常所说的物理地址 、硬件地址、适配器地址或网卡地址。MAC 地址可用于直接标识某个网络设备，是目前网络数据交换的基础。每一个网络设备，不论是有线还是无线，都有一个唯一的标识叫做 MAC 地址(媒体访问控制地址)。这些地址一般表示在网络设备上，网卡的 MAC 地址可以用这个办法获得：打开命令行窗口，输入 ipconfig/all，然后出现很多信息，其中物理地址(Physical Address)就是 MAC 地址。现在大多数的二层交换机都可以支持基于物理端口配置 MAC 地址过滤表，用于限定只有与 MAC 地址过滤表中规定的一些网络设备有关的数据包才能使用该端口进行传递。通过 MAC 地址过滤技术可以保证授权的 MAC 地址才能对网络资源进行访问。

获得更大安全性的另一个方法是无线 MAC 过滤，大多数无线路由器都支持这个功能。MAC 地址过滤是对用户所用的无线终端的 MAC 地址进行认证。仅当用户的 MAC 地址在 AP 等接入设备的 MAC 地址列表中时，用户才能接入到网络中来。当需要使用网络的用户发生变化时，这种方式要求 MAC 地址列表必须随时更新。可以想像，在一些用户流动性比较大的场合，这一工作会是多么烦琐。因此，一般来说只有小型企业内部网络才会采用这种方式。MAC 地址过滤是通过预先在 AP 中写入合法的 MAC 地址列表，只有当客户机的 MAC 地址和合法 MAC 地址表中的地址匹配，AP 才允许客户机与之通信，实现物理地址过滤。这样可防止一些不太熟练的入侵初学者连接到我们的 WLAN 上，不过对老练的攻击者来说，是很容易被从开放的无线电波中截获数据帧，分析出合法用户的 MAC 地址的，然后通过本机的 MAC 地址来伪装成合法的用户，非法接入你的 WLAN 中。

MAC 地址过滤的方式也只能提供有限的数据来源真实性。入侵者利用网络侦听手段很容易就能够获取传输的信息。另外，由于 MAC 地址也包含在传输的帧头中，这部分信息也会被非法用户获取。市面上的许多无线网卡都允许用户来设定 MAC 地址，因此入侵者可以通过将其 MAC 地址设定为合法用户的 MAC 地址来接入到无线网络。对于无线网络管理员来说，启用 MAC 地址过滤可以阻止未经授权的无线客户端访问 AP 及进入内网,这确实可以阻止一部分恶意攻击行为。不过,单纯依靠 MAC 地址过滤来阻止攻击者是不可靠的。

【实验原理】

MAC 地址,即网卡的物理地址,也称硬件地址或链路地址,这是网卡自身的唯一标识。通过配置 MAC 地址过滤功能可以定义某些特定 MAC 地址的主机可以接入此无线局域网,其他主机被拒绝接入。从而达到访问控制的目的,避免非相关人员随意接入网络,窃取资源。

【实验步骤】

(1) 配置 STA1,与 RG-WG54P 相连接。

① 将 STA1 和 RG-WG54P 供电模块的 Network 口通过直通线连接。

② 配置 STA1 本地连接的 TCP/IP 设置,单击“确定”按钮完成设置,如图 5-106 所示。

IP 地址:192.168.1.10　子网掩码:255.255.255.0　默认网关:192.168.1.1

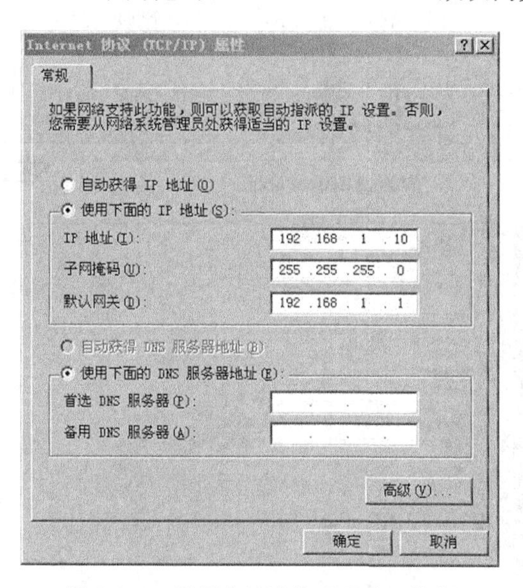

图 5-106　配置本地连接 TCP/IP 信息

③ 验证测试。在 STA1 命令行下输入 ipconfig,查看本地连接的 IP 设置,配置如下。

IP 地址:192.168.1.10　子网掩码:255.255.255.0

默认网点:192.168.1.1

(2) 配置 RG-WG54P,搭建基础结构(Infrastructure)模式无线局域网。

① STA1 登录 RG-WG54P 管理页面(http://192.168.1.1,默认密码为 default),如图 5-107 所示。

② 进入路径:选择“配置”→“常规”选项,配置 IEEE 802.11 参数,如图 5-108 所示。

ESSID:配置基础结构模式无线局域网名称(如 labtest1)。

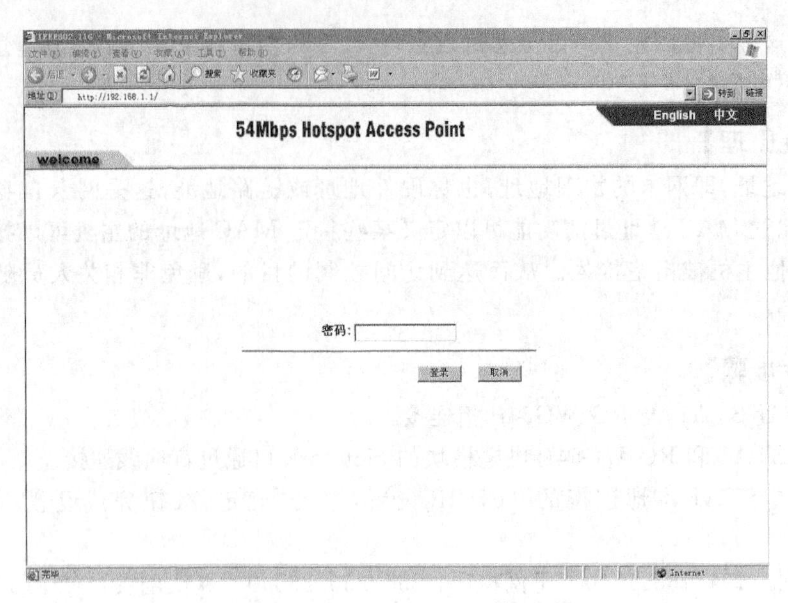

图 5-107　登录 RG-WG54P 管理页面

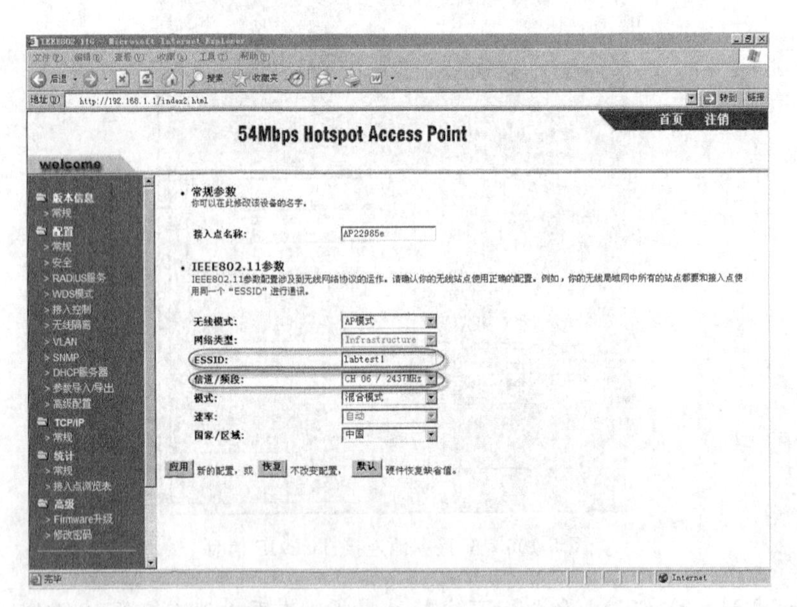

图 5-108　配置常规 IEEE 802.11 参数

信道/频段：选择基础结构模式无线局域网工作信道(如 CH 6 / 2437MHz)。

单击“应用”按钮,完成无线接入点设置。

(3) 配置 STA2,加入基础结构模式无线局域网。

① 在 STA2 上安装无线网卡 RG-WG54U 以及客户端软件 IEEE 802.11g Wireless LAN Utility。

② 在 Windows 控制面板中,打开网络连接页面,如图 5-109 所示。

③ 右键单击“无线局域网连接”图标,从弹出的快捷菜单中选择“属性”命令,如

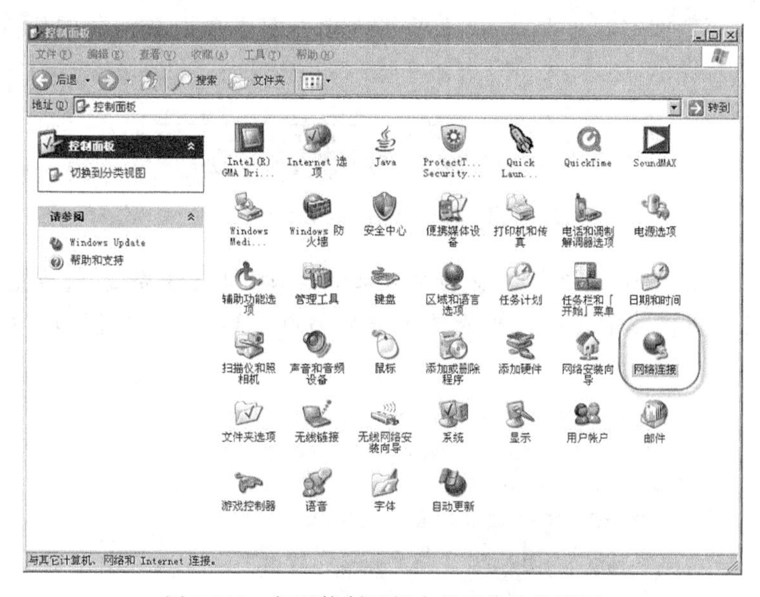

图 5-109 打开控制面板中的网络连接页面

图 5-110 所示。

④ 在弹出对话框中的“常规”选项卡中，双击“Internet 协议(TCP/IP)”选项，如图 5-111 所示。

⑤ 配置 STA2 无线网卡的 TCP/IP 设置，单击“确定”按钮完成设置，如图 5-112 所示。

IP 地址：192.168.1.20

子网掩码：255.255.255.0

默认网关：192.168.1.1

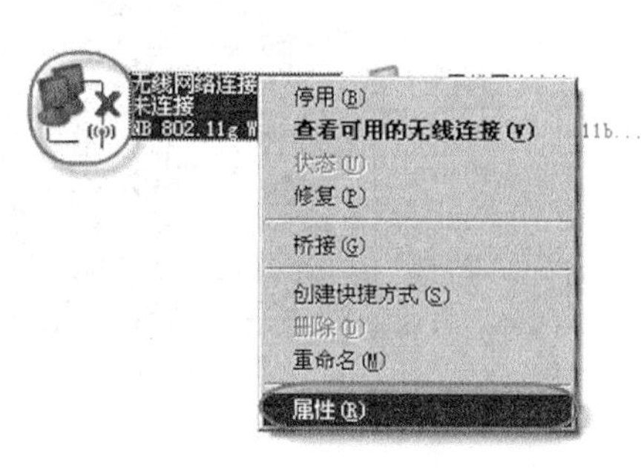

图 5-110 选择“属性”命令

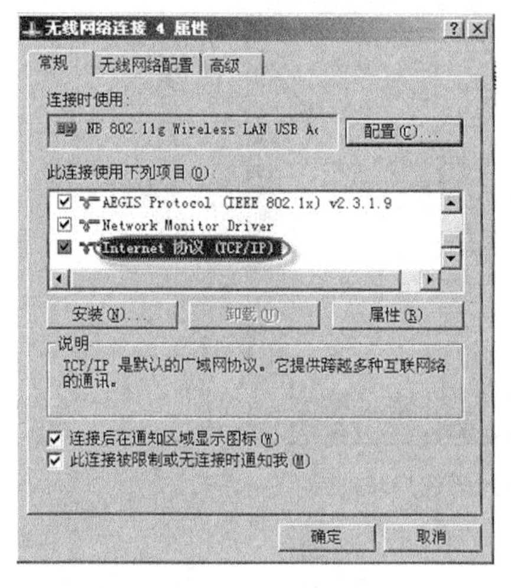

图 5-111 打开“Internet 协议(TCP/IP)”

图 5-112 配置 STA2 无线网卡的 TCP/IP 设置

⑥ 运行 IEEE 802.11g Wireless LAN Utility，双击桌面右下角的任务栏图标，如图 5-113 所示。

图 5-113 运行 Wireless LAN Utility

⑦ 在 Configuration 选项卡中，配置加入基础结构模式无线局域网；或在 Site Survey 选项卡中可发现所搭建的基础结构模式无线局域网，单击 Join 按钮即可加入网络，如图 5-114 和图 5-115 所示。

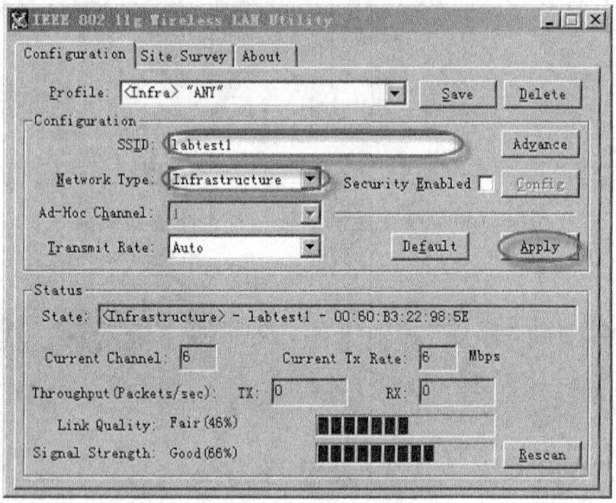

图 5-114 配置基础结构模式无线局域网

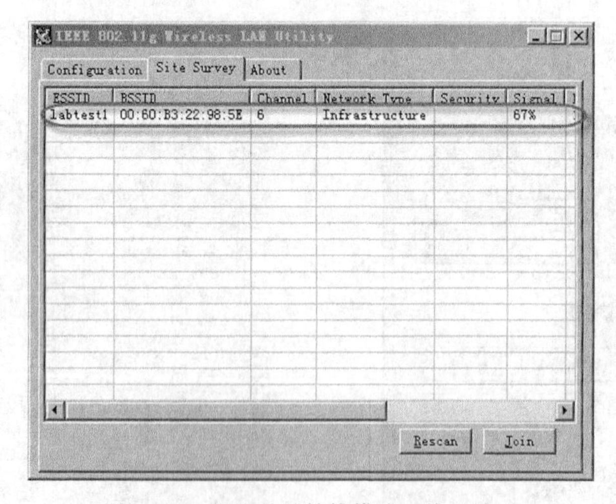

图 5-115 配置基础结构模式无线局域网

(4) 验证测试。

① 在 STA2 的 IEEE 802.11g Wireless LAN Utility 可以看到如下信息，如图 5-116

所示。

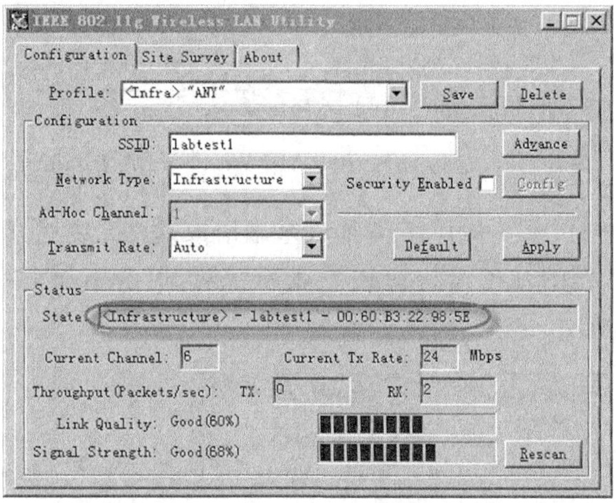

图 5-116　验证测试 Wireless LAN Utility 信息

State：<Infrastructure> - [ESSID]-[无线接入点的 MAC 地址]。

Current Channel：基础结构模式无线局域网工作信道。

② STA1 和 STA2 能够相互 ping 通。

(5) 配置 STA3,加入基础结构模式无线局域网。

① STA3 安装无线网卡 RG-WG54U 以及客户端软件 IEEE 802.11g Wireless LAN Utility。

② 配置 STA3 无线网卡的 TCP/IP 设置,单击“确定”按钮完成设置,如图 5-117 所示。

IP 地址：192.168.1.30　子网掩码：255.255.255.0　默认网关：192.168.1.1

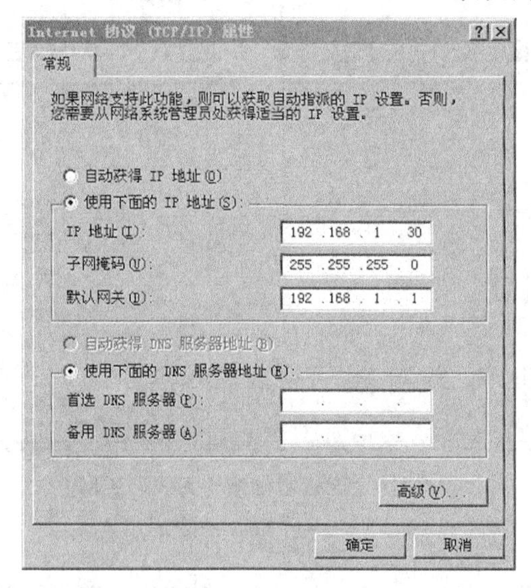

图 5-117　配置无线网卡的 TCP/IP 设置

③ 运行 IEEE 802.11g Wireless LAN Utility，双击桌面右下角的任务栏图标，如图 5-118 所示。

图 5-118　运行 IEEE 802.11g Wireless LAN Utility

④ 在 Configuration 选项卡中，配置加入基础结构模式无线局域网；或在 Site Survey 选项卡中可发现所搭建的基础结构模式无线局域网，单击 Join 按钮即可加入网络，如图 5-119 和图 5-120 所示。

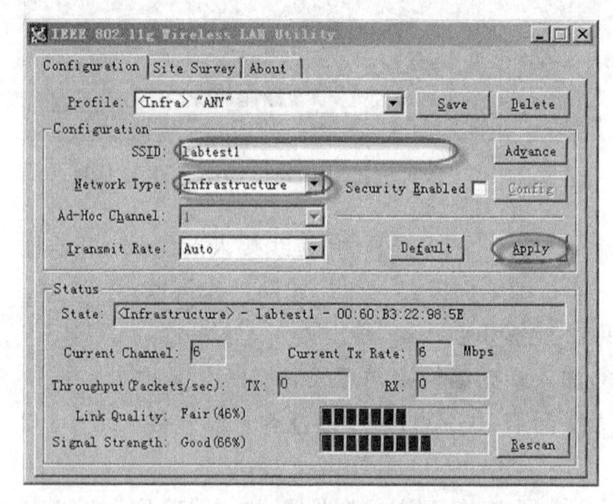

图 5-119　配置基础结构无线局域网

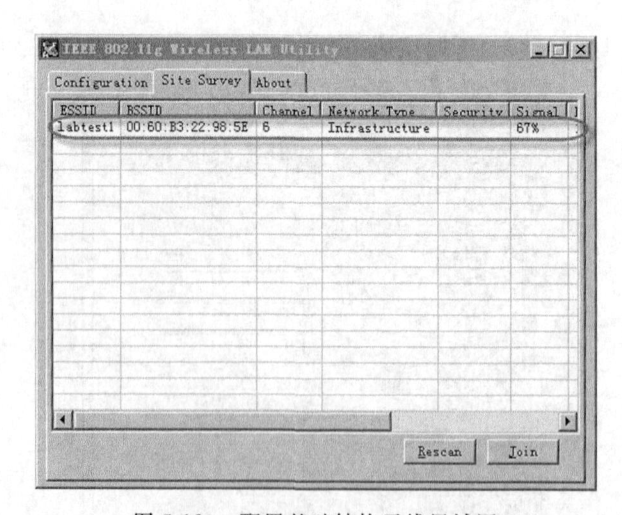

图 5-120　配置基础结构无线局域网

(6) 验证测试。

① 在 STA3 的 IEEE 802.11g Wireless LAN Utility 可以看到如下信息，如图 5-121

所示。

State：<Infrastructure>-[ESSID]-[无线接入点的 MAC 地址]。

Current Channel：基础结构模式无线局域网工作信道。

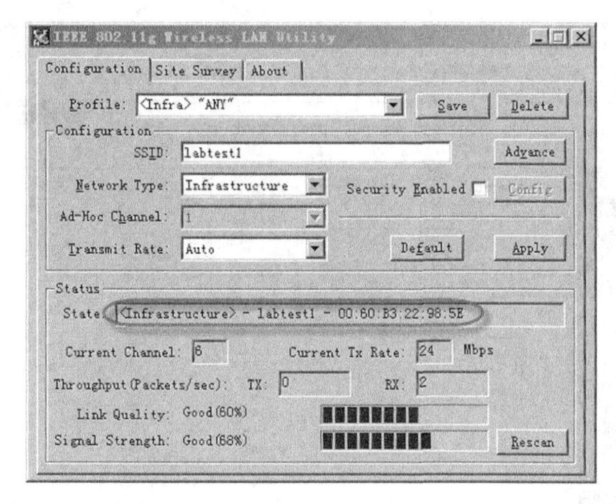

图 5-121　验证测试 IEEE 802.11g Wireless LAN Utility 信息

② STA1、STA2、STA3 能够相互 ping 通。

(7) 配置 RG-WG54P,实现 MAC 地址过滤功能。

① 查看 STA2 的 MAC 地址,方法如下。

选择"开始"→"运行"命令;输入 cmd,单击"确定"按钮;输入 ipconfig/all,无线局域网连接的 Physical Address 即是无线客户端 MAC 地址,如图 5-122 所示。

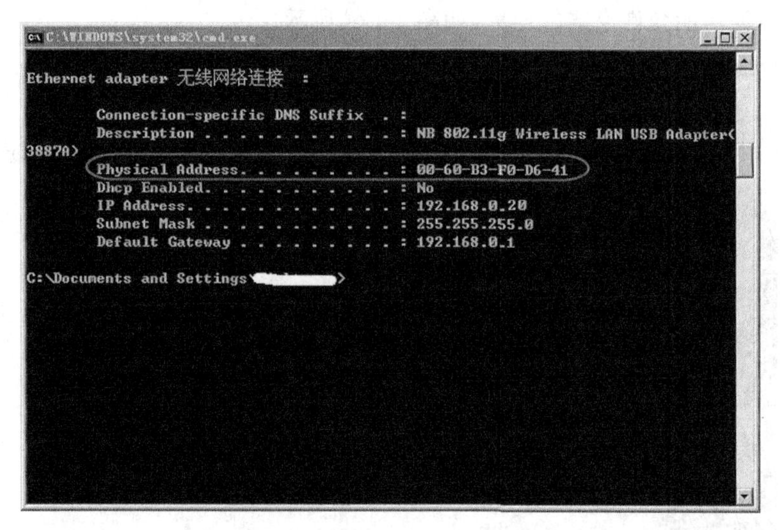

图 5-122　查看 STA2 的 MAC 地址

② STA1 登录 RG-WG54P 管理页面(http：//192.168.1.1,默认密码为 default)。

③ 进入路径：选择"配置"→"接入控制"选项,可以看到 MAC 地址过滤有两种模式：

允许模式和拒绝模式。允许模式下，只有 MAC 地址包含在地址列表中的无线客户端可以接入网络；拒绝模式下，除了 MAC 地址包含在地址列表中的无线客户端之外，其他无线客户端均可以接入网络，如图 5-123 所示。

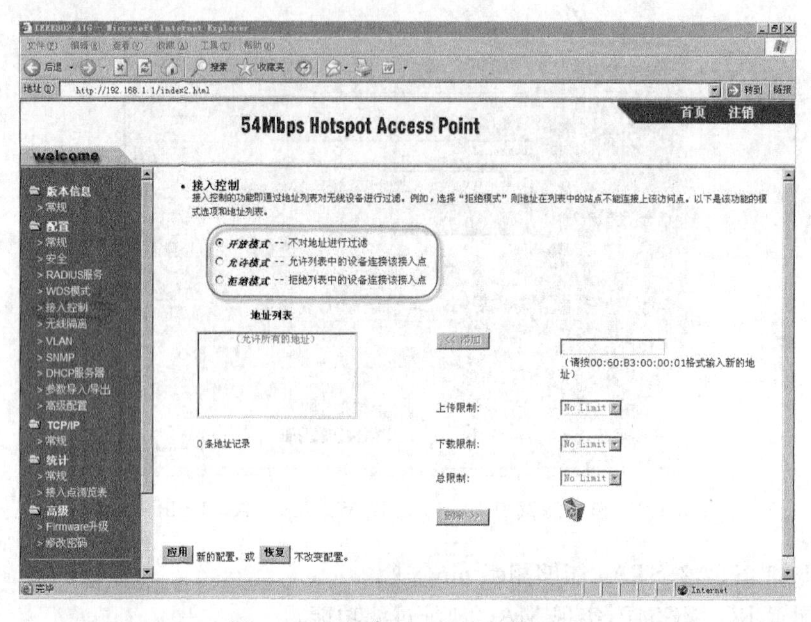

图 5-123　登录 RG-WG54P 管理页

④ 进入路径：选择“配置”→“接入控制”选项，选择“允许模式”单选按钮；输入 STA2 MAC 地址，单击“添加”按钮(MAC 地址查看方法参见注意事项)；单击“应用”按钮，完成 MAC 地址过滤功能允许模式的配置，如图 5-124 所示。

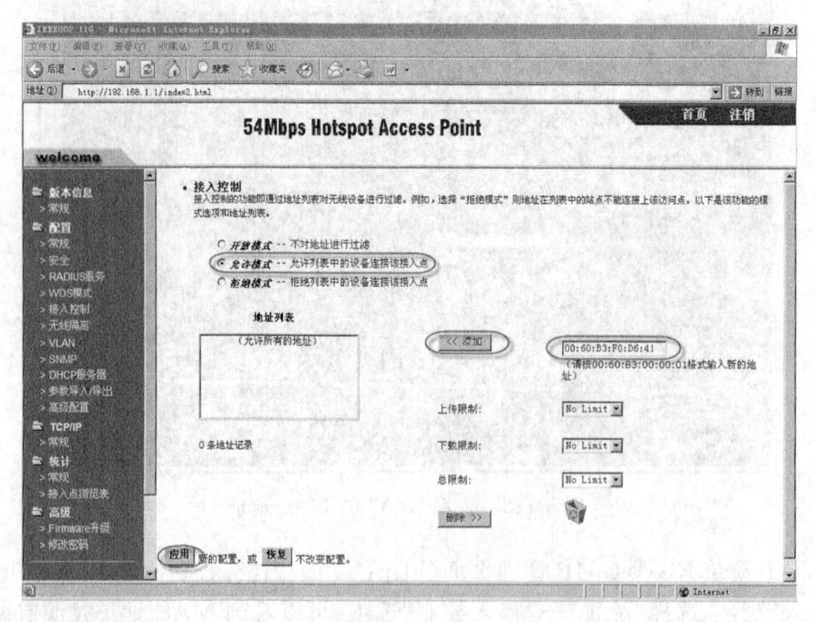

图 5-124　配置 MAC 地址过滤功能

(8) 验证测试。

① 查看 RG-WG54P 配置,确认在"配置"→"接入控制"页面,"允许模式"单选按钮已勾选,STA2 的 MAC 地址存在于地址列表中,如图 5-125 所示。

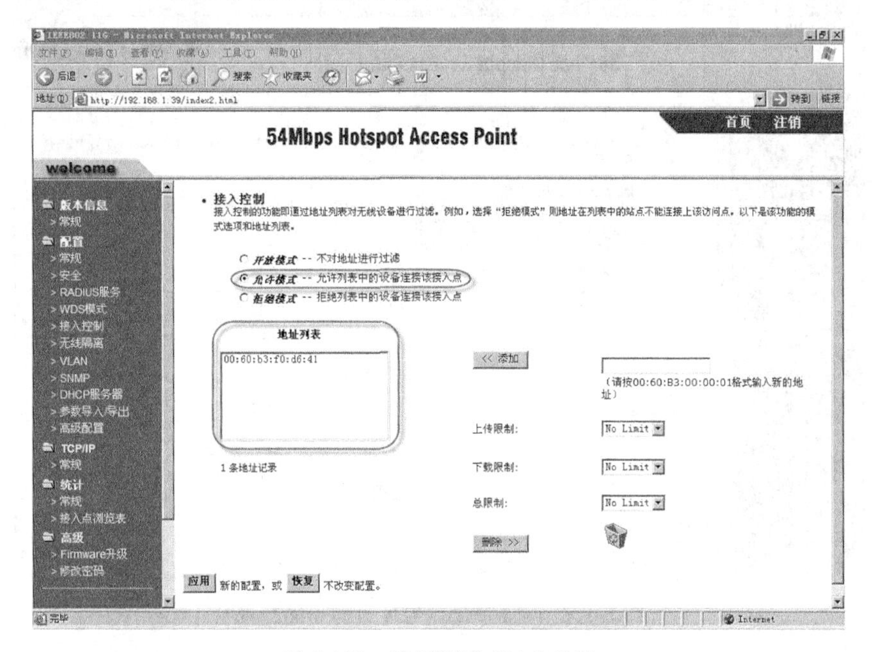

图 5-125 验证测试 MAC 地址

② STA2 可以接入无线局域网,可以 ping 通 STA1。

③ STA3 可以发现无线局域网,但是无法接入。至此,MAC 地址过滤功能允许模式实验完成。

(9) 配置 RG-WG54P,实现 MAC 地址过滤功能。

① STA1 登录 RG-WG54P 管理页面(http://192.168.1.1,默认密码为 default)。

② 进入路径:选择"配置"→"接入控制"选项,选择"拒绝模式"单选按钮;输入 STA2 MAC 地址,单击"添加"按钮;单击"应用"按钮,完成 MAC 地址过滤功能拒绝模式的配置,如图 5-126 所示。

(10) 验证测试。

① 查看 RG-WG54P 配置,确认在"配置"→"接入控制"页面,"拒绝模式"单选按钮已勾选,STA2 的 MAC 地址存在于地址列表中,如图 5-127 所示。

② STA2 可以发现无线局域网,但是无法接入。

③ STA3 可以接入无线局域网,可以 ping 通 STA1。至此,MAC 地址过滤功能的拒绝模式测试完成。

【注意事项】

AP 中填入的 MAC 地址需要为测试主机的真实地址。

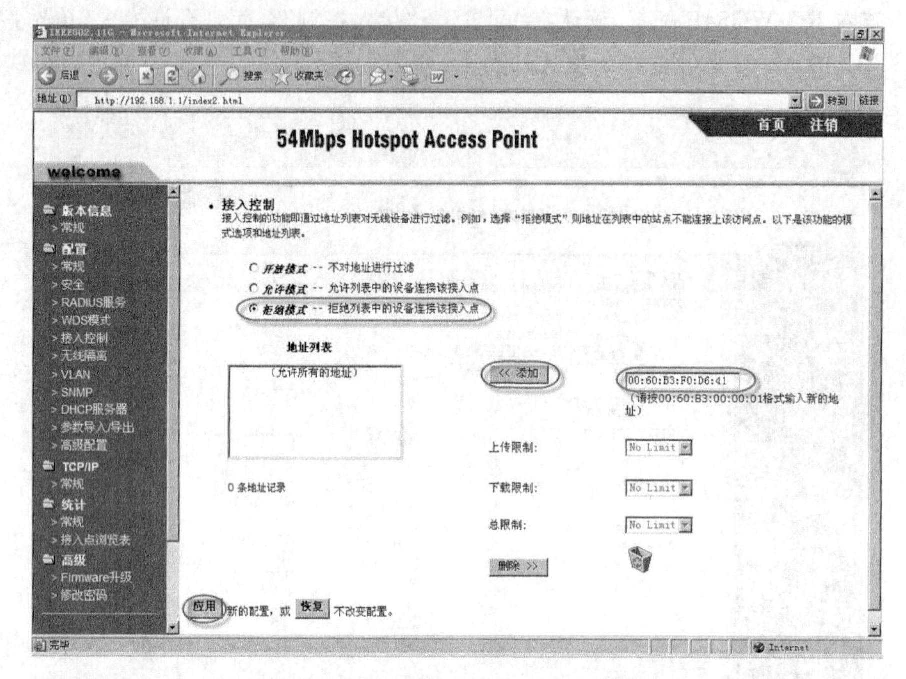

图 5-126　完成 MAC 地址过滤功能配置

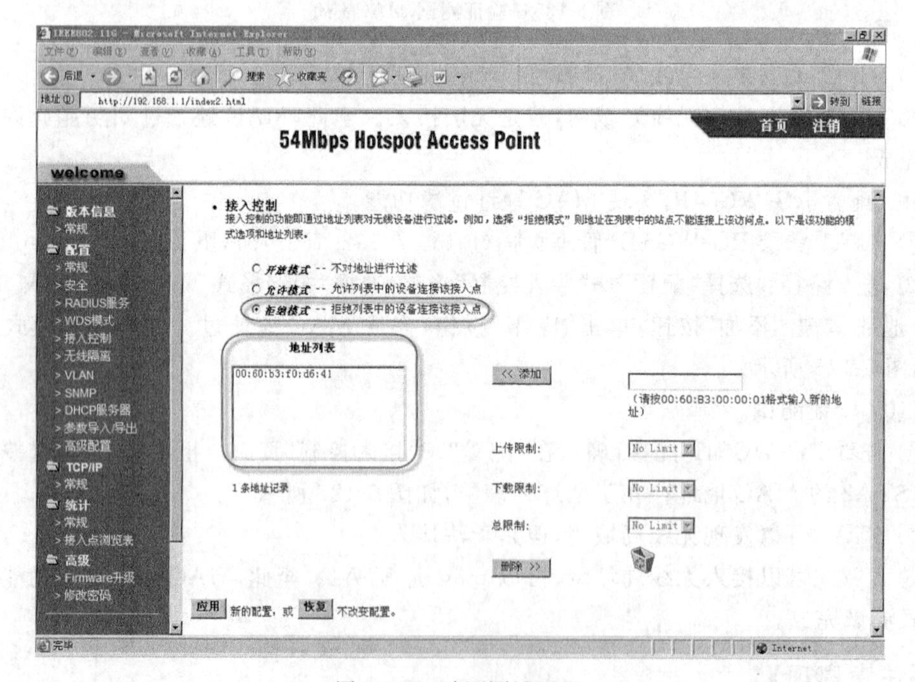

图 5-127　验证测试配置

5.5 配置 SSID 隐藏(自治型 AP)

【实验名称】

配置 SSID 隐藏(自治型 AP)。

【实验目的】

掌握 SSID 隐藏技术的原理及配置方法。

【背景描述】

公司无线局域网建设好后,大家都觉得很方便。但是,不久后有同事反映一些不是本公司的人,甚至隔壁公司的人也很容易就接入到本公司的无线局域网中,给公司的网络安全和信息安全带来很大的隐患,因此作为公司网络管理员必须马上解决这个问题,在 AP 上关闭 SSID 公告,使得非本公司的人员无法得到网络的 SSID,从而不能接入到无线局域网中。

【需求分析】

需求:保证网络的私密性。

分析:SSID 作为区分不同无线局域网的标识,在开启 SSID 隐藏功能之后,无线局域网将不会向外界通告它的存在,从而保证了公司无线局域网的私密性。

【实验拓扑】

图 5-128 所示网络拓扑,是某企业规划无线局域网络规划拓扑,希望在 AP 上关闭 SSID 公告,使得非本公司的人员无法得到网络的 SSID,从而不能接入到无线局域网中,保证了公司无线局域网的私密性。

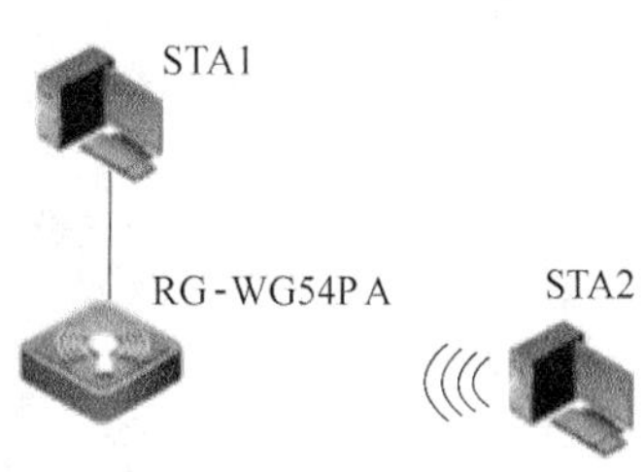

图 5-128 某企业规划无线局域网络规划拓扑

【实验设备】

RG-WG54P 1 台;PC 2 台。

【预备知识】

- 无线局域网基本知识。
- SSID 隐藏技术。

SSID 是用来区分不同的网络或自治域的,简单地说,SSID 就是一个局域网的 ID,最多可以有 32 个字符。SSID 只不过是一个标识,在连接 AP 的过程,单击右下角的图标,选择要连接的 SSID,如果需要认证,填写两遍密码,这样就完成了无线网的连接。

为什么接入用户能看到 SSID? 那是因为 AP 在设置的时候,打开了 Broadcast SSID 选项,目的是方便接入用户的连接。首先来看一下 AP 是如何将 SSID 广播出去的。AP 只要接通电源就会发送 Beacon frame(信标帧)广播,BI(信标帧的发送间隔)为 100ms,也就是说每秒钟发送 10 个信标。

看一下捕捉到的 Beacon frame 信标帧：最基本信号强度，所在 Channel(信道)，当然还有 SSID parameter set、test_lab 等。如果 AP 广播 SSID，那么信标帧中包含 SSID 的信息就会被添加到其中被广播出去，这样在 PC“查看无线网络”时，就能看到有这么一个 SSID 的存在。对于广播 SSID 的 AP，PC 能够从“查看无线网络”看到 SSID，单击想连接的 SSID 实际上就是在发送探测请求，或叫连接请求，AP“应答”，确认身份，建立连接。不广播 SSID 的连接过程就稍微复杂一些了，因为 AP 不广播 SSID，PC 是无法知道要向哪个信道去发送连接请求的，所以这时候 PC 会向全部 13 个信道发送探测请求，直到收到 AP 的应答。不广播 SSID 的 Beacon 帧是什么样的呢？SSID parameter set "0000000000000000"，Beacon 帧里不再包含 SSID 信息。“隐身术”就是这么实现的。

【实验原理】

SSID 用来区分不同的无线局域网，最多可以有 32 个字符，无线网卡设置了不同的 SSID 就可以进入不同的无线局域网。

SSID 通常由 AP 广播出来，通过无线客户端可以查看当前区域可用无线局域网 SSID。但是在无线局域网中，出于安全考虑可以不广播 SSID，此时无线客户端就要手工设置 SSID 才能进入相应网络。

【实验步骤】

(1) 配置 STA1，与 RG-WG54P 相连接。

① 配置 STA1 本地连接的 TCP/IP 设置，单击“确定”按钮完成设置，如图 5-129 所示。

IP 地址：192.168.1.10　子网掩码：255.255.255.0　默认网关：192.168.1.1

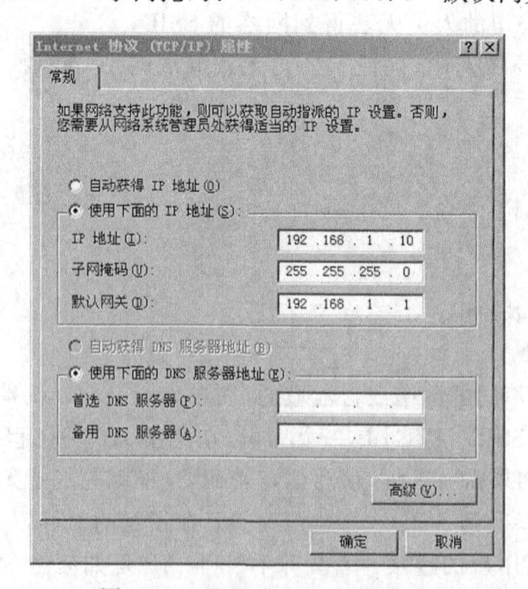

图 5-129　配置本地连接 TCP/IP

② 验证测试。在 STA1 命令行下输入 ipconfig，查看本地连接的 IP 设置，配置如下。

IP 地址：192.168.1.10　子网掩码：255.255.255.0　默认网关：192.168.1.1

(2) 配置 RG-WG54P,搭建基础结构模式无线局域网。

① STA1 登录 RG-WG54P 管理页面(http：//192.168.1.1,默认密码为 default),如图 5-130 所示。

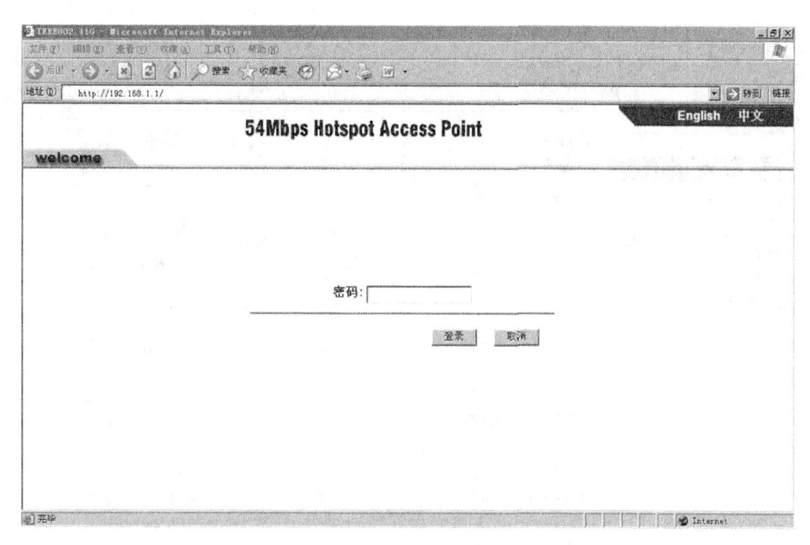

图 5-130　配置 RG-WG54

② 进入路径：选择“配置”→“常规”选项,配置 IEEE 802.11 参数。

ESSID：配置基础结构模式无线局域网名称(如 labtest1)。

信道/频段：选择基础结构模式无线局域网工作信道(如“CH 06 / 2437MHz”)。

单击“应用”按钮,完成无线接入点设置,如图 5-131 所示。

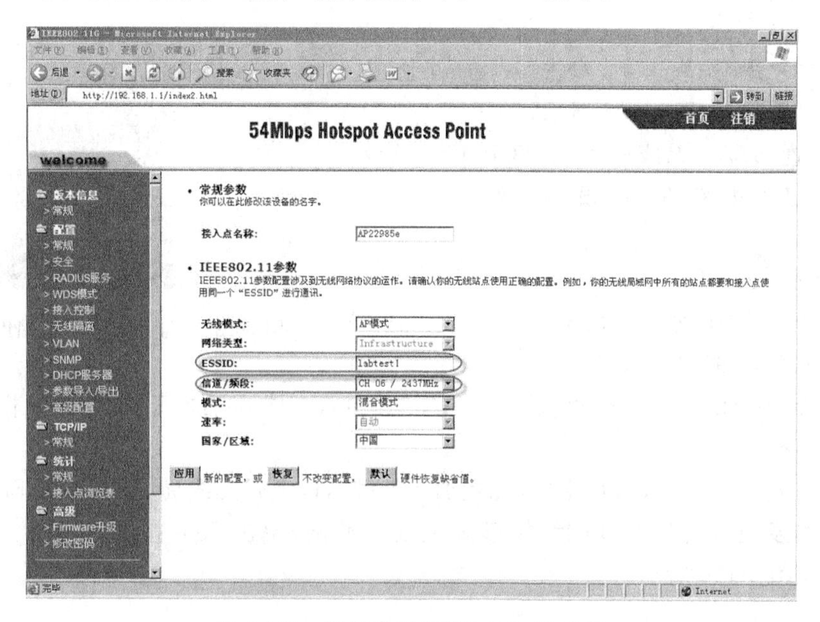

图 5-131　配置常规 IEEE 802.11 参数

(3) 配置 STA2,加入基础结构模式无线局域网。

① STA2 安装无线网卡 RG-WG54U 以及客户端软件 IEEE 802.11g Wireless LAN Utility。

② 在 Windows 控制面板中,打开网络连接页面,如图 5-132 所示。

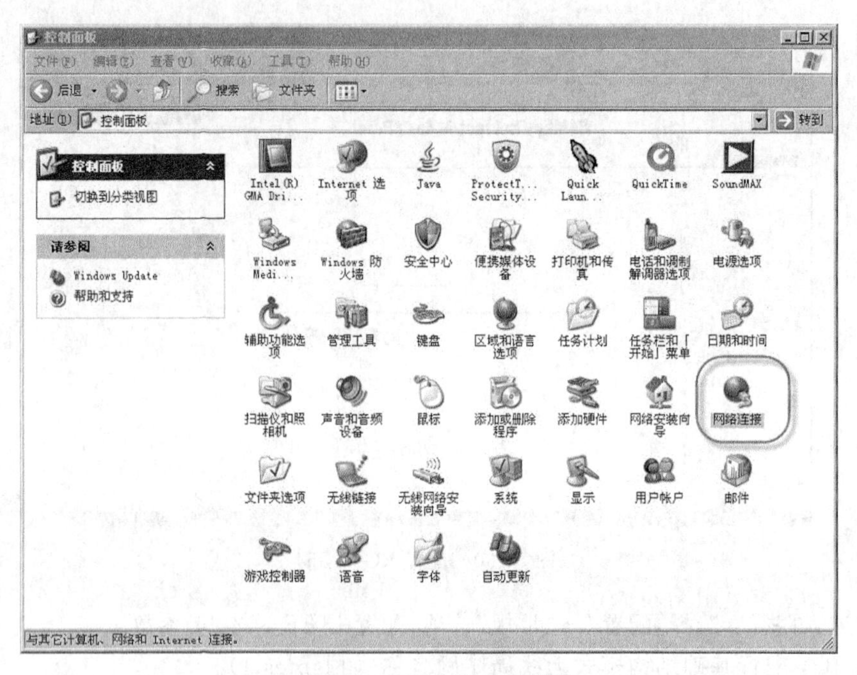

图 5-132　打开网络连接页面

③ 右键单击"无线局域网连接"图标,从弹出的快捷菜单中选择"属性"命令,如图 5-133 所示。

④ 在"常规"选项卡中,双击"Internet 协议(TCP/IP)"选项,如图 5-134 所示。

⑤ 配置 STA2 无线网卡的 TCP/IP 设置,单击"确定"按钮完成设置,如图 5-135 所示。

IP 地址: 192.168.1.20

子网掩码: 255.255.255.0

默认网关: 192.168.1.1

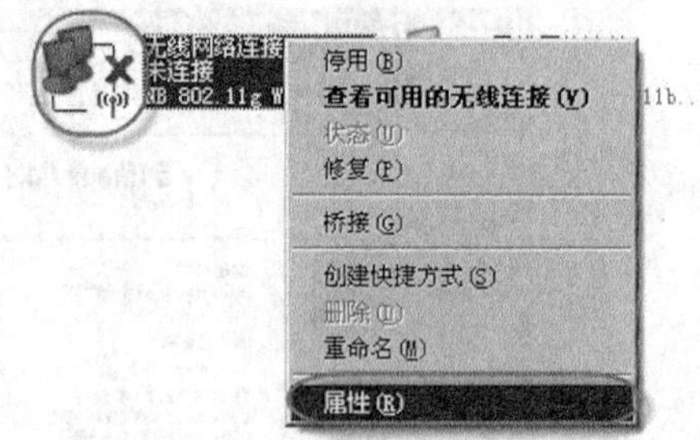

图 5-133　打开无线局域网连接

⑥ 运行 IEEE 802.11g Wireless LAN Utility,双击桌面右下角的任务栏图标,如图 5-136 所示。

⑦ 在 Configuration 选项卡中,配置加入基础结构模式无线局域网;或在 Site Survey 选项卡中可发现所搭建的基础结构模式无线局域网,单击 Join 按钮即可加入网络,如图 5-137 和图 5-138 所示。

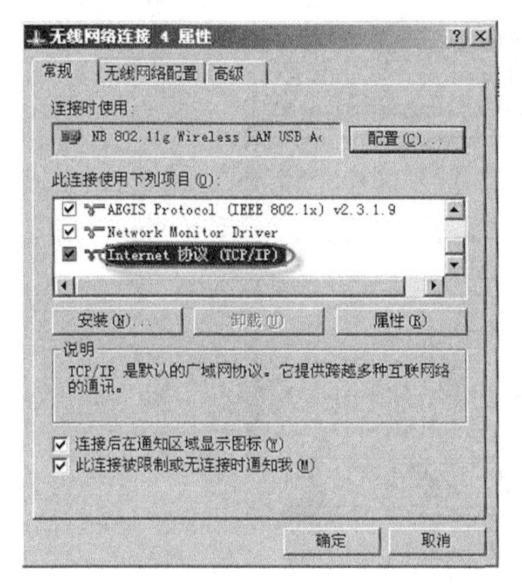

图 5-134　打开"Internet 协议(TCP/IP)"项

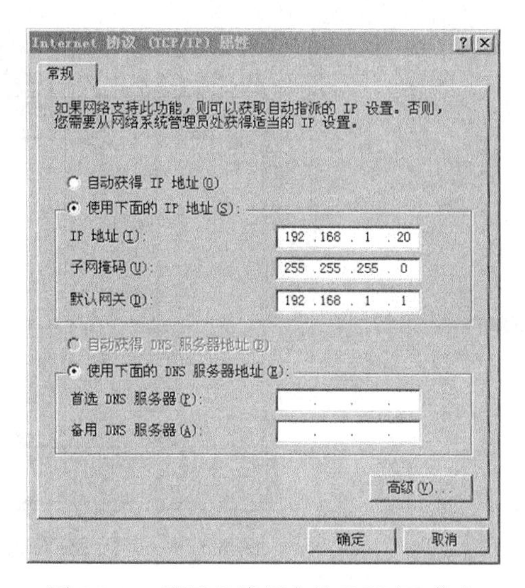

图 5-135　配置无线网卡的 TCP/IP 信息

图 5-136　运行 IEEE 802.11g Wireless LAN Utility

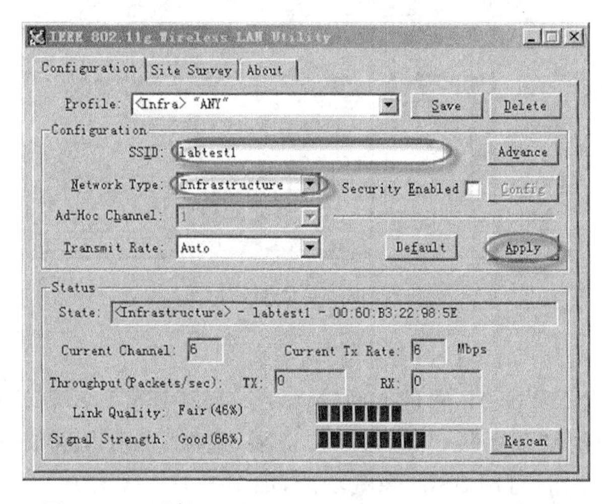

图 5-137　运行 IEEE 802.11g Wireless LAN Utility

(4) 验证测试。

① 在 STA2 的 IEEE 802.11g Wireless LAN Utility 可以看到如下信息，如图 5-139 所示。

State：<Infrastructure> - [ESSID]-[无线接入点的 MAC 地址]。

Current Channel：基础结构模式无线局域网工作信道。

② STA1 和 STA2 能够相互 ping 通。

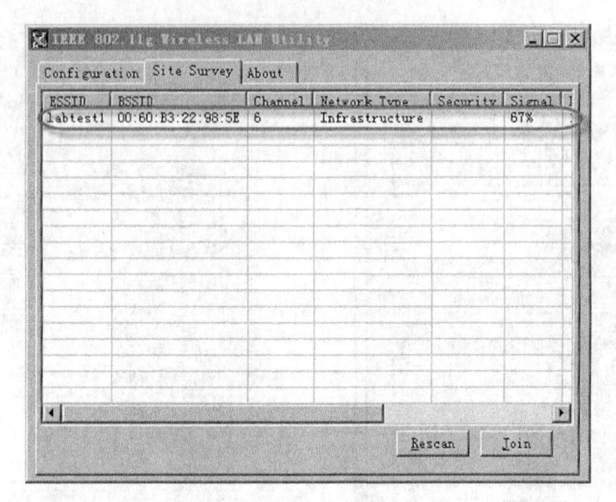

图 5-138 运行 IEEE 802.11g Wireless LAN Utility

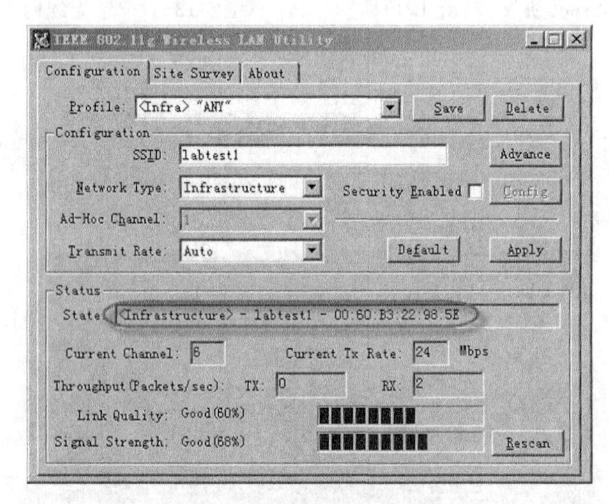

图 5-139 验证测试信息

(5) 配置 RG-WG54P,启用 SSID 隐藏功能。

① STA1 登录 RG-WG54P 管理页面(http://192.168.1.1,默认密码为 default)。

② 进入路径:选择"配置"→"高级配置"选项,选择"启用隐藏 SSID"复选框。

③ 单击"应用"按钮,启用 SSID 隐藏功能,如图 5-140 所示。

④ 进入路径:选择"配置"→"常规"选项,修改 IEEE 802.11 参数。

ESSID:修改基础结构模式无线局域网名称(如 labtest2)。

单击"应用"按钮,完成无线接入点设置,如图 5-141 所示。

(6) 验证测试。

① 查看 RG-WG54P 配置,确认在"配置"→"高级配置"页面,"启用隐藏 SSID"复选框已勾选。

② 查看 RG-WG54P 配置,确认在"配置"→"常规"页面,ESSID 已修改。

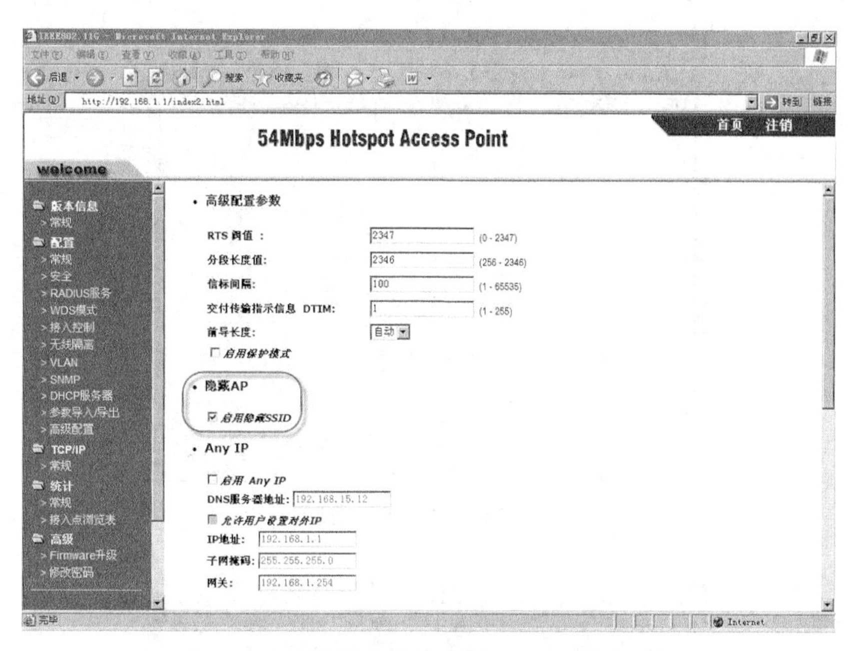

图 5-140 配置 RG-WG54P,启用 SSID 隐藏功能

图 5-141 配置常规 IEEE 802.11 参数

③ STA2 在客户端软件的 Site Survey 选项卡中不能看到 ESSID 为 labtest2 的无线局域网,证明 SSID 隐藏功能生效,如图 5-142 所示。

④ 在 Configuration 选项卡中的 SSID 文本框中输入 labtest2,单击 Apply 按钮,接入无线局域网,如图 5-143 所示。

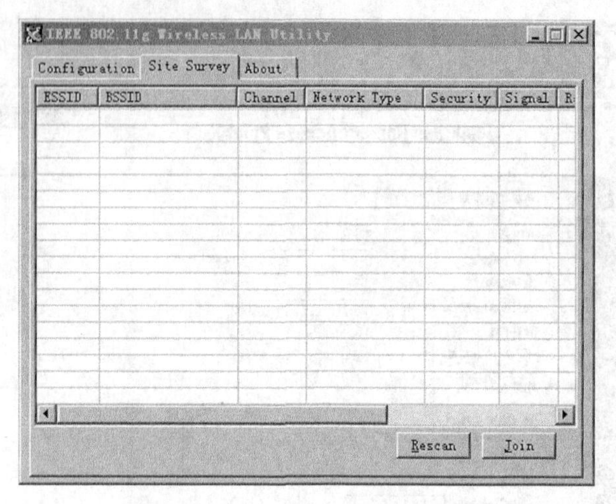

图 5-142　验证测试信息

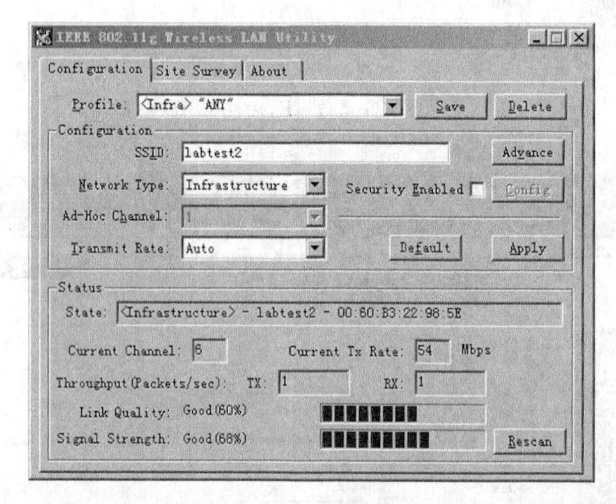

图 5-143　接入无线局域网

【注意事项】

确认“启用隐藏 SSID”复选框已勾选，启用之后需修改无线局域网的 ESSID。

5.6　配置 WEP 加密（自治型 AP）

【实验名称】

配置有线对等保密技术（Wired Equivalent Privacy，WEP）加密（自治型 AP）。

【实验目的】

掌握 WEP 加密技术的原理及配置方法。

【背景描述】

虽然网络管理员在公司的无线局域网中设置了 SSID 隐藏,但是 SSID 很容易被公司外部人员得到,为了进一步保证无线局域网的安全,网络管理员又建议在 AP 上设置 WEP 加密技术,只有得到 WEP 密码的人才可以接入到无线局域网中,从而进一步保障无线局域网的安全。

【需求分析】

需求:充分保证无线局域网的安全性。

分析:WEP 通过使用对称密钥加密无线通信数据,为无线客户端和接入点之间的通信提供安全保证,保证了公司无线局域网的安全性。

【实验拓扑】

图 5-144 所示网络拓扑,是某企业规划公司无线局域网络规划拓扑,公司希望实现在 AP 上设置 WEP 加密技术,只有得到 WEP 密码的人才可以接入到无线局域网中,为无线客户端和接入点之间的通信提供安全保证,从而进一步保障无线局域网的安全。

STA1

RG-WG54P A

STA2

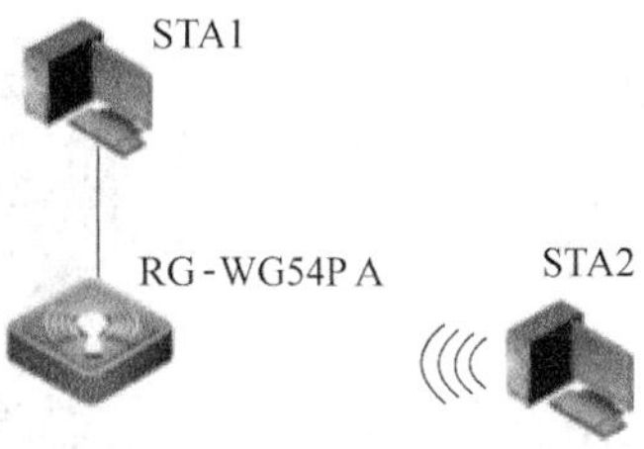

图 5-144 某企业规划无线局域网络拓扑

【实验设备】

RG-WG54P 1 台;PC 2 台。

【预备知识】

- 无线局域网基本知识。
- WEP 加密技术。

WEP 是 802.11b 标准里定义的一个用于无线局域网(WLAN)的安全性协议。WEP 被用来提供和有线 LAN 同级的安全性。LAN 天生比 WLAN 安全,因为 LAN 的物理结构对其有所保护,部分或全部网络埋在建筑物里面也可以防止未授权的访问。经由无线电波的 WLAN 没有同样的物理结构,因此容易受到攻击、干扰。WEP 的目标就是通过对无线电波里的数据加密提供安全性,如同端-端发送一样。WEP 特性里使用了 RSA 数据安全性公司开发的 RC4 prng 算法。如果你的无线基站支持 MAC 过滤,推荐你连同 WEP 一起使用这个特性(MAC 过滤比加密安全得多)。

WEP 是一种在接入点和客户端之间以 RC4 方式对分组信息进行加密的技术,密码很容易被破解。WEP 使用的加密密钥包括收发双方预先确定的 40 位(或 104 位)通用密钥,以及发送方为每个分组信息所确定的 24 位被称为Ⅳ密钥的加密密钥。但是,为了将Ⅳ密钥告诉给通信对象,Ⅳ密钥不经加密就直接嵌入到分组信息中被发送出去。如果通过无线窃听,收集到包含特定Ⅳ密钥的分组信息并对其进行解析,那么就连秘密的通用密钥都可能被计算出来。WPA 是继承了 WEP 基本原理而又解决了 WEP 缺点的一种新技术。由于加强了生成加密密钥的算法,因此即便收集到分组信息并对其进行解析,也几乎无法计算出通用密钥。

【实验原理】

WEP 加密采用静态密钥技术，各客户机使用相同的密钥访问无线局域网。

共享密钥长度为 40 位或 104 位，加上 24 位明文传输的初始向量（Initialized Vector），提供 64 位或 128 位的加密服务。

【实验步骤】

(1) 配置 STA1，与 RG-WG54P 相连接。

① 用一根直通线将 STA1 与 RG-WG54P 供电模块的 Network 口相连，如图 5-145 所示。

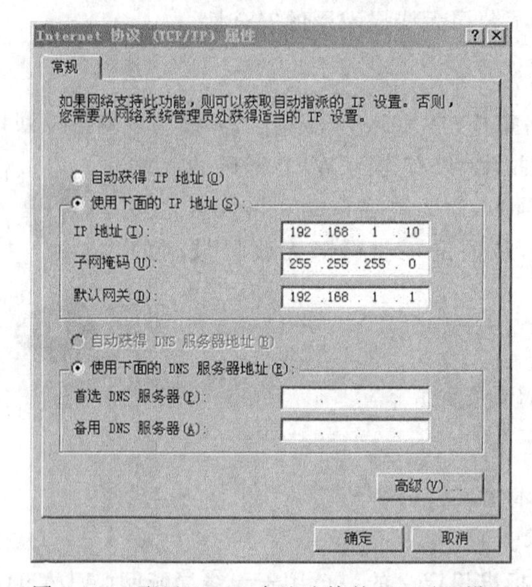

图 5-145 配置 STA1 本地连接的 TCP/IP 设置

配置 STA1 本地连接的 TCP/IP 设置，单击“确定”按钮完成设置。

IP 地址：192.168.1.10 子网掩码：255.255.255.0 默认网关：192.168.1.1

② 验证测试。在 STA1 命令行下输入 ipconfig，查看本地连接 IP 设置，配置如下。

IP 地址：192.168.1.10 子网掩码：255.255.255.0 默认网关：192.168.1.1

(2) 配置 RG-WG54P，使用 WEP 加密技术搭建基础结构模式无线局域网。

① STA1 登录 RG-WG54P 管理页面（http://192.168.1.1，默认密码为 default），如图 5-146 所示。

② 进入路径：选择“配置”→“常规”选项，配置 IEEE 802.11 参数，如图 5-147 所示。

ESSID：配置基础结构模式无线局域网名称（如 weptest1）。

信道/频段：选择基础结构模式无线局域网工作信道（如 CH 11 / 2462MHz）。

单击“应用”按钮。

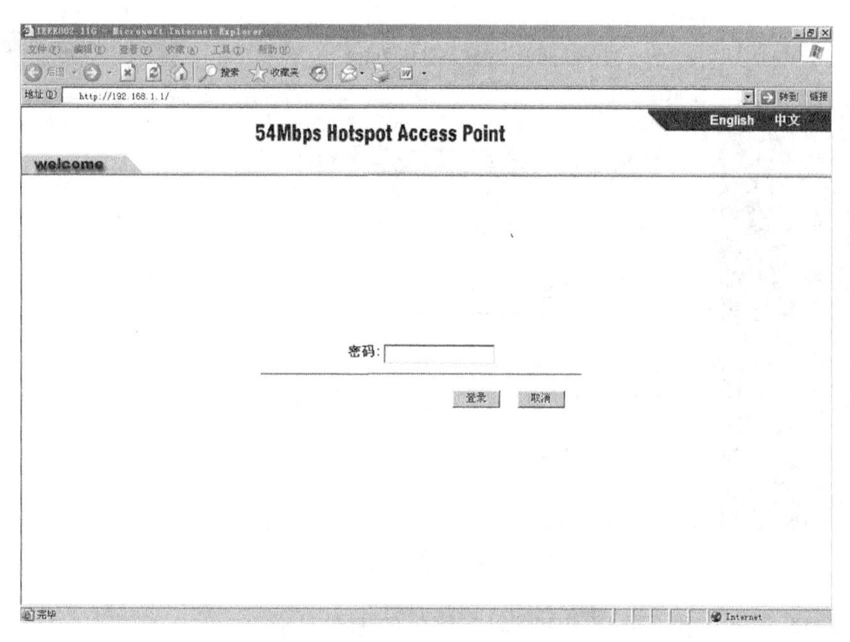

图 5-146　登录 RG-WG54P 管理页面

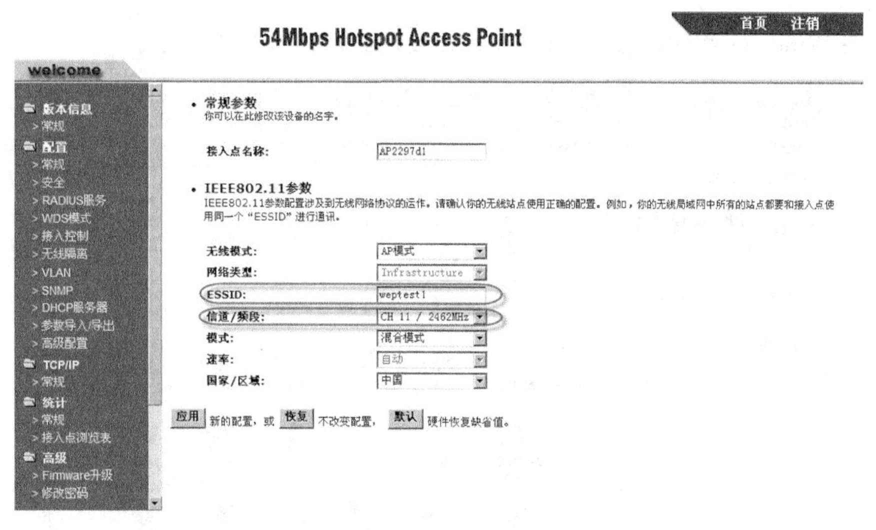

图 5-147　配置 IEEE 802.11 常规参数

③ 进入路径：选择“配置”→“安全”选项，配置 WEP 加密，如图 5-148 所示。

网络鉴证方式：共享密钥。

数据加密：WEP40(也可以选择 WEP128)。

密钥格式：ASCII。

密钥 1：输入 5 位 ASCII 字符(如 abcde)，若数据加密为 WEP128，则输入 13 位 ASCII 字符。

单击“应用”按钮。

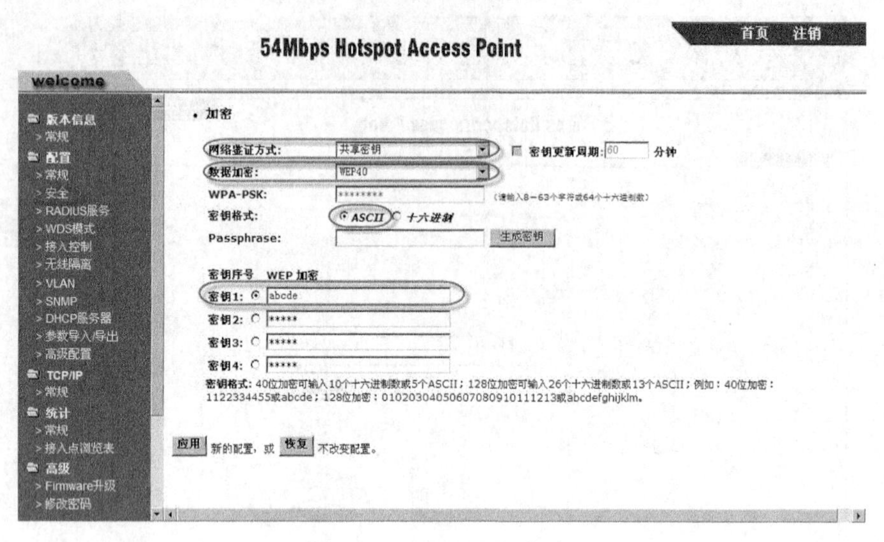

图 5-148　配置 WEP 加密

(3) 配置 STA2,加入使用 WEP 加密技术的无线局域网。

① STA2 安装无线网卡 RG-WG54U 以及客户端软件 IEEE 802.11g Wireless LAN Utility。

② 在 Windows 控制面板中,打开网络连接页面,如图 5-149 所示。

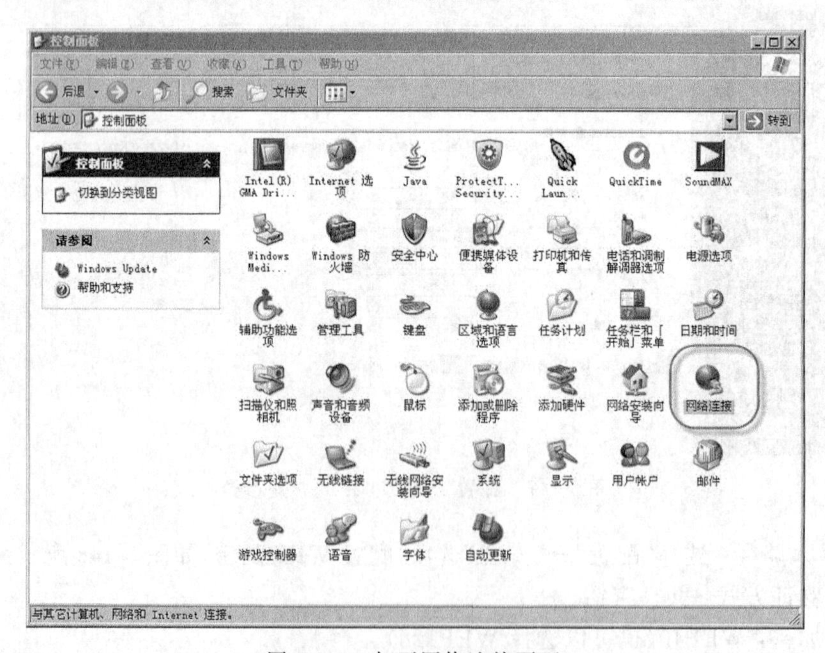

图 5-149　打开网络连接页面

③ 右键单击“无线局域网连接”图标,在弹出的快捷菜单中选择“属性”命令,如图 5-150 所示。

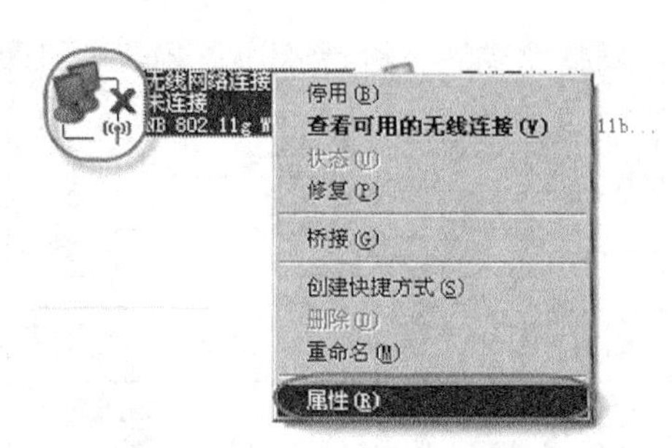

图 5-150 打开无线局域网连接

④ 在“常规”选项卡中,双击“Internet 协议(TCP/IP)”选项,如图 5-151 所示。

⑤ 配置 STA2 无线网卡的 TCP/IP 设置,单击“确定”按钮完成设置,如图 5-152 所示。

IP 地址:192.168.1.20 子网掩码:255.255.255.0 默认网关:192.168.1.1

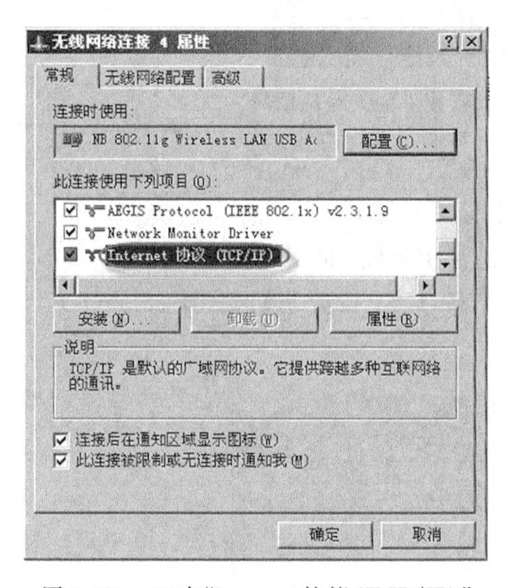

图 5-151 双击“Internet 协议(TCP/IP)”

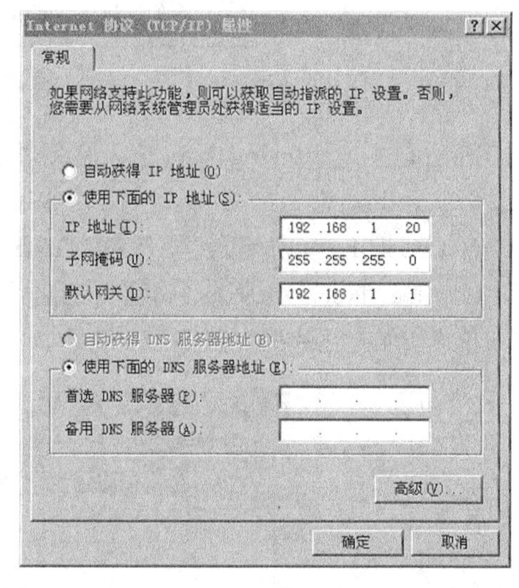

图 5-152 配置 STA2 无线网卡的 TCP/IP 设置

⑥ 运行 IEEE 802.11g Wireless LAN Utility,双击桌面右下角的任务栏图标,如图 5-153 所示。

图 5-153 双击桌面右下角任务栏中的无线连接图标

⑦ 在 Configuration 选项卡中,配置加入使用 WEP 加密技术的无线局域网,如图 5-154 所示。

Authentication Mode(认证模式):Shared(共享密钥)

Encryption Mode(加密模式):WEP

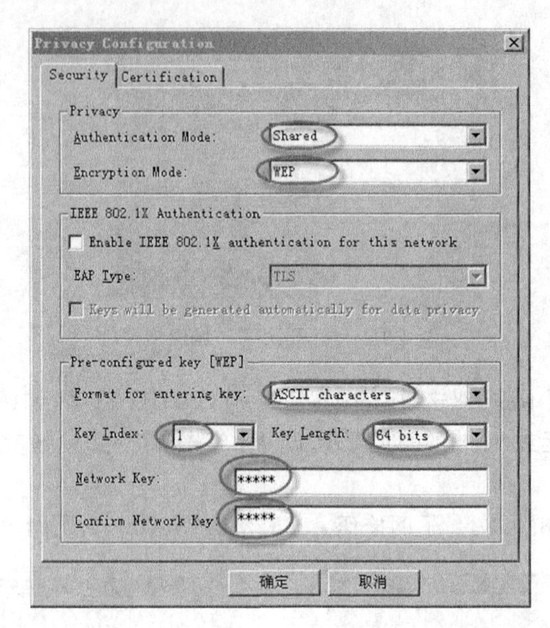

图 5-154　配置加入使用 WEP 加密技术的无线局域网

Format for entering key(输入密钥格式)：ASCII characters(ASCII 字符)

Key Index(密钥序号)：1(与 RG-WG54P 上设置相同)

Network Key(密钥)：与 RG-WG54P 上设置密钥相同(如 abcde)

Confirm Network Key(确认密钥)：与 RG-WG54P 上设置密钥相同(如 abcde)

单击“确定”按钮，如图 5-155 所示。

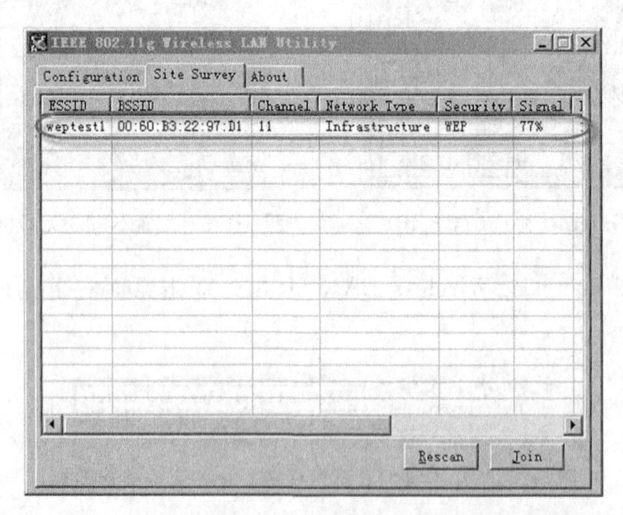

图 5-155　发现所搭建的使用 WEP 加密技术的无线局域网

或在 Site Survey 选项卡中可发现所搭建的加入使用 WEP 加密技术的无线局域网，单击 Join 按钮。

(4) 验证测试。

① 在 STA2 的 IEEE 802.11g Wireless LAN Utility 可以看到如下信息,如图 5-156 所示。

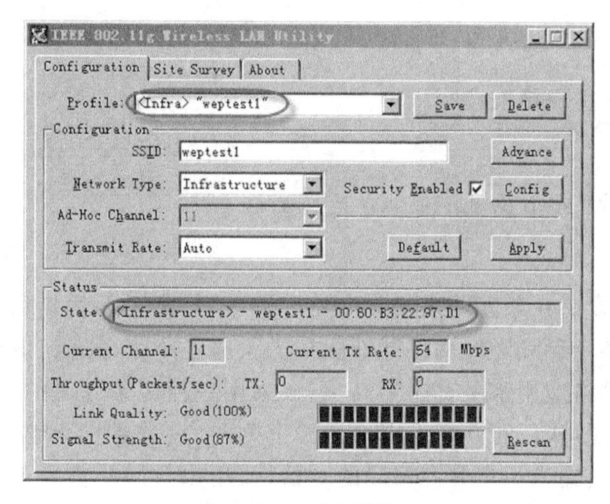

图 5-156 验证测试

State：<Infrastructure>-[ESSID]-[无线接入点的 MAC 地址]。

Current Channel：无线局域网工作信道。

② STA1 和 STA2 能够相互 ping 通,如图 5-157 所示。

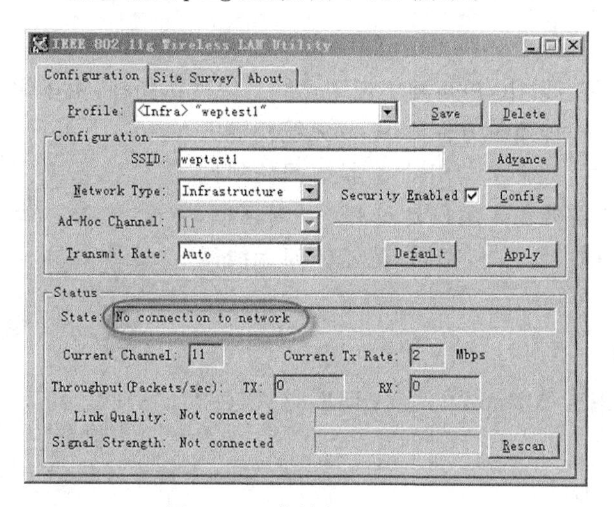

图 5-157 能够相互 ping 通

若输入错误密钥,STA2 将无法接入无线局域网。

【注意事项】

运行 IEEE 802.11g Wireless LAN Utility 时,配置密钥与 AP 密钥要相同。

5.7 使用 Web 认证实现接入控制

【实验名称】

使用 Web 认证实现接入控制。

【实验目的】

掌握无线局域网 Web 认证的概念及配置方法。

【背景描述】

小张从学校毕业后在某家网络服务商处工作，工作第一天就接到一个无线局域网规划的任务，需要给某个无线局域网设计安全接入策略。小张考虑到该项目是一个酒店的无线接入，用户的网络应用水平普遍不高，应该采用一种简单方便的无线认证方式，于是小张选择了采用 Web 认证的方式。用户需要上网时，只需要打开浏览器访问任何网页，浏览器就会弹出需要输入用户名和密码的对话框，用户只需要输入正确的账号和密码就能访问无线局域网。

【需求分析】

需求：如何在没有认证服务器的情况下实现 Web 认证。

分析：通过无线交换机自带的本地服务器即可实现 Web 认证功能。

【实验拓扑】

图 5-158 所示网络拓扑，是某酒店规划无线局域网络拓扑，由于用户的网络应用水平不高，酒店希望采用一种简单方便的 Web 无线认证方式。用户需要上网时，只需要打开浏览器访问任何网页，浏览器就会弹出需要输入用户名和密码的对话框，用户只需要输入正确的账号和密码，就能访问无线局域网。

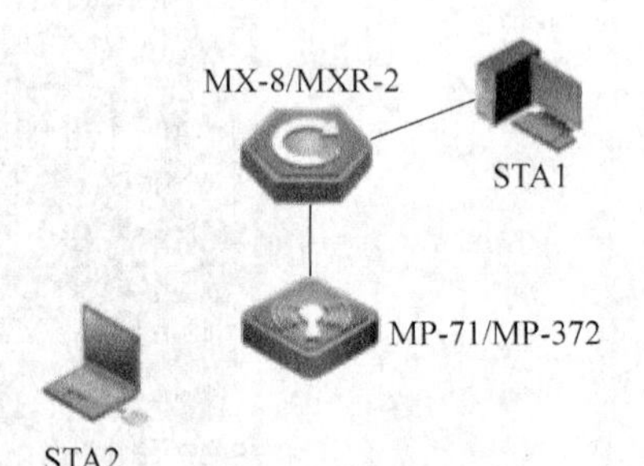

图 5-158　某酒店规划无线局域网络拓扑

【实验设备】

PC 2 台；MP-71/MP-372 1 台；MX-8/MXR-2 1 台。

【预备知识】

- 无线局域网基本知识。
- 智能无线产品的基本原理。
- RingMaster 的基本操作能力。
- 无线局域网 Web 认证。

【实验原理】

当浏览器试图访问任何网页时，浏览器会发送一个 DNS 解析请求，无线交换机截取这个 DNS 请求，并把这个请求转发到 DNS 服务器上。假如 DNS 就是无线交换机本身，那么无线交换机会响应这个 DNS 请求给客户端，因此，客户端获取了到该网站的真实 IP 地址。

当客户端向该地址发起一个 HTTP 请求时，无线交换机截获这个请求并把客户端重定向到 http://Webportal.company.com/aaa/wba_login.html? wba_redirect=上，用户输入用户名和密码，如果验证成功，则允许访问先前试图访问的网页。

【实验步骤】

(1) 配置无线交换机的基本参数。

① 无线交换机的默认 IP 地址是 192.168.100.1/24，因此将 STA1 的 IP 地址配置为 192.168.100.2/24，并打开浏览器登录到 https://192.168.100.1，弹出图 5-159 所示界面，单击“是”按钮。

系统的默认管理用户名是 admin，密码为空，如图 5-160 所示。

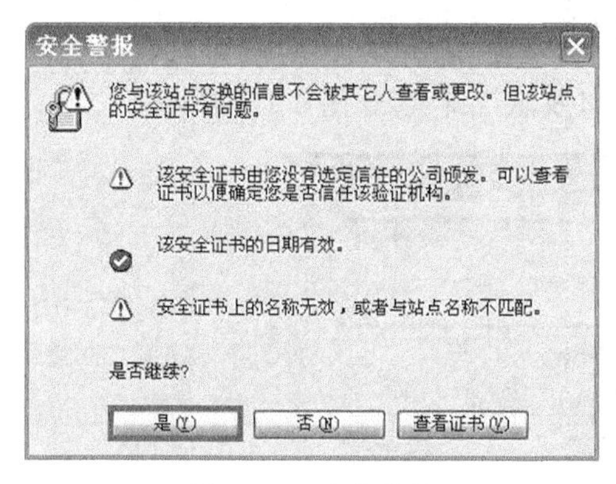

图 5-159 安全警报

图 5-160 登录无线交换机

② 输入用户名和密码后就进入无线交换机的 Web 配置页面，单击 Start 按钮，进入快速配置指南，如图 5-161 所示。

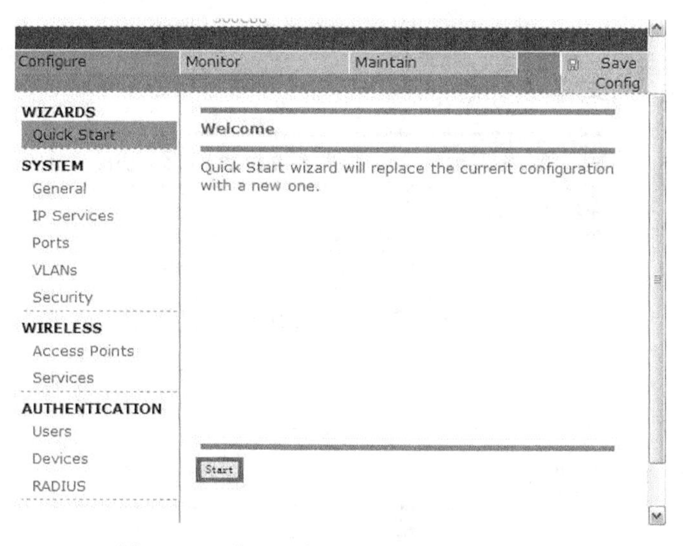

图 5-161 进入无线交换机的 Web 配置页面

③ 选择管理无线交换机的工具 RingMaster，如图 5-162 所示。

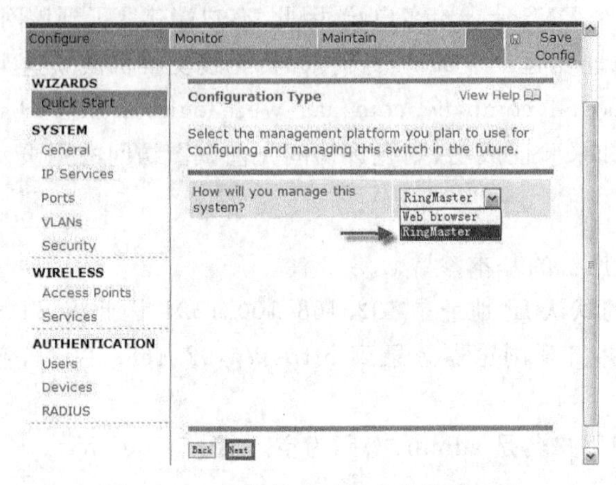

图 5-162　选择管理无线交换机的工具

④ 配置无线交换机的 IP 地址、子网掩码以及默认网关，如图 5-163 所示。

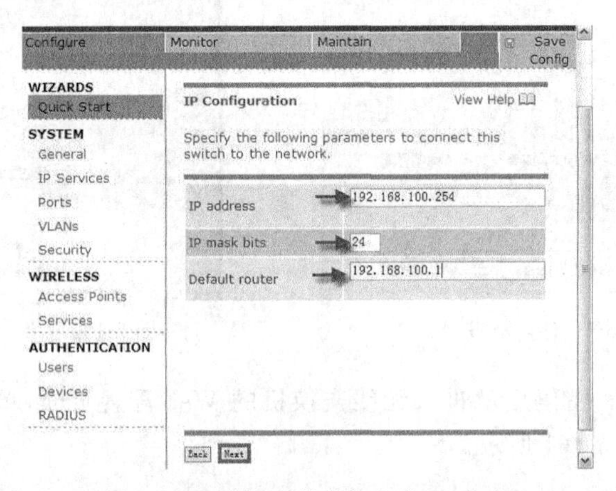

图 5-163　配置无线交换机的 IP 信息

⑤ 设置系统的管理密码，如图 5-164 所示。

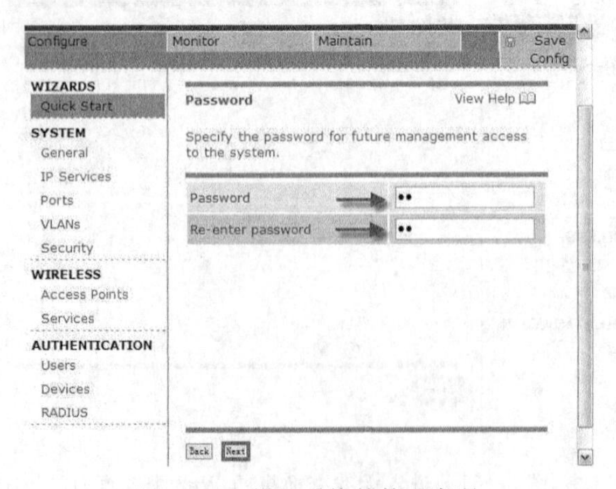

图 5-164　设置系统的管理密码

⑥ 设置系统的时间以及时区，如图 5-165 所示。

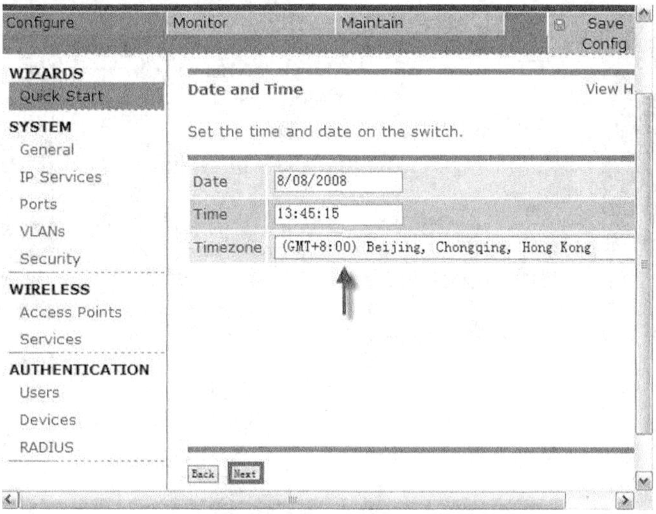

图 5-165　设置系统的时间以及时区

⑦ 确认并完成无线交换机的基本配置，如图 5-166 所示。

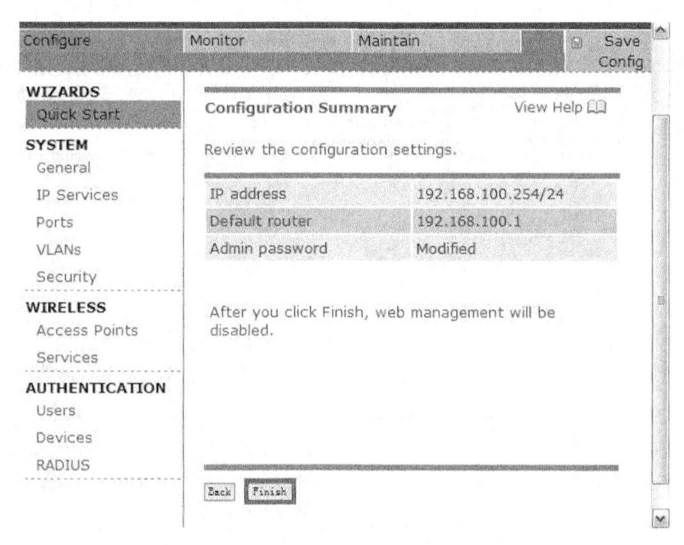

图 5-166　确认并完成全部配置

(2) 通过 RingMaster 网管软件进行无线交换机的高级配置。

① 运行 RingMaster，地址为 127.0.0.1，端口为 443，用户名和密码默认为空，如图 5-167 所示。

② 选择 Configuration，进入配置界面，并添加被管理的无线交换机，如图 5-168 所示。

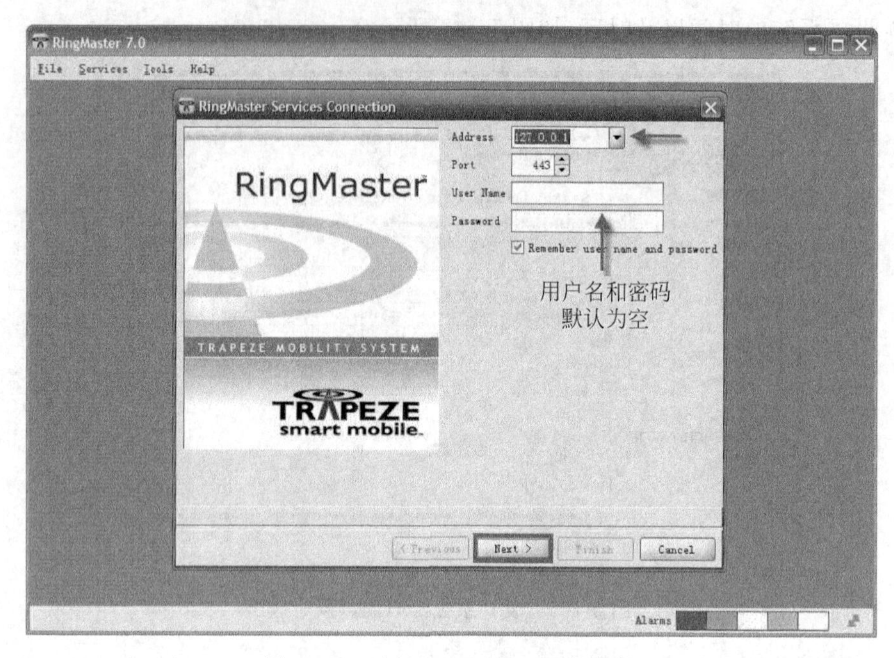

图 5-167　运行 RingMaster 网管软件

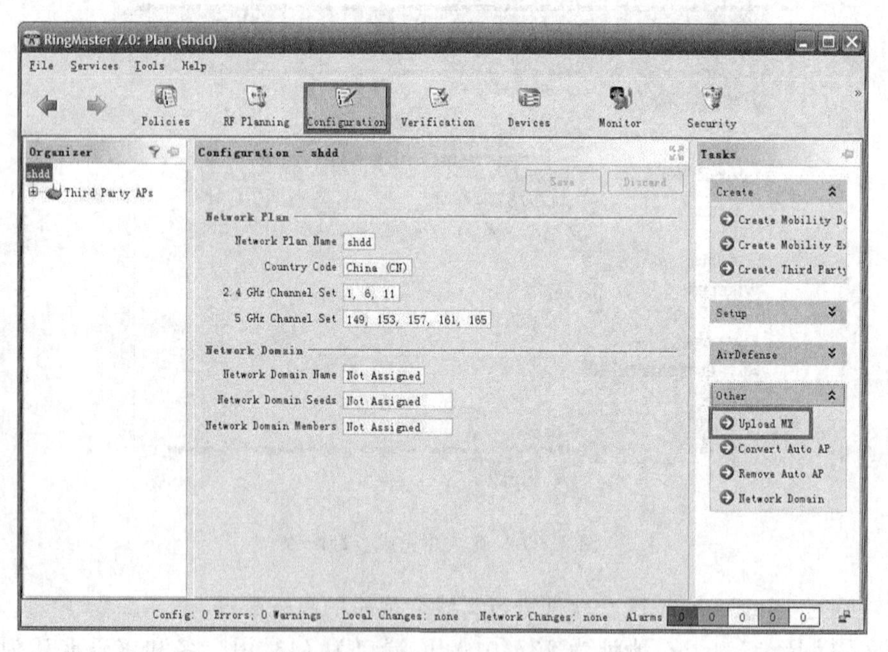

图 5-168　配置 Configuration 界面

③ 输入被管理的无线交换机的 IP 地址，Enable 密码，如图 5-169～图 5-171 所示。

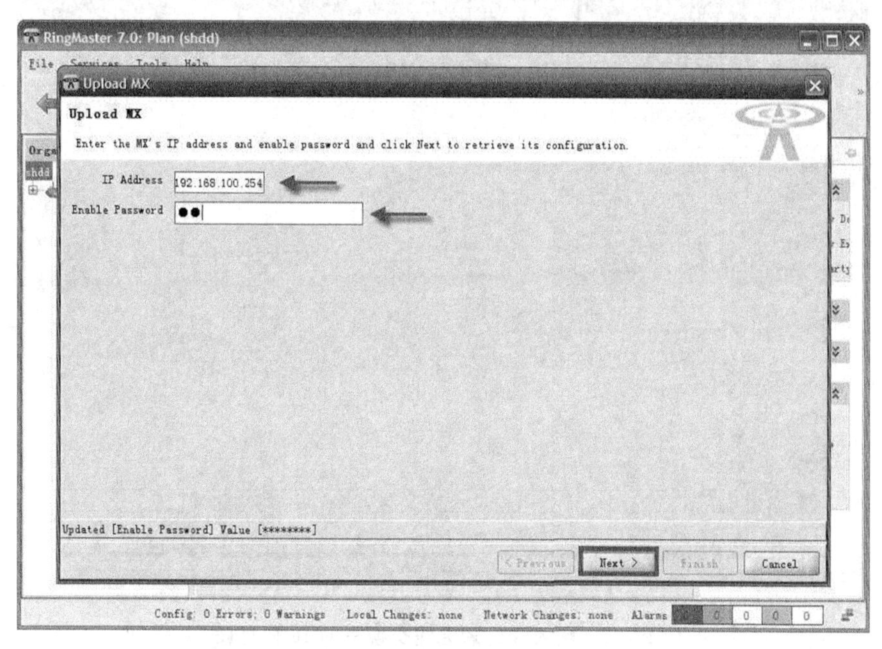

图 5-169 输入被管理无线交换机的 IP 信息(1)

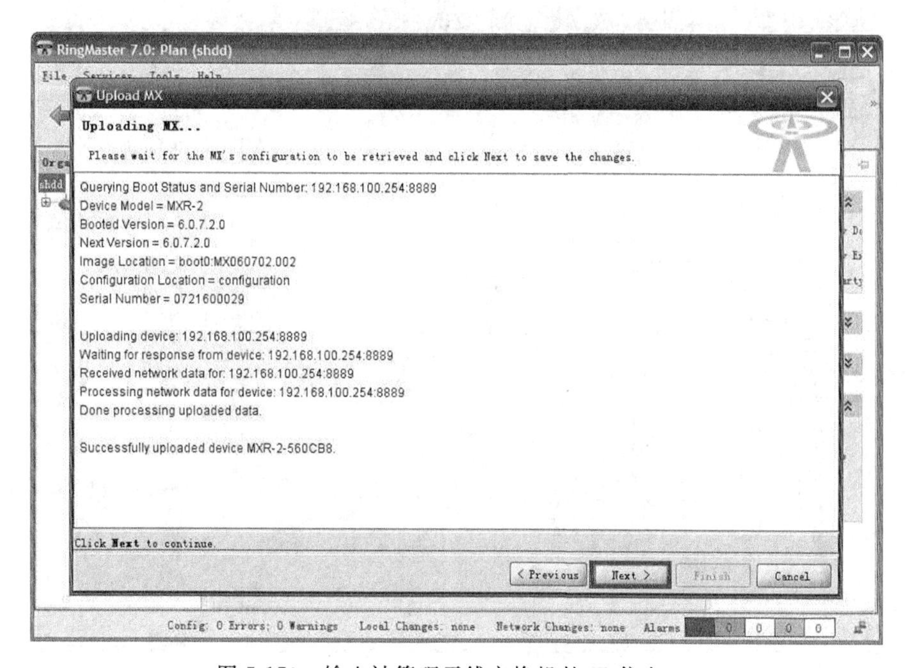

图 5-170 输入被管理无线交换机的 IP 信息(2)

④ 完成添加后，进入无线交换机的操作界面，如图 5-172 所示。

(3) 配置无线 AP。

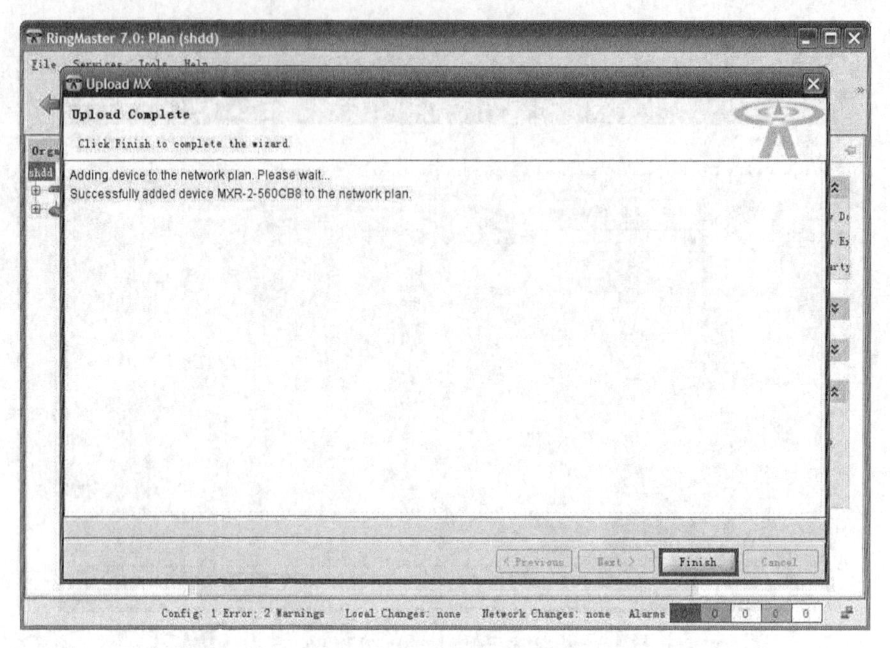

图 5-171　输入被管理无线交换机的 IP 信息(3)

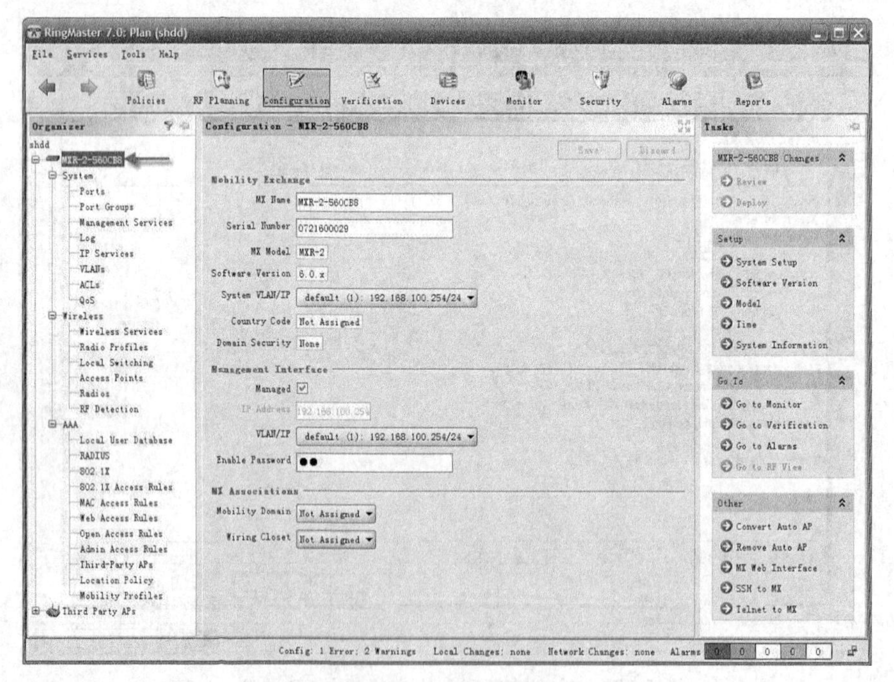

图 5-172　完成配置

① 选择 Wireless→Access Points 选项，添加 AP，如图 5-173 所示。

② 为添加的 AP 进行命名，并选择连接方式，默认使用 Distributed 模式，如图 5-174 所示。

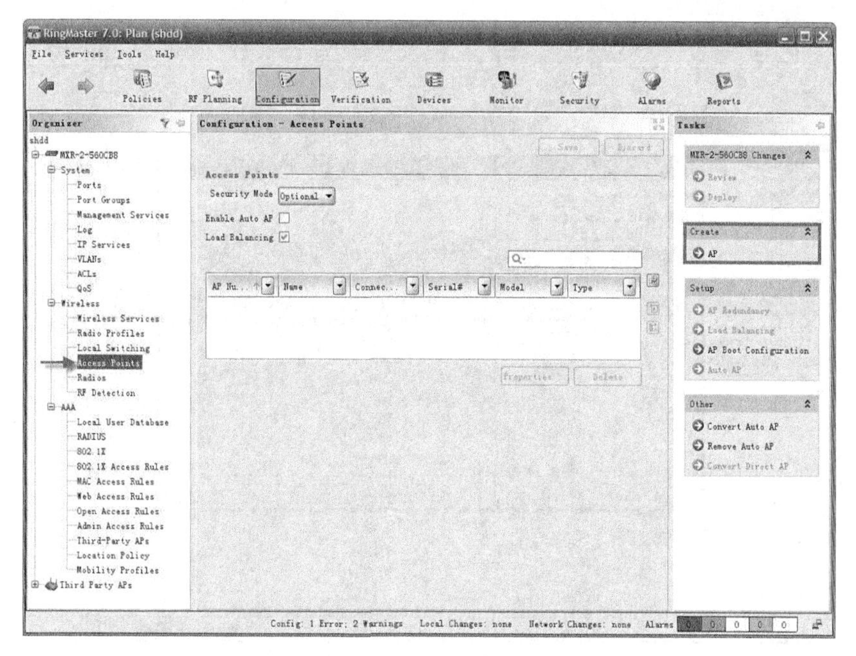

图 5-173 配置无线 AP(1)

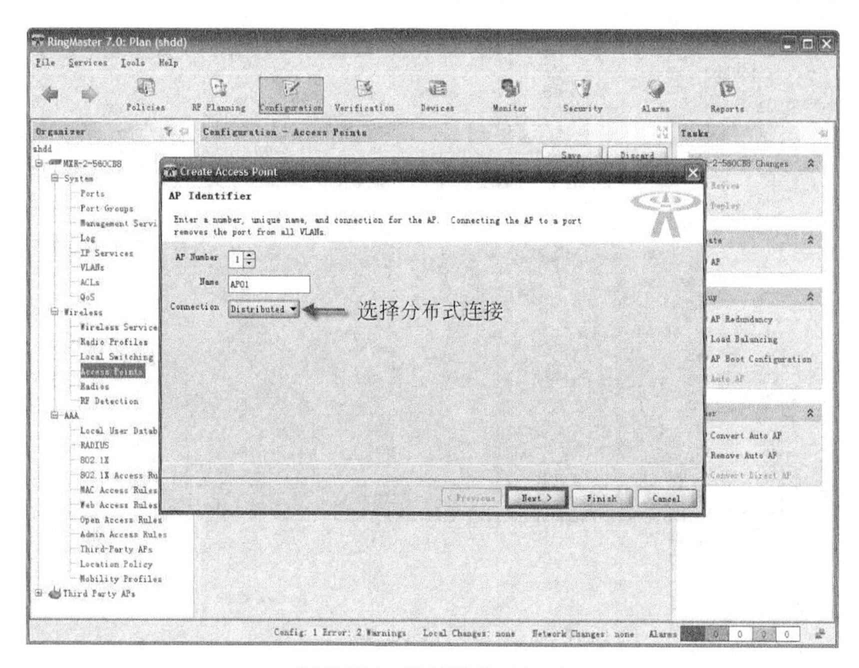

图 5-174 配置无线 AP(2)

③ 将需要添加 AP 机身后面的 SN 号输入对话框，用于 AP 与无线交换机注册过程，如图 5-175 所示。

选择添加 AP 的具体型号和传输协议，完成 AP 添加，如图 5-176 所示。

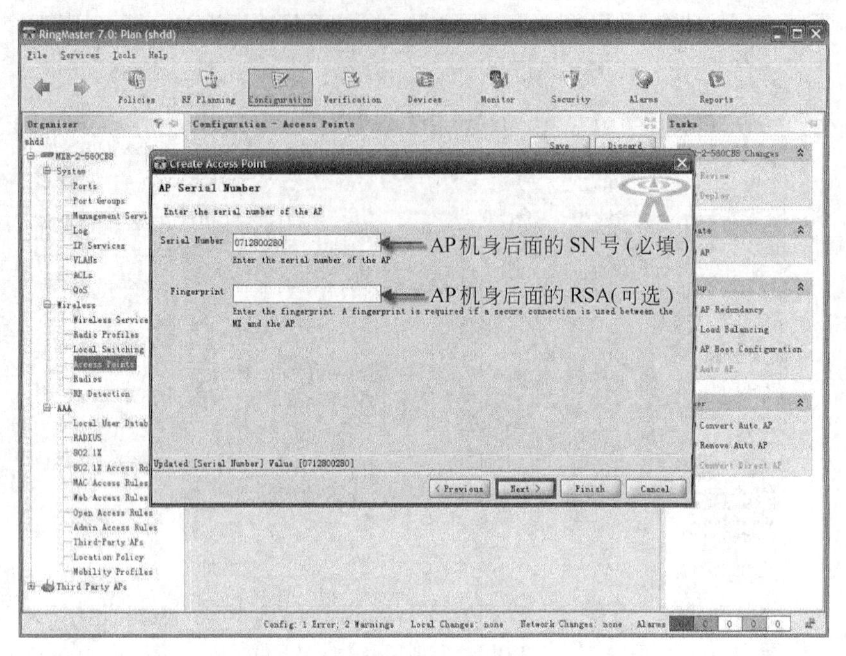

图 5-175　添加 AP 机身后的 SN 号

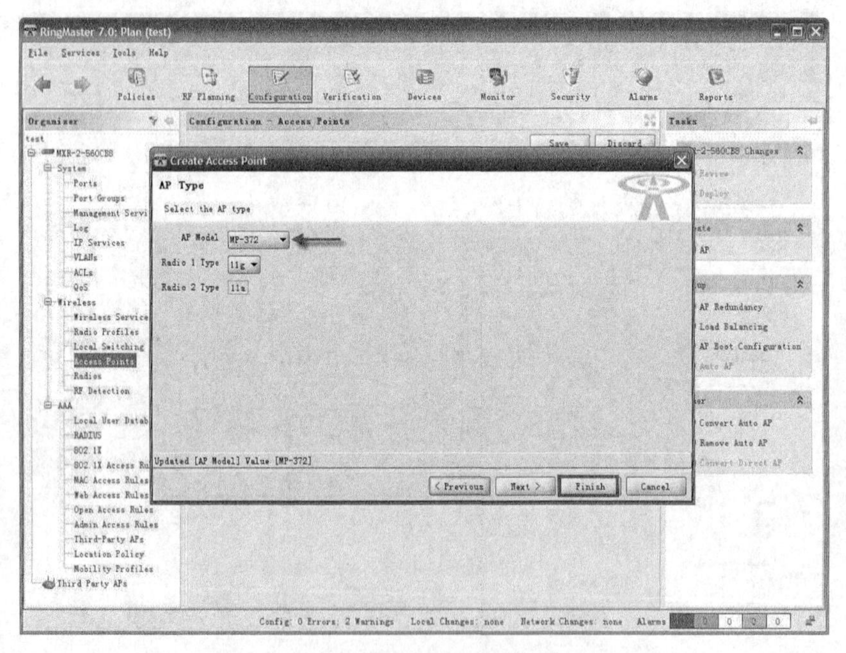

图 5-176　添加 AP 的具体型号和传输协议

(4) 配置无线交换机的 DHCP 服务器。

① 选择 Systemv→VLANs 选项，然后选择 default vlan，进入属性配置，如图 5-177 所示。

② 进入 Properties→DHCP Server 选项，激活 DHCP 服务器，设置地址池和 DNS，保

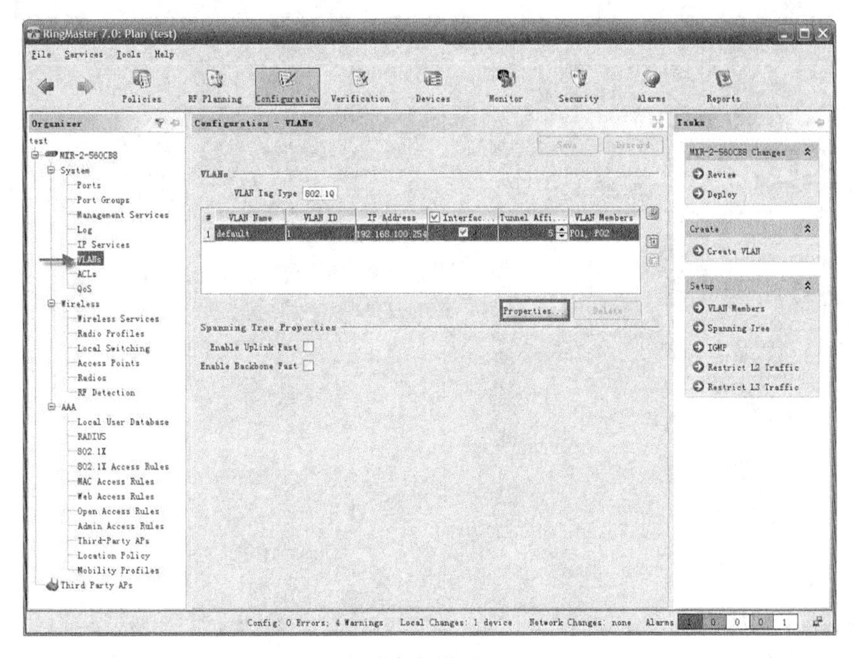

图 5-177　配置无线交换机的 DHCP 服务器

存，如图 5-178 所示。

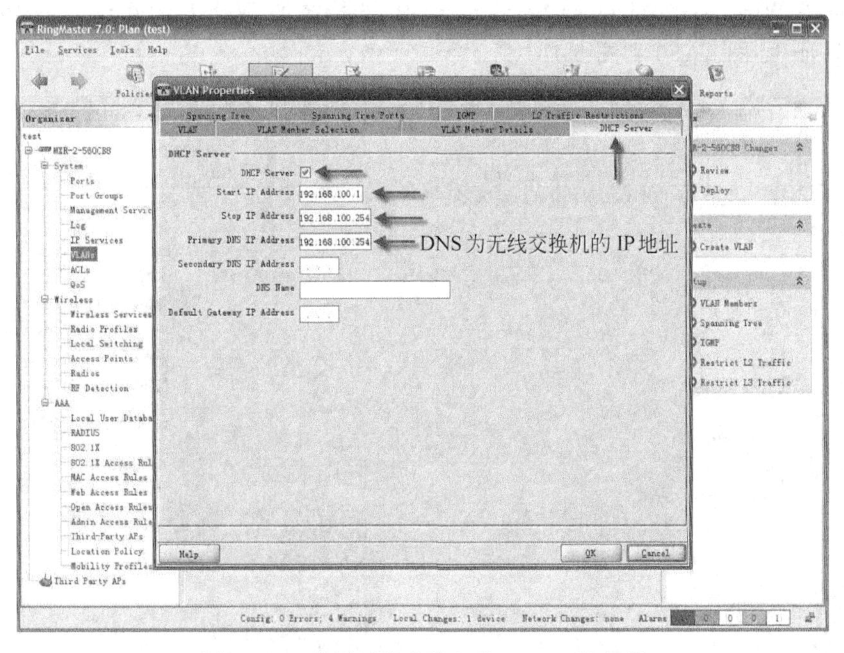

图 5-178　激活无线交换机的 DHCP 服务器

③ 选择 System→Port 选项，将无线交换机的端口 POE 打开，并保存，如图 5-179 所示。

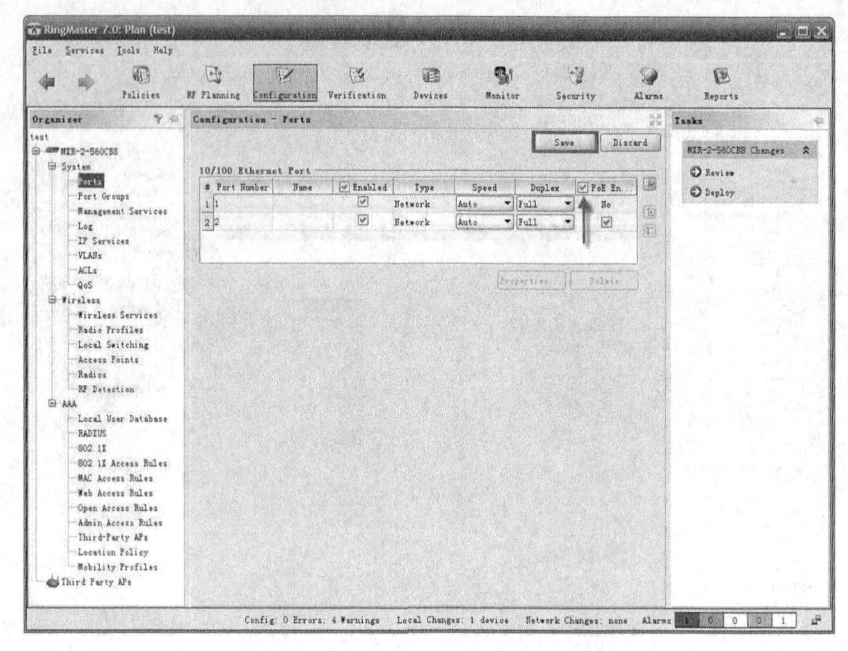

图 5-179　打开无线交换机端口 POE

(5) 配置无线交换机的 Web 认证。

① 选择 Wireless→Wireless Services 选项，选择添加 Web-Portal Service Profile，用于 Web 认证，如图 5-180 和图 5-181 所示。

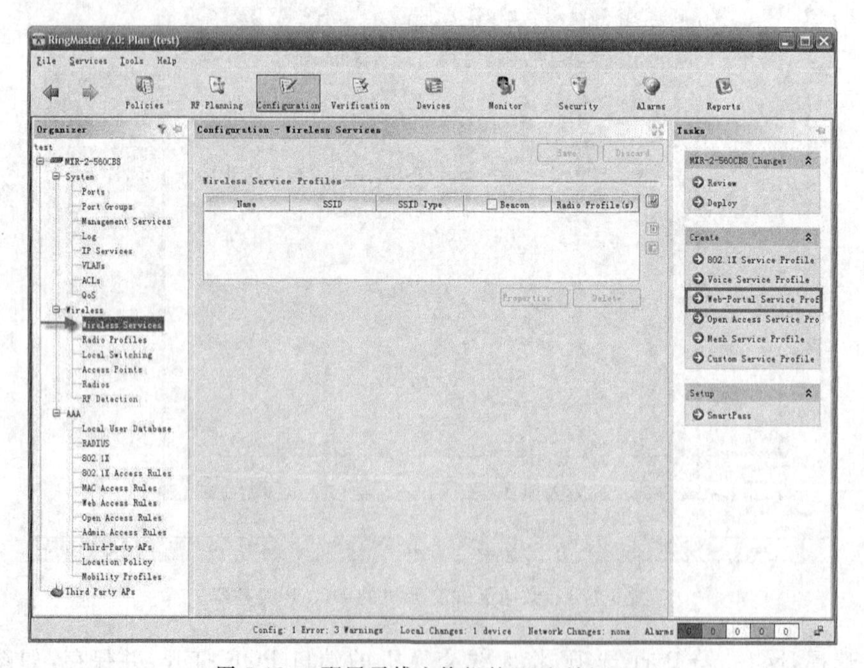

图 5-180　配置无线交换机的 Web 认证(1)

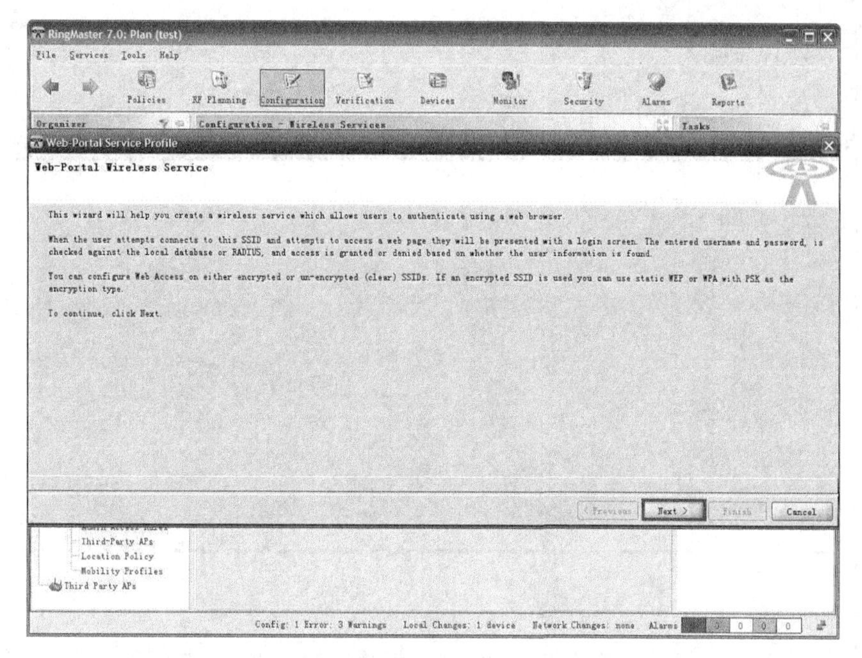

图 5-181 配置无线交换机的 Web 认证(2)

② 输入使用 Web 认证服务的 SSID 名,以及是否使用 SSID 加密,如图 5-182 所示。

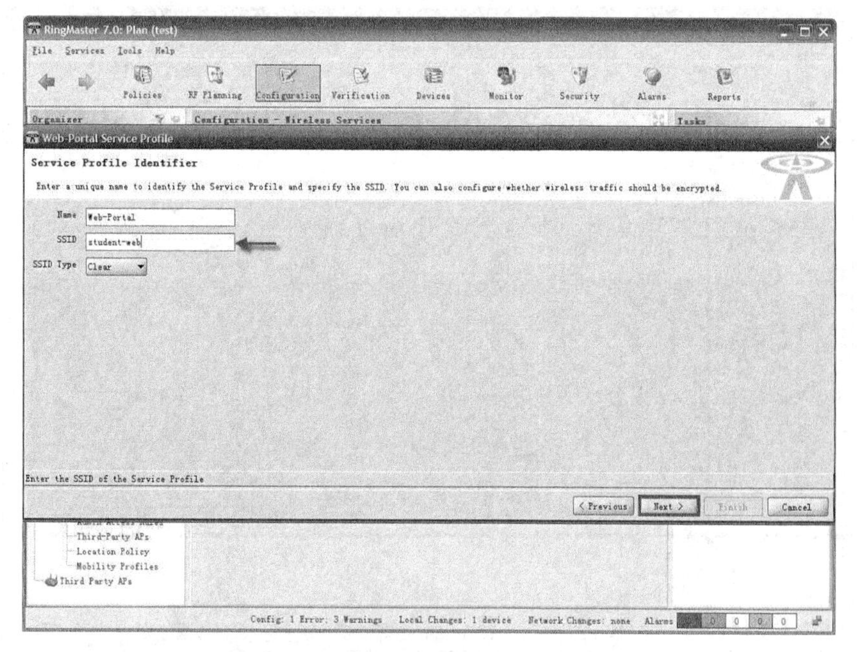

图 5-182 配置 Web 认证服务 SSID

③ 选中该 SSID 对应的用户 VLAN,选中 default vlan 即 VLAN1,如图 5-183 所示。

④ 设置 Web-Portal 的 ACL,使用默认值,如图 5-184 所示。

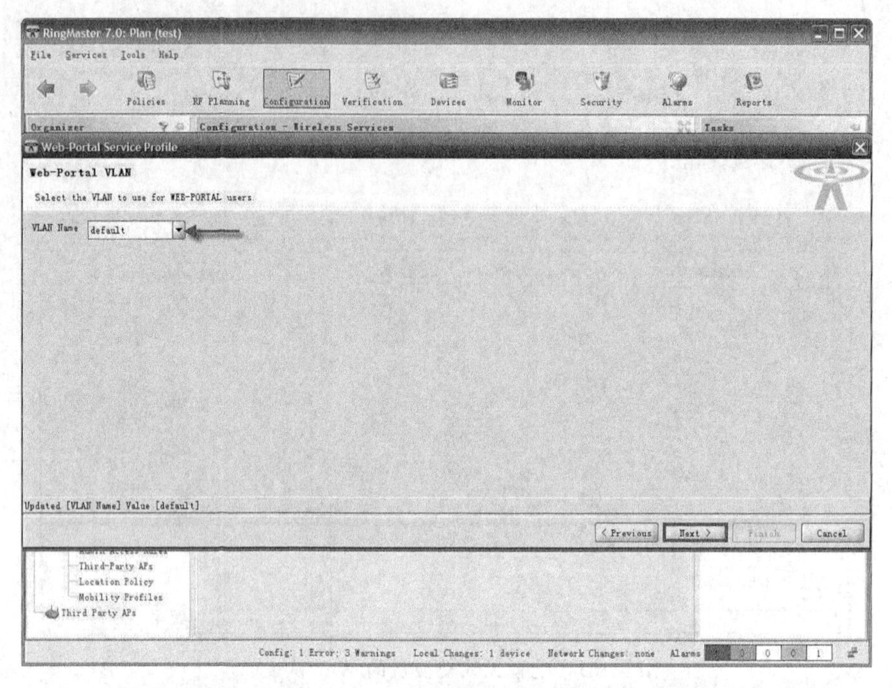

图 5-183　配置 Web 认证服务 SSID 用户 VLAN

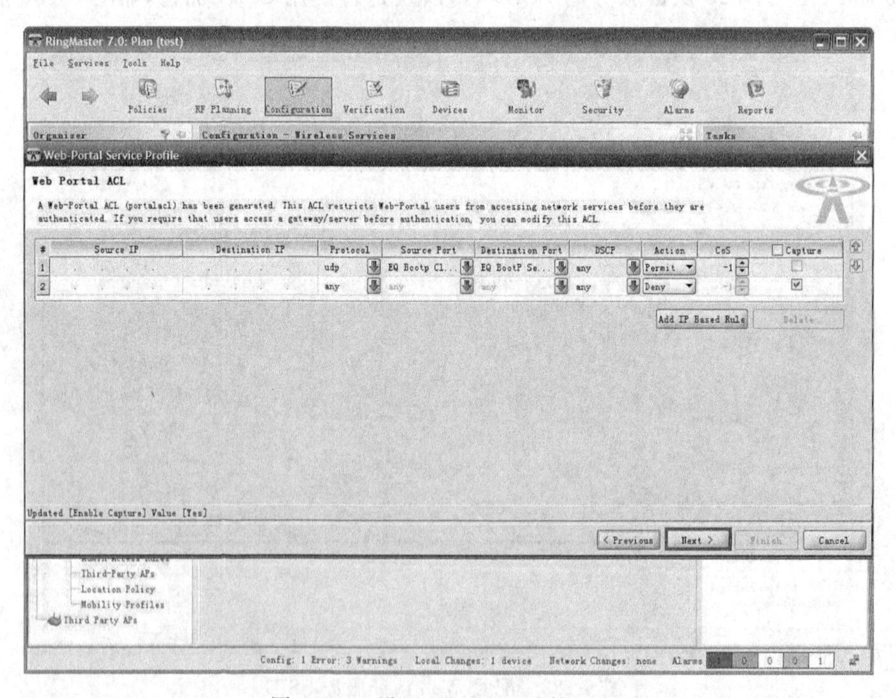

图 5-184　设置 Web-Portal 的 ACL

⑤ 选中 Web 认证服务的认证服务器，由于实验采用本地数据库，因此将 local 设置为 Current RADIUS Server Groups，如图 5-185 和图 5-186 所示。

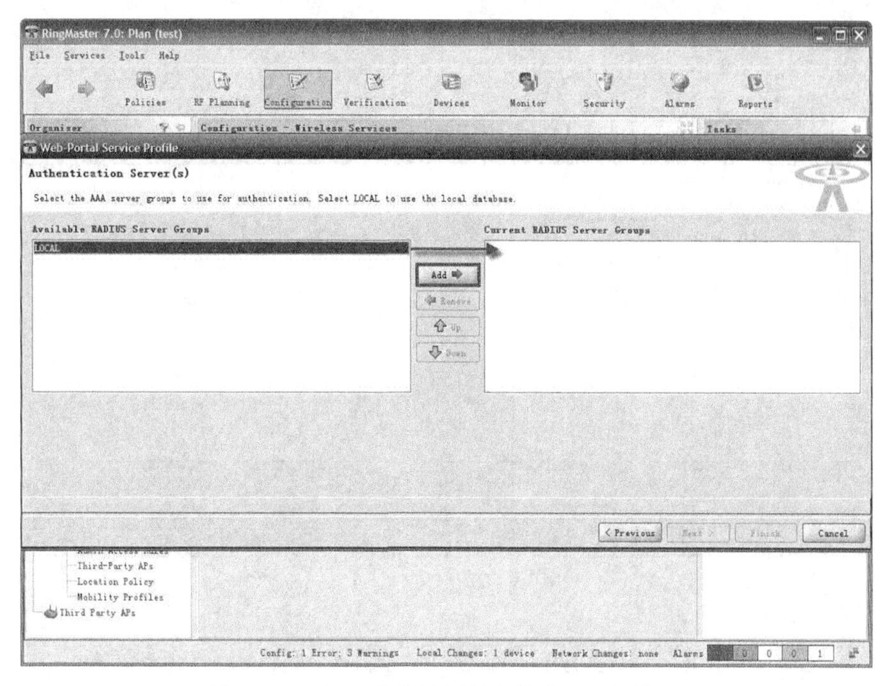

图 5-185　配置 Web 认证服务的认证服务器(1)

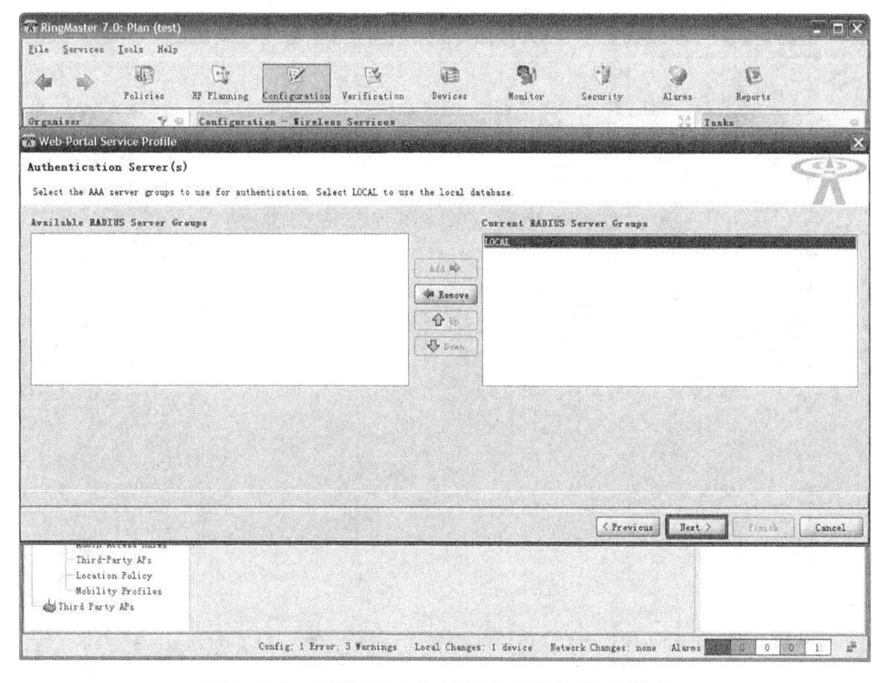

图 5-186　配置 Web 认证服务的认证服务器(2)

⑥ 完成 Web 认证服务的配置，如图 5-187 所示。

⑦ 回到 Wireless 主页面，确认 Web 认证服务已经建立成功，如图 5-188 所示。

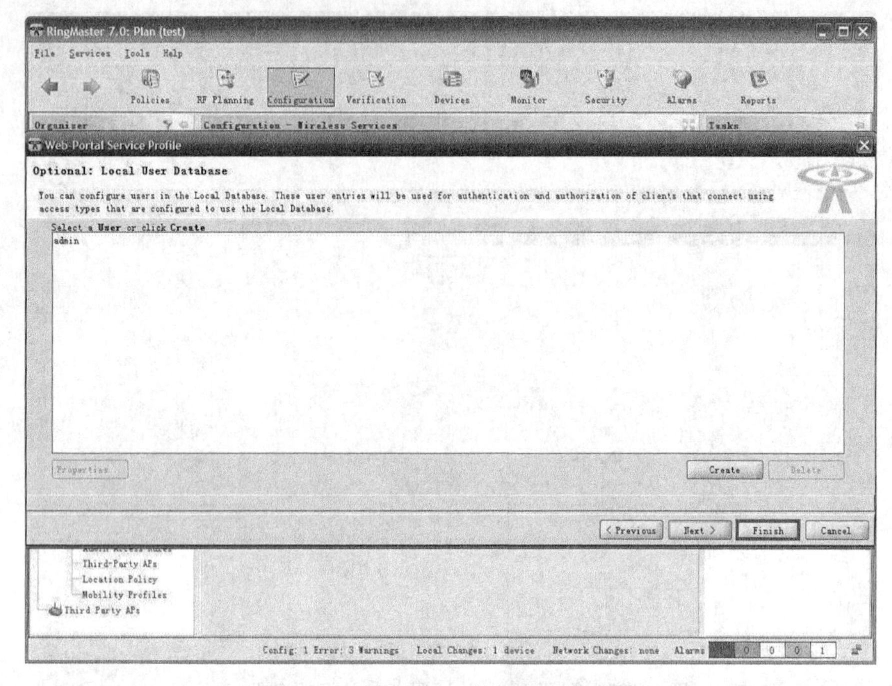

图 5-187　完成 Web 认证服务的配置

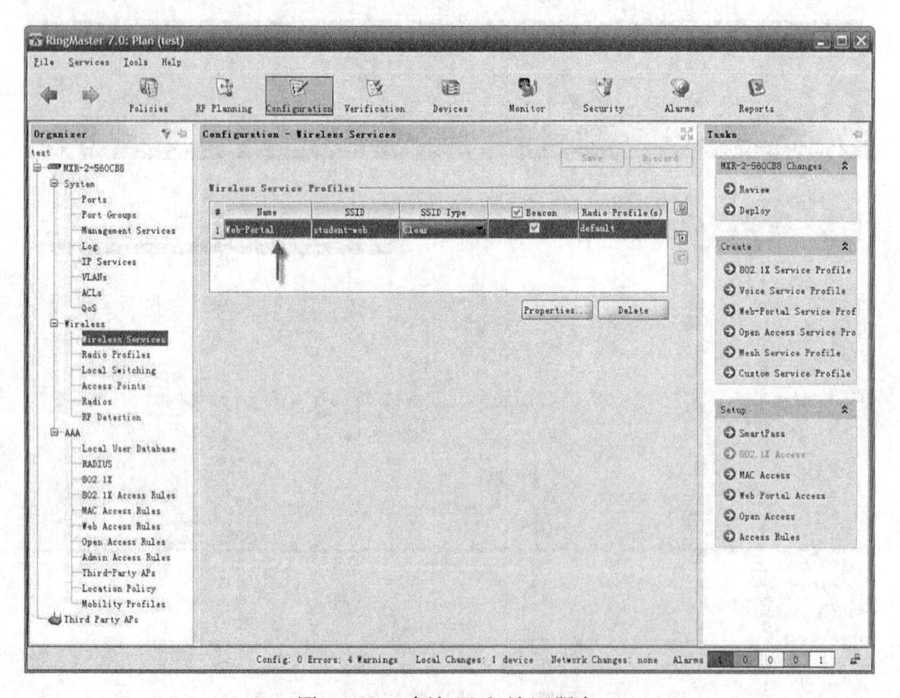

图 5-188　确认 Web 认证服务

（6）应用配置，配置生效，如图 5-189 和图 5-190 所示。

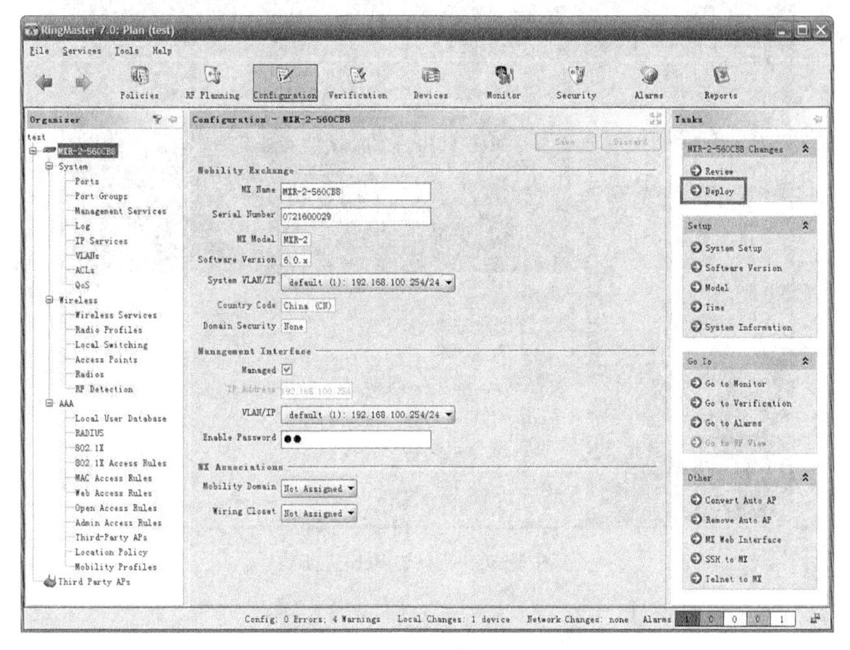

图 5-189　应用配置(1)

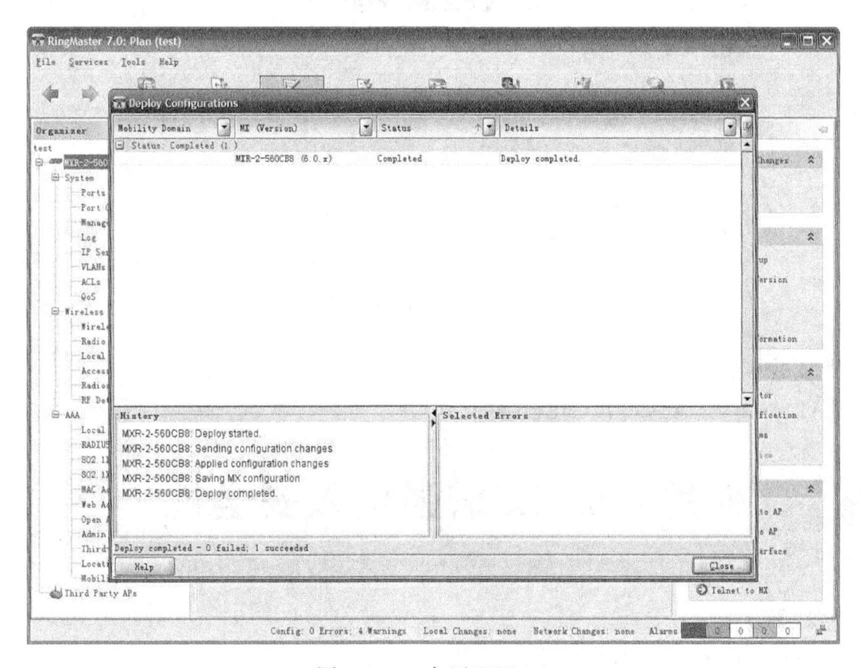

图 5-190　应用配置(2)

(7) 测试 Web 认证。

① 打开无线网卡,搜寻 student-web,联入该 SSID,如图 5-191 所示。

② 获取地址后,打开浏览器访问任何网页,即弹出以下页面,如图 5-192 所示。

③ 输入正确的用户名和密码后,通过认证并可访问无线局域网的资源。

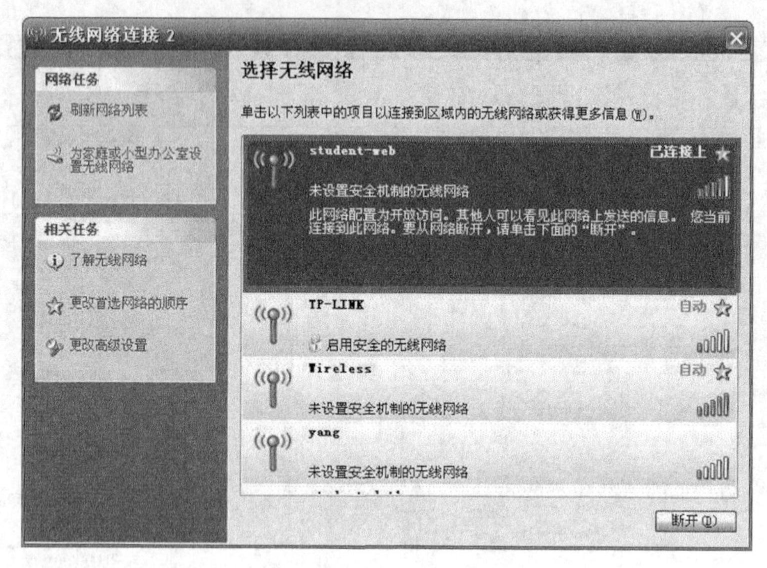

图 5-191　测试 Web 认证

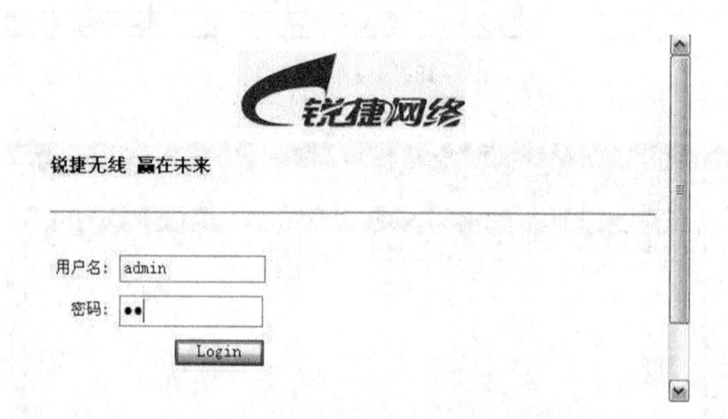

图 5-192　通过认证访问无线局域网

(8) 测试验证。

用 STA2 ping STA1,可以 ping 通。

5.8　使用 802.1x 增强接入安全性

【实验名称】

使用 802.1x 增强接入安全性。

【实验目的】

掌握无线局域网中 802.1x 认证的概念及配置方法。

【背景描述】

小张从学校毕业后在某家网络服务商处工作,工作第一天就接到一个无线局域网规划的任务,需要给某个无线局域网设计安全接入策略。小张考虑到该项目是某外企 IT 公司的无线接入,用户对网络的安全要求很高,并且客户的计算机操作能力也很强,于是小张选择了采用相对安全的"入网即认证"的 802.1x 认证方式。

【需求分析】

需求:如何在没有认证服务器的情况下实现 802.1x 认证。

分析:通过无线交换机自带的本地服务器即可实现 802.1x 认证功能。

【实验拓扑】

图 5-193 所示网络拓扑,是某家网络服务商无线局域网络拓扑,由于用户对网络的安全要求很高,并且客户的计算机操作能力也很强,希望采用相对安全"入网即认证"的 802.1x 认证方式,提高网络安全接入。

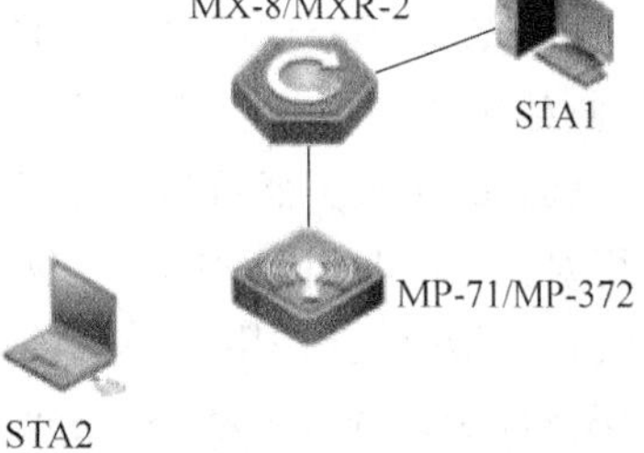

图 5-193 某家网络服务商无线局域网络拓扑

【实验设备】

PC 2 台;MP-71/MP-372 1 台;MX-8/MXR-2 1 台。

【预备知识】

- 无线局域网基本知识。
- 智能无线产品的基本原理。
- RingMaster 的基本操作能力。
- 802.1x 认证。

802.1x 协议起源于 802.11 协议,后者是 IEEE 的无线局域网协议,制订 802.1x 协议的初衷是为了解决无线局域网用户的接入认证问题。IEEE 802 LAN 协议定义的局域网并不提供接入认证,只要用户能接入局域网控制设备(如 LANS witch),就可以访问局域网中的设备或资源。这在早期企业网有线 LAN 应用环境下并不存在明显的安全隐患。但是随着移动办公及驻地网运营等应用的大规模发展,服务提供者需要对用户的接入进行控制和配置。尤其是 WLAN 的应用和 LAN 接入在电信网上大规模开展,有必要对端口加以控制以实现用户级的接入控制,802.1x 就是 IEEE 为了解决基于端口的接入控制(Port-Based Network Access Control)而定义的一个标准。

802.1x 协议是基于客户/服务器的访问控制和认证协议,它可以限制未经授权的用户/设备通过接入端口访问 LAN/WLAN。在获得交换机或 LAN 提供的各种业务之前,802.1x 对连接到交换机端口上的客户/服务器进行认证。在认证通过之前,802.1x 只允许 EAPOL(基于局域网的扩展认证协议)数据通过设备连接的交换机端口;认证通过以后,正常的数据可以顺利地通过以太网端口。

IEEE 802.1x 是根据用户 ID 或设备,对网络客户端(或端口)进行鉴权的标准。该流程被称为"端口级别的鉴权"。它采用 RADIUS(远程认证拨号用户服务)方法,并将其划分为三个不同小组:请求方、认证方和授权服务器。整个 802.1x 的认证过程可以描述如下。

(1) 当用户有上网需求时，打开802.1x客户端程序，输入已经申请、登记过的用户名和口令，发起连接请求。此时，客户端程序将发出请求认证的报文给交换机，开始启动一次认证过程。

(2) 交换机收到请求认证的数据帧后，将发出一个请求帧要求用户的客户端程序将输入的用户名送上来。

(3) 客户端程序响应交换机发出的请求，将用户名信息通过数据帧送给交换机。交换机将客户端送上来的数据帧经过封包处理后送给认证服务器进行处理。

(4) 认证服务器收到交换机转发上来的用户名信息后，将该信息与数据库中的用户名表相比对，找到该用户名对应的口令信息，用随机生成的一个加密字对它进行加密处理，同时也将此加密字传送给交换机，由交换机传给客户端程序。

(5) 客户端程序收到由交换机传来的加密字后，用该加密字对口令部分进行加密处理(此种加密算法通常是不可逆的)，并通过交换机传给认证服务器。

(6) 认证服务器将送上来的加密后的口令信息和其自己经过加密运算后的口令信息进行对比，如果相同，则认为该用户为合法用户，反馈认证通过的消息，并向交换机发出打开端口的指令，允许用户的业务流通过端口访问网络。否则，反馈认证失败的消息，并保持交换机端口的关闭状态，只允许认证信息数据通过而不允许业务数据通过。

基于以太网端口认证的802.1x协议有如下特点：IEEE 802.1x协议为二层协议，不需要到达三层，对设备的整体性能要求不高，可以有效降低建网成本；借用了在ras系统中常用的EAP(扩展认证协议)，可以提供良好的扩展性和适应性，实现对传统PPP认证架构的兼容；802.1x的认证体系结构中采用了“可控端口”和“不可控端口”的逻辑功能，从而可以实现业务与认证的分离，由RADIUS和交换机利用不可控的逻辑端口共同完成对用户的认证与控制，业务报文直接承载在正常的二层报文上通过可控端口进行交换，通过认证之后的数据包是无须封装的纯数据包；可以使用现有的后台认证系统降低部署的成本，并有丰富的业务支持；可以映射不同的用户认证等级到不同的VLAN；可以使交换端口和无线LAN具有安全的认证接入功能。

其具有的优势可以总结为以下几点。

(1) 简洁高效。纯以太网技术内核保持了IP网络无连接特性，不需要进行协议间的多层封装，去除了不必要的开销和冗余；消除网络认证计费瓶颈和单点故障，易于支持多业务和新兴流媒体业务。

(2) 容易实现。可在普通L3、L2、IPDSLAM上实现，网络综合造价成本低，保留了传统AAA认证的网络架构，可以利用现有的RADIUS设备。

(3) 安全可靠。在二层网络上实现用户认证，结合MAC、端口、账户、VLAN和密码等；绑定技术具有很高的安全性，在无线局域网网络环境中802.1x结合EAP-TLS，EAP-TTLS，可以实现对WEP证书密钥的动态分配，克服无线局域网接入中的安全漏洞。

(4) 行业标准。IEEE标准和以太网标准同源，可以实现和以太网技术无缝融合，几乎所有主流数据设备厂商在其设备，包括路由器、交换机和无线AP上都提供对该协议的支持。在客户端方面，微软Windows XP操作系统内置支持，Linux也提供了对该协议的支持。

(5) 应用灵活。可以灵活控制认证的颗粒度,用于对单个用户连接、用户ID或是对接入设备进行认证,认证的层次可以进行灵活的组合,满足特定接入技术或是业务的需要。

(6) 易于运营。控制流和业务流完全分离,易于实现跨平台多业务运营,少量改造传统包月制等单一收费制网络即可升级成运营级网络,而且网络的运营成本也有望降低。

【实验原理】

802.1x是基于端口的认证策略,对于无线局域网来说"端口"就是一条信道。802.1x的认证中,端口的状态决定了客户端是否能接入网络。

在启用802.1x认证时端口初始状态一般为非授权(unauthorized),在该状态下,除802.1x报文和广播报文外,不允许任何业务输入、输出通信。当客户通过认证后,端口状态切换到授权状态(authorized),允许客户端通过端口进行正常通信。

【实验步骤】

(1) 配置无线交换机的基本参数。

① 无线交换机的默认IP地址是192.168.100.1/24,因此将STA1的IP地址配置为192.168.100.2/24,并打开浏览器登录到https://192.168.100.1,弹出图5-194所示界面,单击"是"按钮。

系统的默认管理用户名是admin,密码为空,如图5-195所示。

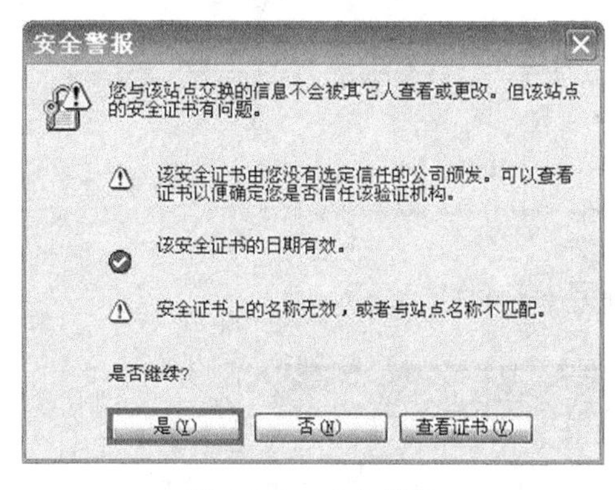

图5-194 安全警报

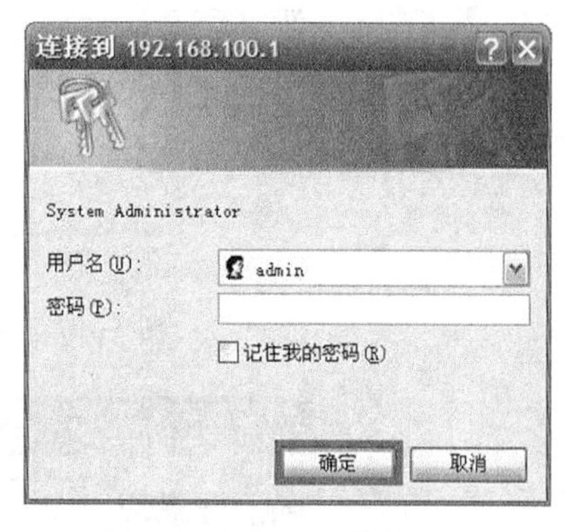

图5-195 登录无线交换机

② 输入用户名和密码后就进入了无线交换机的Web配置页面,单击Start按钮,进入快速配置指南,如图5-196所示。

③ 选择管理无线交换机的工具RingMaster,如图5-197所示。

④ 配置无线交换机的IP地址、子网掩码以及默认网关,如图5-198所示。

⑤ 设置系统的管理密码,如图5-199所示。

⑥ 设置系统的时间以及时区,如图5-200所示。

⑦ 确认并完成无线交换机的基本配置,如图5-201所示。

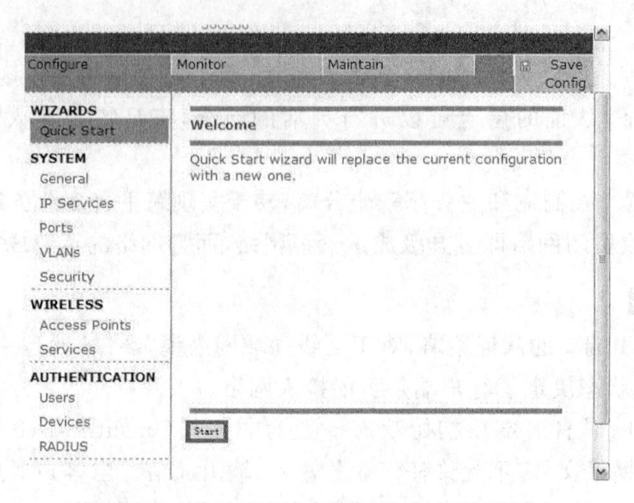

图 5-196　进入了无线交换机的 Web 配置页面

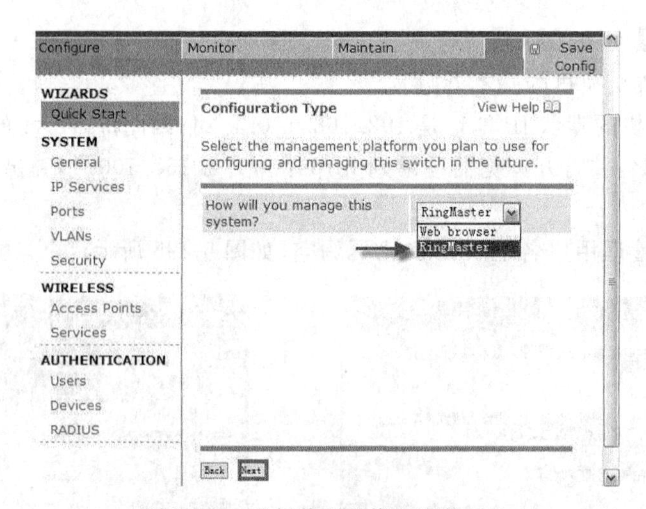

图 5-197　选择管理无线交换机工具

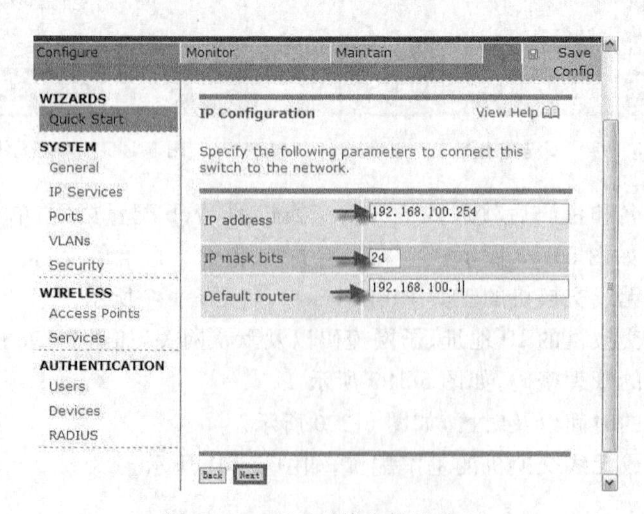

图 5-198　配置无线交换机的 IP

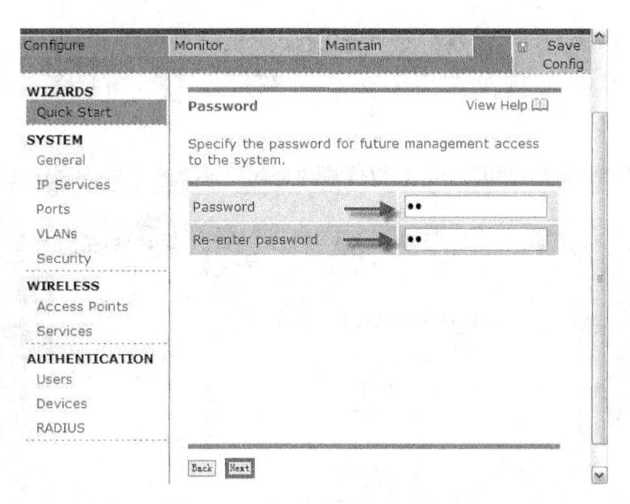

图 5-199　设置系统的管理密码

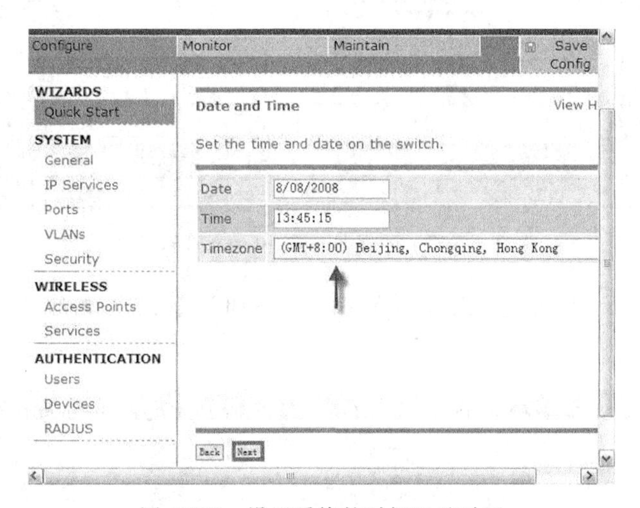

图 5-200　设置系统的时间以及时区

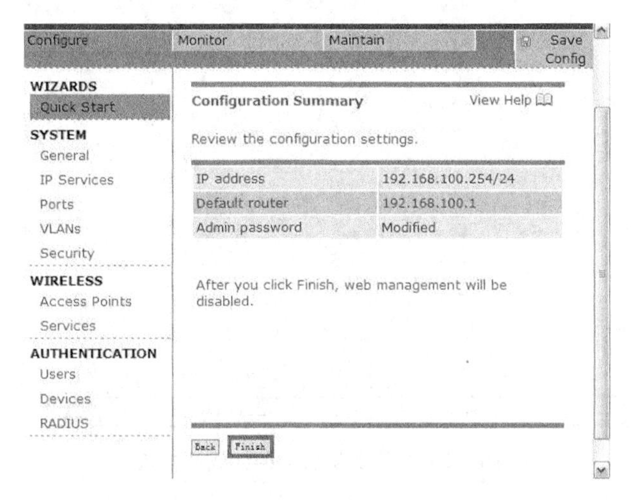

图 5-201　确认并完成无线交换机的基本配置

(2) 通过 RingMaster 网管软件进行无线交换机的高级配置。

① 运行 RingMaster，地址为 127.0.0.1，端口为 443，用户名和密码默认为空，如图 5-202 所示。

图 5-202　运行 RingMaster 网管软件

② 选择 Configuration，进入配置界面，并添加被管理的无线交换机，如图 5-203 所示。

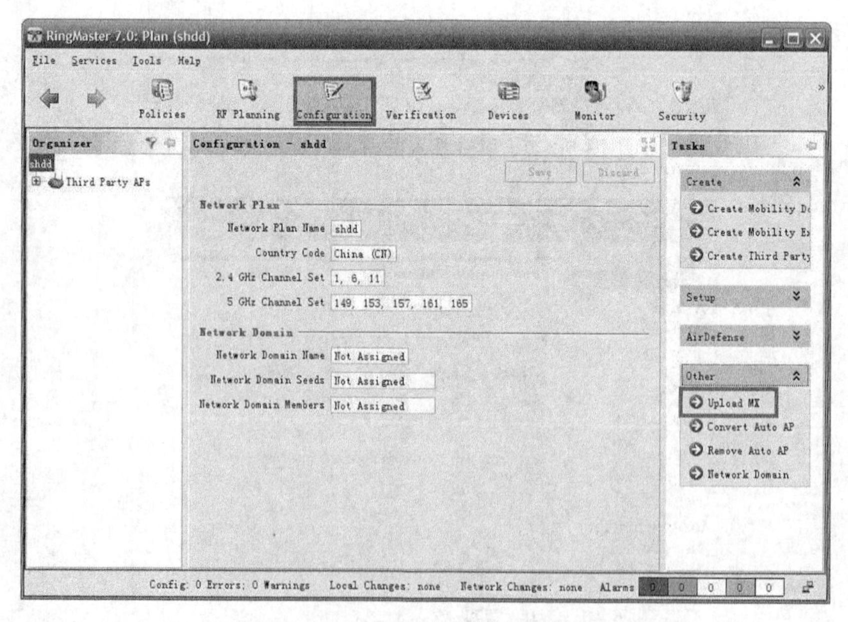

图 5-203　添加被管理的无线交换机

③ 输入被管理的无线交换机的IP地址，Enable密码，如图5-204～图5-206所示。

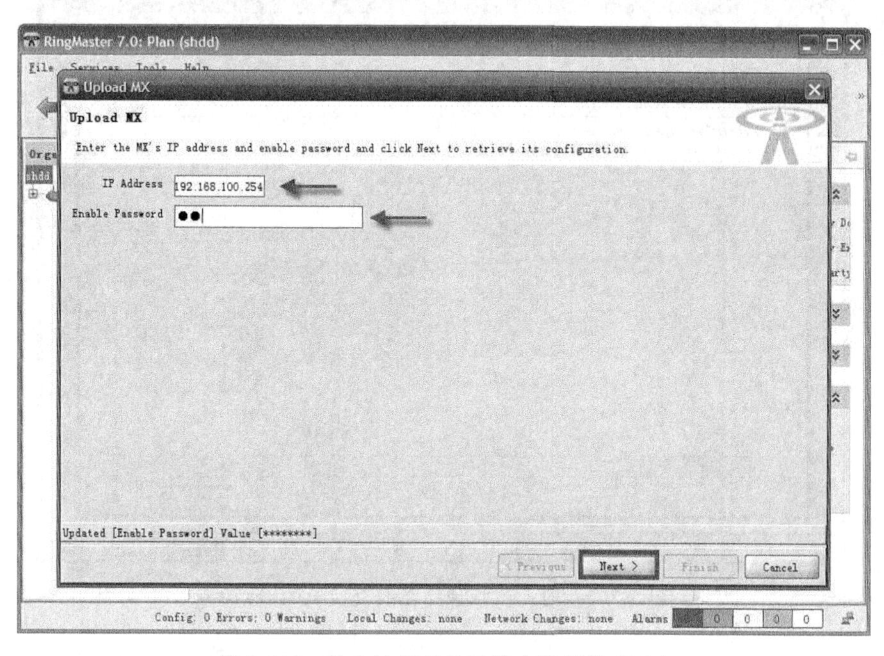

图5-204 输入被管理的无线交换机的IP(1)

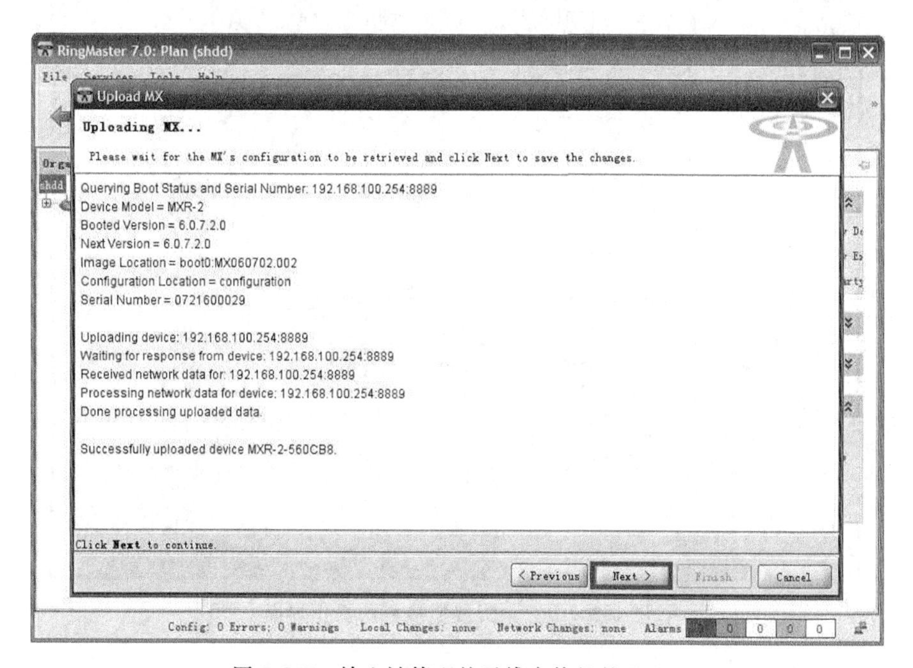

图5-205 输入被管理的无线交换机的IP(2)

④ 完成添加后，进入无线交换机的操作界面，如图5-207所示。

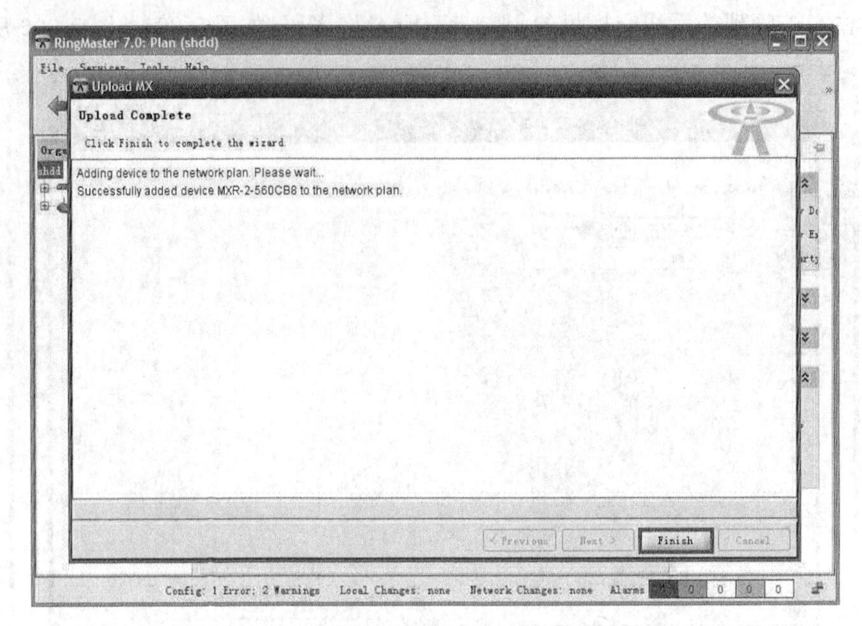

图 5-206　输入被管理的无线交换机的 IP(3)

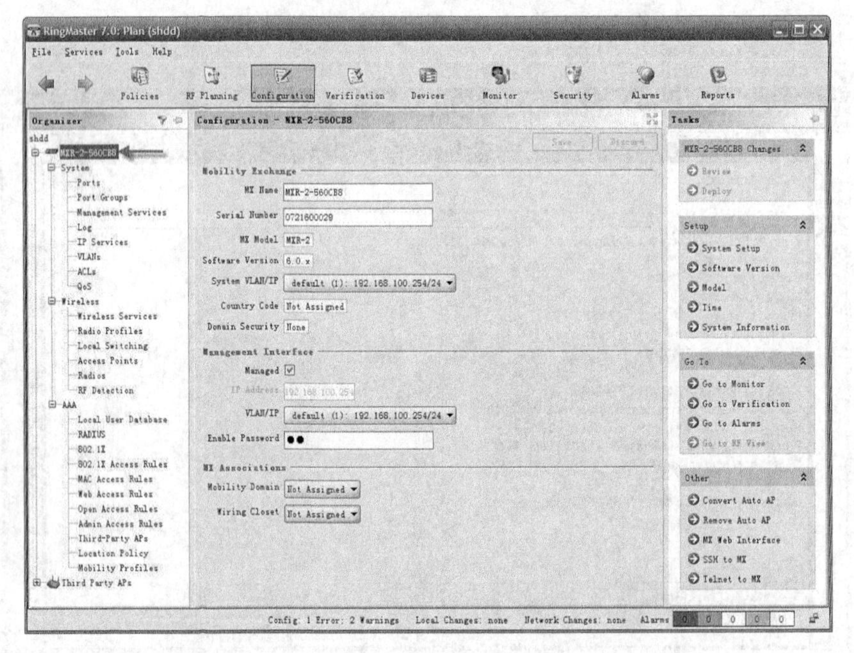

图 5-207　登录无线交换机的操作界面

(3) 配置无线 AP。

① 选择 Wireless→Access Points 选项,添加 AP,如图 5-208 所示。

② 为添加的 AP 进行命名,并选择连接方式,默认使用 Distributed 模式,如图 5-209 所示。

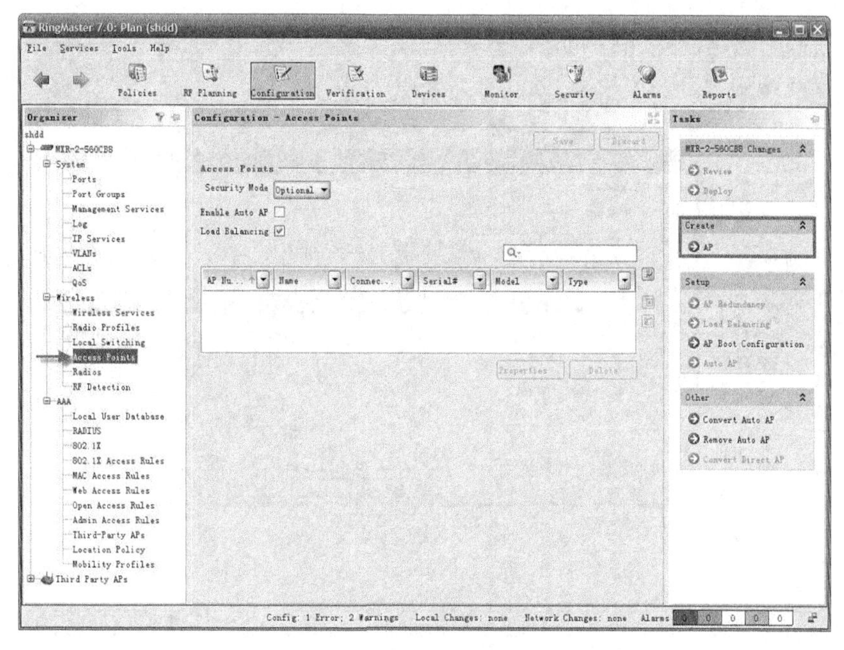

图 5-208　配置无线 AP(1)

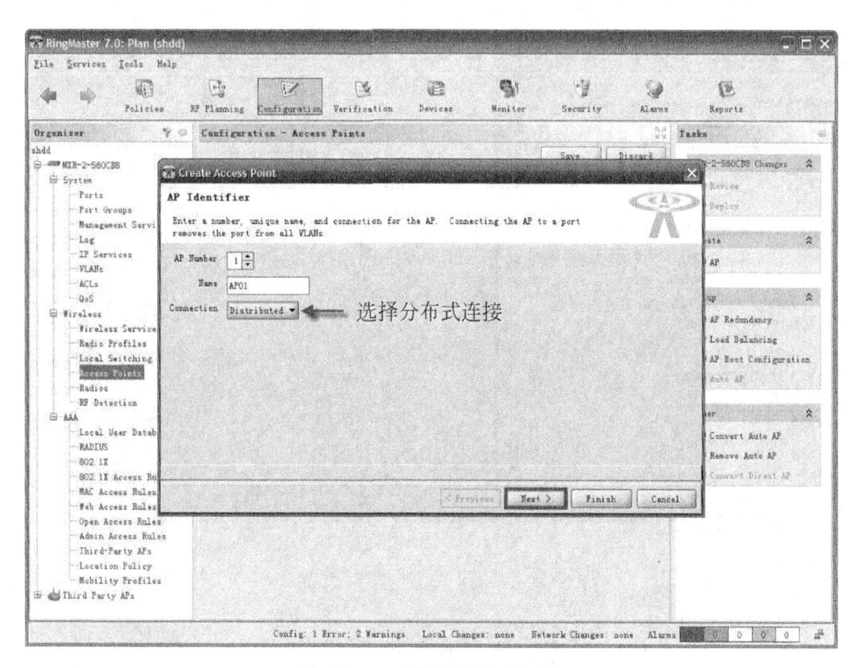

图 5-209　配置无线 AP(2)

③ 将需要添加的 AP 机身后面的 SN 号输入对话框，用于 AP 与无线交换机的注册过程，如图 5-210 所示。

④ 选择添加 AP 的具体型号和传输协议，完成 AP 添加，如图 5-211 所示。

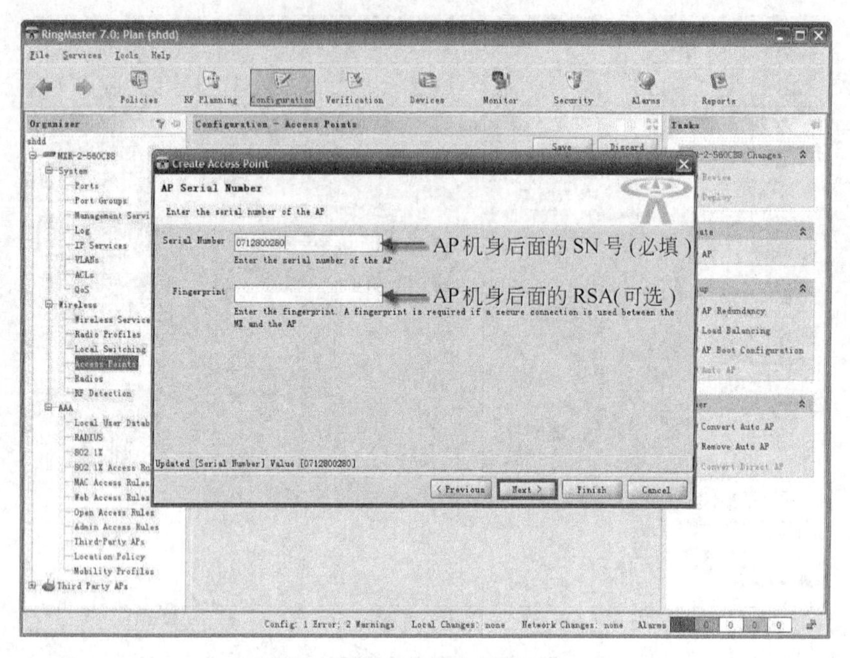

图 5-210　添加 AP 机身后面的 SN 号

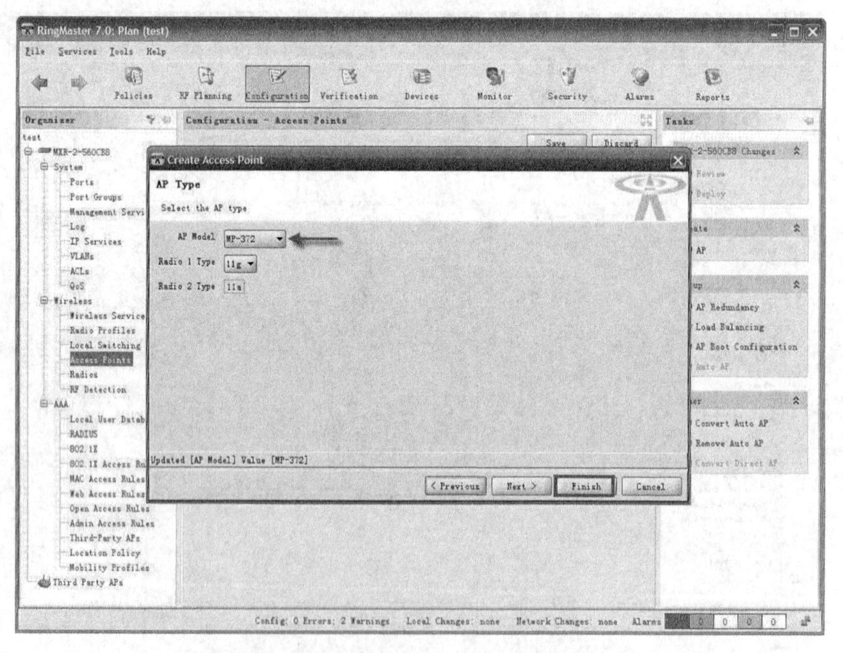

图 5-211　添加 AP 型号和传输协议

(4) 配置无线交换机的 DHCP 服务器。

① 选择 System→VLANs 选项，然后选择 default vlan，进入属性配置，如图 5-212 所示。

② 进入 Properties→DHCP Server 选项，激活 DHCP 服务器，设置地址池和 DNS，保

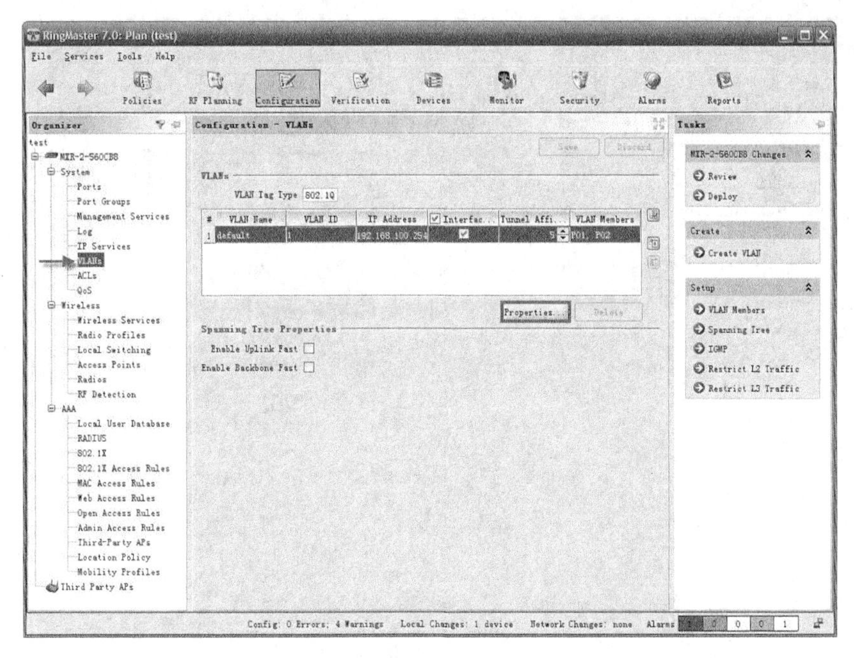

图 5-212　配置无线交换机的 DHCP 服务器

存，如图 5-213 所示。

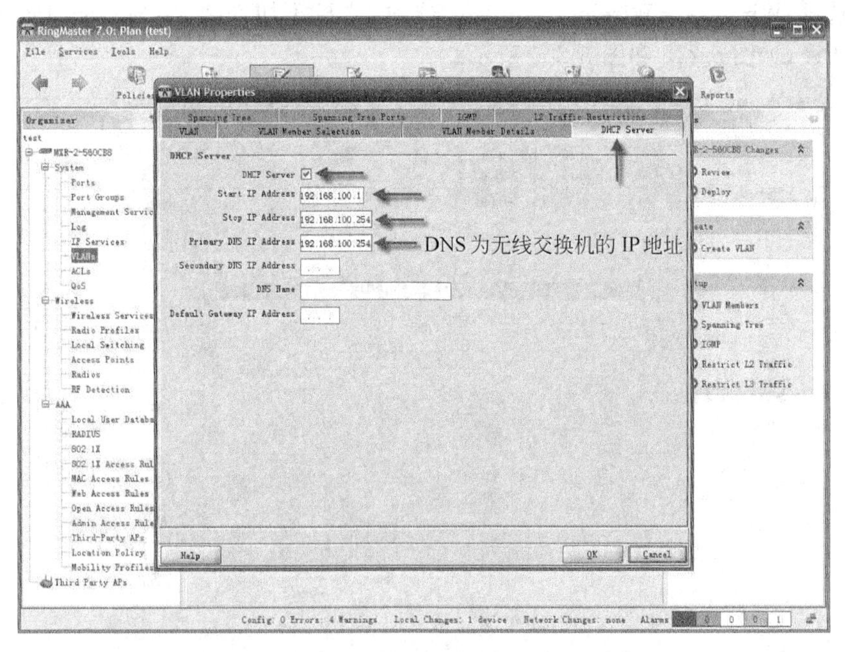

图 5-213　激活无线交换机的 DHCP 服务器

③ 选择 System→Ports 选项，将无线交换机的端口 POE 打开，并保存，如图 5-214 所示。

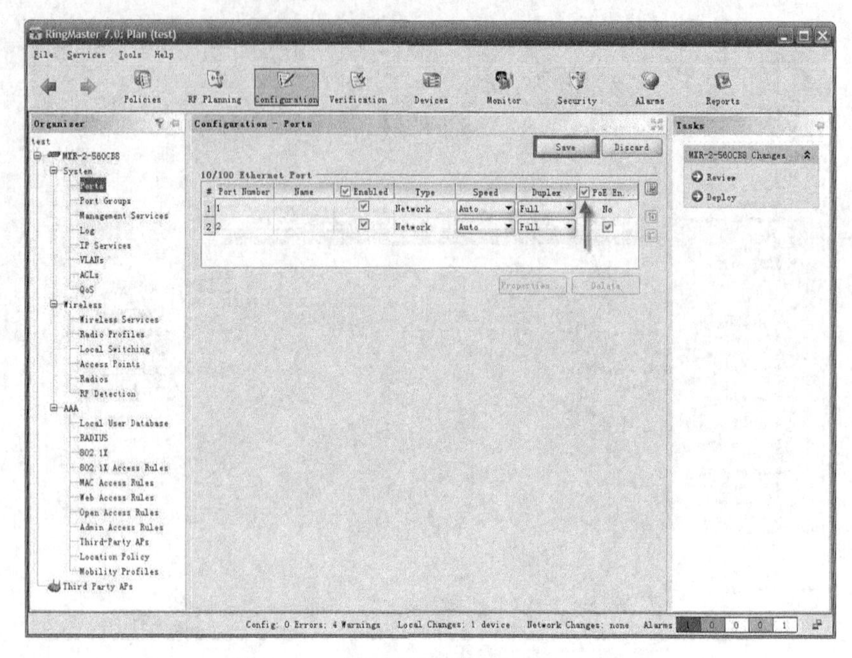

图 5-214　打开无线交换机的端口 POE

(5) 配置无线交换机的 Web 认证。

① 选择 Wireless→Wireless Services 选项，选择添加 802.1x Service Profile，用于 802.1x 认证，如图 5-215 和图 5-216 所示。

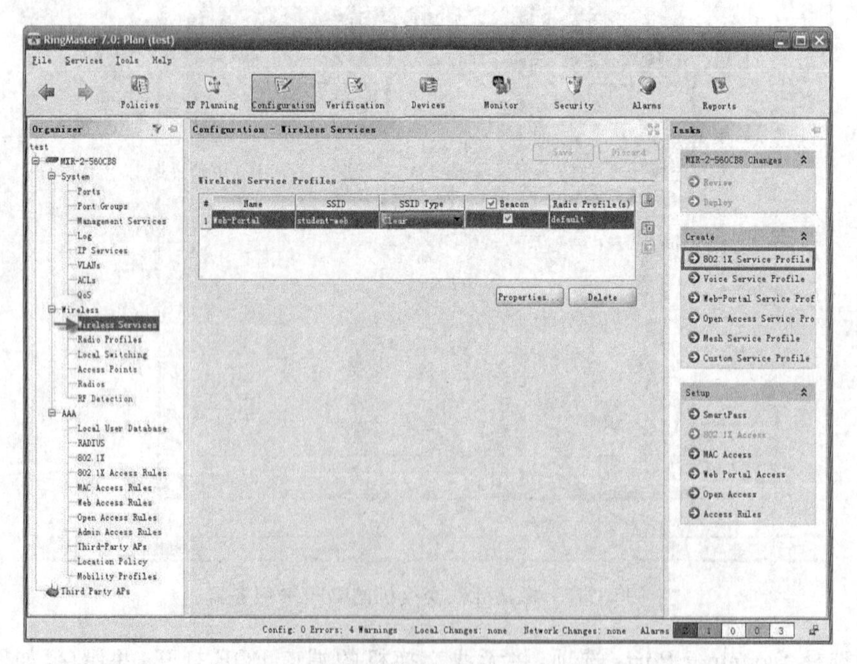

图 5-215　配置无线交换机的 Web 认证(1)

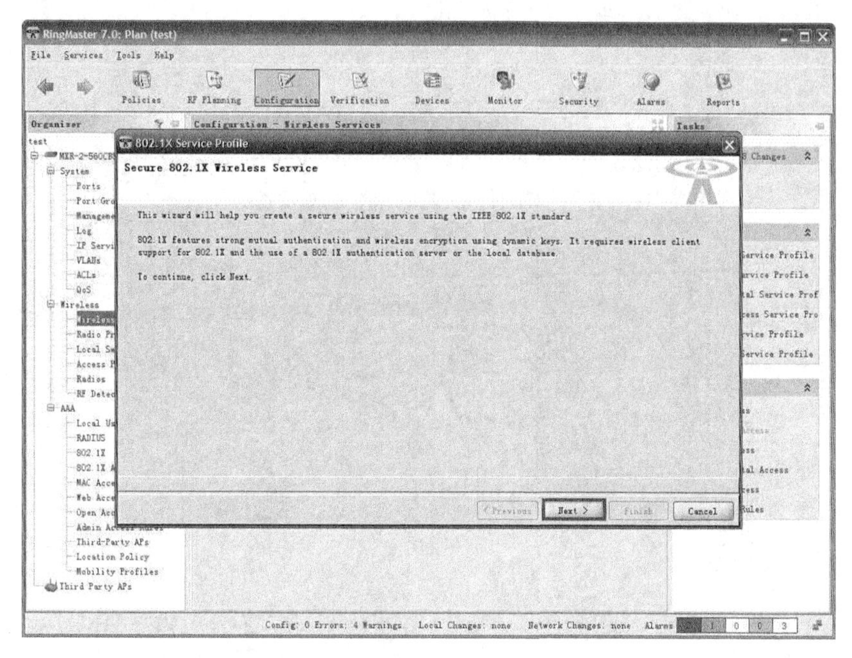

图 5-216　配置无线交换机的 Web 认证(2)

② 输入使用 802.1x 认证服务的 SSID 名，如图 5-217 所示。

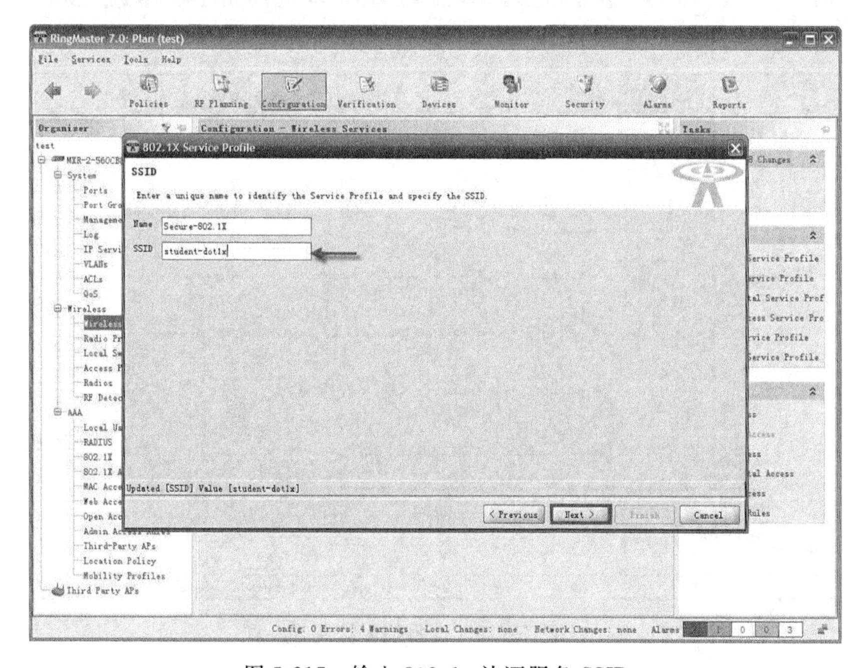

图 5-217　输入 802.1x 认证服务 SSID

③ 选择加密方式，如图 5-218 所示。

④ 选择加密算法，如图 5-219 所示。

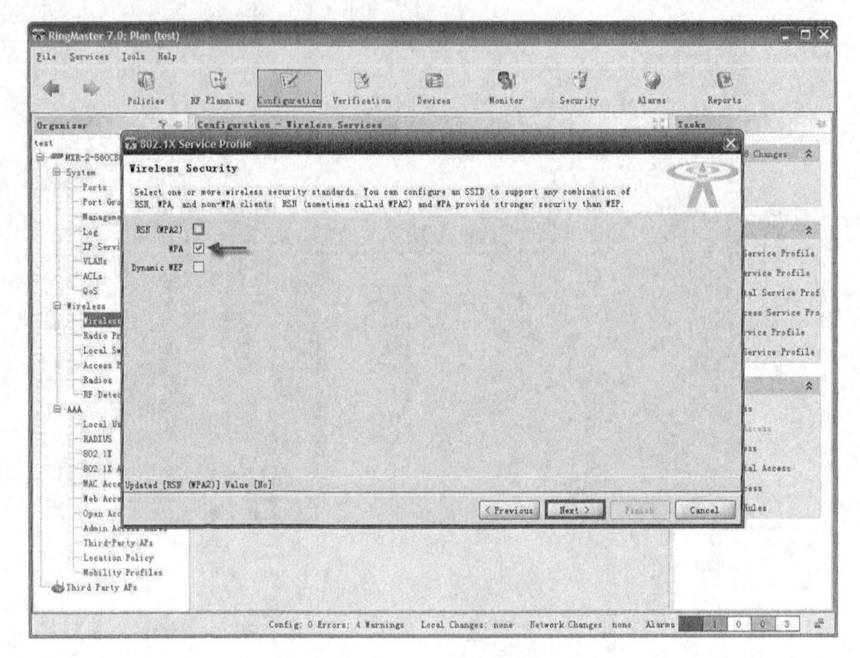

图 5-218　选择加密方式

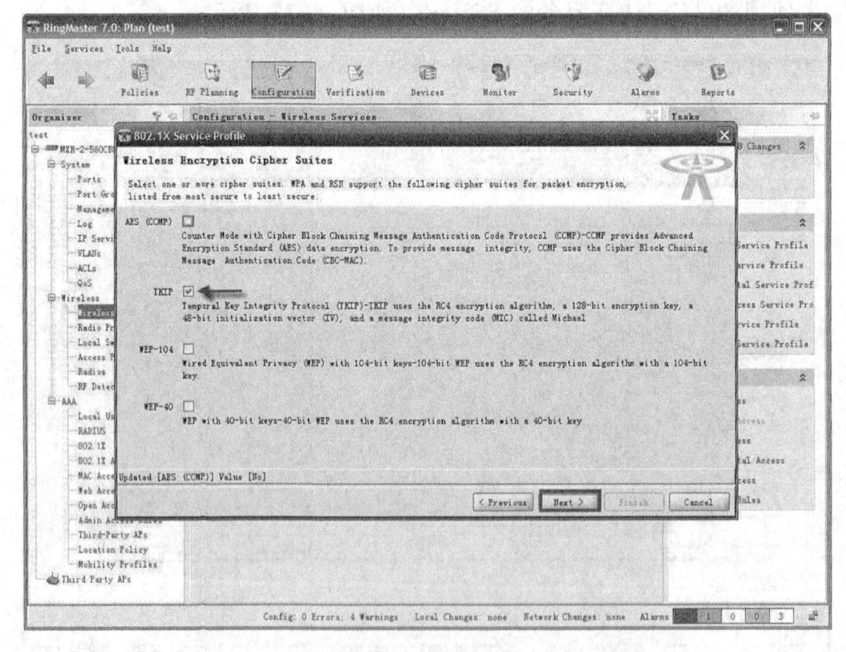

图 5-219　选择加密算法

⑤ 选中该 SSID 对应的用户 VLAN，选中 default vlan，即 VLAN1，如图 5-220 所示。

⑥ 选择 802.1x 认证服务的认证服务器，由于实验采用本地数据库，因此将 local 设置为 Current RADIUS Server Groups，并选择 EAP 类型，如图 5-221 所示。

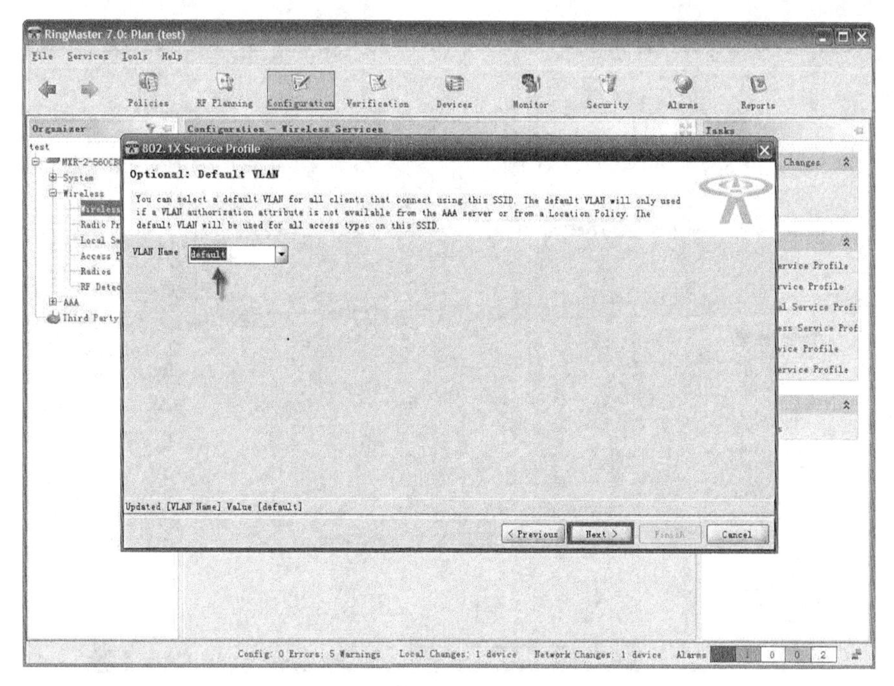

图 5-220　选中 SSID 对应用户 VLAN

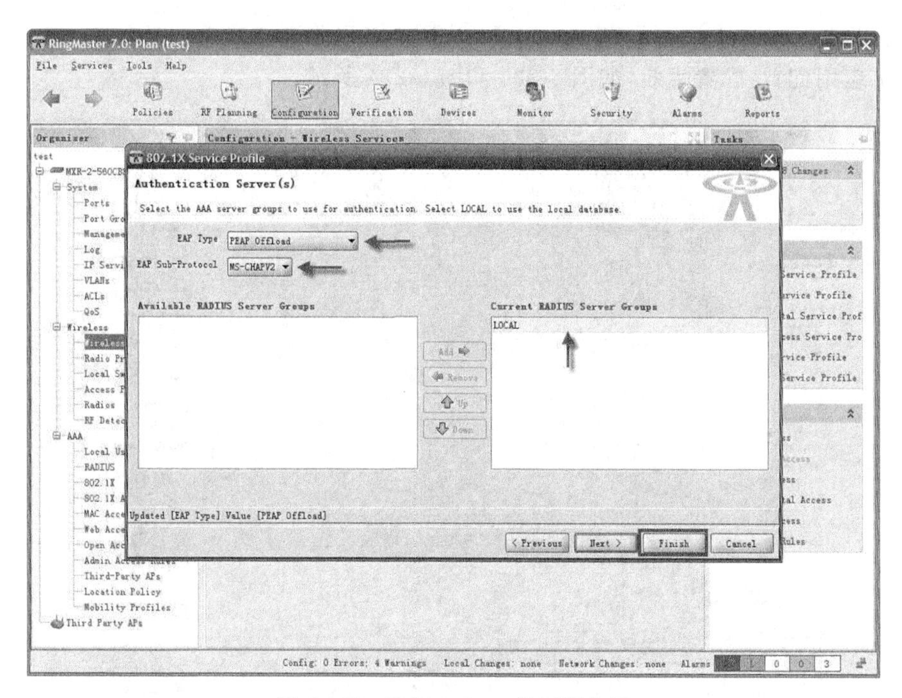

图 5-221　选择 802.1x 认证服务器

⑦ 完成 802.1x 认证服务的配置，如图 5-222 所示。

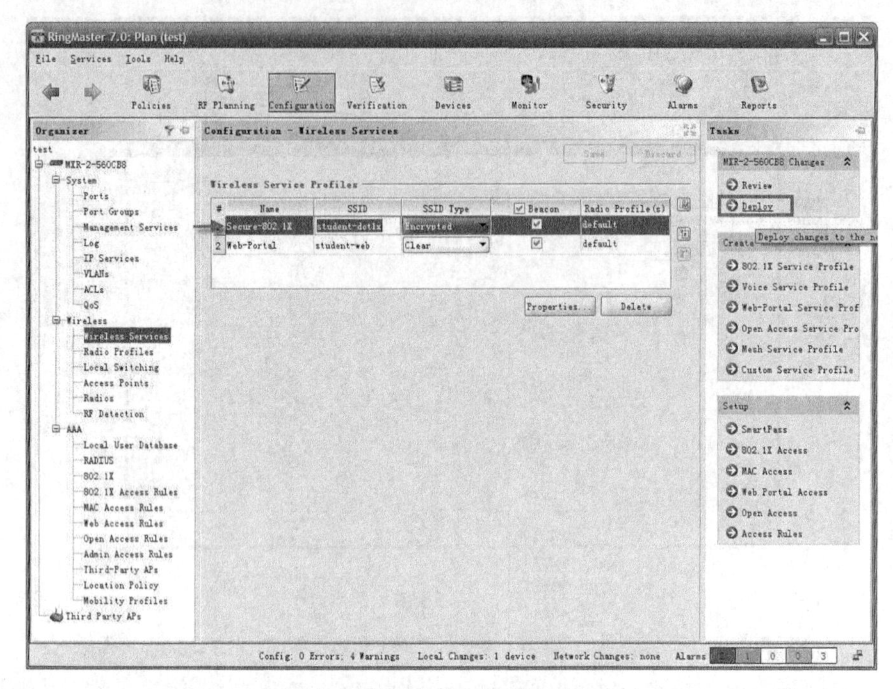

图 5-222　完成 802.1x 认证服务配置

⑧ 回到 Wireless 主页面，确认 802.1x 认证服务已经建立成功。

(6) 应用配置，配置生效，如图 5-223 和图 5-224 所示。

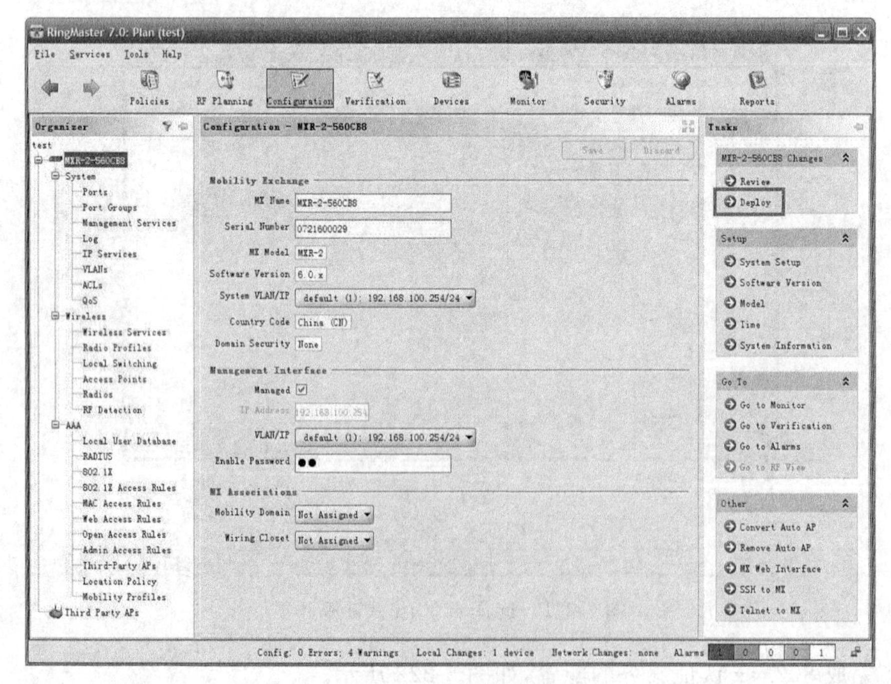

图 5-223　应用配置(1)

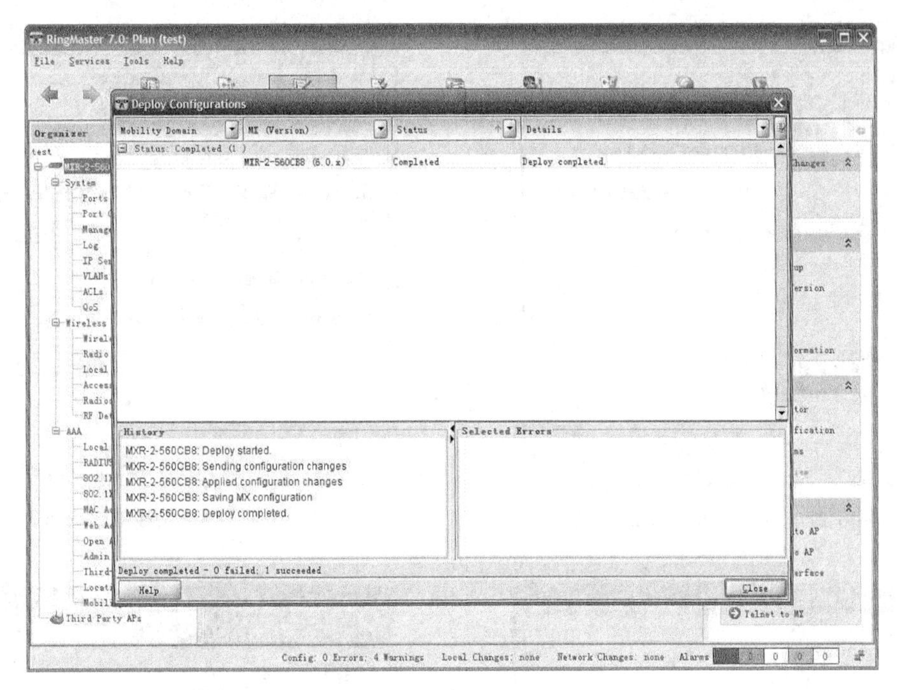

图 5-224　应用配置(2)

(7) 测试 802.1x 认证。

① 打开无线网卡，配置 802.1x 客户端，如图 5-225～图 5-229 所示。

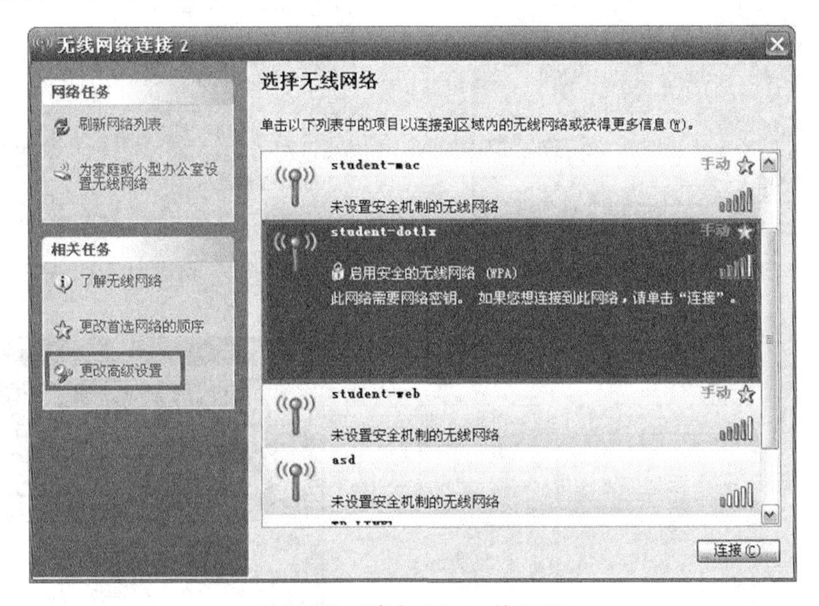

图 5-225　测试 802.1x 认证(1)

② 配置完成后，Windows 会弹出如下窗口，要求提供证书或凭据，如图 5-230 所示。

③ 单击，出现如下窗口，输入用户名和密码，如图 5-231 所示。

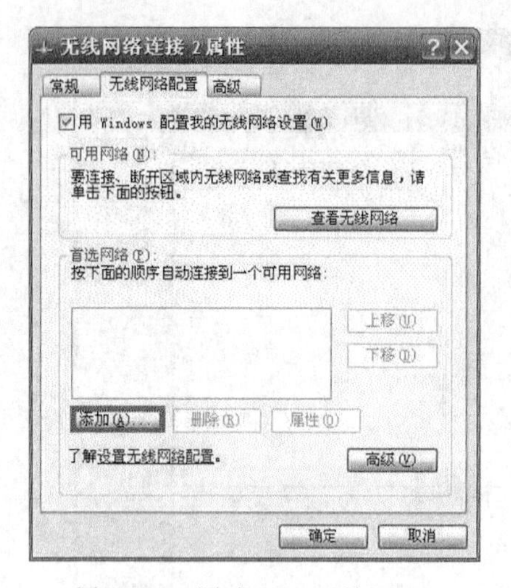

图 5-226　测试 802.1x 认证(2)

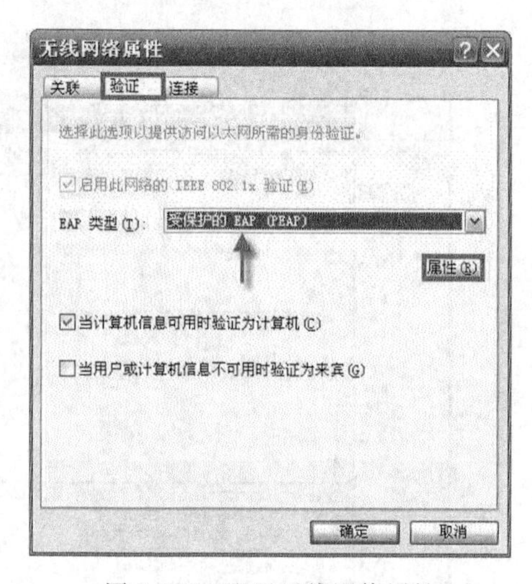

图 5-227　配置无线网络属性

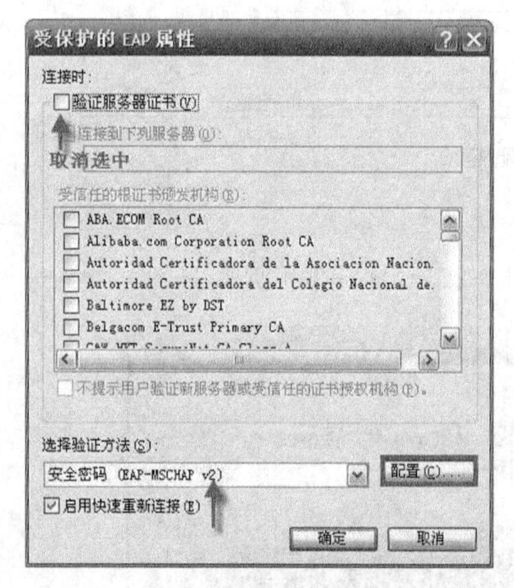

图 5-228　测试 802.1x 认证(3)

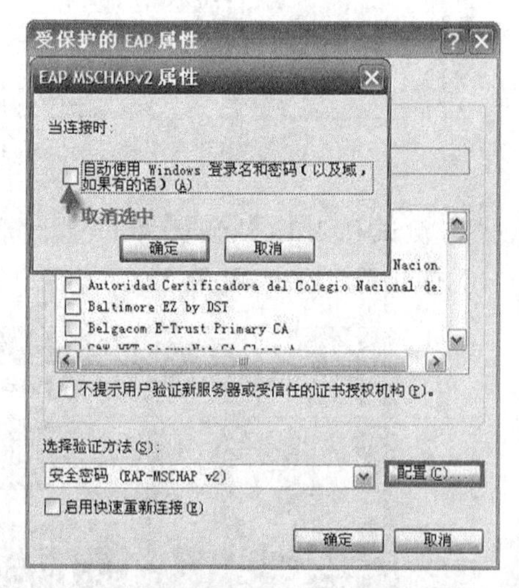

图 5-229　测试 802.1x 认证(4)

图 5-230　提供证书或凭据

图 5-231　登录无线局域网络

④ 输入正确的用户名和密码后，即可正常访问网络，如图5-232所示。

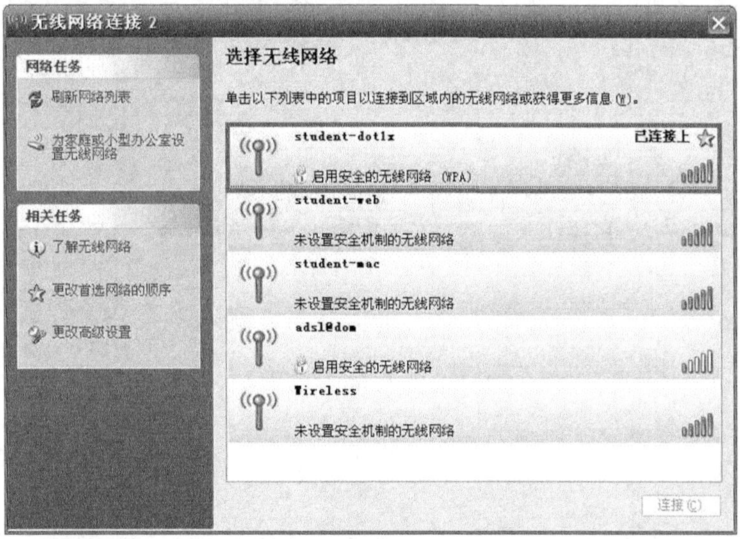

无线网络连接 2

网络任务

刷新网络列表

为家庭或小型办公室设置无线网络

相关任务

了解无线网络

更改首选网络的顺序

更改高级设置

选择无线网络

单击以下列表中的项目以连接到区域内的无线网络或获得更多信息(W)。

student-dot1x 已连接上

启用安全的无线网络 (WPA)

student-web

未设置安全机制的无线网络

student-mac

未设置安全机制的无线网络

adsl@dom

启用安全的无线网络

Wireless

未设置安全机制的无线网络

连接(C)

图5-232 正常登录访问无线局域网

(8) 查看用户的连接状态。

① 在RingMaster的Monitor→Clients by MX，查看连接的用户信息，如图5-233所示。

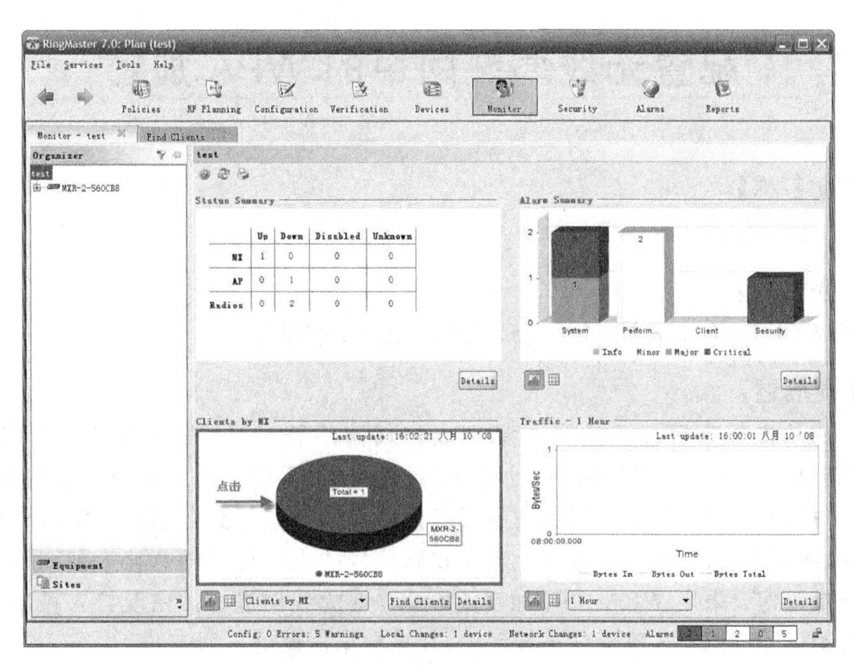

图5-233 查看用户的连接状态

② 查看用户的用户名、密码和接入类型等信息，如图5-234所示。

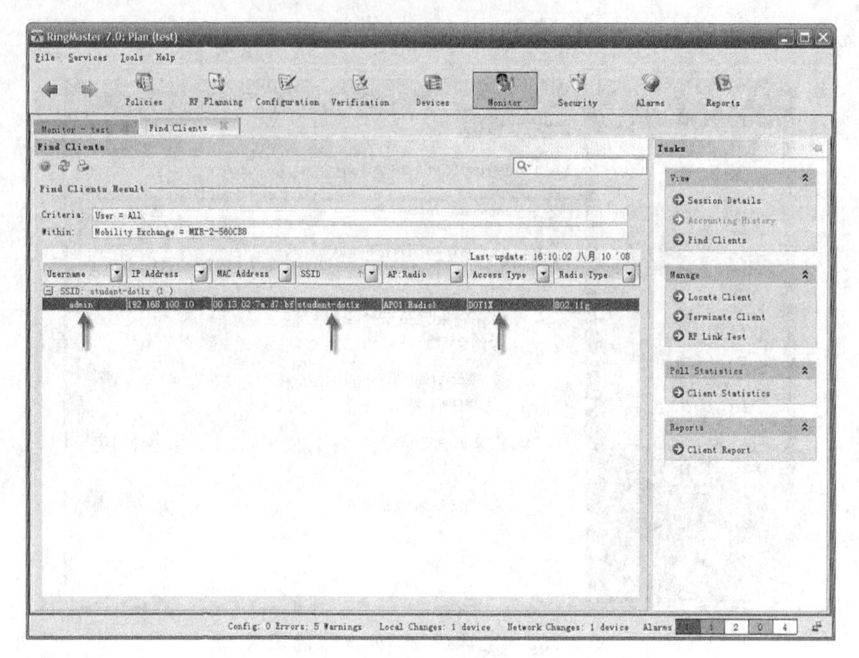

图 5-234 查看用户接入信息

(9) 验证测试。

使用 STA2 ping STA1,可以 ping 通。

5.9 配置无线局域网中的 WPA 加密

【实验名称】

配置无线局域网中的 WPA 加密。

【实验目的】

掌握 WEP-PSK 加密方式,无线局域网的概念及搭建方法。

【背景描述】

小张从学校毕业后直接进入一家企业担任网络管理员,发现公司内能搜到很多SSID,直接就可以接入无线局域网,没有任何认证加密手段。由于无线局域网不像有线网络,有严格的物理范围,无线局域网的无线信号可能会广播到公司办公室以外的地方,或大楼外,或别的公司,都可以搜到。这样收到信号的人就可以随意接入到网络中,很不安全。于是你建议采用 WPA-PSK 加密的方式来对无线网进行加密及接入控制,只有输入正确密钥的才可以接入到无线局域网中,并且数据传输也是加密的。

【需求分析】

需求:防止非法用户连接进来、防止无线信号被窃听。

分析:共享密钥的接入认证。数据加密,防止非法窃听。

【实验拓扑】

图 5-235 所示网络拓扑，是某企业无线局域网络拓扑，公司为保证公司内部信息安全，希望采用 WPA-PSK 加密的方式，对无线网进行加密及接入控制，只有输入正确密钥的才可以接入到无线局域网中，并且数据传输也是加密的，提高网络安全接入。

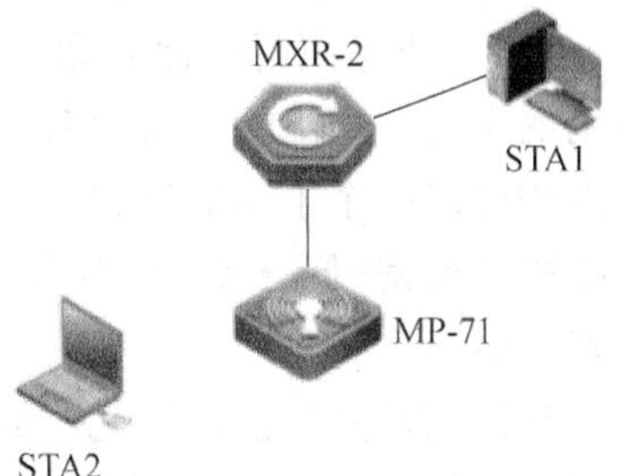

图 5-235 某企业无线局域网络拓扑

【实验设备】

MXR-2 1 台；MP-71 1 台；带无线网卡的 PC 1 台。

【预备知识】

- 无线局域网基本知识。
- 智能无线产品的基本原理。
- WPA 加密。

WPA 全名为 Wi-Fi Protected Access，有 WPA 和 WPA2 两个标准，是一种保护无线计算机网络(Wi-Fi)安全的系统，它是应研究者在前一代的系统有线等效加密(WEP)中找到的几个严重的弱点而产生的。WPA 实现了 IEEE 802.11i 标准的大部分功能，是在 802.11i 完备之前替代 WEP 的过渡方案。

过去的无线 LAN 之所以不太安全，是因为在标准加密技术 WEP 中存在一些缺点。WEP 的问题来源于网络上各台设备共享使用一个密钥。该密钥存在不安全因素，其调度算法上的弱点让恶意黑客能相对容易地拦截并破坏 WEP 密码，进而访问到局域网的内部资源。WPA 是继承了 WEP 基本原理而又解决了 WEP 缺点的一种新技术。由于加强了生成加密密钥的算法，因此即便收集到分组信息并对其进行解析，也几乎无法计算出通用密钥。WPA 还追加了防止数据中途被篡改的功能和认证功能。由于具备这些功能，WEP 中此前备受指责的缺点得以全部解决。

WPA 的设计可以用在所有的无线网卡上，但未必能用在第一代的无线取用点上。WPA 是一种基于标准的可互操作的 WLAN 安全性增强解决方案，可大大增强现有以及未来无线局域网系统的数据保护和访问控制水平。WPA 源于正在制定中的 IEEE 802.11i 标准并将与之保持前向兼容。部署适当的话，WPA 可保证 WLAN 用户的数据受到保护，并且只有授权的网络用户才可以访问 WLAN 网络。

由于 WEP 业已证明的不安全性，在 802.11i 协议完善前，采用 WPA 为用户提供一个临时性的解决方案。该标准的数据加密采用 TKIP 协议(Temporary Key Integrity Protocol)，认证有两种模式可供选择，一种是使用 802.1x 协议进行认证；一种是称为预先共享密钥 PSK(Pre-Shared Key)的模式。

WPA 是一种基于标准的可互操作的 WLAN 安全性增强解决方案，可大大增强现有以及未来无线局域网系统的数据保护和访问控制水平。WPA 源于正在制定中的 IEEE 802.11i 标准并将与之保持前向兼容。部署适当的话，WPA 可保证 WLAN 用户的数据受到保护，并且只有授权的网络用户才可以访问 WLAN 网络。

Wi-Fi 保护接入(WPA)是改进 WEP 所使用密钥的安全性的协议和算法。它改变了密钥生成方式,更频繁地变换密钥来获得安全。它还增加了消息完整性检查功能来防止数据包伪造。

WPA 的功能是替代现行的 WEP 协议。

WPA 通过使用一种名为 TKIP(暂时密钥完整性协议)的新协议来解决上述问题。使用的密钥与网络上每台设备的 MAC 地址及一个更大的初始化向量合并,来确信每一节点均使用一个不同的密钥流对其数据进行加密。随后,TKIP 会使用 RC4 加密算法对数据进行加密,但与 WEP 不同的是,TKIP 修改了常用的密钥,从而使网络更为安全,不易遭到破坏。

WPA 也包括完整性检查功能以确信密钥尚未受到攻击,同时加强了由 WEP 提供的形同虚设的用户认证功能,并包含对 802.1x 和 EAP(扩展认证协议)的支持。这样,WPA 既可以通过外部 RADIUS(拨入用户远程验证)服务对无线用户进行认证,也可以在大网络中使用 RADIUS 协议自动更改和分配密钥。

WPA2 不能用在某些旧的网卡上。这两个都提供优良的保全能力,但也都有两个明显的问题:WPA 或 WPA2 一定要启动并且被选来代替 WEP 才有用,但是大部分的安装指引都把 WEP 列为第一选择。在使用家中和小型办公室最可能选用的"个人"模式时,为了保全的完整性,所需的密语一定要比已经教用户设定的 6~8 个字符的密码还长。

- WEP-PSK 加密技术。

无线网络因为是通过电波传输数据,原则上无线网络会比有线网络更容易受到入侵,只需要在此无线网络的范围之内,就可以通过计算机进入你的无线网络。

WEP 是一种在接入点和客户端之间以 RC4 方式对分组信息进行加密的技术,密码很容易被破解。WEP 使用的加密密钥包括收发双方预先确定的 40 位(或 104 位)通用密钥,以及发送方为每个分组信息所确定的 24 位被称为Ⅳ密钥的加密密钥。但是,为了将Ⅳ密钥告诉给通信对象,Ⅳ密钥不经加密就直接嵌入到分组信息中被发送出去。如果通过无线窃听,收集到包含特定Ⅳ密钥的分组信息并对其进行解析,那么就连秘密的通用密钥都可能被计算出来。

WPA 是继承了 WEP 基本原理而又解决了 WEP 缺点的一种新技术。由于加强了生成加密密钥的算法,因此即便收集到分组信息并对其进行解析,也几乎无法计算出通用密钥。

WEP(有线等效加密)尽管从名字上看似乎是一个针对有线网络的安全选项,其实并不是这样。WEP 标准在无线网络的早期已经创建,目标是成为无线局域网(WLAN)的必要的安全防护层,但是 WEP 的表现无疑令人非常失望。它的根源在于设计上存在缺陷。

在使用 WEP 的系统中,在无线网络中传输的数据是使用一个随机产生的密钥来加密的。但是,WEP 用来产生这些密钥的方法很快就被发现具有可预测性,这样对于潜在的入侵者来说,就可以很容易地截取和破解这些密钥。即使是一个中等技术水平的无线黑客,也可以在 2~3 分钟内迅速地破解 WEP 加密。

IEEE 802.11 的动态有线等效保密模式是 20 世纪 90 年代后期设计的,当时功能强大的加密技术作为有效的武器受到美国严格的出口限制。由于害怕强大的加密算法被破解,无线网络产品是被禁止出口的。然而,仅仅两年以后,动态有线等效保密模式就被发现存在严重的缺点。无线网络产业不能等待电气电子工程师协会修订标准,因此推出动态密钥完整性协议 TKIP(动态有线等效保密的补丁版本)。

尽管 WEP 已经被证明是过时且低效的,但是今天在许多现代的无线访问点和路由器中,它依然被支持。不仅如此,它依然是被个人或公司所使用的最多的加密方法之一。但从网络的安全方面考虑,尽可能不要再使用 WEP。

无线网络最初采用的安全机制是 WEP,但是后来发现 WEP 是很不安全的,802.11 组织开始着手制定新的安全标准,也就是后来的 802.11i 协议。但是从标准的制定到最后的发布需要较长的时间,而且考虑到消费者不会为了网络的安全性而放弃原来的无线设备,因此 Wi-Fi 联盟在标准推出之前, 在 802.11i 草案的基础上制定了一种称为 WPA 的安全机制,它使用 TKIP。它使用的加密算法还是 WEP 中使用的加密算法 RC4,所以不需要修改原来无线设备的硬件。WPA 针对 WEP 中存在的问题:密钥管理过于简单、对消息完整性没有有效的保护,通过软件升级的方法提高网络的安全性。

WPA 的出现给用户提供了一个完整的认证机制,AP 根据用户的认证结果决定是否允许其接入无线网络中;认证成功后可以根据多种方式(传输数据包的多少、用户接入网络的时间等)动态地改变每个接入用户的加密密钥。另外,对用户在无线中传输的数据包进行 MIC 编码,确保用户数据不会被其他用户更改。作为 802.11i 标准的子集,WPA 的核心就是 IEEE 802.1x 和 TKIP。

WPA 考虑到不同的用户和不同的应用安全需要,例如,企业用户需要很高的安全保护(企业级),否则可能会泄露非常重要的商业机密;而家庭用户往往只是使用网络来浏览 Internet、收发 E-mail、打印和共享文件,这些用户对安全的要求相对较低。为了满足不同安全要求用户的需要,WPA 中规定了两种应用模式:企业模式和家庭模式(包括小型办公室)。

根据这两种不同的应用模式,WPA 的认证也分别有两种不同的方式。对于大型企业的应用,常采用 802.1x+EAP 的方式,用户提供认证所需的凭证。但对于一些中小型的企业网络或家庭用户,WPA 也提供一种简化的模式,它不需要专门的认证服务器。这种模式叫做“WPA 预共享密钥(WPA-PSK)”,它仅要求在每个 WLAN 节点(AP、无线路由器和网卡等)预先输入一个密钥即可实现。

这个密钥仅仅用于认证过程,而不用于传输数据的加密。数据加密的密钥是在认证成功后动态生成,系统将保证“一户一密”,不存在像 WEP 那样全网共享一个加密密钥的情形,因此大大地提高了系统的安全性。

【实验原理】

WPA-PSK 加密方式的无线局域网是采用共享密钥形式的接入、加密方式,即在 AP 上设置了相应的密钥,在客户端也需要输入和 AP 端一样的密钥才可以正常接入,并且 AP 与无线客户端的通信也通过了加密。即使有人抓取到无线数据包,也看不到里面相应的内容。

WPA 加密方式比 WEP 具有更高的安全性，由于其采用高级的加密算法，所以不容易被破解。在实际使用时，如果客户端都支持该种加密方式，推荐使用该加密方式。

【实验步骤】

(1) 配置无线交换机的基本参数。

① 无线交换机的默认 IP 地址是 192.168.100.1/24，因此将 STA1 的 IP 地址配置为 192.168.100.2/24，并打开浏览器登录到 https://192.168.100.1，弹出图 5-236 所示界面，单击"是"按钮。

系统的默认管理用户名是 admin，密码为空，如图 5-237 所示。

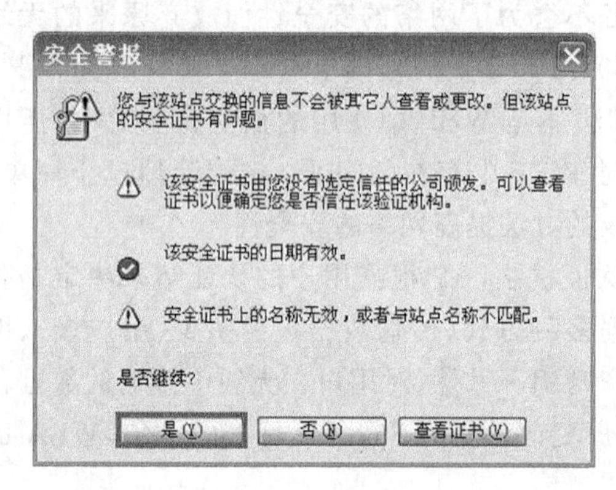

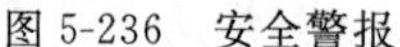
图 5-236　安全警报　　　　图 5-237　登录无线交换机

② 输入用户名和密码后就进入了无线交换机的 Web 配置页面，单击 Start 按钮，进入快速配置指南，如图 5-238 所示。

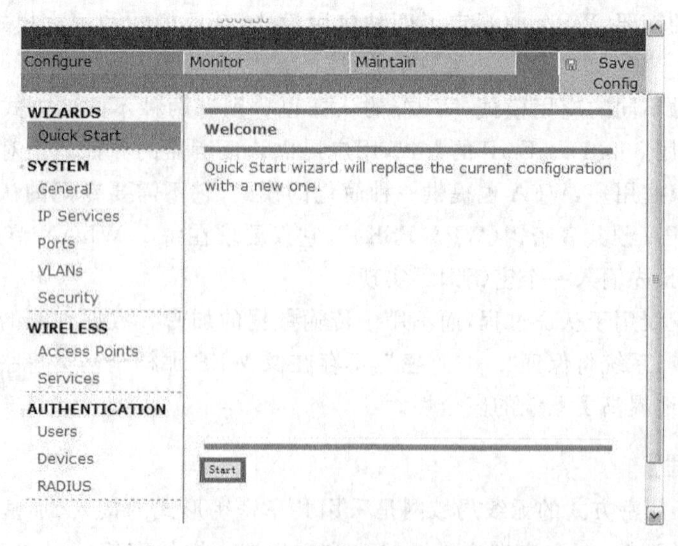

图 5-238　进入无线交换机 Web 配置页面

③ 选择管理无线交换机的工具 RingMaster，如图 5-239 所示。

Configure Monitor Maintain Save Config
WIZARDS
Quick Start
SYSTEM
General
IP Services
Ports
VLANs
Security
WIRELESS
Access Points
Services
AUTHENTICATION
Users
Devices
RADIUS
Configuration Type View Help
Select the management platform you plan to use for configuring and managing this switch in the future.
How will you manage this system?
RingMaster
Web browser
RingMaster
Back Next

图 5-239 选择管理无线交换机工具

④ 配置无线交换机的 IP 地址、子网掩码以及默认网关，如图 5-240 所示。

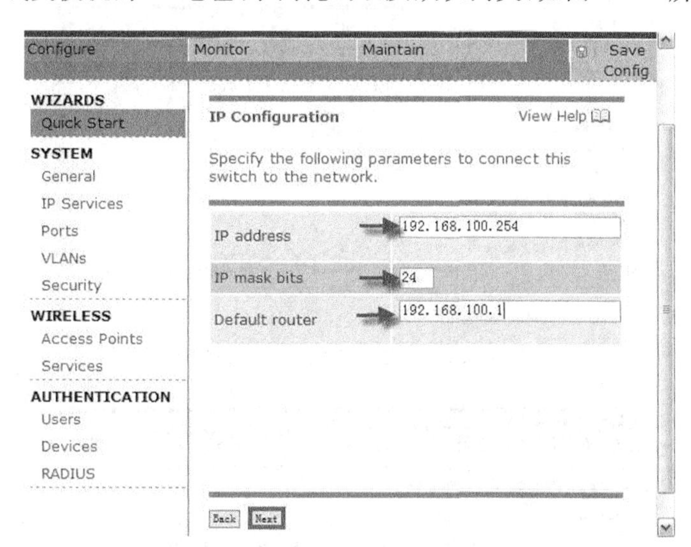

图 5-240 配置无线交换机的 IP

⑤ 设置系统的管理密码，如图 5-241 所示。

⑥ 设置系统的时间以及时区，如图 5-242 所示。

⑦ 确认并完成无线交换机的基本配置，如图 5-243 所示。

(2) 通过 RingMaster 网管软件进行无线交换机的高级配置。

① 运行 RingMaster，地址为 127.0.0.1，端口为 443，用户名和密码默认为空，如图 5-244 所示。

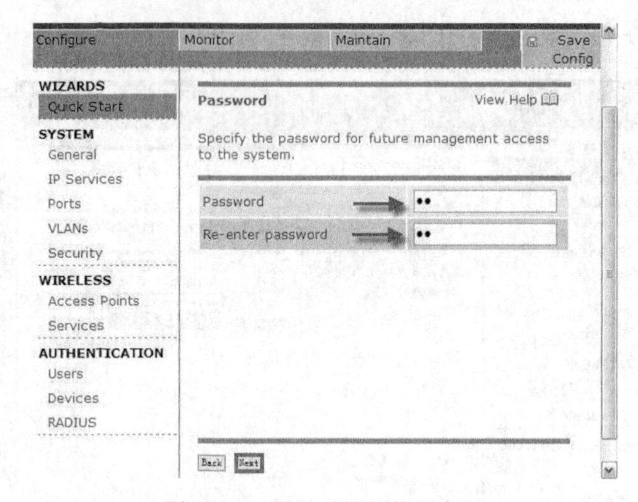

图 5-241　设置系统的管理密码

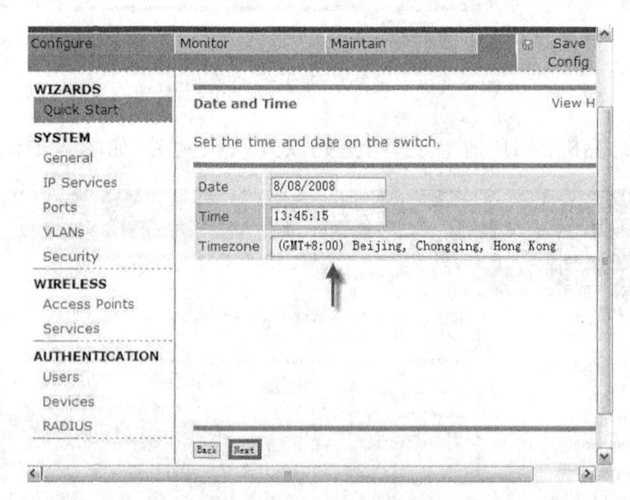

图 5-242　设置系统的时间以及时区

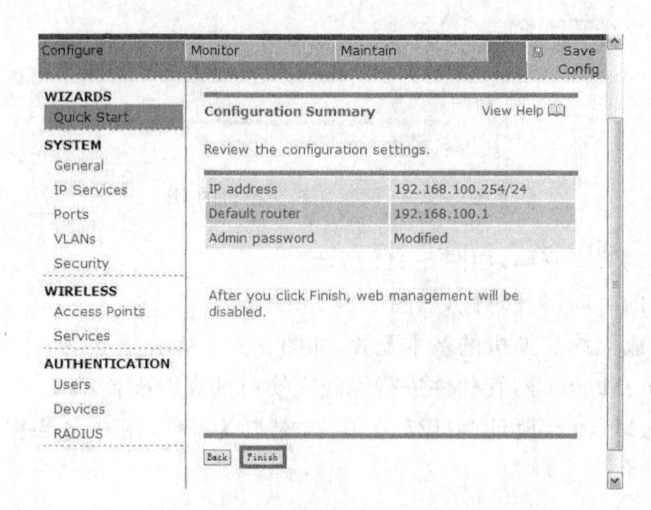

图 5-243　确认并完成无线交换机的基本配置

图 5-244 运行 RingMaster 网管软件

② 选择 Configuration，进入配置界面，并添加被管理的无线交换机，如图 5-245 所示。

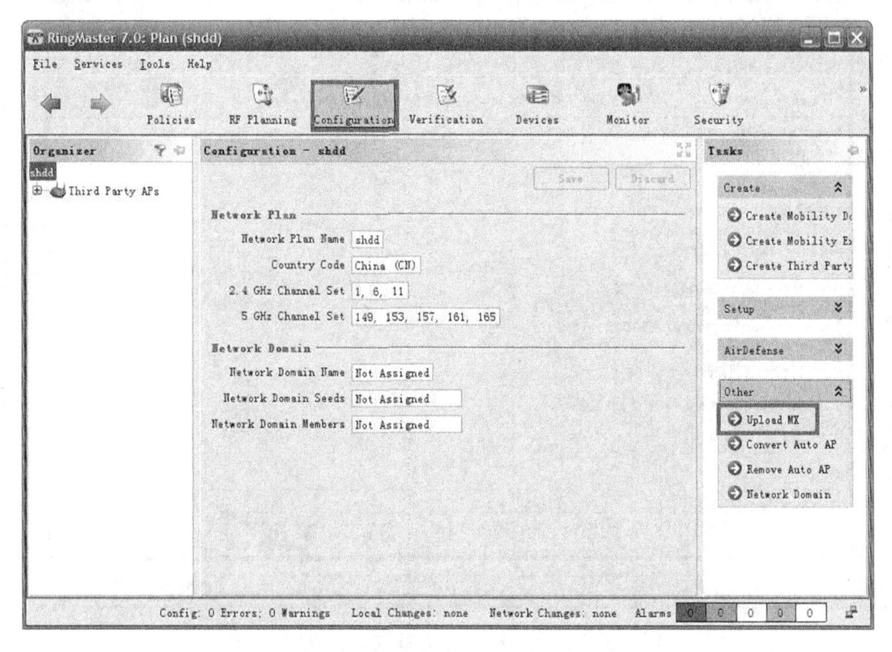

图 5-245 进入配置界面

③ 输入被管理的无线交换机的 IP 地址，Enable 密码，如图 5-246～图 5-248 所示。

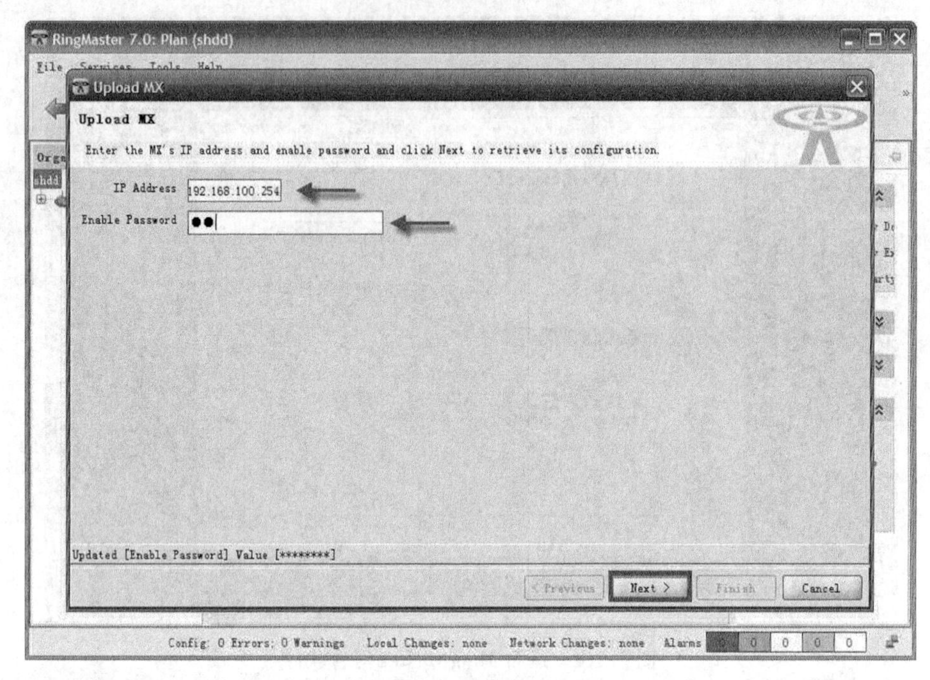

图 5-246　输入被管理无线交换机的 IP(1)

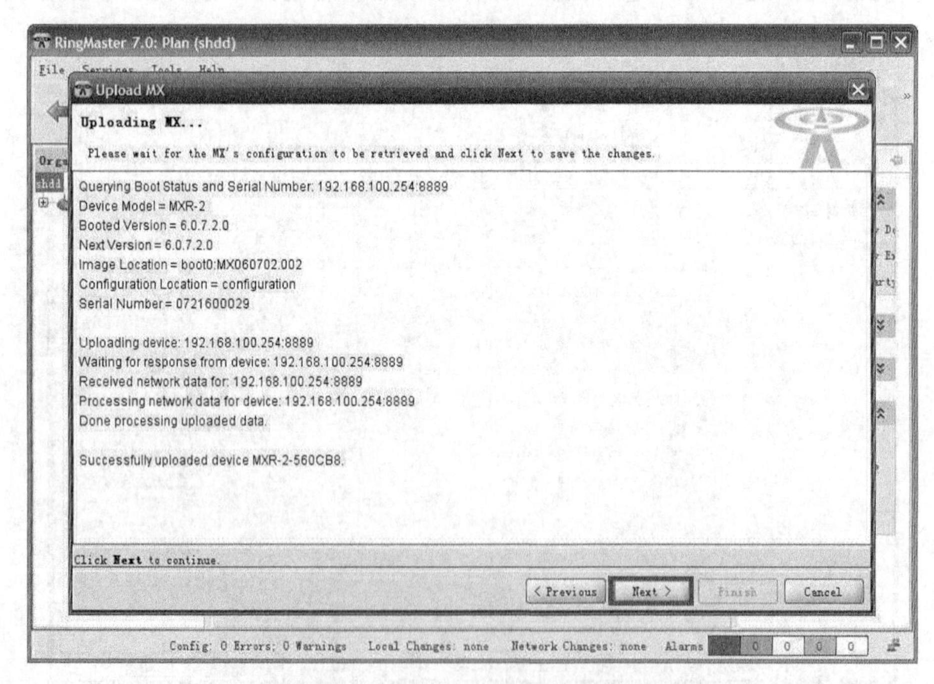

图 5-247　输入被管理无线交换机的 IP(2)

④ 完成添加后，进入无线交换机的操作界面，如图 5-249 所示。

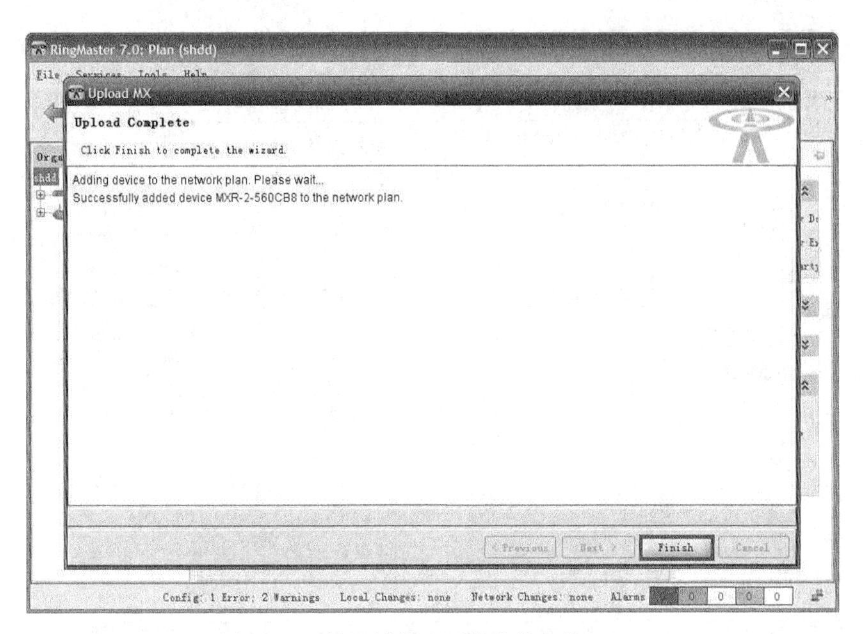

图 5-248 输入被管理无线交换机的 IP(3)

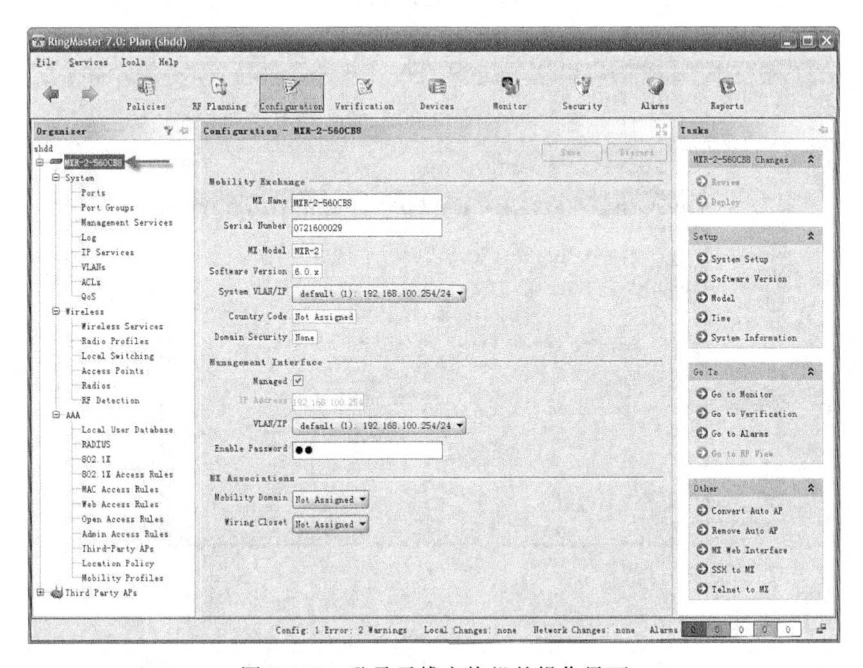

图 5-249 登录无线交换机的操作界面

(3) 配置无线 AP。

① 选择 Wireless→Access Points 选项,添加 AP,如图 5-250 所示。

② 为添加的 AP 进行命名,并选择连接方式,默认使用 Distributed 模式,如图 5-251 所示。

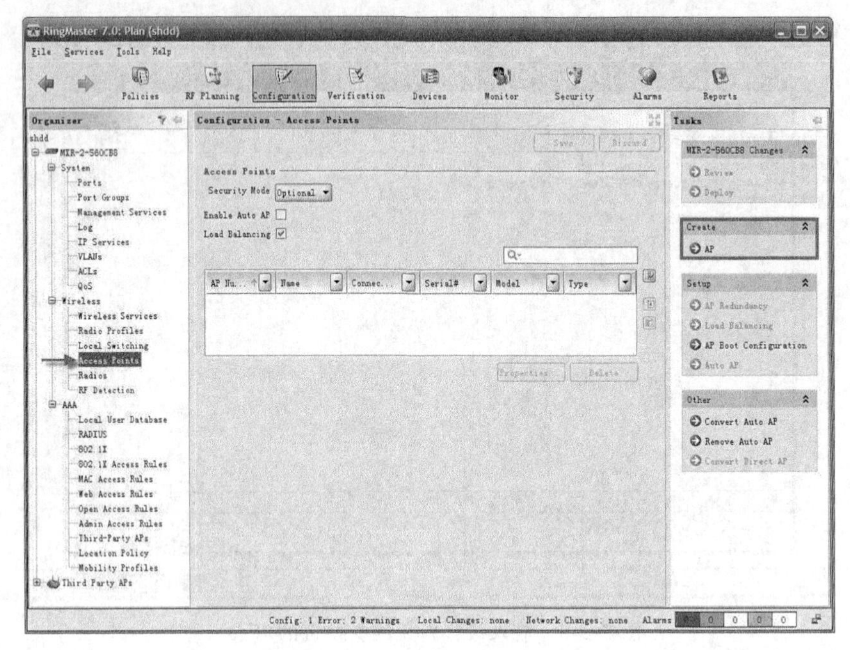

图 5-250　配置无线 AP

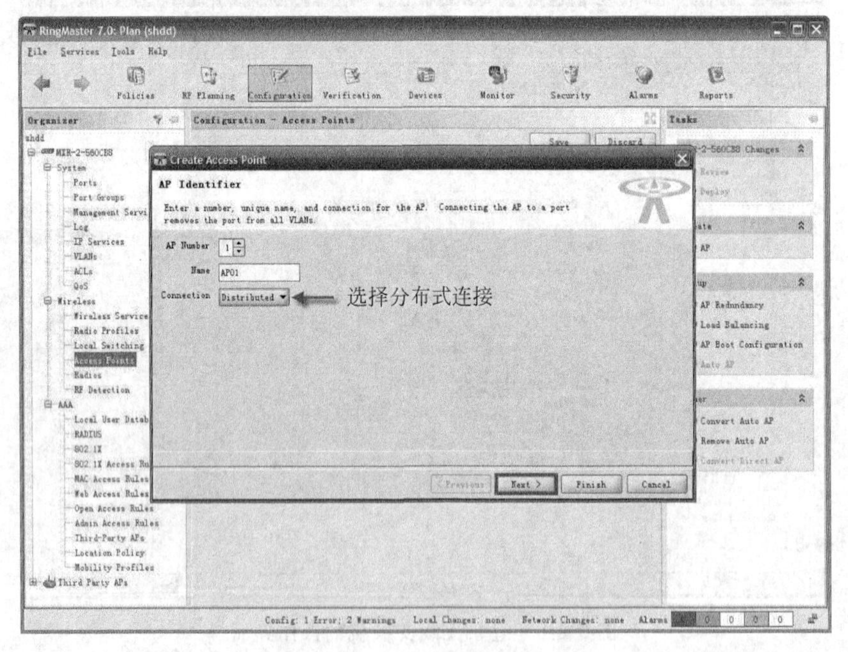

图 5-251　为添加的 AP 命名

③ 将需要添加的 AP 机身后面的 SN 号输入对话框，用于 AP 与无线交换机的注册过程，如图 5-252 所示。

④ 选择添加 AP 的具体型号和传输协议，完成 AP 添加，如图 5-253 所示。

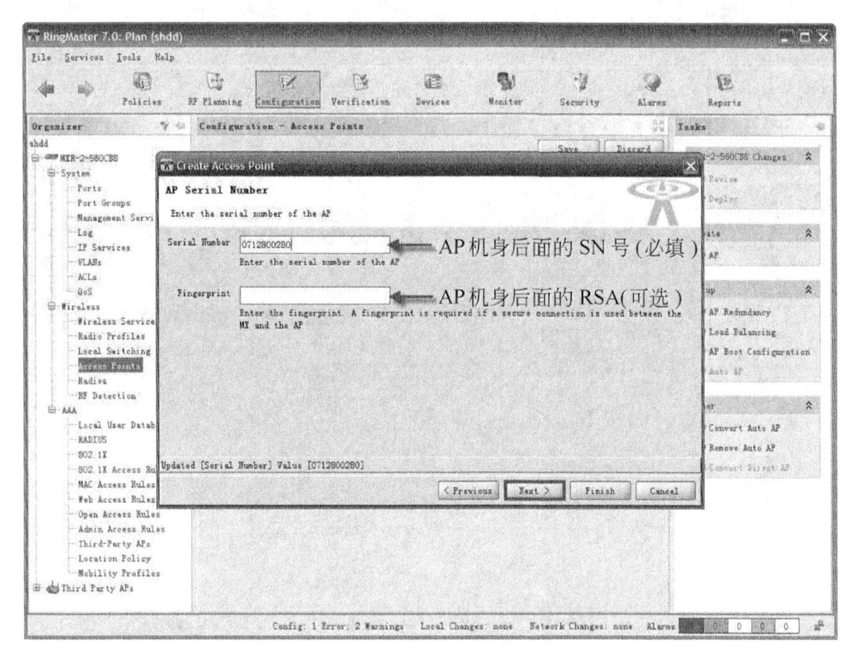

图 5-252 添加AP机身后的SN号

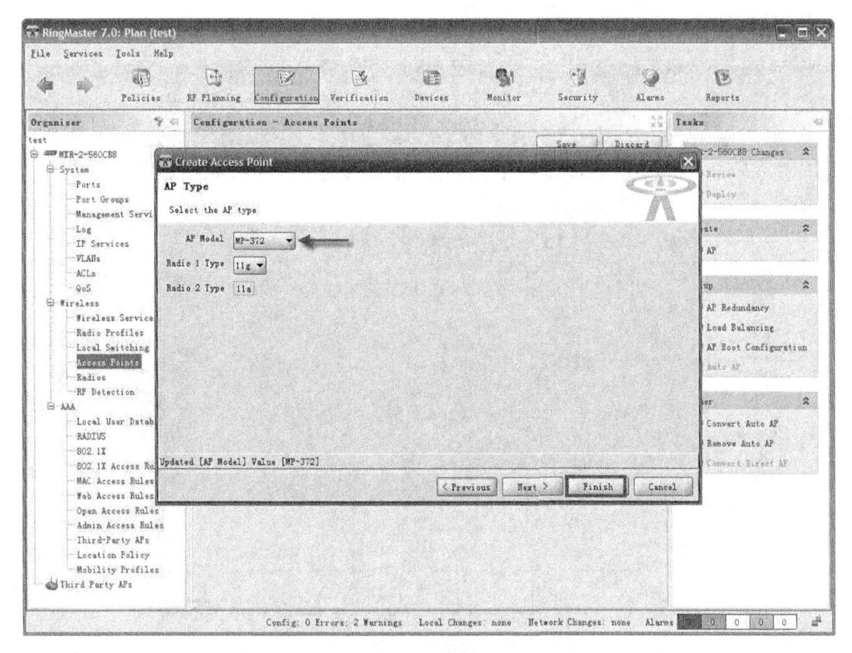

图 5-253 选择添加AP的型号和传输协议

(4) 配置无线交换机的DHCP服务器。

① 选择System→VLANs选项，然后选择default vlan，进入属性配置，如图5-254所示。

② 进入Properties→DHCP Server选项，激活DHCP服务器，设置地址池和DNS，保

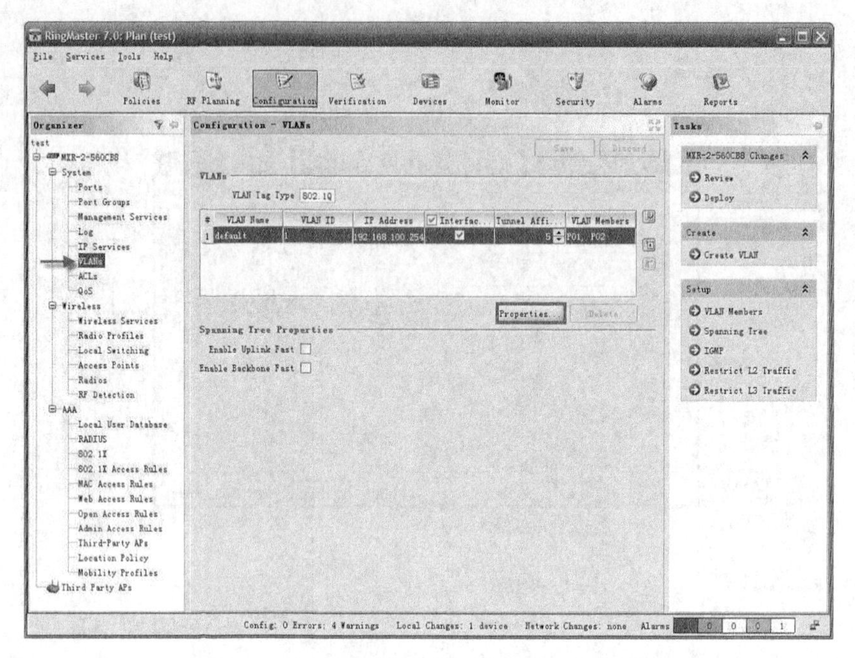

图 5-254 配置无线交换机的 DHCP 服务器

存，如图 5-255 所示。

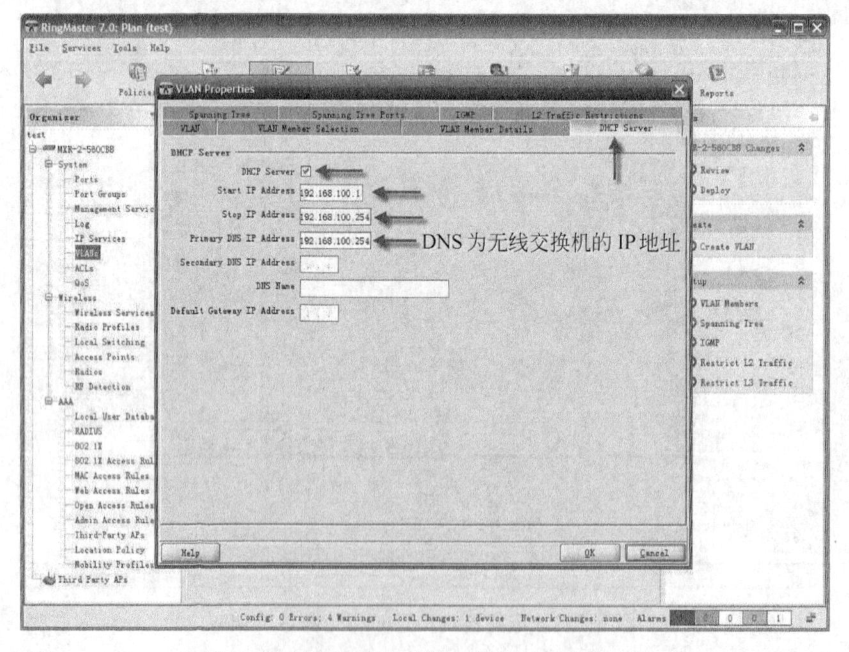

图 5-255 激活无线交换机的 DHCP 服务器

③ 选择 System→Ports 选项，将无线交换机的端口 POE 打开，并保存，如图 5-256 所示。

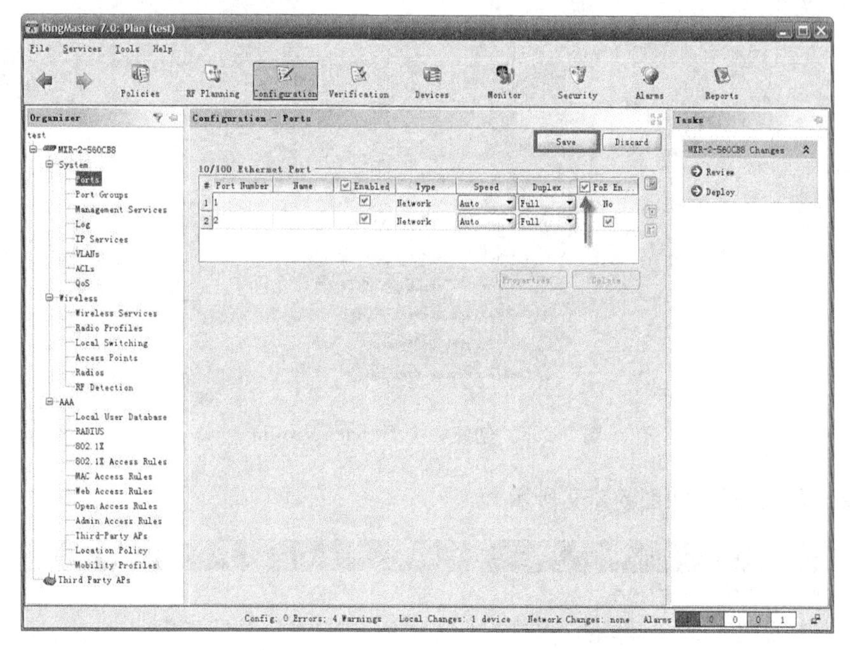

图 5-256 打开无线交换机端口 POE

(5) 配置 Wireless Services。

① 在菜单 Configuration 下，选择 Wireless→Wireless Services 选项，如图 5-257 所示。

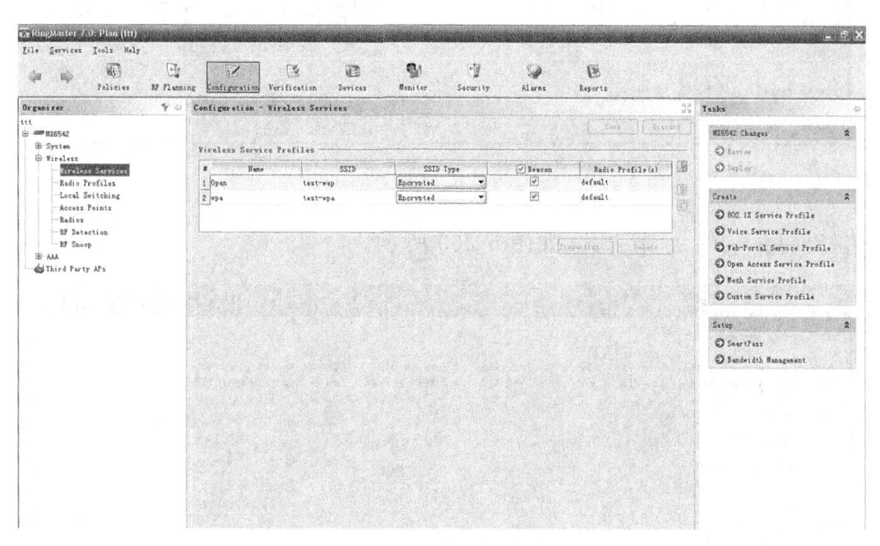

图 5-257 配置 Wireless Services

② 创建一个 Service Profile：在管理页面右边 Create 的下面单击 Open Access Service Profile 链接，如图 5-258 所示。

③ 输入测试使用的 Service Profile，名为 wpa，SSID 为 test-wpa，SSID 类型为

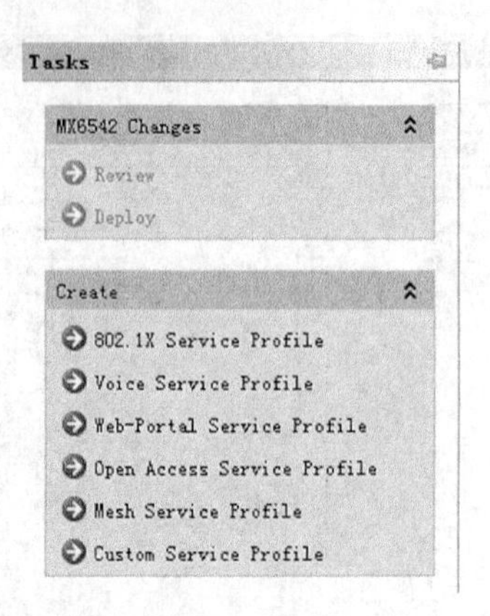

图 5-258　创建一个 Service Profile

Encrypted,即加密的,如图 5-259 所示。

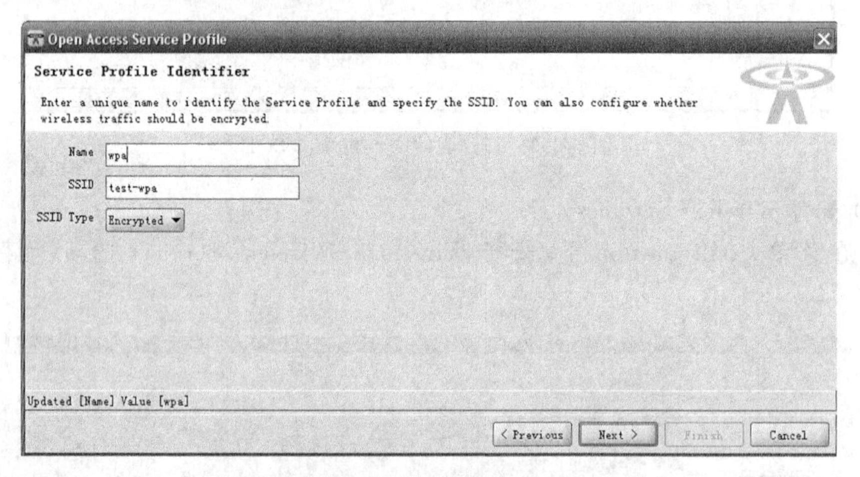

图 5-259　输入测试使用的 Service Profile 名

④ 选择使用 WPA 加密方式,如图 5-260 所示。

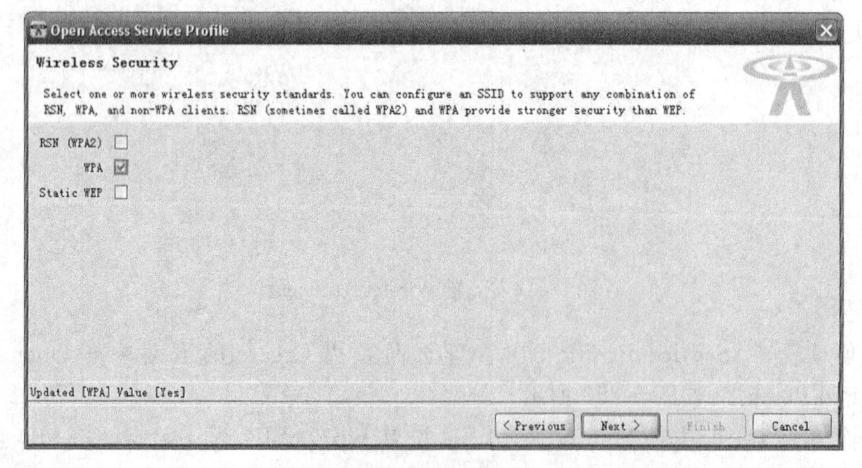

图 5-260　选择 WPA 加密

⑤ 输入共享密钥 1234567890，如图 5-261 所示。

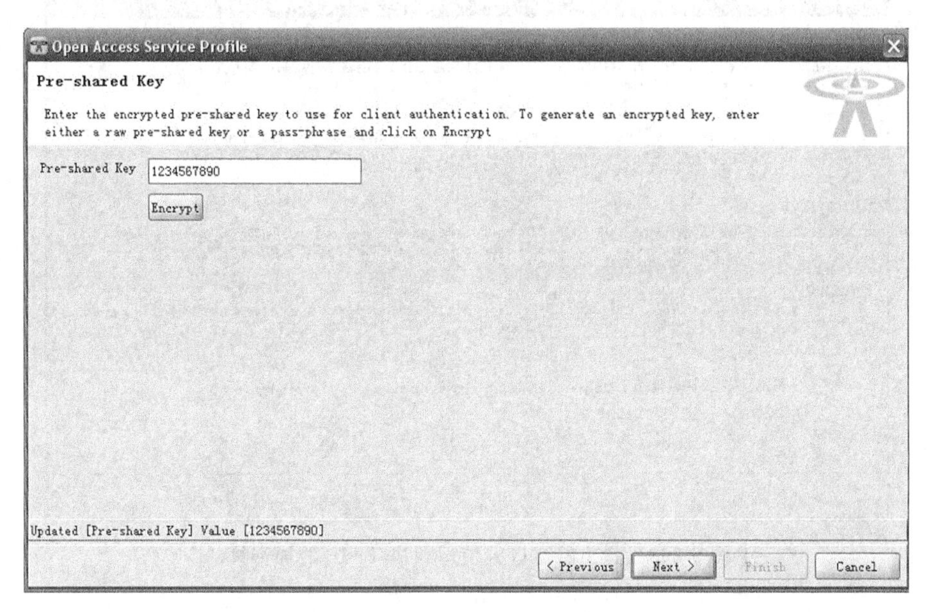

图 5-261 输入共享密钥

⑥ 单击 Encrypt 按钮，就通过加密算法生成了密钥，如图 5-262 所示。

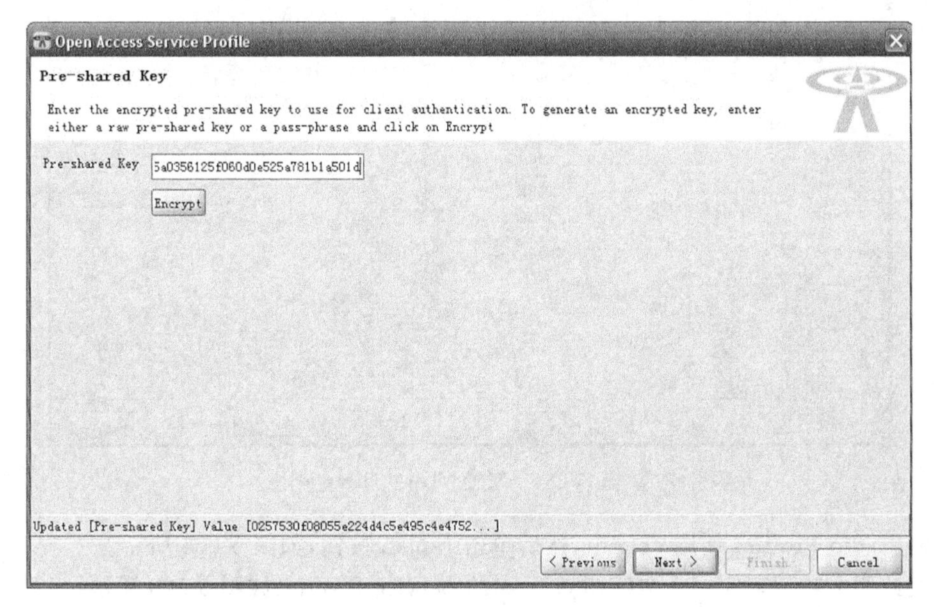

图 5-262 通过加密算法生成密钥

⑦ 单击 Next 按钮，弹出的窗口中使用默认设置，即 TKIP 的加密算法，如图 5-263 所示。

⑧ VLAN Name 为 default，如图 5-264 所示。

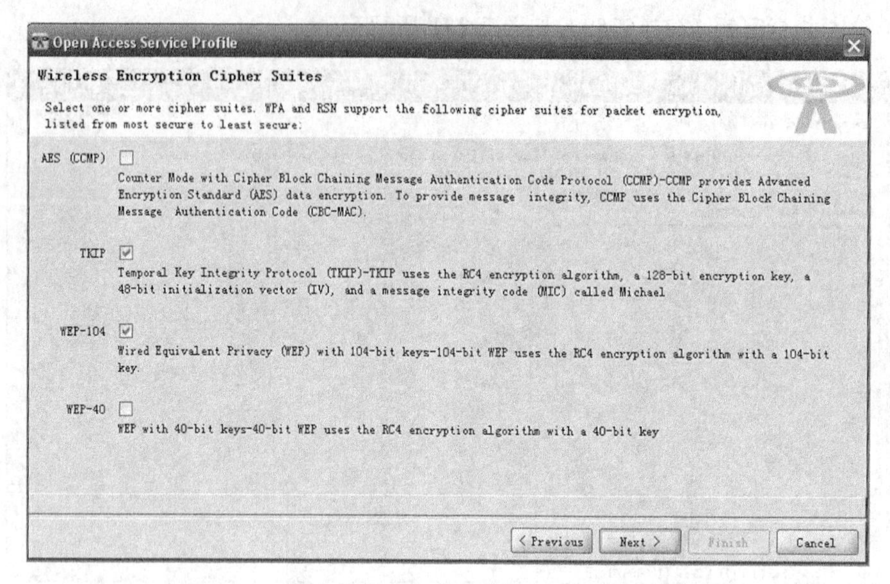

图 5-263 弹出的窗口中使用默认 TKIP 的加密算法

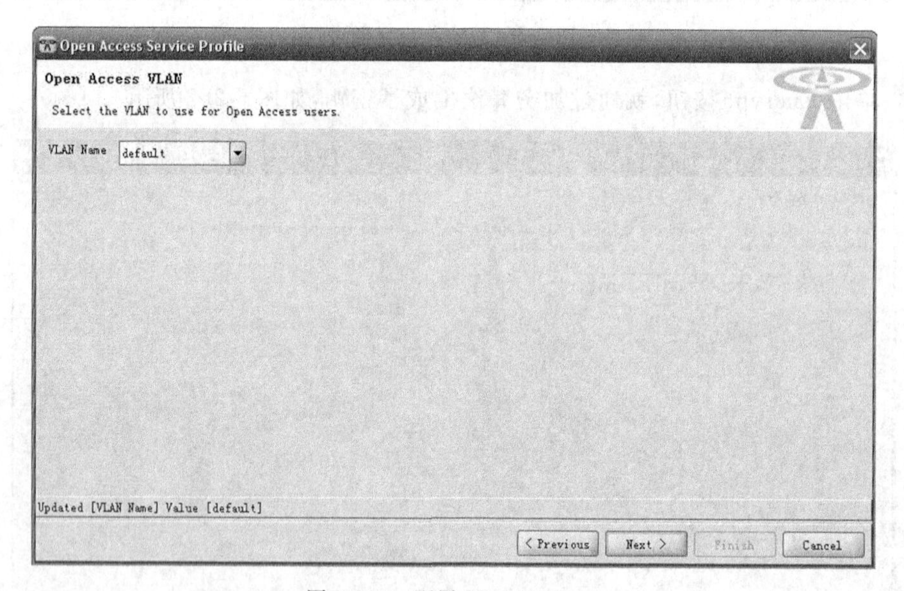

图 5-264 配置 VLAN Name

⑨ Radio Profiles 使用 default,然后单击 Finish 按钮,如图 5-265 所示。

至此便成功创建完一个名字叫做 wpa 的 Service Profile,如图 5-266 所示。

⑩ 单击窗口右边的 Deploy,将刚才所做的配置下发到无线交换机,如图 5-267 所示。

⑪ 弹出的窗口出现 Deploy completed 时,配置下发完成,如图 5-268 所示。

此时配置完成,无线局域网便会广播出采用 WEP 加密方式的 SSID test-wep。

(6) 测试无线客户端。

① 打开无线网卡,搜寻无线局域网,会发现名为 test 的 SSID,并联入该 SSID,如

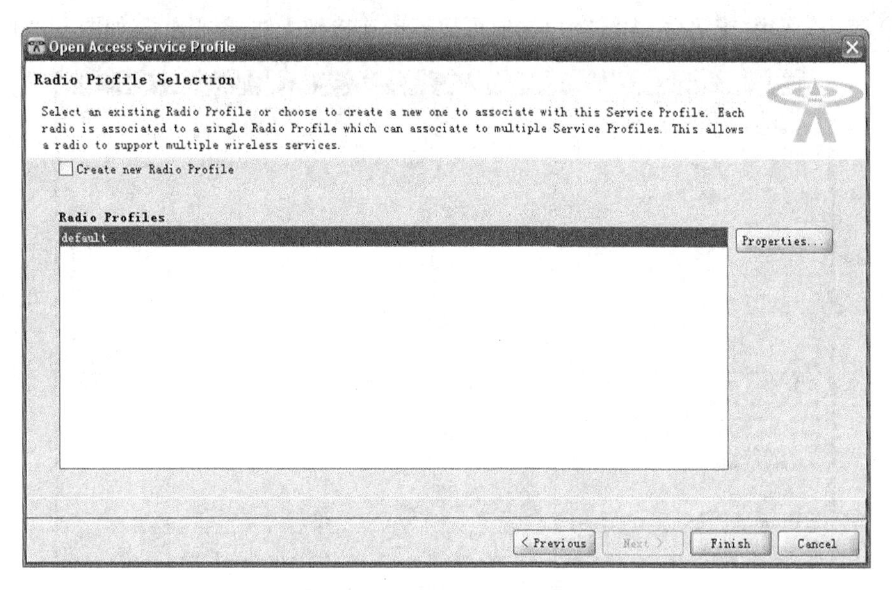

图 5-265 配置 Radio Profiles

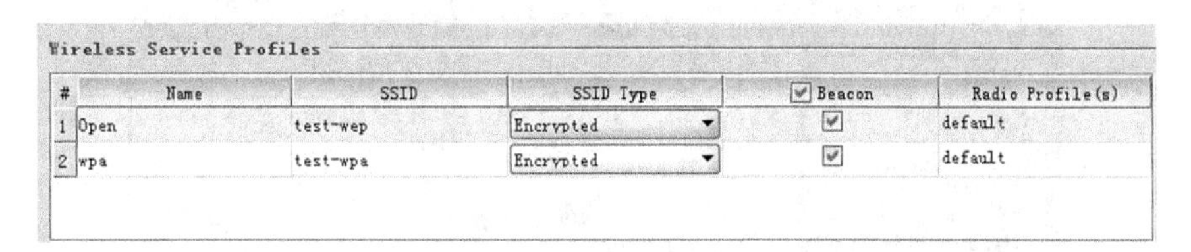

Wireless Service Profiles

#	Name	SSID	SSID Type	Beacon	Radio Profile(s)
1	Open	test-wep	Encrypted	✓	default
2	wpa	test-wpa	Encrypted	✓	default

图 5-266 成功创建 Service Profiles

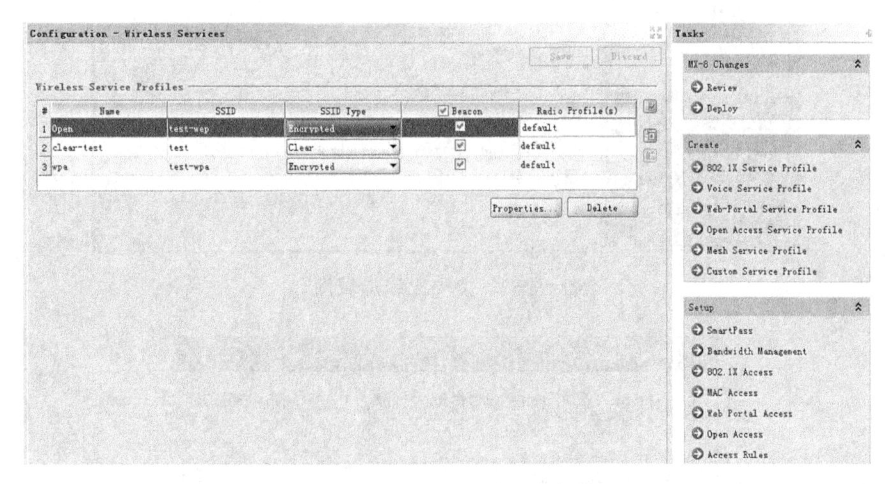

#	Name	SSID	SSID Type	Beacon	Radio Profile(s)
1	Open	test-wep	Encrypted	✓	default
2	clear-test	test	Clear	✓	default
3	wpa	test-wpa	Encrypted	✓	default

图 5-267 配置下发到无线交换机

图 5-269 所示。

② 此时会提示输入 WEP 密钥，输入密钥 1234567890，如图 5-270 所示。

③ 单击“连接”按钮后，无线客户端便可以正确连接到无线局域网了，如图 5-271 所示。

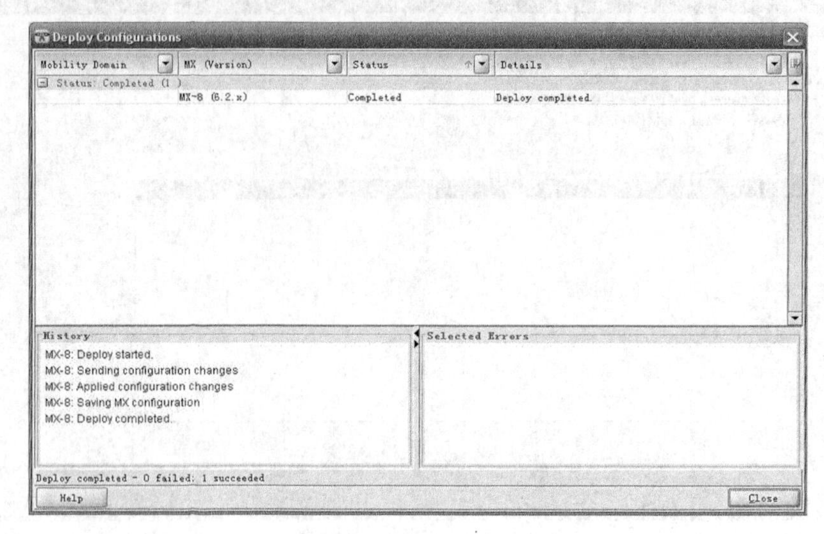

图 5-268 配置下发完成

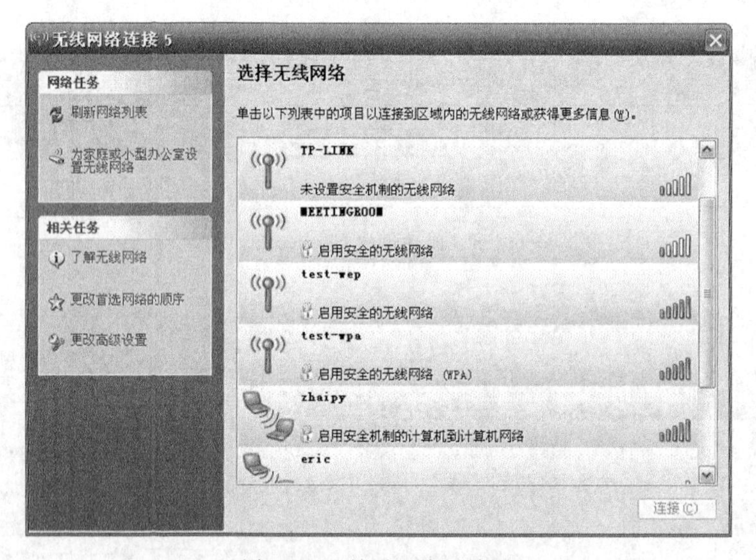

图 5-269 搜寻无线局域网

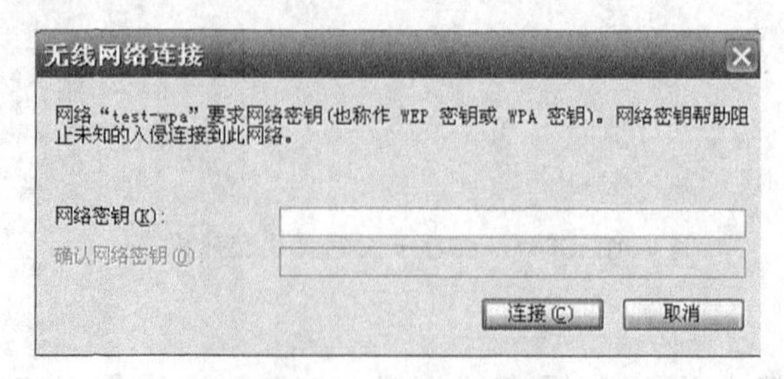

图 5-270 输入密钥

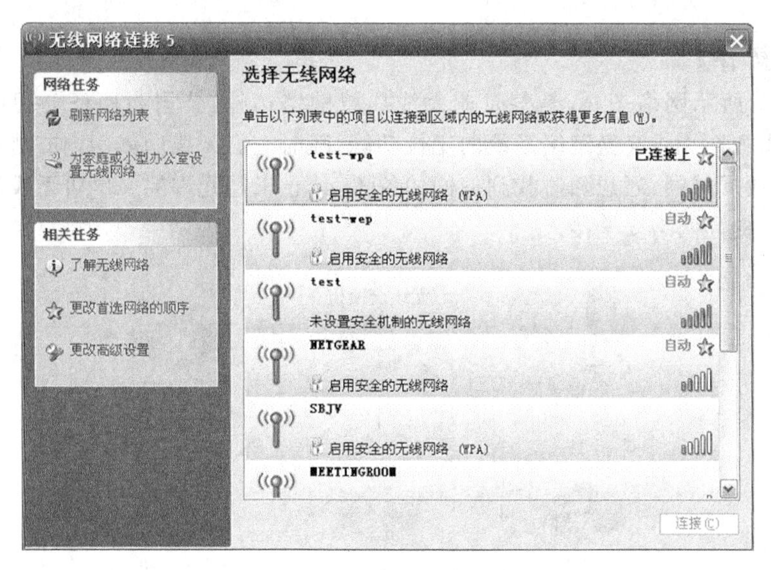

图 5-271　连接到无线局域网

无线客户端可以 ping 通无线交换机地址和 STA1 的地址。

5.10　非法 AP 和 Client 的发现与定位

【实验名称】

非法 AP 和 Client 的发现与定位。

【实验目的】

掌握非法 AP 和 Client 的发现与定位的概念及操作方法。

【背景描述】

小张在一家大型单位担任网络管理员，前段时间公司为了工作人员上网便利新建了基于智能无线交换架构的无线局域网。但是建成后使用过程中，经常看到整个无线局域网内有其他的未经信息中心允许的无线 AP 在公司的办公大楼内。并且小张想随时查看无线局域网内有哪些无线客户端在使用无线局域网，还想随时找到他们的位置，为了能快速找到这些未经允许的 AP 和无线局域网内的客户端，小张想要依靠智能无线交换网络系统的定位功能开展工作。

【需求分析】

需求：在无线局域网的环境中经常存在未经允许的无线设备接入到我们的网络中，有时我们也需要查找一些无线的客户端设备，如何利用现有的智能无线交换网络进行非法 AP 和客户端的查找。

分析：利用智能无线交换网络的非法设备自动发现和定位以及客户端的定位功能，实现非法 AP 和客户端的查找。

【实验拓扑】

图 5-272 所示网络拓扑，是某企业无线局域网络拓扑，公司为保证公司内部信息安全，希望采用智能无线交换网络系统的定位功能，随时查看无线局域网内有哪些无线客户端在使用无线局域网，还想随时找到他们的位置，禁止未经允许的 AP 和无线局域网内的客户端接入，提高网络安全接入。

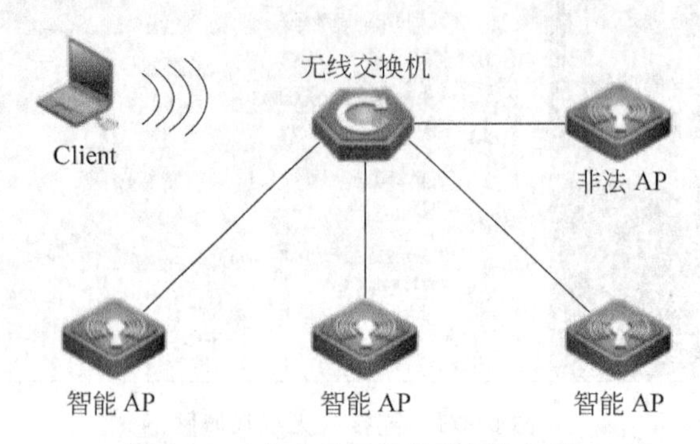

图 5-272　某企业无线局域网络拓扑

【实验设备】

PC 1 台；智能无线 AP 3 台；智能无线交换机 1 台；安装有无线网管 RingMaster 的服务器 1 台；自治型无线 AP 1 台。

【预备知识】

- 无线局域网基本知识。
- 智能无线交换网络工作原理。
- 智能无线交换产品基本操作。
- 非法 AP 定位。

无线局域网易于访问和配置简单的特性，使网络管理员和安全官员非常头痛。因为任何人的计算机都可以通过自己购买的 AP，不经过授权而连入网络。很多部门未通过公司 IT 中心授权就自建无线局域网，用户通过非法 AP 接入给网络带来很大安全隐患。

在无线 AP 接入有线集线器的时候，可能会遇到非法 AP 的攻击，非法安装的 AP 会危害无线网络的宝贵资源，因此必须对 AP 的合法性进行验证。AP 支持的 IEEE 802.1x 技术提供了一个客户机和网络相互验证的方法，在此验证过程中不但 AP 需要确认无线用户的合法性，无线终端设备也必须验证 AP 是否为虚假的访问点，然后才能进行通信。通过双向认证，可以有效地防止非法 AP 的接入。对于那些不支持 IEEE 802.1x 的 AP，则需要通过定期的站点审查来防止非法 AP 的接入。在入侵者使用网络之前，通过接收天线找到未被授权的网络，通过物理站点的监测应当尽可能地频繁进行，频繁的监测可增加发现非法配置站点的存在几率。选择小型的手持式检测设备，管理员可以通过手持扫描设备随时到网络的任何位置进行检测。

【实验原理】

无线定位是一种通过无线环境内同一平面内的各个 AP 采集到客户端或非法 AP 的

RSSI值(信号强度),而由智能无线交换机计算非法AP或客户端在平面的大致位置。

由于无线信号数值参数的采集经常受到各种各样环境的影响,因此,RingMaster无线网管的定位较为简单,因此该功能适合满足一些定位要求比较低的场合。

【实验步骤】

(1) 配置无线交换机的基本参数。

① 无线交换机默认IP地址是192.168.100.1/24,因此将STA1的IP地址配置为192.168.100.2/24,并打开浏览器登录到https://192.168.100.1,弹出图5-273所示界面,单击"是"按钮。

系统的默认管理用户名是admin,密码为空,如图5-274所示。

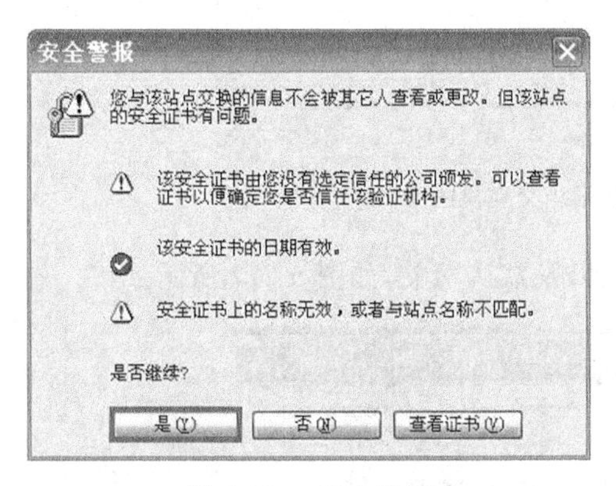

图5-273 安全警报

图5-274 登录无线交换机

② 输入用户名和密码后就进入了无线交换机的Web配置页面,单击Start按钮,进入快速配置指南,如图5-275所示。

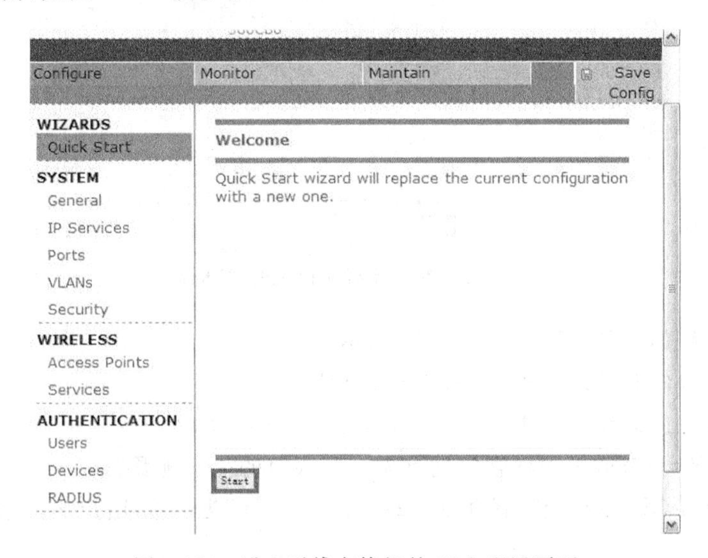

图5-275 进入无线交换机的Web配置页面

③ 选择管理无线交换机的工具RingMaster,如图5-276所示。

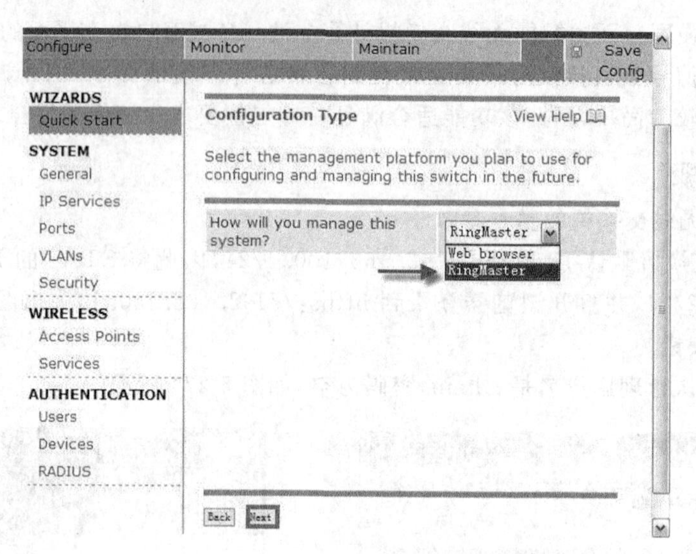

图 5-276　选择管理无线交换机的工具

④ 配置无线交换机的 IP 地址、子网掩码以及默认网关，如图 5-277 所示。

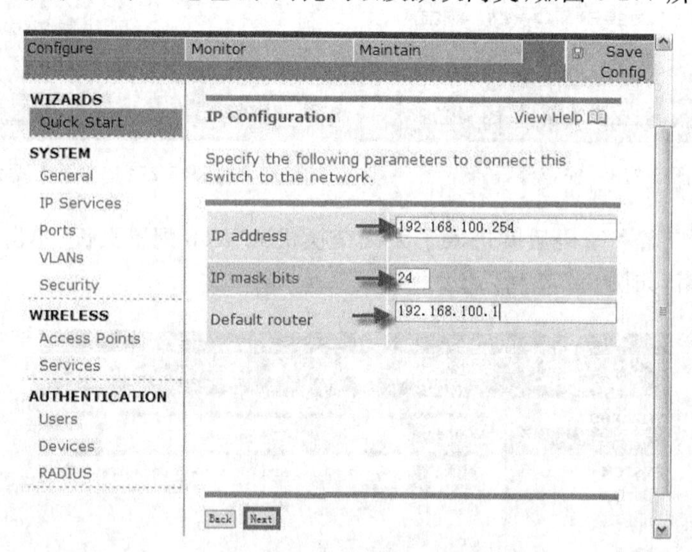

图 5-277　配置无线交换机的 IP 地址

⑤ 设置系统的管理密码，如图 5-278 所示。

⑥ 设置系统的时间以及时区，如图 5-279 所示。

⑦ 确认并完成无线交换机的基本配置，如图 5-280 所示。

(2) 通过 RingMaster 网管软件进行无线交换机的高级配置。

① 运行 RingMaster 软件，地址为 127.0.0.1，端口为 443，用户名和密码默认为空，如图 5-281 所示。

② 选择 Configuration，进入配置界面，并添加被管理的无线交换机，如图 5-282 所示。

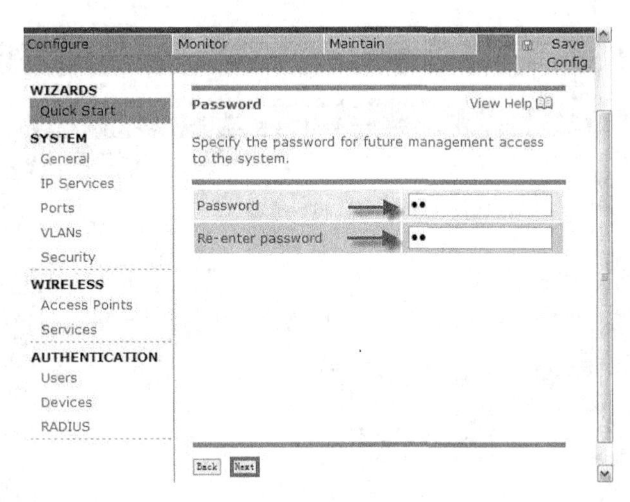

图 5-278 设置系统的管理密码

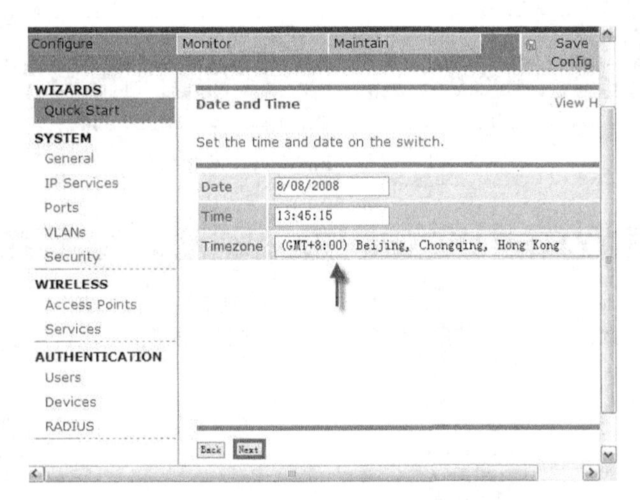

图 5-279 设置系统的时间以及时区

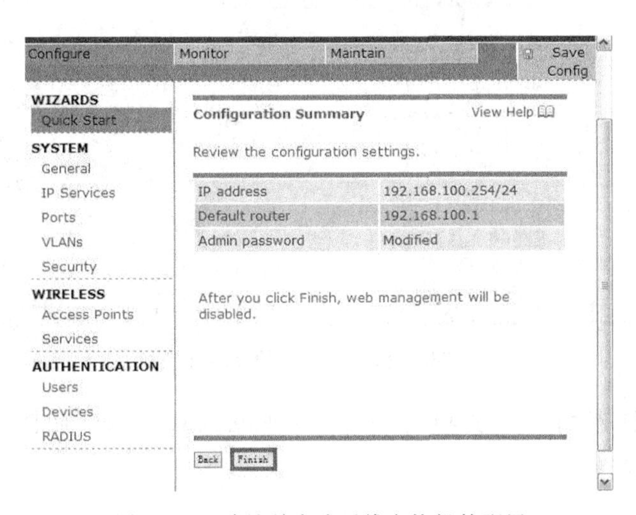

图 5-280 确认并完成无线交换机的配置

图 5-281　运行 RingMaster 网管软件

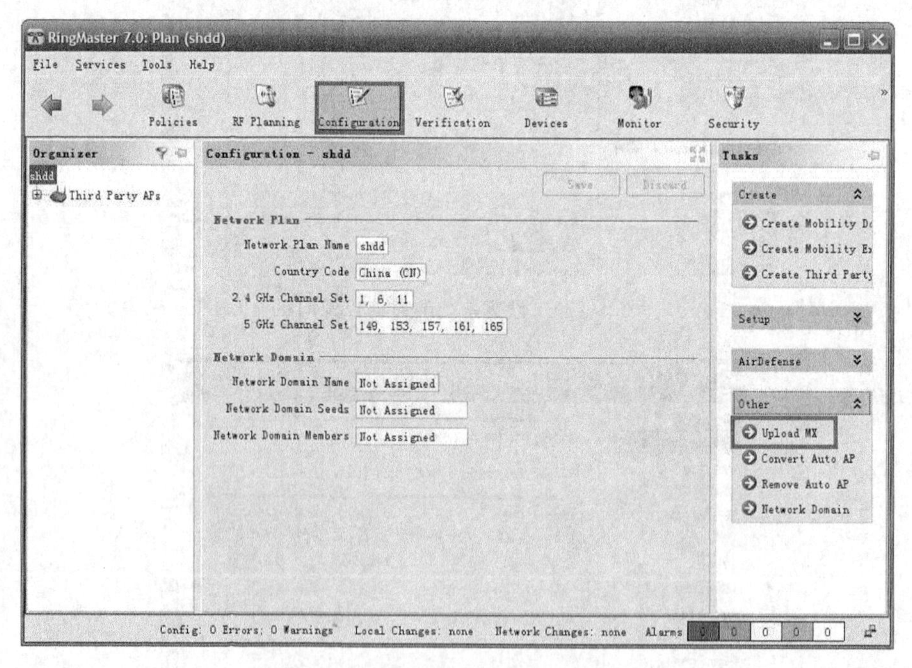

图 5-282　添加被管理的无线交换机

③ 输入被管理的无线交换机的 IP 地址，Enable 密码，如图 5-283～图 5-285 所示。

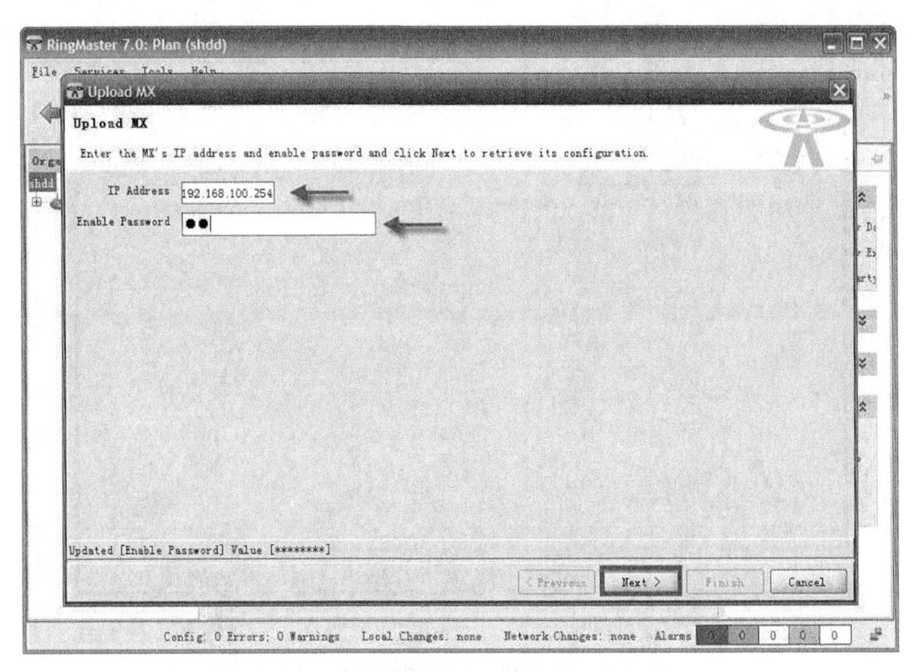

图 5-283 输入被管理无线交换机的 IP(1)

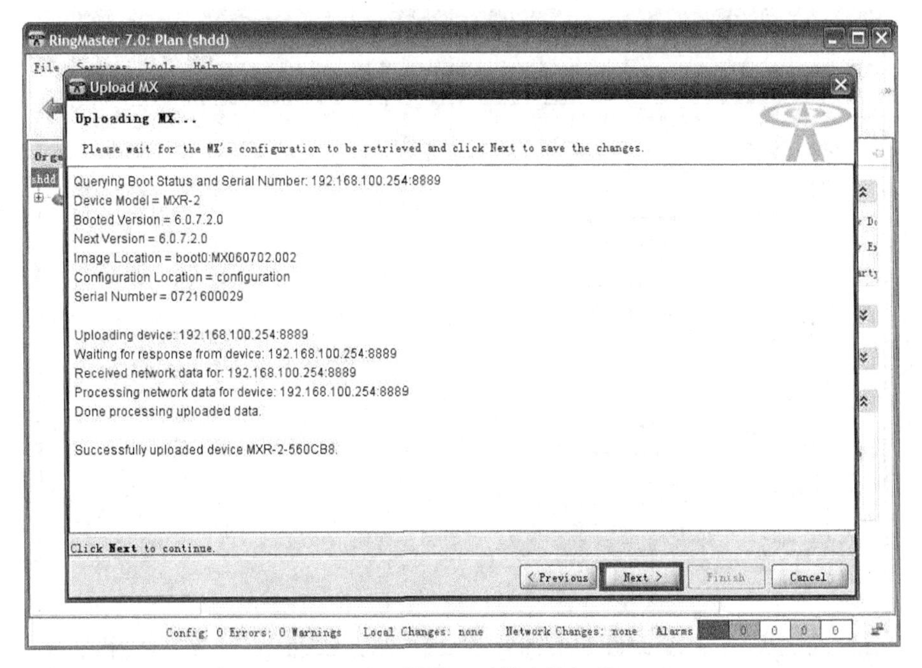

图 5-284 输入被管理无线交换机的 IP(2)

④ 完成添加后，进入无线交换机的操作界面，如图 5-286 所示。

(3) 配置无线 AP。

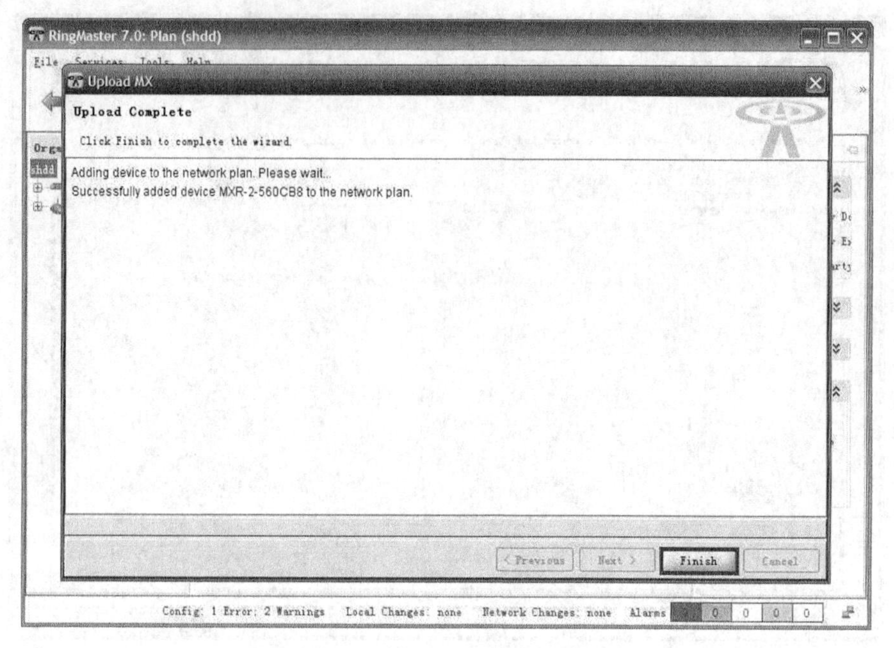

图 5-285 输入被管理无线交换机的 IP(3)

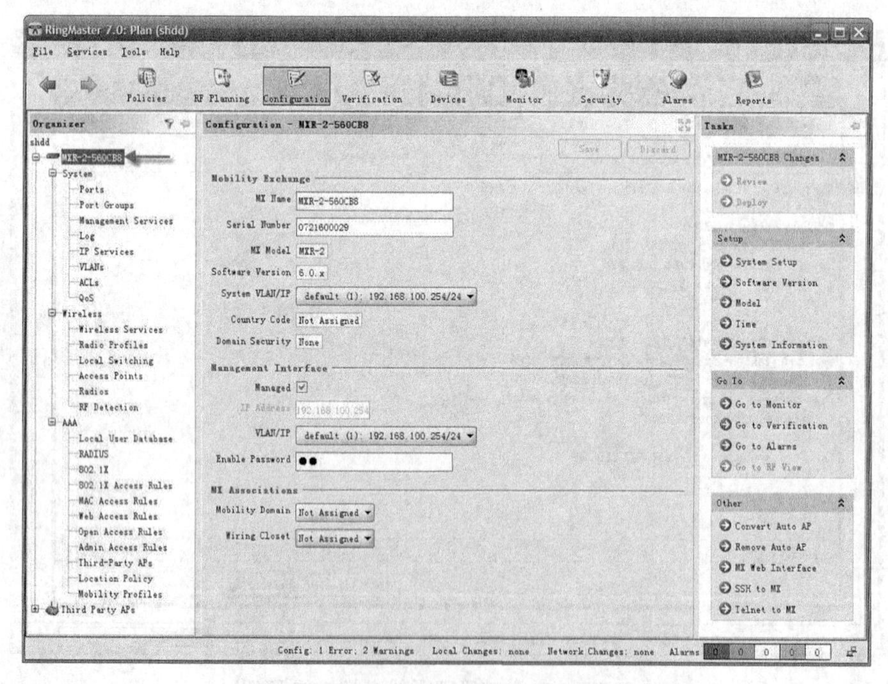

图 5-286 进入无线交换机的操作界面

① 选择 Wireless→Access Points 选项,添加 AP,如图 5-287 所示。

② 为添加的 AP 进行命名,并选择连接方式,默认使用 Distributed 模式,如图 5-288 所示。

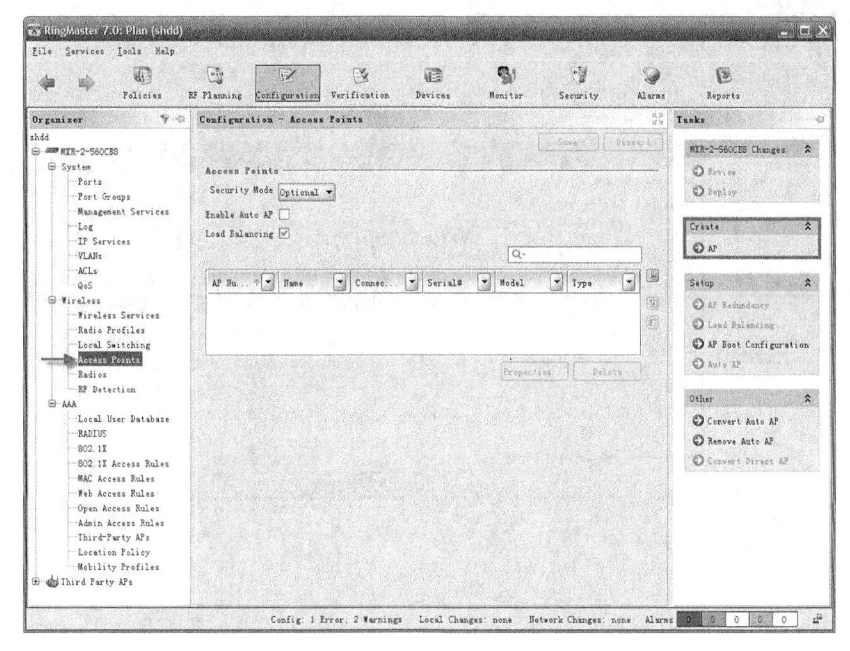

图 5-287 配置无线 AP

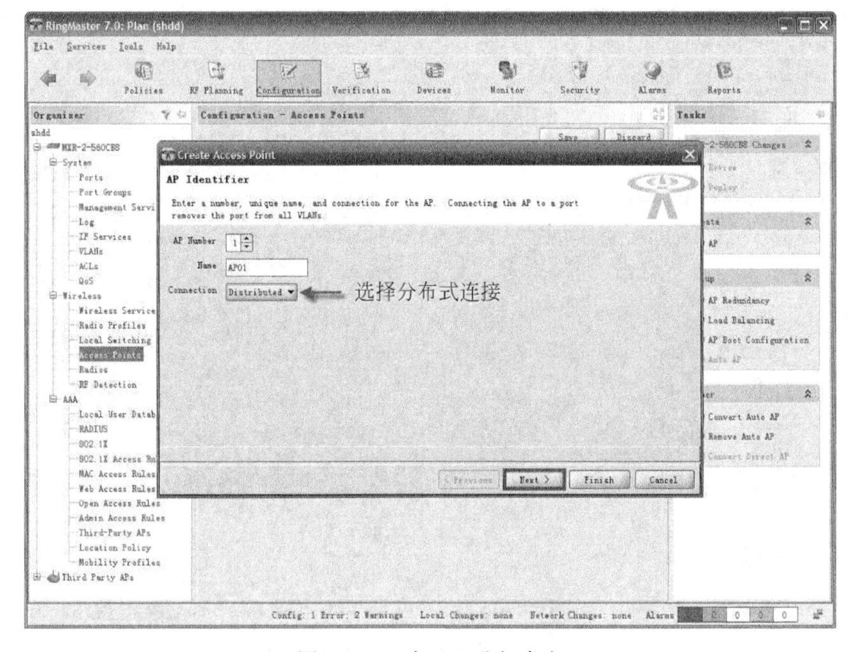

图 5-288 为 AP 进行命名

③ 将需要添加的 AP 机身后面的 SN 号输入对话框，用于 AP 与无线交换机的注册过程，如图 5-289 所示。

④ 选择添加 AP 的具体型号和传输协议，完成 AP 添加，如图 5-290 所示。

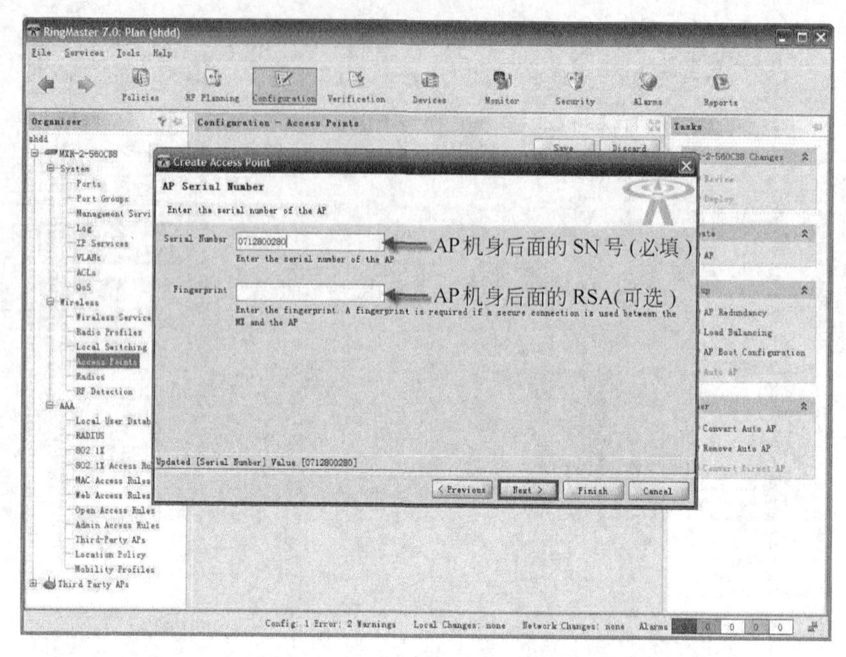

图 5-289　添加 AP 机身后的 SN 号

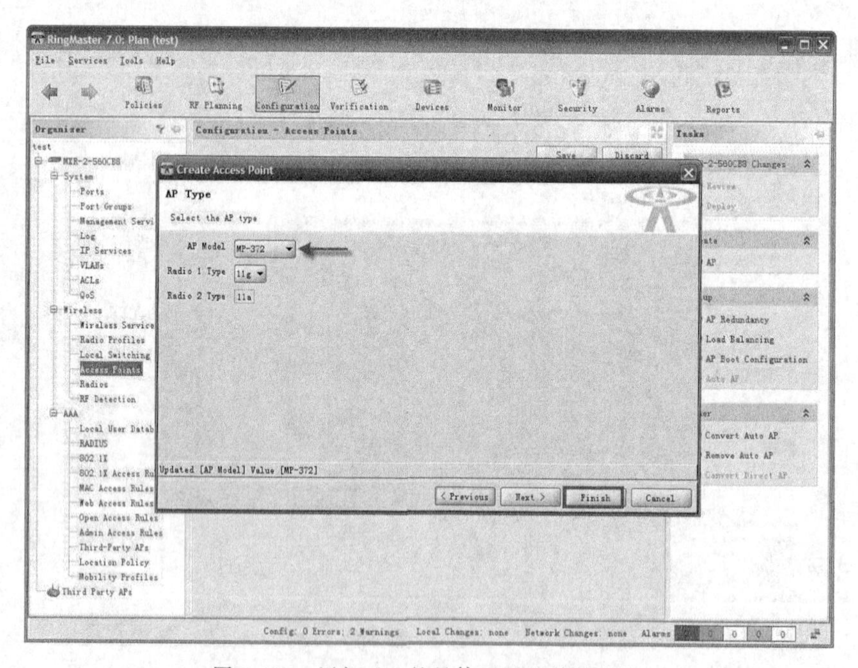

图 5-290　添加 AP 的具体型号和传输协议

(4) 配置无线交换机的 DHCP 服务器。

① 选择 System→VLANs 选项，然后选择 default vlan，进入属性配置，如图 5-291 所示。

② 进入 Properties→DHCP Server 选项，激活 DHCP 服务器，设置地址池和 DNS，保

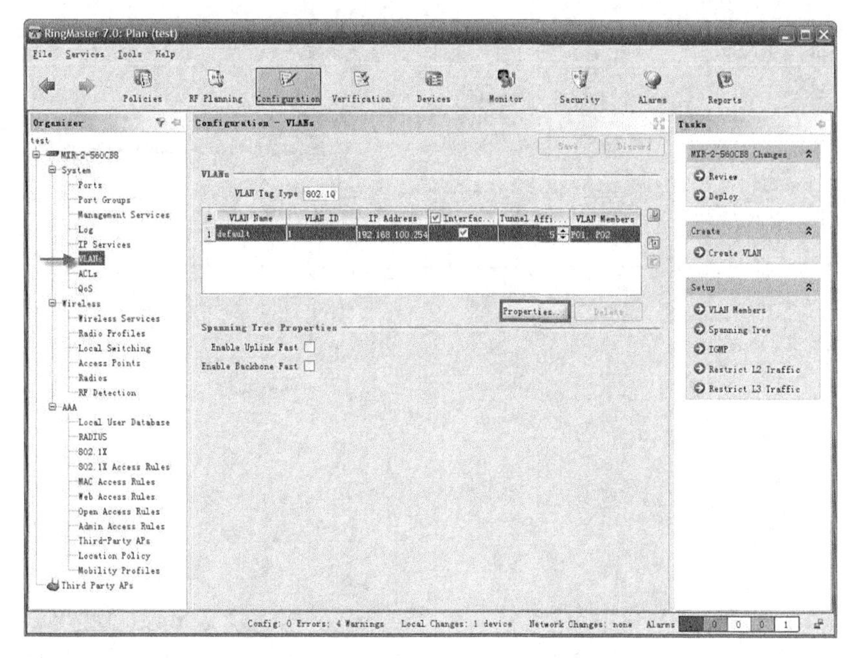

图 5-291 配置无线交换机的 DHCP 服务器

存，如图 5-292 所示。

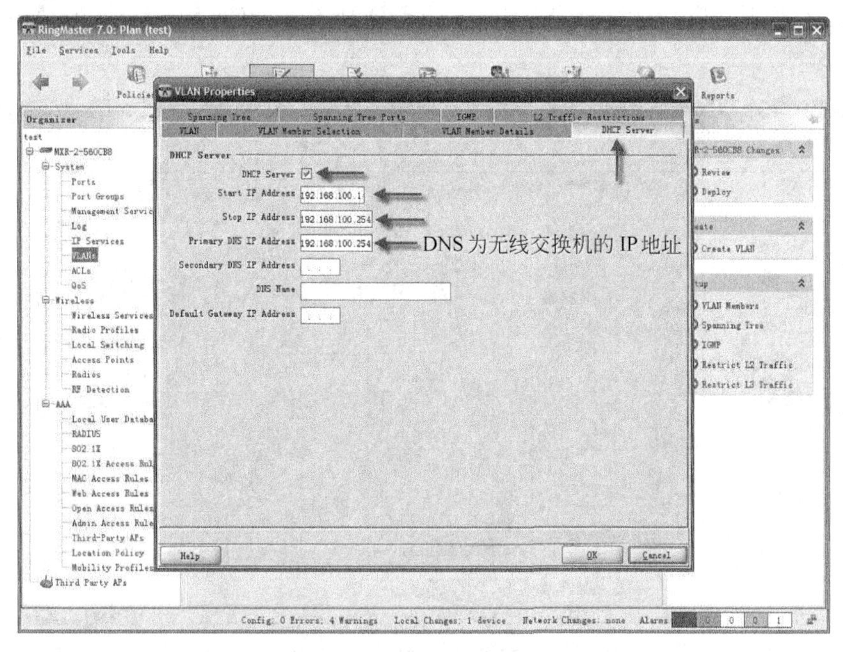

图 5-292 激活无线交换机的 DHCP 服务器

③ 选择 System→Ports 选项，将无线交换机端口 POE 打开，并保存，如图 5-293 所示。

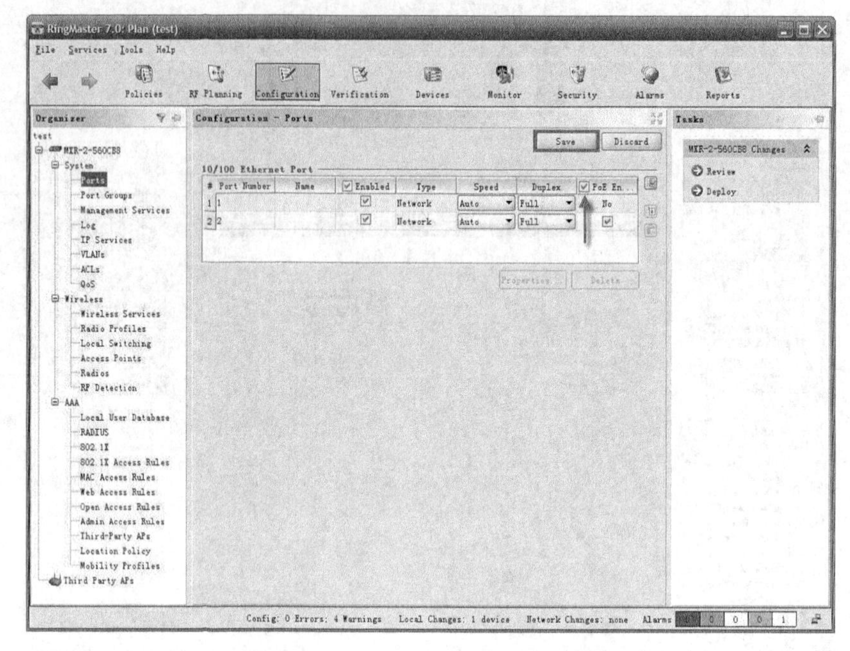

图 5-293　打开无线交换机端口 POE

(5) 打开无线局域网非法设备发现功能。

① 进入到 Configuration→Wireless→RF Detection→Countermeasure Mode 下，如图 5-294 所示。

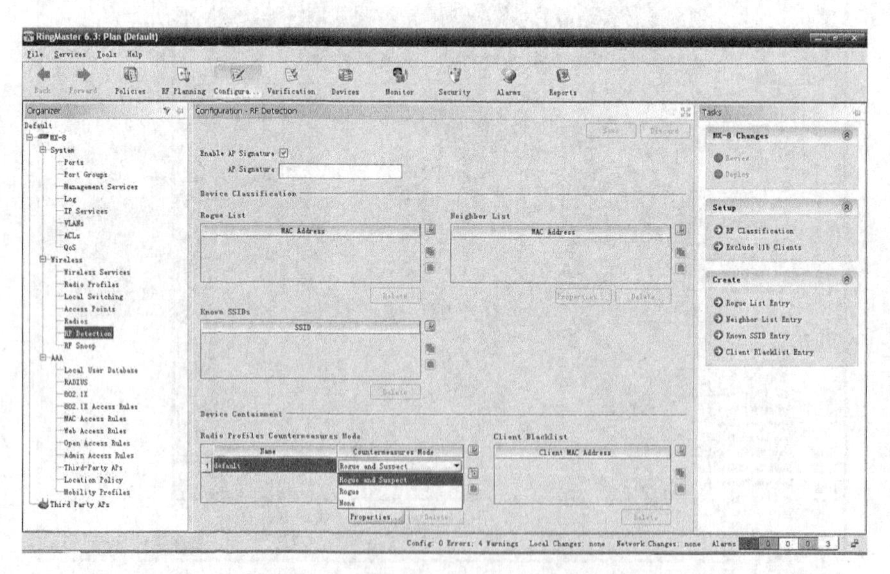

图 5-294　打开无线局域网非法设备发现功能

② 单击 Save 按钮，如图 5-295 所示。

③ 应用到无线局域网内，单击 Deploy，如图 5-296 所示。

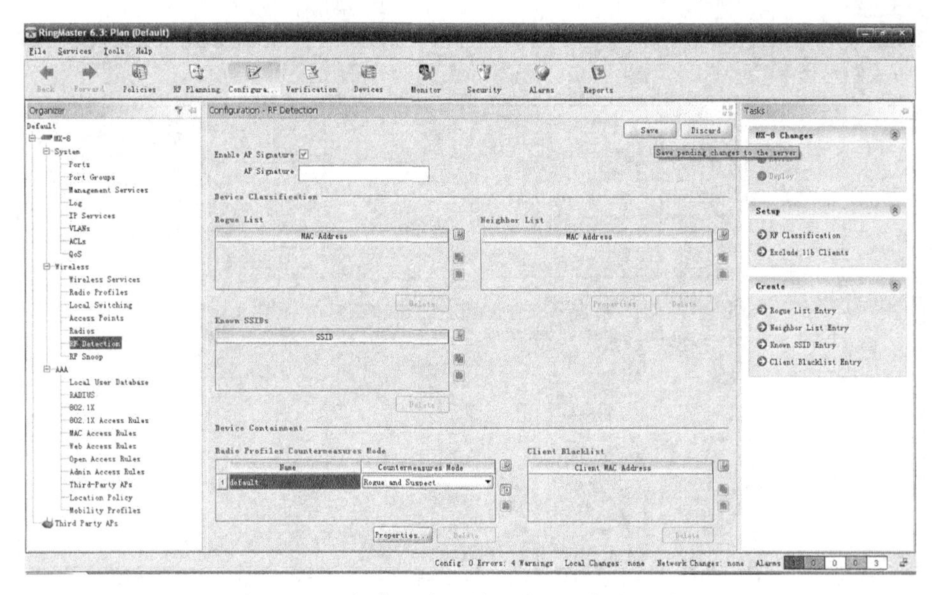

图 5-295 保存无线局域网非法设备发现功能

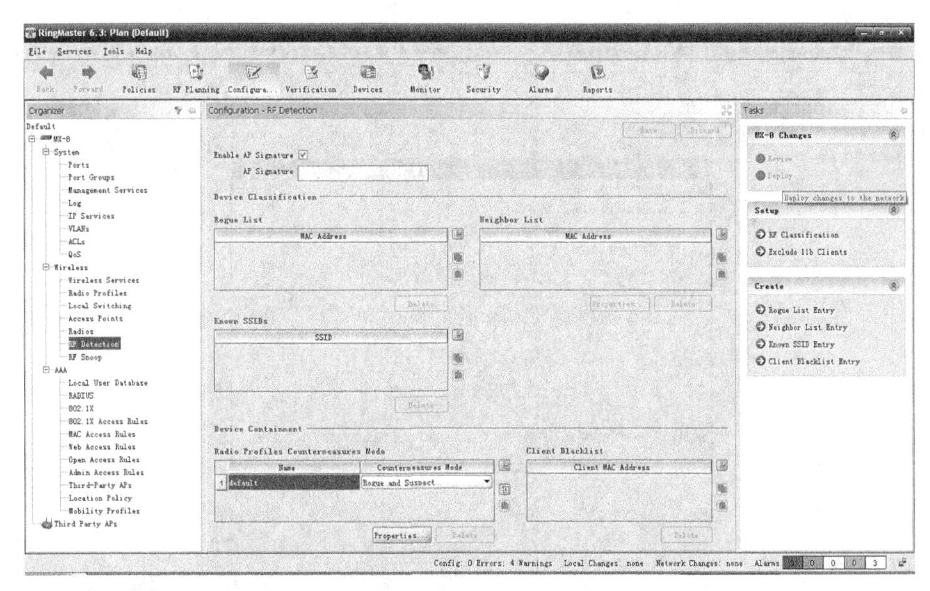

图 5-296 应用无线局域网非法设备发现功能

(6) 添加无线局域网的建筑和楼层。

① 打开 RingMaster 软件,选择菜单栏中的 RF Planning,弹出图 5-297 所示页面。

② 单击右侧的 Create Site,出现如下选项,输入需要定位站点(此站点必须是有无线覆盖的情况)的名称,可任填,如图 5-298 所示。

③ 单击 NEXT 按钮,选择国家代码和设备工作信道,此处的设置一定要与设备的配置一致,一般可不做更改。下面一行是设置 802.11b/g 所使用的信道,此设备也要与无线

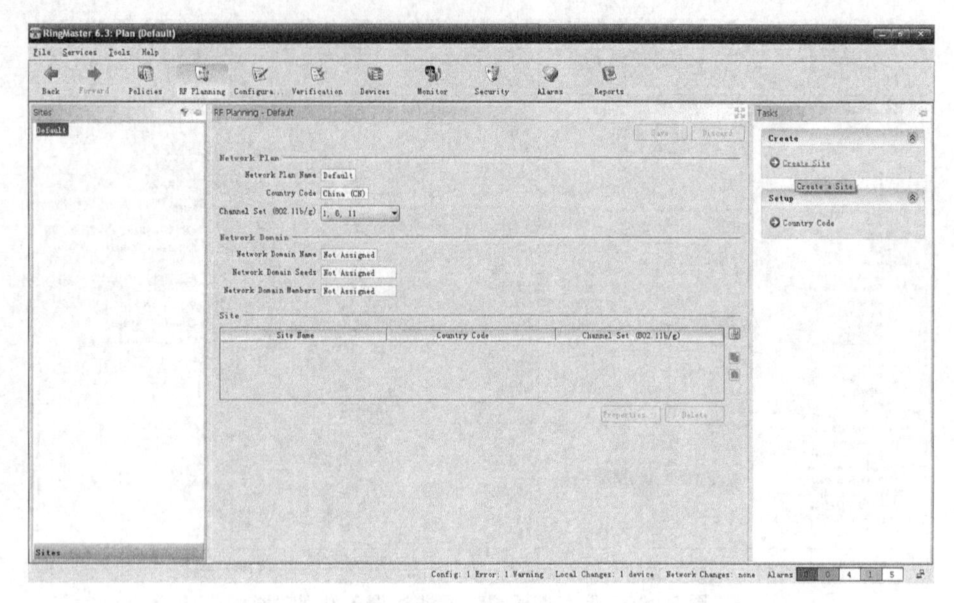

图 5-297　打开 RingMaster 软件

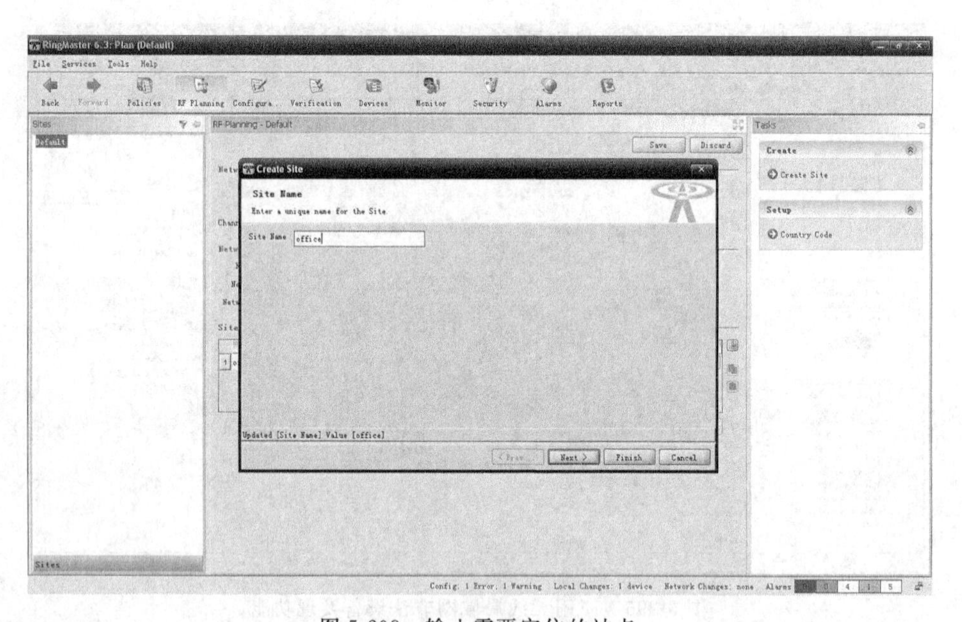

图 5-298　输入需要定位的站点

设备所使用的信道一致，如图 5-299 所示。

④ 完成后单击 Next 按钮，在这里设置建筑物的编号和楼层，本例中使用默认设置，如图 5-300 所示。

⑤ 设置完成后单击 Finish 按钮，我们已经在网管软件内加入了一个定位服务区域。为了在使用中简便，一般将使用的距离单位更改为“米(meter)”。单击左侧的 Building，

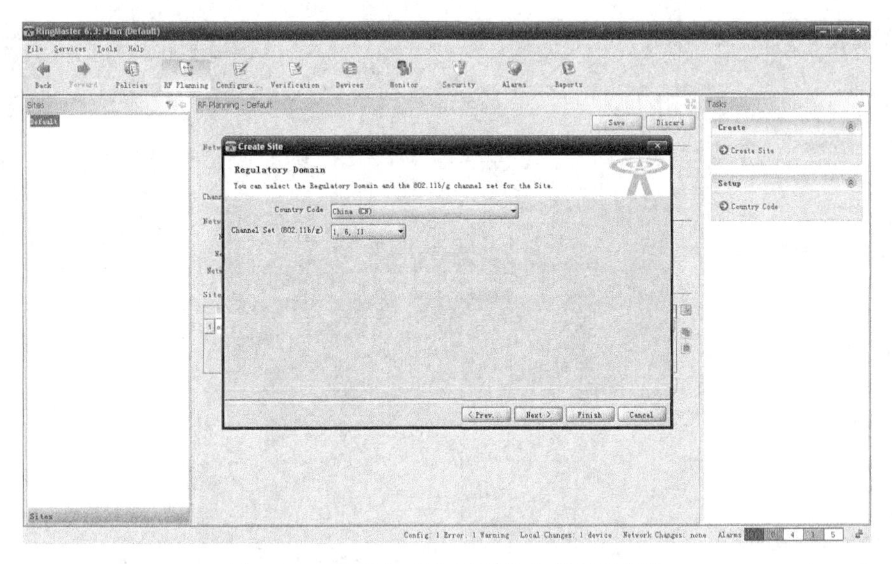

图 5-299 选择设备与无线设备所使用信道

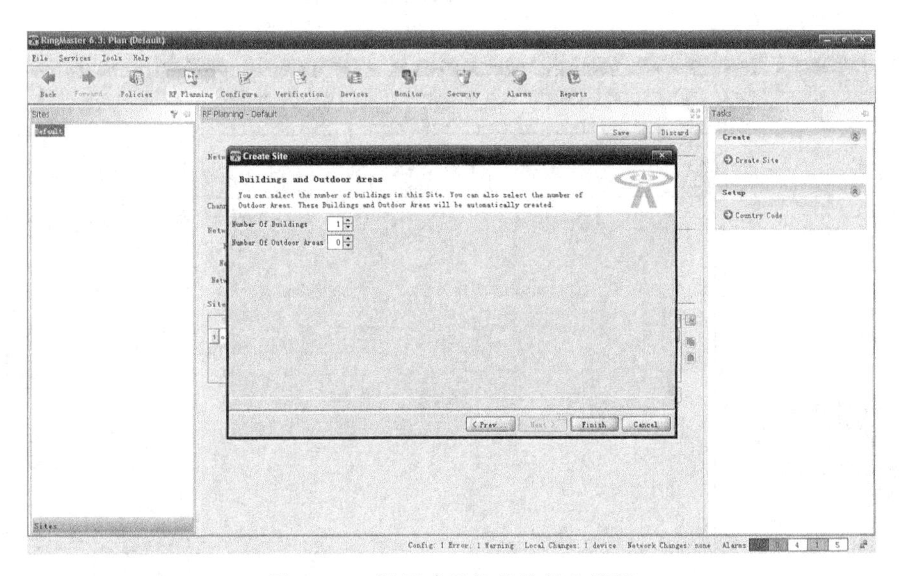

图 5-300 设置建筑物的编号和楼层

在选项内更改单位。操作方式如图 5-301 所示。

进行完上述的软件操作之后,就正式开始无线布置操作了。

(7) 导入楼层平面图,实施无线的布置。

导入平面图:

① 单击左侧刚刚设置好的 SITE 名称左侧的"+",本例中为 office 左侧的"+",出现 Building。

② 单击 Building 左侧的"+",出现下拉的楼层,单击右侧的 Import 导入平面图,如图 5-302 所示。

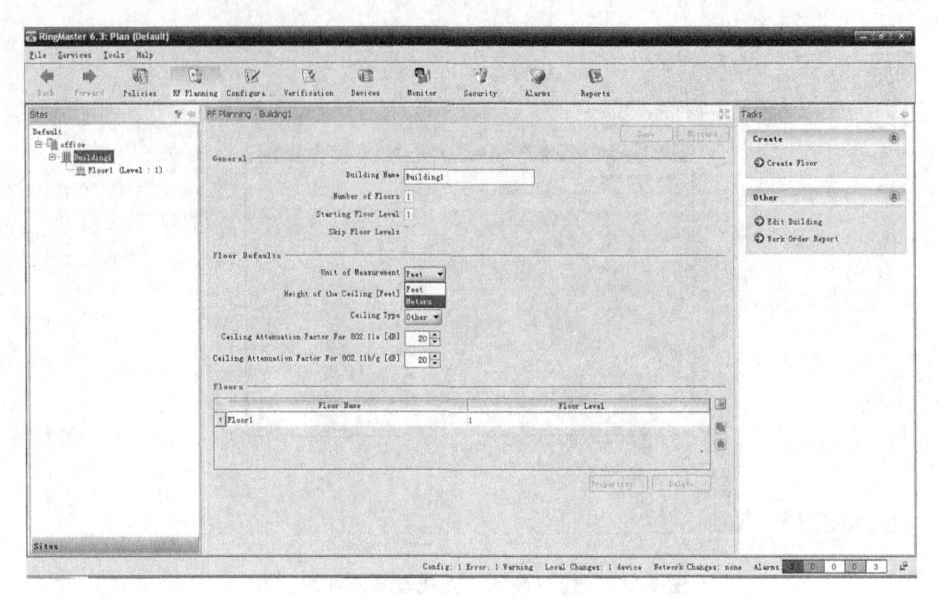

图 5-301 加入定位服务区域

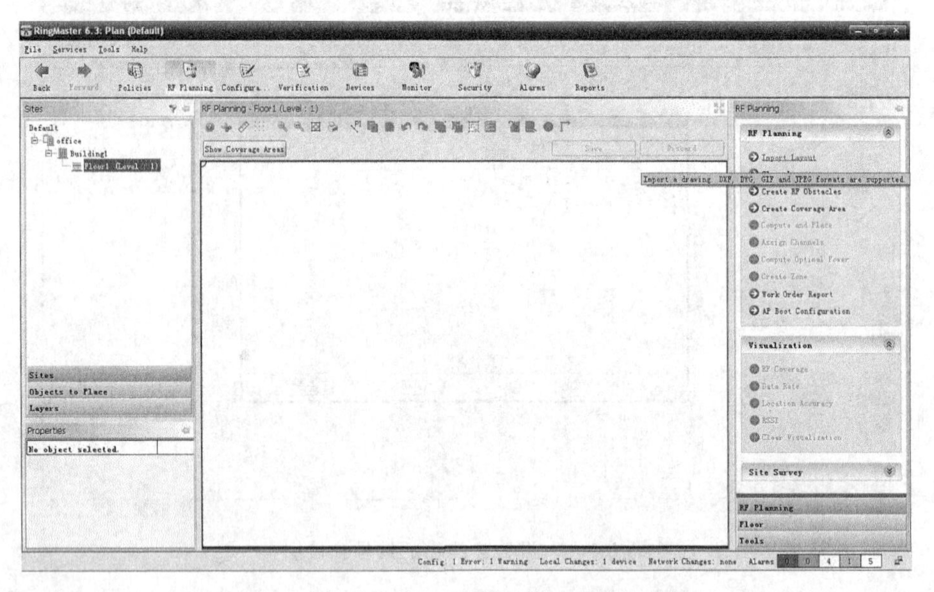

图 5-302 导入楼层平面图,实施无线的布置

③ 选择图形,在本例中任选一张 JPG 的图片作为无线区域的覆盖布置图,在实际中图形可选择 CAD、JPG 等多种类型,如图 5-303 所示。

在实际案例中,最佳方式是选择 CAD 图的 DXF 格式的图片,因为该图片中已经确定了建筑物的各种参数,例如墙壁的类型等。

④ 单击"下一步"按钮,出现平面图,如图 5-304 所示。

定义导入的平面图:

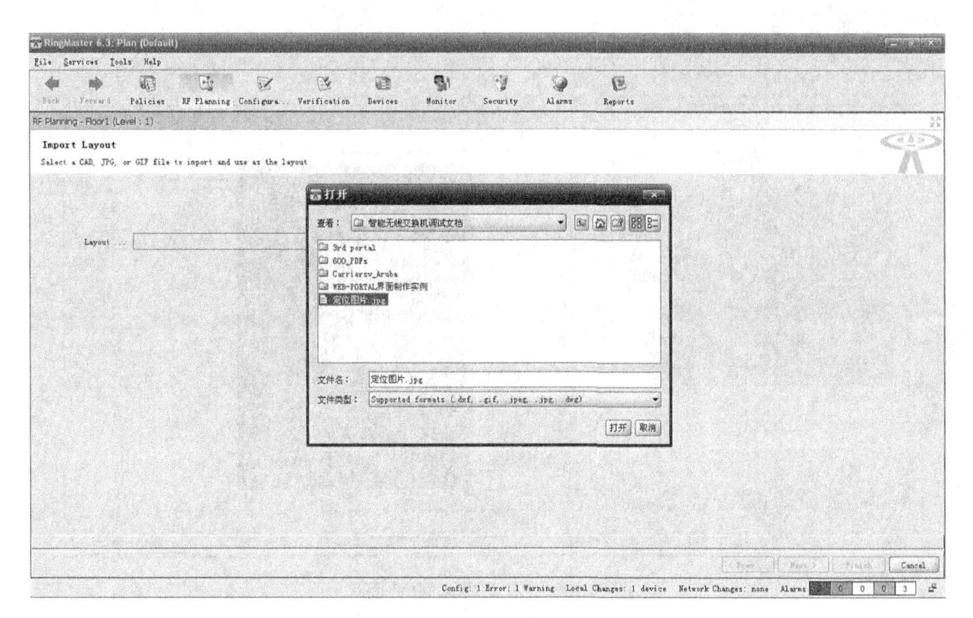

图 5-303　选择无线区域的覆盖布置图

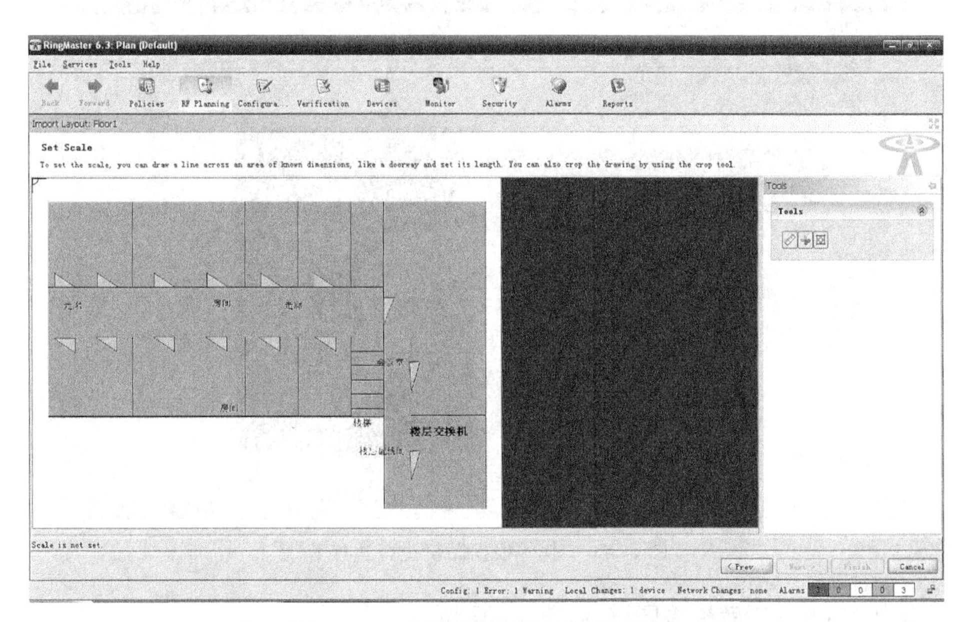

图 5-304　选择无线区域的覆盖平面图

① 选用右侧的标尺图标，丈量平面图中的尺寸，如图 5-305 所示。

② 只要丈量图中一条边的长度，该软件就会根据图例进行其他边的换算，所以图形画得准确与否是定位准确的关键。图例中丈量的是箭头所指的最长的一条边，在实际中的距离是 40m，按照实际距离进行填写，如图 5-306 所示。

③ 单击“确定”按钮后进入下一步操作，出现建立覆盖区域的向导页面，单击 Save&

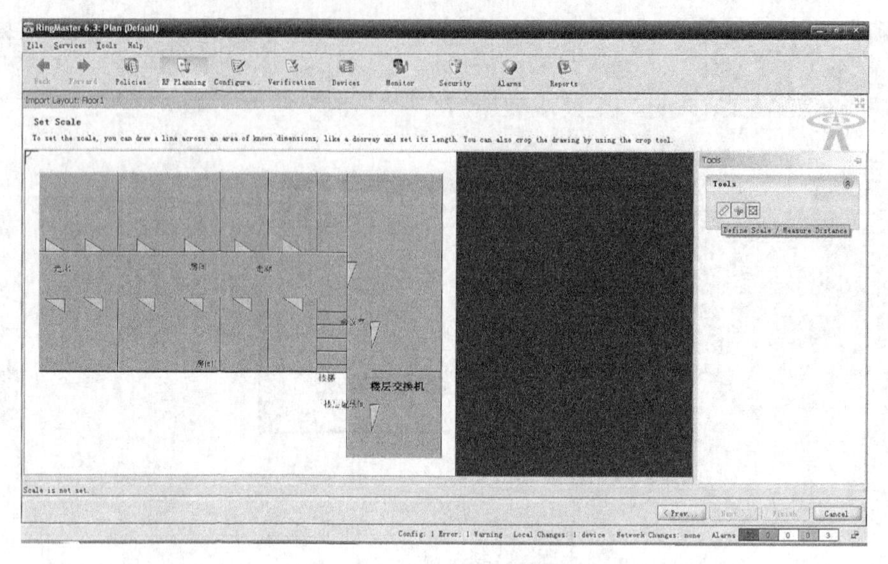

图 5-305　定义导入的平面图

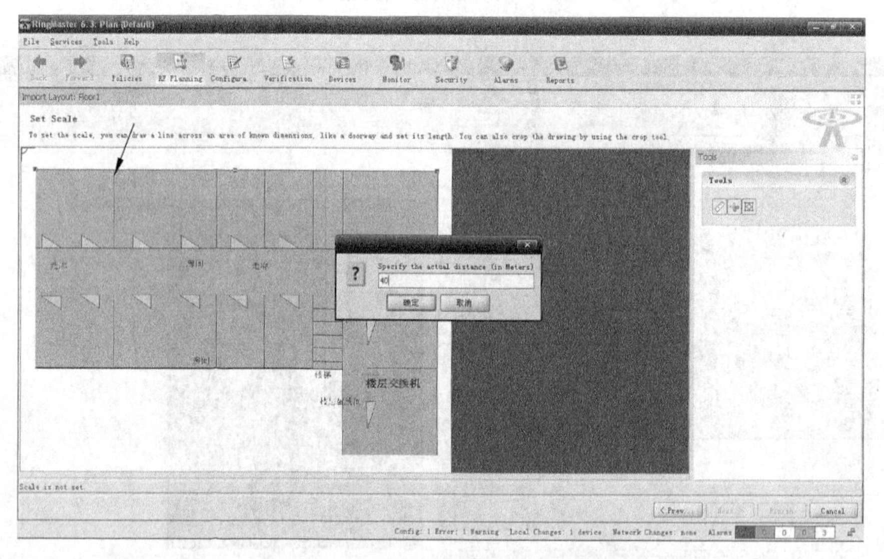

图 5-306　软件根据图例进行边换算

Continue 按钮,开始指定覆盖区域,如图 5-307 所示。

④ 在这个界面选择覆盖区域的类型,有规则的矩形区域、平行四边形区域和自定义区域三类。此例中选择 Custom area,如图 5-308 所示。

下面开始按照实际情况圈定覆盖区域,如图 5-309 所示。

操作方法如下。

选择任意一个起始点单击鼠标的左键后松开,滑动鼠标,在拐弯点单击鼠标继续滑动鼠标圈定区域,最后滑动鼠标回到起始点,单击右键,覆盖区域选定完成。

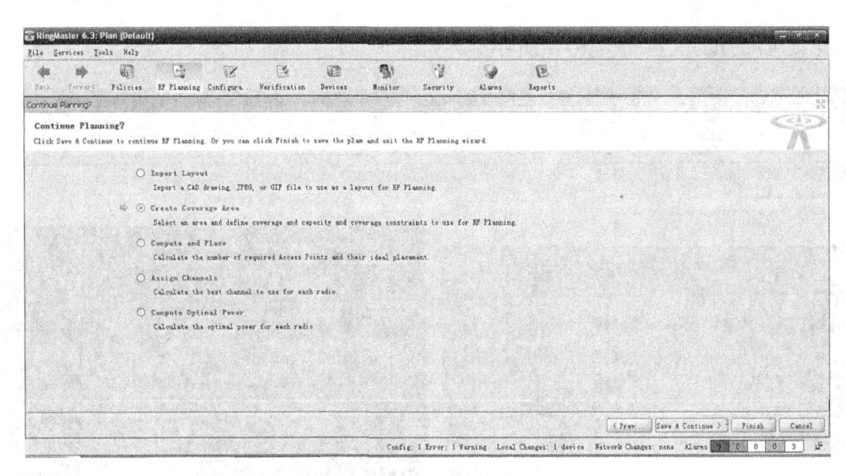

图 5-307　建立覆盖区域的向导页面

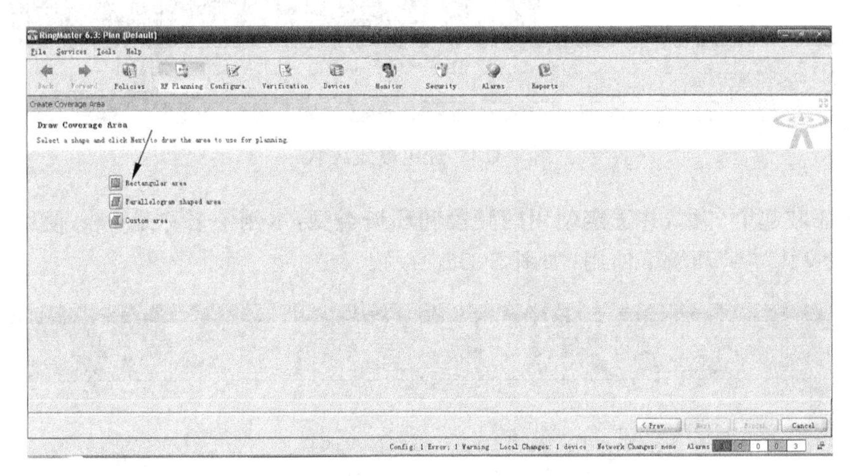

图 5-308　选择 Customarea 项

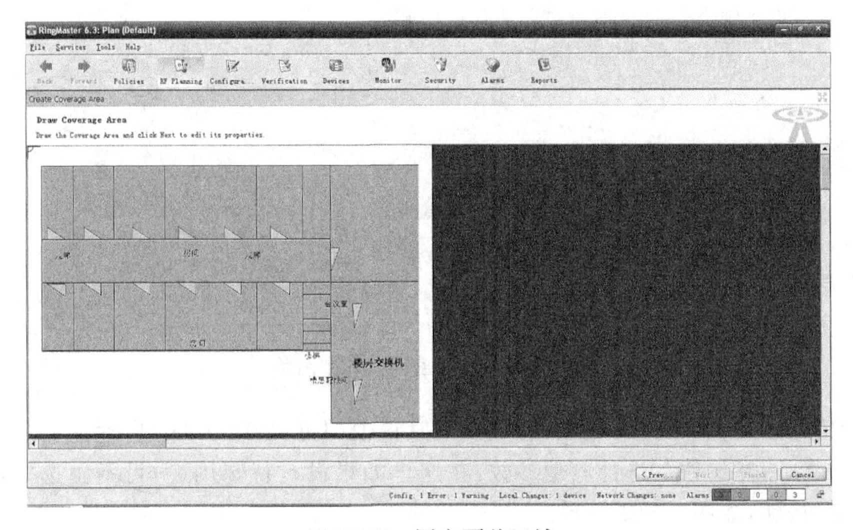

图 5-309　圈定覆盖区域

圈定完之后的图形如图 5-310 所示。

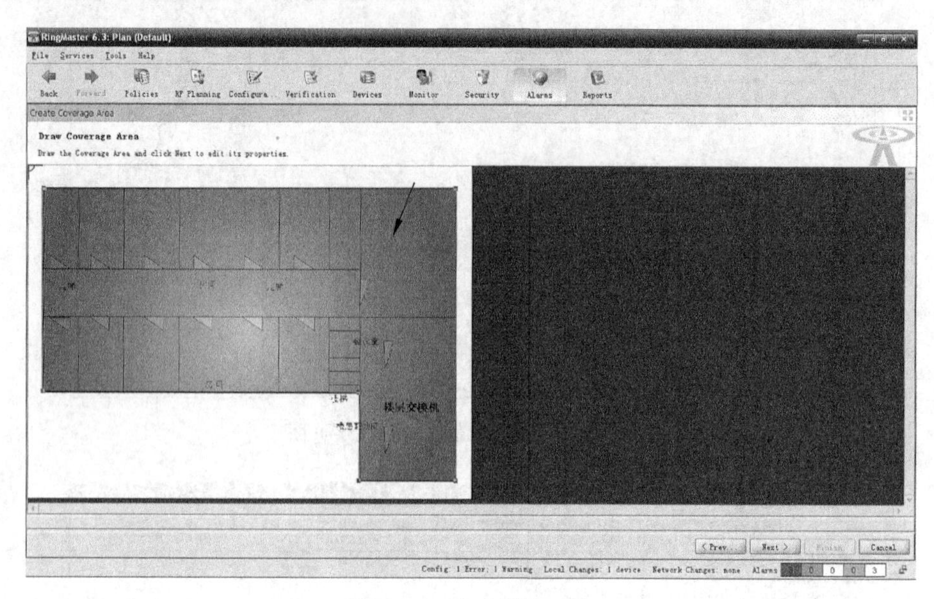

图 5-310　选定覆盖区域

给该区域起个名称，并选定使用的频段和环境类型，本例中名称是 ggg，使用 2.4GHz 频段，并在室内空旷环境下使用，如图 5-311 所示。

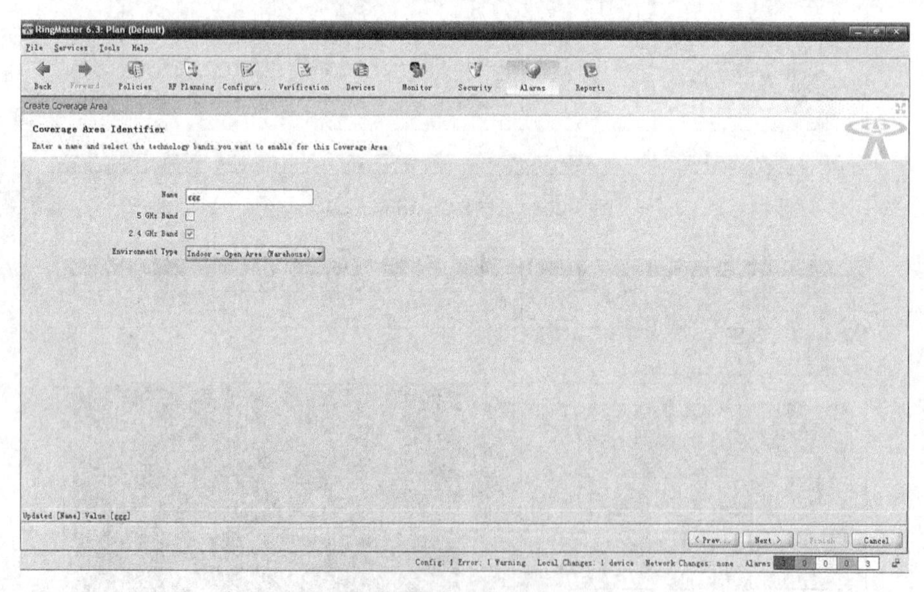

图 5-311　给覆盖区域起个名称

选择传输速率和 802.11 类型，一般使用默认值即可，如图 5-312 所示。

单击“下一步”按钮。选择其他参数，在这里如果没有特殊用途，可不做选择，直接单击“下一步”按钮，如图 5-313 所示。

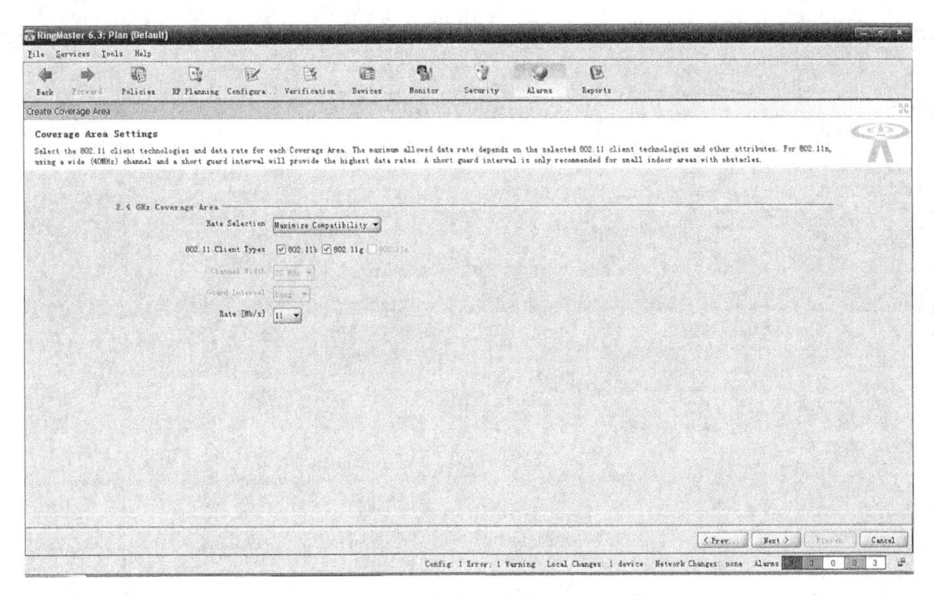

图 5-312　选择传输速率和 802.11 类型

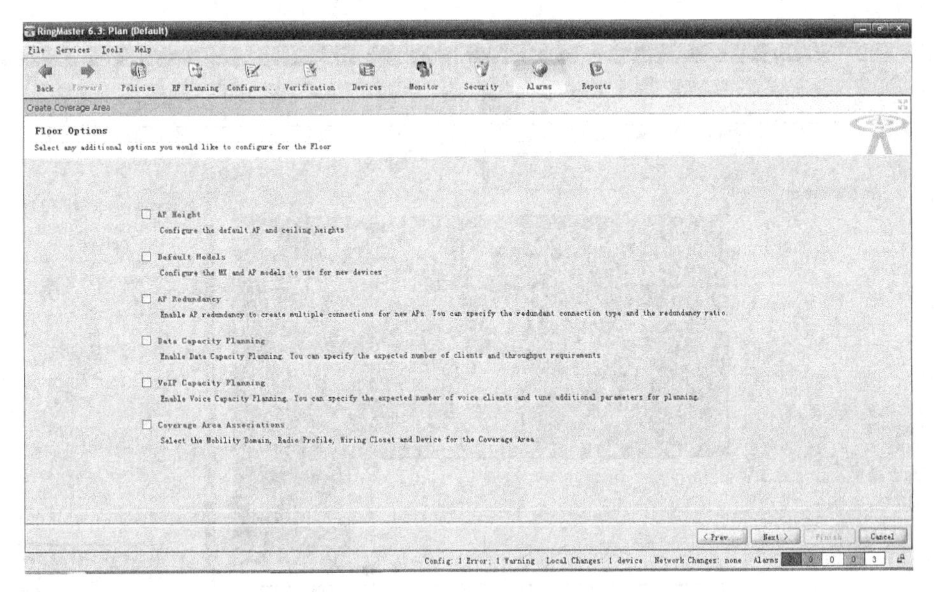

图 5-313　继续配置默认操作

出现如下画面，如图 5-314 所示。

单击 Finish 按钮可以直接进入到已布置好的环境内。在平面图内放置已经布好的 AP。

在本例中已经人为对环境进行了勘测，并布置好了 AP，只需要直接单击 Finish 按钮，直接把已经存在的 AP 放置到相对应的位置即可。单击 Objects to Place，如图 5-315 所示。

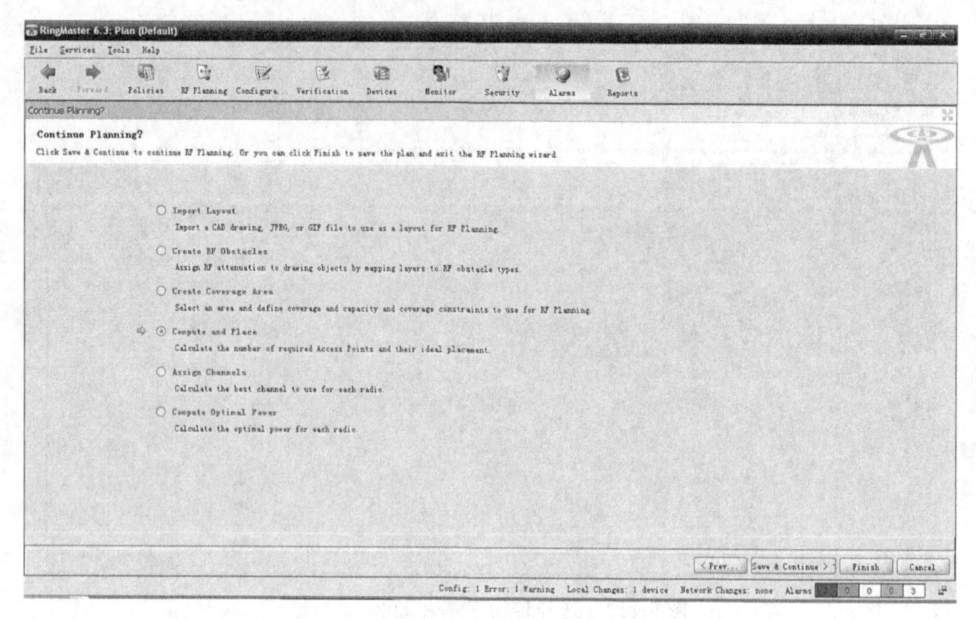

图 5-314　配置默认操作

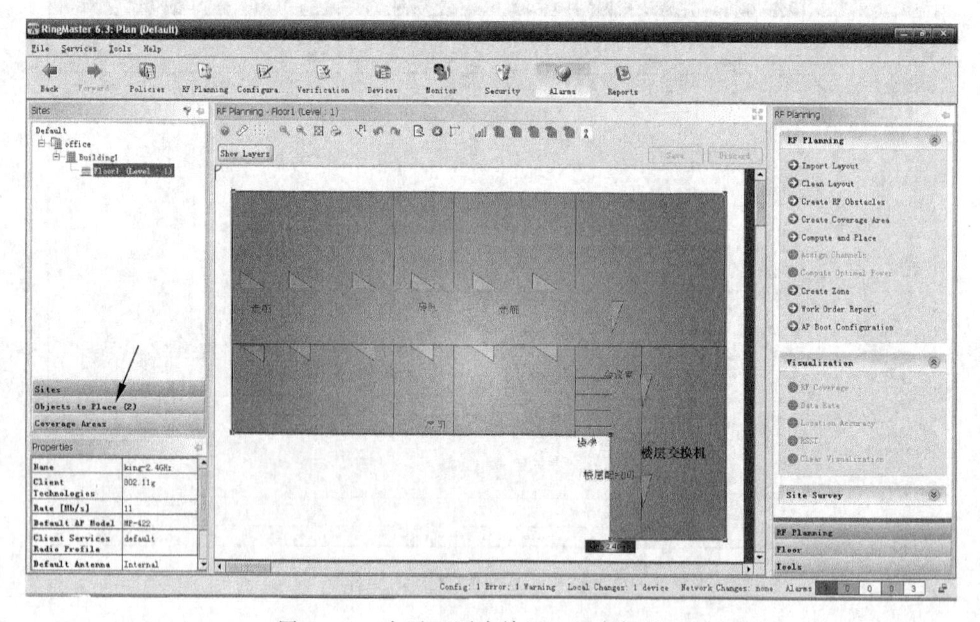

图 5-315　在平面图内放置已经布好的 AP

选中 AP，如图 5-316 所示。

放置 AP。放置方法：单击 AP，放开鼠标，滑动鼠标到实际环境内 AP 的实际位置，单击左键，AP 就会到达相应的位置，如图 5-317 所示。

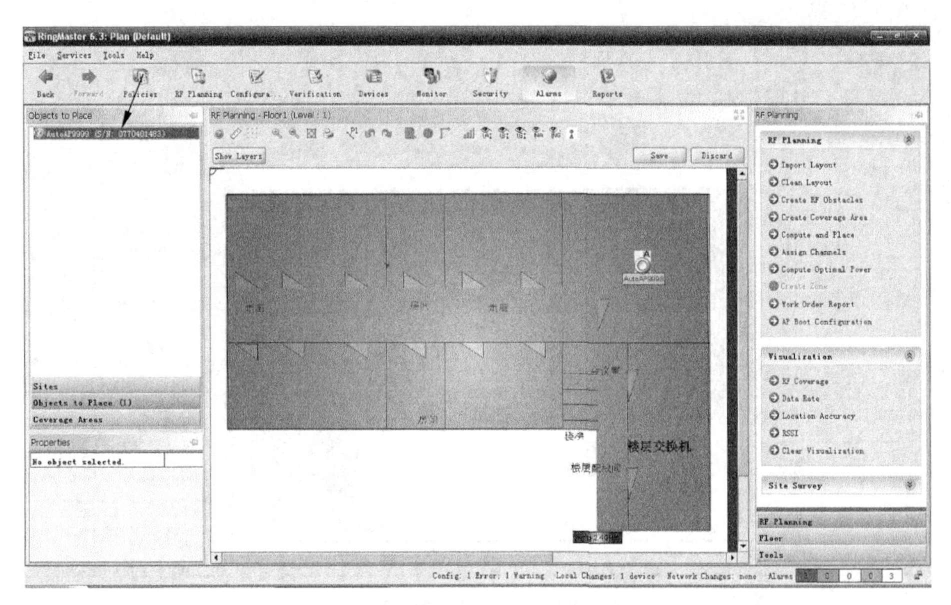

图 5-316　选中 AP

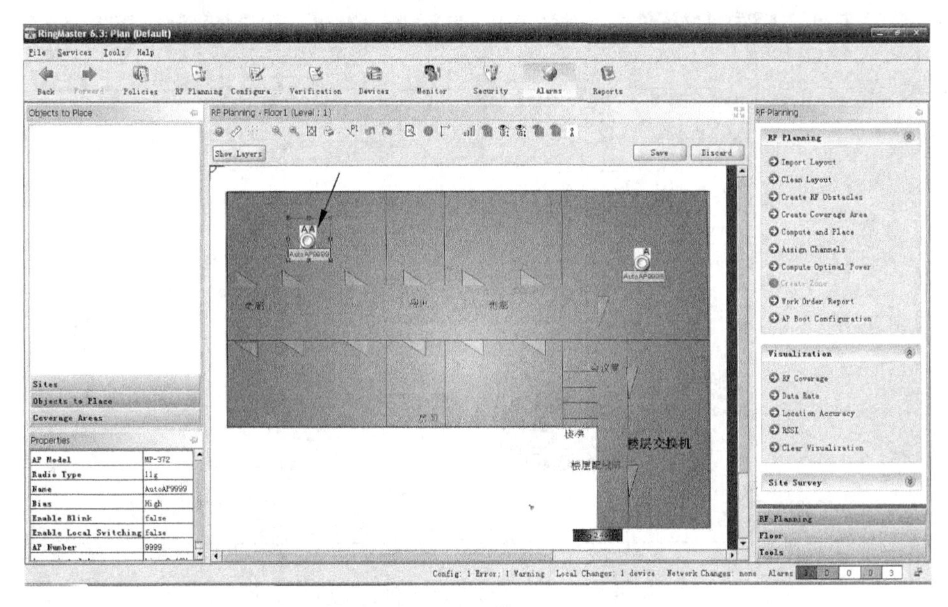

图 5-317　放置 AP

单击 Save 按钮，如图 5-318 所示。

这样无线布置图就完成了。

(8) 通过 RingMaster 寻找无线客户端或定位非法 AP。

① 客户端的发现和定位。进入到 Monitor 菜单下，单击 Client 图标，如图 5-319 所示。

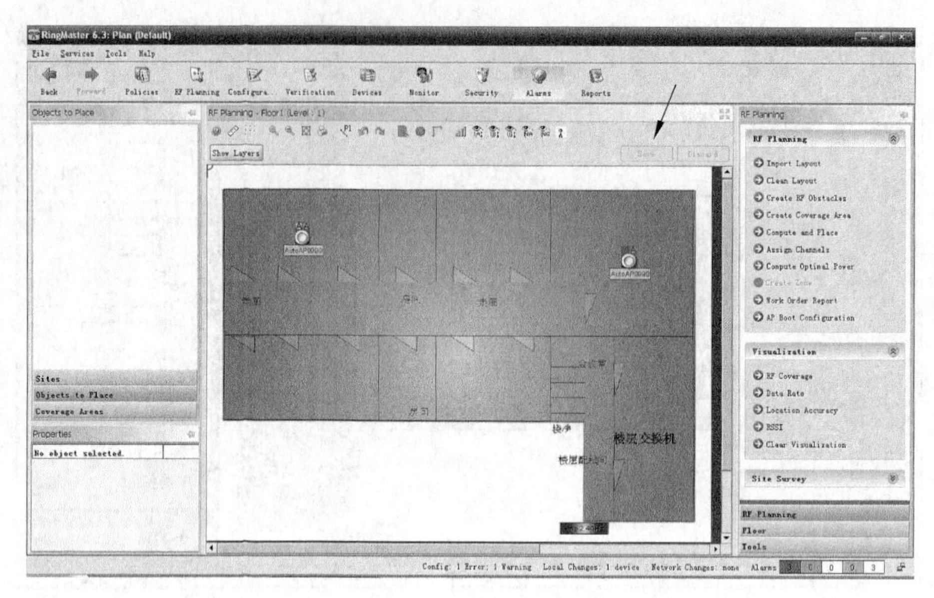

图 5-318 保存结果

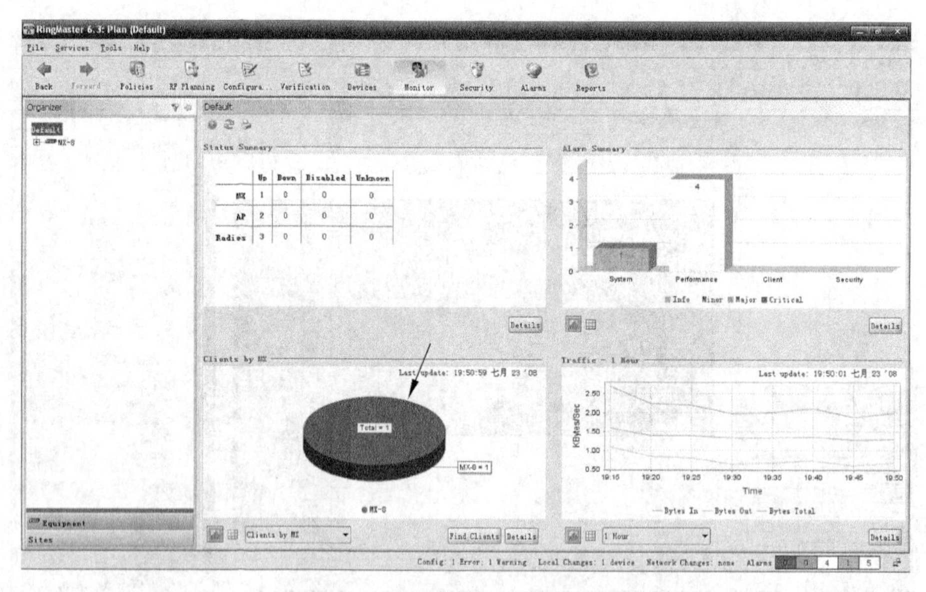

图 5-319 客户端的发现和定位(1)

② 出现无线局域网环境内客户端列表,单击右侧的 Locate Client 按钮,如图 5-320 所示。

③ 网管软件将会出现图 5-321 所示对话框,在图中会出现客户端的位置。图中箭头指向的就是被定位的客户端。

④ 非法 AP 的发现和定位。无线局域网可以实时发现与找到非法 AP 或非法设备,通过 RingMaster 可以定位到该设备。单击 Security,查看无线局域网环境内存在的危险

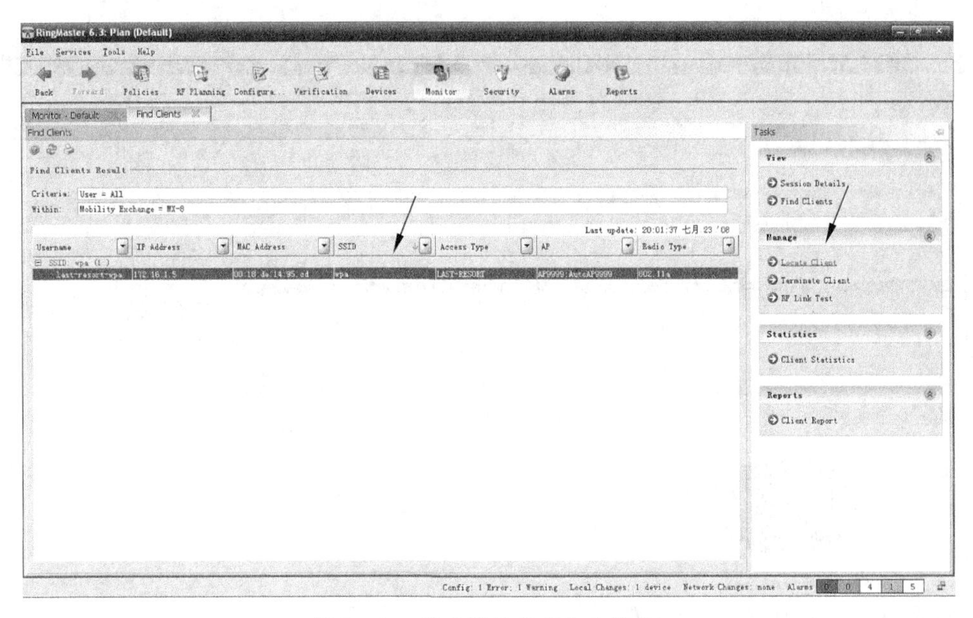

图 5-320　客户端的发现和定位(2)

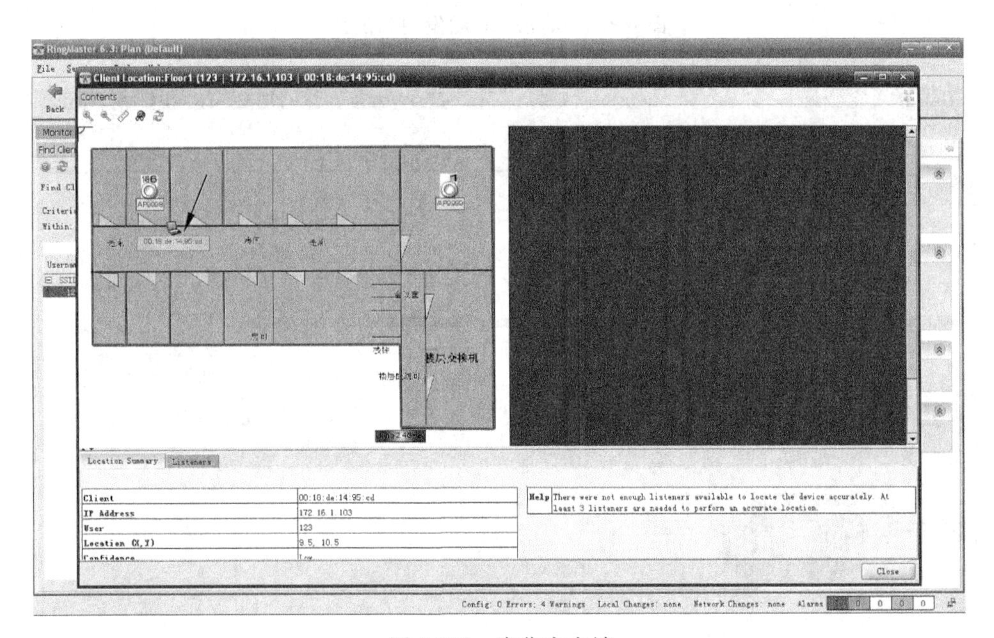

图 5-321　定位客户端

事件和设备,如图 5-322 所示。

⑤ 非法 AP 和非法设备的发现,如图 5-323 所示。

⑥ 单击图 5-323 中的图,出现所有设备,并且所有设备的具体细节内容可以显示出来,如图 5-324 所示。

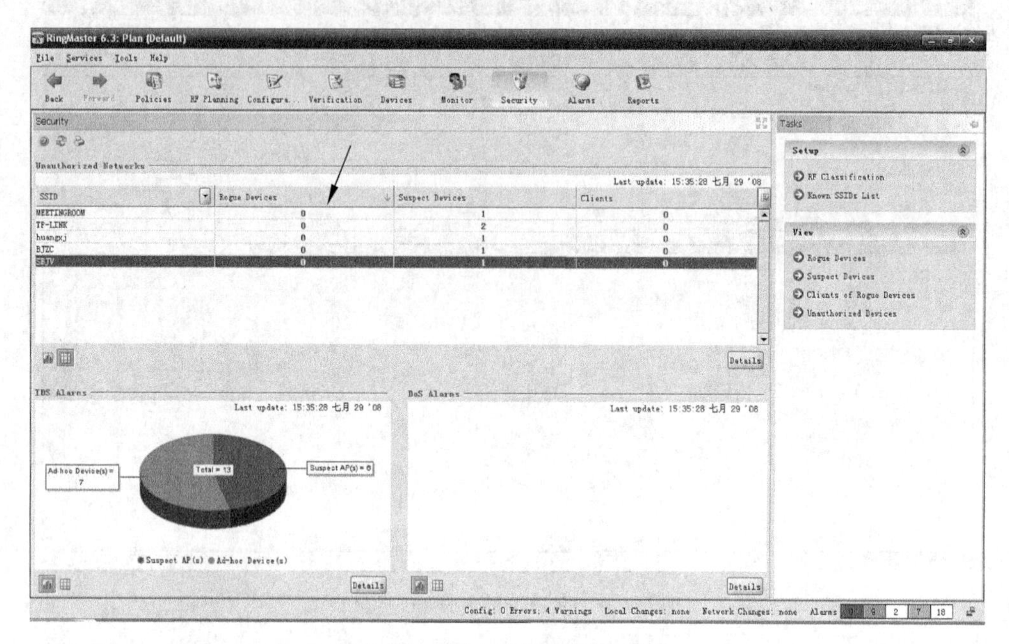

图 5-322　非法 AP 的发现和定位

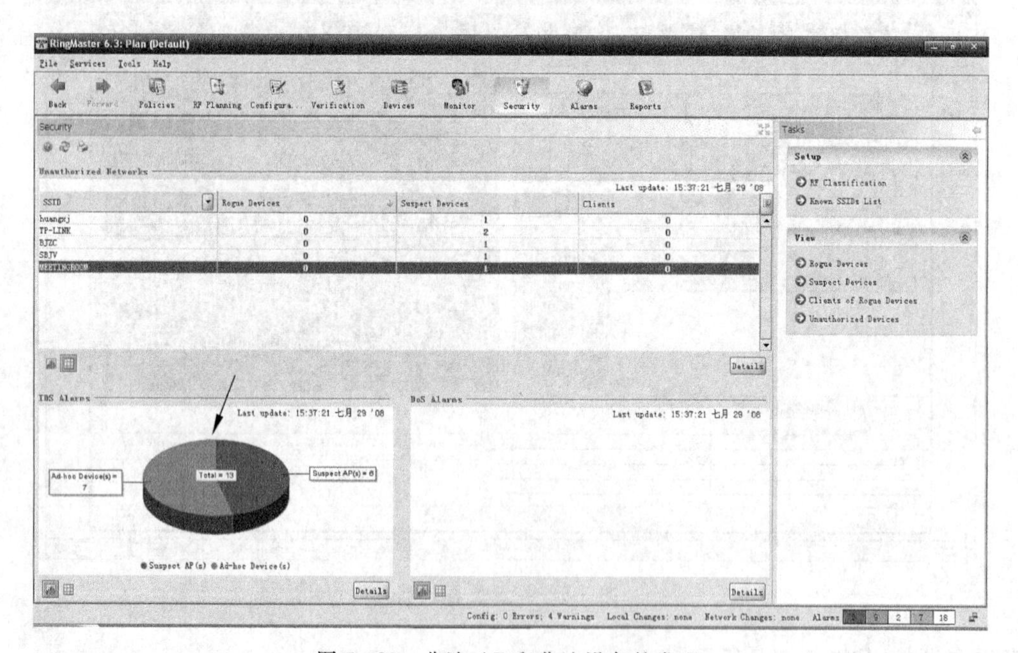

图 5-323　非法 AP 和非法设备的发现

⑦ 单击右下侧的 Locate 选项进行定位，如图 5-325 所示。

⑧ 非法 AP 的定位，如图 5-326 所示。

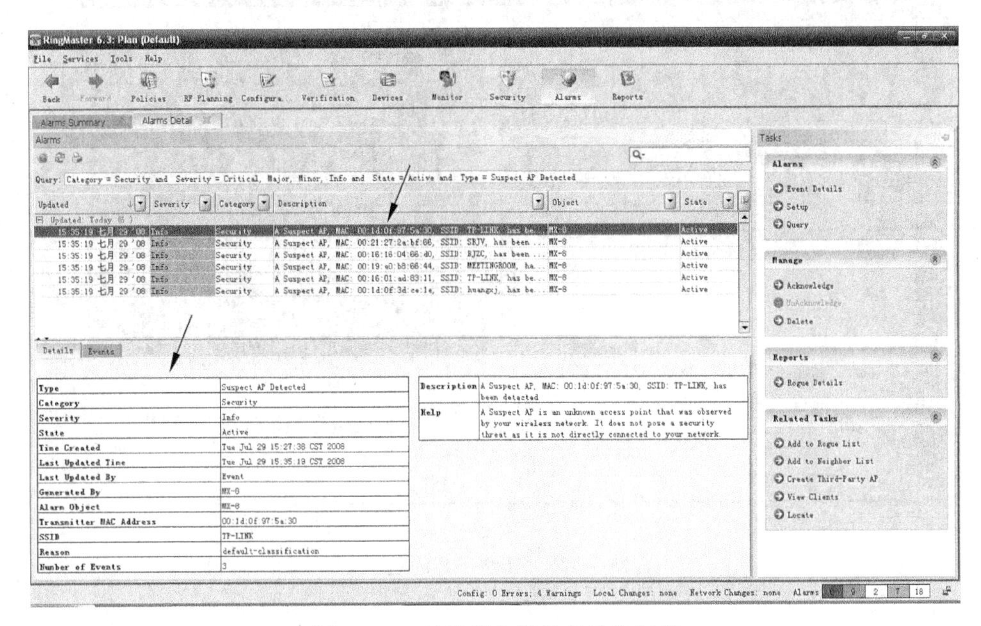

图 5-324　显示所有设备的具体细节

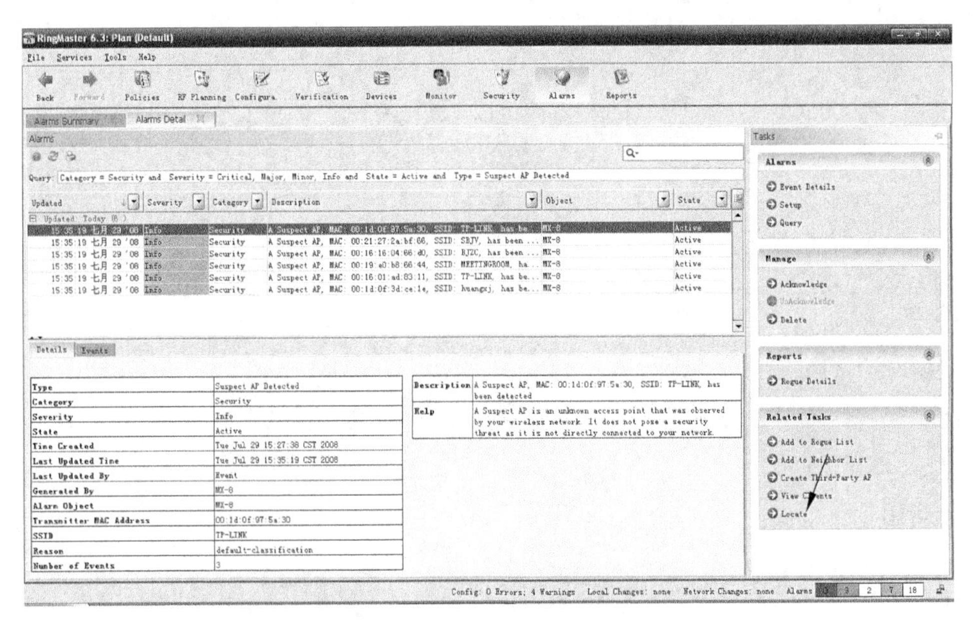

图 5-325　单击 Locate 选项进行定位

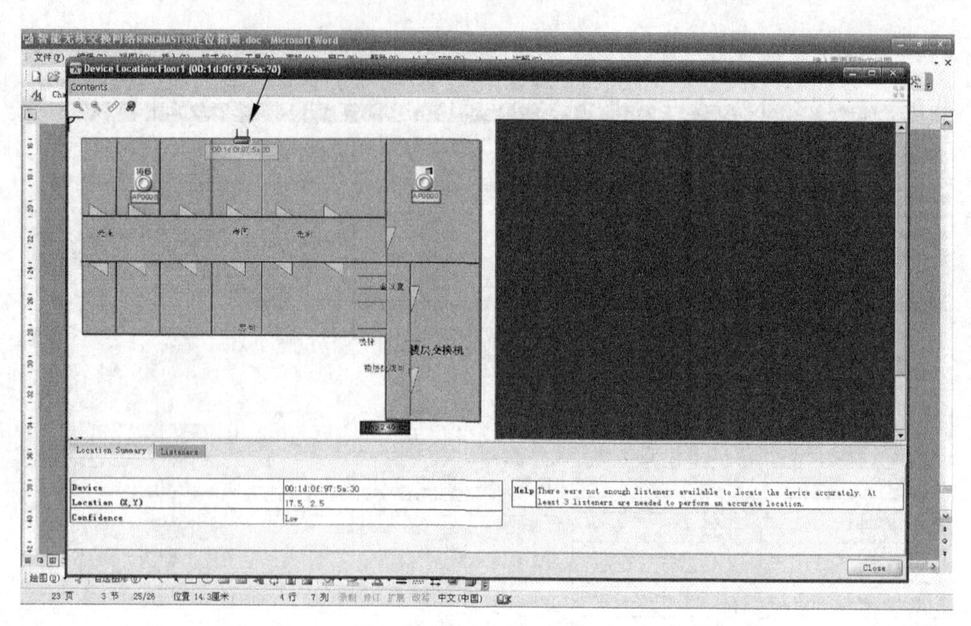

图 5-326　非法 AP 的定位

【注意事项】

如果导入的图片和实际环境一致的话,客户端实际位置和图中显示的位置应该基本一致。

参考文献

[1] 安淑芝. 网络互联设备实用技术教程. 北京：清华大学出版社，2008.

[2] 汪双顶. 网络互联技术与实践教程. 北京：清华大学出版社，2009.

[3] 杨靖，刘亮. 实用网络技术配置指南. 第2版. 北京：北京希望电子出版社，2006.

[4] 张选波，石林，方洋. 构建高级的交换网络. 北京：电子工业出版社，2008.

[5] 汪涛. 无线网络技术导论. 北京：清华大学出版社，2008.

读者意见反馈

亲爱的读者：

感谢您一直以来对清华版计算机教材的支持和爱护。为了今后为您提供更优秀的教材，请您抽出宝贵的时间来填写下面的意见反馈表，以便我们更好地对本教材做进一步改进。同时如果您在使用本教材的过程中遇到了什么问题，或者有什么好的建议，也请您来信告诉我们。

地址：北京市海淀区双清路学研大厦 A 座 602　计算机与信息分社营销室 收

邮编：100084　电子邮件：jsjjc@tup.tsinghua.edu.cn

电话：010-62770175-4608/4409　邮购电话：010-62786544

教材名称：局域网安全管理实践教程

ISBN：978-7-302-20193-9

个人资料

姓名：________ 年龄：____ 所在院校/专业：________

文化程度：______ 通信地址：____________

联系电话：______ 电子信箱：____________

您使用本书是作为：□指定教材 □选用教材 □辅导教材 □自学教材

您对本书封面设计的满意度：

□很满意 □满意 □一般 □不满意　改进建议____________

您对本书印刷质量的满意度：

□很满意 □满意 □一般 □不满意　改进建议____________

您对本书的总体满意度：

从语言质量角度看 □很满意 □满意 □一般 □不满意

从科技含量角度看 □很满意 □满意 □一般 □不满意

本书最令您满意的是：

□指导明确 □内容充实 □讲解详尽 □实例丰富

您认为本书在哪些地方应进行修改？（可附页）

____

____

您希望本书在哪些方面进行改进？（可附页）

____

____